高等院校规划教材

防火防爆理论与技术

主　编　朱建芳
副主编　齐黎明　何　宁　胡　洋
　　　　马　辉

煤炭工业出版社

·北　京·

内 容 提 要

结合我国目前安全生产的现状，本书系统地介绍了火灾爆炸的基本理论和防控技术知识。全书共11章，包括火灾爆炸基本理论、燃烧学基本理论、着火理论、可燃气体燃烧与爆炸、可燃液体燃烧与爆炸、可燃固体燃烧与爆炸、建筑防火、电气防火防爆、灭火技术、物理爆炸预防与控制、火灾爆炸监测监控等内容，并将燃烧爆炸基本理论与火灾爆炸预防技术进行了有机的整合。

本书适合高等院校安全工程专业及相关专业本科教学之用，也可以作为从事安全工程技术及安全管理相关人员的参考书。

前　言

火灾和爆炸是各行各业常见的事故类型，涉及范围非常广泛。它们不但出现在各行业的生产过程中，也可能出现在人们的日常生活中，所以防火防爆对于安全生产具有普遍意义。火灾和爆炸事故的发生不仅造成直接的人员伤亡和财产损失，往往还会造成继发灾害，引起触电、坍塌等伤害。近年来我国的火灾爆炸事故持续频发，给人们的生命财产造成了重大损失。防止火灾爆炸事故的发生和降低事故的影响已成为安全科技工作者的迫切任务。

该书内容体系按照"基本理论→着火理论→三种相态物质的燃烧爆炸→火灾爆炸的预防控制"一条主线，构成三大模块，即防火防爆基础理论模块、三相态物质燃烧爆炸理论模块和工程实践模块。各部分再分别展开即成为完整的体系内容。其中防火防爆基础理论模块包括两部分内容，一部分是通用基础理论模块，主要内容是三大守恒定律中涉及燃烧爆炸内容的部分，如热力学基础、化学动力学基础、其他物理化学基础；另一部分是着火燃烧的基础理论，主要有谢苗诺夫热自燃理论、弗兰克—卡门涅茨基热自燃理论、链锁自燃理论、强迫着火理论、阿累尼乌斯定律等。三相态物质燃烧爆炸理论模块主要是考虑可燃气体、可燃液体和可燃固体的燃爆过程及特点，分别介绍三种相态物质的燃烧和爆炸理论，主要内容包括可燃气体燃爆理论，如层流预混燃烧火焰传播、湍流燃烧理论及模型、可燃气体爆炸、爆炸极限理论、爆轰、气体爆炸预防；可燃液体燃爆理论，如液体燃烧特点、液体蒸发燃烧、闪燃、爆炸温度极限、液体火灾的蔓延和储罐火灾等；可燃固体燃爆理论，如固体燃烧理论、固体阴燃、粉尘爆炸和炸药爆炸等。工程实践模块主要针对不同行业或特定的情形下火灾和爆炸的特点，从火灾爆炸预防及控制的角度介绍建筑防火、电气防火、灭火等方面的理论与实践，并介绍了另一种爆炸类型——物理爆炸的相关知识。以上内容构成了完整的防火防爆理论与技术体系。

本书由朱建芳担任主编，齐黎明、何宁、胡洋和马辉担任副主编，第一章由朱建芳和高文蛟共同编写，第二章和第十章由何宁编写，第三章和第四章由齐黎明编写，第五章和第六章由胡洋编写，第七章和第九章由马辉编写，第八章由朱建芳编写，第十一章由王轶波编写，全书由朱建芳统稿。

本书在编写过程中参阅了大量的文献资料,在此谨对原作者表示最诚挚的谢意。本书得到了教育部本科教学工程——专业综合改革试点(华北科技学院安全工程专业)资助,在此表示感谢!

由于编者水平有限,书中疏漏和错误在所难免,敬请读者不吝赐教。

编 者

2013 年 4 月

目　次

第一章　火灾爆炸基本理论 ·· 1
　　第一节　概述 ·· 1
　　第二节　燃烧的学说与理论 ·· 5
　　第三节　火灾基本知识 ·· 15
　　第四节　爆炸的基本知识 ·· 29

第二章　燃烧学基本理论 ·· 37
　　第一节　化学热力学基础 ·· 37
　　第二节　化学动力学基础 ·· 48
　　第三节　燃烧物理学基本方程 ·· 67

第三章　着火理论 ·· 83
　　第一节　谢苗诺夫热自燃理论 ·· 83
　　第二节　弗兰克—卡门涅茨基热自燃理论 ·························· 88
　　第三节　连锁自燃理论 ·· 91
　　第四节　强迫着火理论 ·· 94
　　第五节　阿累尼乌斯定律 ·· 97

第四章　可燃气体燃烧与爆炸 ··· 98
　　第一节　层流预混燃烧火焰传播 ······································· 98
　　第二节　湍流燃烧与扩散燃烧 ·· 106
　　第三节　可燃气体爆炸 ·· 109
　　第四节　爆炸极限理论及计算 ·· 112
　　第五节　爆轰 ··· 117
　　第六节　气体爆炸预防 ·· 120

第五章　可燃液体燃烧与爆炸 ··· 123
　　第一节　液体燃料的燃烧特性及种类 ······························· 123
　　第二节　液体燃料的蒸发 ·· 124
　　第三节　闪燃与爆炸温度极限 ·· 130
　　第四节　液体燃料的火灾蔓延 ·· 135
　　第五节　油罐火灾燃烧 ·· 139

第六章　可燃固体燃烧与爆炸 …… 145

第一节　固体燃烧概述 …… 145
第二节　几类典型固体的燃烧 …… 148
第三节　固态可燃物的火灾蔓延 …… 156
第四节　固体可燃物的阴燃 …… 160
第五节　炸药爆炸 …… 161
第六节　粉尘爆炸 …… 190

第七章　建筑防火 …… 194

第一节　建筑构件的耐火性能 …… 194
第二节　建筑物耐火等级及耐火材料的选择 …… 201
第三节　防火分区和防烟分区 …… 209
第四节　安全疏散 …… 221
第五节　灭火装置及其配置 …… 230

第八章　电气防火防爆 …… 239

第一节　电气火灾与爆炸的引发原因 …… 239
第二节　电气线路的防火防爆 …… 241
第三节　常用电气设备的防火技术 …… 243
第四节　电气火灾爆炸危险场所 …… 247

第九章　灭火技术 …… 254

第一节　灭火的基本原理与分类 …… 254
第二节　水及水系灭火技术 …… 256
第三节　气体灭火技术 …… 260
第四节　气溶胶灭火技术 …… 264
第五节　泡沫灭火技术 …… 266
第六节　干粉灭火技术 …… 268

第十章　物理爆炸预防与控制 …… 271

第一节　物理爆炸 …… 271
第二节　水蒸气爆炸和锅炉爆炸 …… 273
第三节　低温液化气蒸气爆炸 …… 274
第四节　压力液化气体蒸气爆炸 …… 278
第五节　锅炉爆炸 …… 286

第十一章　火灾爆炸监测监控 …… 290

第一节　燃爆气体传感器 …… 290

第二节　火灾探测与报警系统……………………………………………295
参考文献……………………………………………………………………305

第一章 火灾爆炸基本理论

火的使用结束了人类茹毛饮血的原始生活方式，促进了工业文明的发展，用火已成为人类生活和生产不可或缺的重要方面。但是，火在给人类生活生产带来便利的同时，由火引起的火灾和爆炸更是给人类带来了灾难。火灾不仅会造成大量财物或财产的毁坏，而且会危及人们的生命。

第一节 概 述

一、火灾和爆炸的特点

火灾和爆炸都是常见的事故类型，涉及范围非常广泛。它们不但出现在各行各业的生产过程中，也可能出现在人们的日常生活中。火灾和爆炸事故的发生不仅造成直接的人员伤亡和财产损失，往往还会造成继发灾害，引起触电、坍塌等伤害。与其他事故类型相比，火灾和爆炸事故的特点可以归纳为事故后果严重性、事发突然性、原因多样性、灾害状况复杂性、灾害连锁性以及事故人为性等。

1. 事故后果严重性

火灾和爆炸事故的后果往往比较严重，容易造成重大人员伤亡和财产损失。例如，1994年12月8日的新疆克拉玛依市友谊宾馆在进行文艺演出时发生火灾，造成325人死亡，其中小学生288人，烧伤130人，其中重伤68人，直接经济损失100万元。2000年12月15日河南省洛阳东都商厦发生特大火灾事故，造成309人中毒窒息死亡，直接经济损失275万元。2005年2月14日辽宁省阜新矿业（集团）有限责任公司孙家湾煤矿海州立井发生特大瓦斯爆炸事故，造成214人死亡，30人受伤，直接经济损失4968.9万元。2003年10月24日宁夏自治区宁煤集团白芨沟煤矿南二2421（一）综放工作面采空区发生瓦斯爆炸，并在持续百余次爆炸后，采煤工作面支架多处出现明火，在封闭火区过程中，又多次发生瓦斯爆炸。由于采取了立即停电撤人的果断措施，没有造成人员死亡。灾后恢复生产时，宁煤集团上报的事故经济损失约1.5亿元。综上可以看出火灾和爆炸事故的后果非常严重。

2. 事发突然性

很多火灾爆炸事故是在人们生产、生活的场所内突然发生，且事发的时间和地点有着很大的偶然性，人们往往始料未及。同时灾害事故的发展迅速，来势凶猛，可波及的区域很广，进一步扩展方向的随机性大，能够在很短的时间内产生很大的破坏作用。尤其是爆炸事故的瞬时性更强，往往在几秒钟内就完成了破坏过程。因此，人们要保护自身及财产的安全，就必须要在没有多少精神准备的条件下，对发生的灾害做出快速的反应。一旦反应迟缓或判断失误，就难免会遭受重大损失。

3. 原因多样性

发生火灾和爆炸事故的原因往往比较复杂。例如，发生火灾和爆炸事故的条件之一着火源，就有明火、化学反应热、物质的分解自燃、热辐射、高温表面、撞击或摩擦、绝热压缩、电气火花、静电放电、雷电和日光照射等多种。至于另一个条件可燃物就更多了。各种可燃气体、可燃液体和可燃固体种类繁多，特别是化工企业的原材料、化学反应的中间产物和化工产品，大多属于可燃物质。加上发生火灾爆炸事故后，由于房屋倒塌、设备炸毁、人员伤亡等，也给事故原因的调查分析带来了不少困难。

4. 灾害状况复杂性

由于发生火灾爆炸的建筑物不同、可燃物质与火源的多样性、人员的复杂性、消防基础条件的不同，使得这些灾害的发生、发展状况存在很大的差别。实际上没有哪两次建筑火灾的状况是完全相同的。比如，化工生产过程的事故爆炸和煤矿瓦斯爆炸的发展过程与危害形式存在着很大差异。再如，矿山井下火灾的火势发展与井下通风系统互相影响，并且煤矿井下还存在易爆的可燃气体——瓦斯，一旦处理失误会就会造成瓦斯爆炸。因此预防控制火灾爆炸事故必须密切结合行业的特点进行。

5. 灾害连锁性

灾害的连锁性是指一种灾害的发生后又可以引起其他灾害的发生。火灾和爆炸本身就是两种密切相关的灾害，爆炸产生的高温为火灾的发生提供了引火源，火灾产生的不完全可燃气体或造成的可燃气体泄漏可以为爆炸提供可燃物，两者可以互为助长，形成连锁灾害。并且火灾或爆炸造成电气设备或线路的绝缘破坏可以造成人员触电。火灾或爆炸造成的建筑物支撑强度下降可引起坍塌事故。其他事故造成的短路也有可能为火灾或爆炸提供引火源。

6. 事故人为性

火灾爆炸事故除少数由自然灾害如雷击和火山喷发等引起外，大部分事故的发生是由于人类在生产和生活中的失误或疏忽大意直接造成的。例如，我国2000—2008年发生的重特大火灾事故中，生活用火不慎、玩火、放火和吸烟四项直接人为原因就占到了总数的36%；另外其他的原因也大部分都是由于人为因素造成的。因此，在讨论火灾爆炸的预防控制时，除了要重视物的因素外，还必须重视分析人的作用，需要研究人为引发事故的规律、人在灾害过程中的行为特点、人在控制灾害过程中的作用等。需要进行必要的教育培训，提高相关人员的安全意识和技能，并运用一定的安全管理规定和措施来规范人的行为。

二、火灾爆炸的主要危害

1. 火灾危害

火灾的发生能造成非常重大的人员伤亡和财产损失，其对人身造成的危害后果主要由以下因素引起。

1）高温

火灾作为一种燃烧反应会产生大量的热，这些热量通过对流、传导和辐射的方式加热燃烧产物和周围气体，使得环境温度快速升高。高温不仅可能使心率加快，人体大量出汗，很快出现疲劳和脱水现象，影响人员自救和疏散，并且高温会直接把人烧伤烧死。

2）烟雾

烟雾是物质在燃烧反应过程中生成的含有气态、液态和固态物质与空气的混合物。通常它由极小的炭黑粒子完全燃烧或不完全燃烧产物、水分以及可燃物的燃烧分解产物所组成。烟雾的危害主要是它们本身的毒害作用造成人员窒息。另外，人在烟雾环境中的能见度会降低，影响人员疏散逃离。再就是人在烟雾中，心理极不稳定，会产生恐怖感，使人的判断力下降，也容易造成自救和逃生失误。

3）有毒有害气体

火灾时由于可燃物的燃烧会产生大量的有毒有害气体，这些气体中除水蒸气外其他大部分对人体有害，能造成人员中毒或窒息。如 CO、SO_2、P_2O_5、HCl、NO、NO_2 等。并且火灾发生时，由于燃烧要消耗大量的氧气，使空气中的氧浓度显著下降，人长时间在这种低氧的环境中，就会造成呼吸障碍、失去理智、痉挛、脸色发青，甚至窒息死亡。建筑物内当火灾燃烧旺盛时，还会产生大量的二氧化碳，当人员接触10%~20%浓度的二氧化碳后，会引起头晕、昏迷、呼吸困难，甚至神经中枢系统出现麻痹，使人失去知觉，导致死亡。另外，还会产生一些对人体有较强刺激作用的气体，让人无法看清方向，本来很熟悉的环境也会变得无法辨认其疏散路线和出口。

4）引起爆炸或其他事故

发生火灾后，特别是工业生产中的火灾往往可能造成易燃易爆气体的泄漏，一旦这些泄漏的气体达到它们的爆炸极限就会发生爆炸。特别是在一些封闭空间中的火灾，在用水灭火过程中会产生水煤气，达到爆炸极限也会爆炸。另外，由于火灾会造成建筑物或设备的结构破坏，使它们的支撑能力下降，也可能造成坍塌、触电等其他事故。

2. 爆炸危害

与火灾相比，除了火灾的危害后果存在外，爆炸事故还有它自己的特殊危害，这些危害造成的后果相较火灾更甚。

1）冲击波

爆炸形成的高温、高压、高能量密度的气体产物，以极高的速度向周围膨胀，强烈压缩周围的静止空气，使其压力、密度和温度突跃升高，像活塞运动一样推向前进，产生波状气压向四周扩散冲击。这种冲击波能造成附近建筑物的破坏，其破坏程度与冲击波能量的大小有关，与建筑物的坚固程度及其与产生冲击波的中心距离有关。

2）碎片冲击

爆炸的机械破坏效应会使容器、设备、装置以及建筑材料等的碎片在相当大的范围内飞散而造成伤害。碎片的四处飞散距离一般可达 100~500 m。

3）震荡作用

爆炸发生时，特别是较猛烈的爆炸往往会引起短暂的地震波。例如，某市的亚麻厂发生麻尘爆炸时，有连续三次爆炸，结果在该市地震局的地震检测仪上，记录了在 7 s 之内的曲线上出现有三次高峰。在爆炸波及的范围内，这种地震波会造成建筑物的震荡、开裂、松散、倒塌等危害。

4）造成二次事故

发生爆炸时，如果车间、库房（如制氢车间、汽油库或其他建筑物）里存放有可燃物，会造成火灾；高空作业人员受冲击波或震荡作用，会造成高处坠落事故；粉尘作业场所轻微的爆炸冲击波会使积存于地面上的粉尘扬起，造成更大范围的二次爆炸。

三、火灾爆炸的主要原因

如前所述，火灾和爆炸事故的原因具有复杂性。不过生产过程中发生的工伤事故主要是由于操作失误，设备的缺陷，环境和物料的不安全状态，管理不善等引起的。因此，火灾和爆炸事故的主要原因基本上可以从人、设备、物料、环境和管理等方面加以分析。

1. 人为因素

通过对大量火灾与爆炸事故的调查和分析表明，有不少事故是由于操作者缺乏有关的科学知识，在火灾与爆炸险情面前思想麻痹，存在侥幸心理，不负责任，违章作业等引起的。在事故发生之前漫不经心，事故发生时则惊慌失措。

2. 设备的原因

如设计错误且不符合防火或防爆的要求，选材不当或设备上缺乏必要的安全防护装置，密闭不良，制造工艺的缺陷等。

3. 物料的原因

例如可燃物质的自燃，各种危险物品的相互作用，在运输装卸时受剧烈震动撞击等。

4. 环境的原因

如潮湿、高温、通风不良、雷击等。

5. 管理的原因

规章制度不健全，没有合理的安全操作规程，没有设备的计划检修制度；生产用窑、炉、干燥器以及通风、采暖、照明设备等失修；生产管理人员不重视安全，不重视宣传教育和安全培训等。

在火灾统计中，将火灾原因分为以下几类：电气、生产作业、放火、生活用火不当、玩火、吸烟、自燃、其他原因。

四、火灾与爆炸的关系

燃烧和化学性爆炸就其本质来说是相同的，都是可燃物质的氧化反应，而它们的主要区别在于氧化反应速度不同。例如，1 kg 整块煤完全燃烧时需要 10 min，而 1 kg 煤气与空气混合发生爆炸时，只需 0.2 s，两者的燃烧热值都在 2931 kJ 左右。

通过以上比较可以清楚地看出，燃烧和爆炸的区别不在于物质所含燃烧热的大小，而在于物质燃烧的速度。燃烧速度（即氧化速度）越快，燃烧热的释放越快，所产生的破坏力也越大。根据功率与做功时间成反比的关系，可以计算出一块含热量 2931 kJ 的煤块燃烧时发出的功率为 47.8 kW，含同样热量的煤气燃烧时发出的功率为 1.47×10^5 kW。功率大，则做功的本领大，破坏力也就大。

由于燃烧和化学性爆炸的主要区别在于物质的燃烧速度，所以火灾和爆炸的发展过程有显著的不同。火灾有初起阶段、发展阶段和衰弱熄灭阶段等过程，造成的损失随着时间的延续而加重，因此，一旦发生火灾，如能尽快地进行扑救，即可减少损失。化学性爆炸实质上是瞬间的燃烧，通常在 1s 之内爆炸过程已经完成。由于爆炸威力所造成的人员伤亡、设备毁坏和厂房倒塌等巨大损失均发生于顷刻之间，猝不及防，因此爆炸一旦发生，损失已无从减免。

燃烧和化学性爆炸还存在这样的关系，即两者可随条件而转化。同一物质在一种条件下可以燃烧，在另一种条件下可以爆炸。例如，煤块只能缓慢地燃烧，如果将它磨成煤粉，再与空气混合后就可能爆炸，这也说明了燃烧和化学性爆炸在实质上是相同的。

由于燃烧和化学性爆炸可以随条件而转化，所以生产过程发生的这类事故，有些是先爆炸后着火，例如油罐、电石库或乙炔发生器爆炸之后，接着往往是一场大火；而在某些情况下是先火灾而后爆炸，例如抽空的油槽在着火时，可燃蒸气不断消耗，而又不能及时补充较多的可燃蒸气，因而浓度不断下降，当蒸气浓度下降进入爆炸极限范围时则发生爆炸。

第二节 燃烧的学说与理论

一、燃素学说

物质燃烧现象是古代和近代化学的重要研究对象。古代哲学家把火看做是宇宙的"本原"；炼金家和医药化学家则视火为构成万物的"要素"；化学一度被称为"火术"。当时已知的化学反应大都与燃烧现象有关。特别是到了17世纪中叶以后，随着资本主义生产的发展，金属冶炼、燃烧及其他高温反应都迫切需要对燃烧现象做出理论上的解释，所以建立燃烧理论已成为整个化学发展的中心课题。

在这种形势下，首先出现了错误的燃素学说，并统治化学界达百年之久。随后由于气体化学的成就而被推翻，建立了科学的氧化学说，使化学第一次有了关于化学反应的理论。至此化学不仅在元素概念和物质组成上，而且在化学反应上确立了科学体系，奠定了近代化学的最后基石。

1. 燃素学说的统治

处于17世纪中叶的化学，虽然波义耳已从理论上阐明了元素的概念，然而在实际上，人们还难以辨别究竟什么是元素；医药化学家的"三要素"说仍在起着作用，并为燃素学说的产生提供了思想基础。

1669年曾经随同波义耳研究过燃烧现象的德国化学家贝歇尔（J. J. Becher, 1635—1682）提出了燃素学说的基本思想。他在《土质物理学》一书中提到，气、水、土虽然都是元素，但作用并不相同：气不能参加化学反应，水仅仅表现为一种确定的性质，而土才是造成化合物千差万别的根源。他认为土有油状土、流质土、石状土三类，分别相当于硫、汞、盐"三要素"。他还认为一切可燃物均含有硫的"油状土"，并在燃烧过程中放出，依此来解释燃烧现象。

1703年，贝歇尔的学生（Scheele）斯塔尔对他老师的思想加以补充和发展，提出了一个比较完整的燃烧理论，称之为燃素学说。他认为，"油状土"并非是"硫要素"所代表的可燃性，而是一种实在的物质元素，即"油质元素"或"硫质元素"，他把这种元素命名为"燃素"。据此他提出：一切可燃物均含有燃素，可燃物是由燃素和灰渣构成的化合物，燃烧时分解，放出燃素，留下灰渣。燃素和灰渣结合又可复原为可燃物。他依此来解释一切燃烧现象以至所有的化学变化，例如金属燃烧，逸去燃素而留下灰渣；灰渣同富有燃素的木炭共热，又还原为金属，金属溶于酸，则放出燃素（氢气），而留下灰渣

（盐），等等。这种理论曾足以说明当时所知道的大多数化学现象，这就使斯塔尔深信，燃素为一切化学变化的根本，化学反应为燃素作用之种种表现，因此燃素学说已不只是燃烧理论，而且已扩展为整个化学反应过程的普遍理论了。

应当看到，燃素学说并不是一个正确的科学假说。作为这一学说核心的燃素，是一个假想的、并不存在的"物质"，而对燃烧过程的解释则是本末倒置的。它把金属煅烧同氧结合的过程，看做是金属分解和放出燃素的过程；把金属看成是燃素和灰渣结合成的化合物，而把灰渣却当成了元素，"真实的关系被颠倒了，映象被当做了原形"。显然，燃素学说是经受不住长期实践考验的。

燃素学说的错误随着化学的发展而日益明显暴露出来。既然燃素是一种物质，为什么无人发现过它？特别是，为什么金属燃烧放出燃素之后剩下的灰渣反而更重了？这使燃素学说陷入了无法解脱的困境。1750 年著名燃素论者文耐尔（G. Venel, 1723—1775）认为是由于燃素具有反常的"负重量的轻浮性"的缘故。所以燃素并不被吸向地球的中心，而是倾向于上升，从而使金属在放出燃素后的重量增加了。这就把燃素看成是一种不遵守物理规律的神秘东西，实际上是把它看成了早在 1540 年化学家毕林古乔（V. Biringuccio, 1480—1530）提出的物质中的"灵气"，因而当物质一旦失去后就会像"完全死了的东西一样倒下来，因而变得加重了"。但是，为什么有机物燃烧失去燃素后的重量却反而又减轻了呢？燃素究竟是具有"负重量"还是"正重量"呢？燃素论者就很难自圆其说了。

可以看出，当化学处于幼稚阶段，只需要从质上定性地考察化学变化时，燃素学说还可以说得过去。但是，当化学发展到较高阶段，不仅需要从质上而且还需要从量上加以考察时，燃素学说就显得无能为力而漏洞百出了。

但是，也应看到，燃素学说的错误毕竟同带有宗教神秘色彩的炼金术理论的错误不同，它是在科学实验基础上产生的一种相对错误的学说，是基于正确事实提出的不正确的观念，是比古代哲学家的臆测性、炼金家的宗教性和医药化学家半神秘性的理论要切实得多和进步得多。正因为如此，即使它并非是正确的，然而它的出现却积极推动了化学的发展，应当说，是一个"可用的假说"。它只是到了后期才推迟了化学的进步，妨碍许多优秀的研究者看到他们发现的事实的正确解释，成了一种保守的理论。然而，燃素理论的失败，并非由于它的内在不合逻辑性；相反，它的"燃素的放出与吸入"的逻辑方法，对于化学家研究化学过程的思考也是不无益处的，因此有的科学史家认为，燃素说已为化学方法论打下了基础。虽然在这一学说上的建筑已成废墟，然而我们今天的化学建设却是以它为借鉴进行的。

2. 气体化学的突破

燃素学说的被推翻是以气体化学的突破为线索的。气体化学的成就是建立新的科学的燃烧理论的基础。

人们早在 17 世纪中叶就开始了对气体的研究。海尔蒙特提出了气体的概念，并研究过不驯服的野气（二氧化碳）和可燃的油气。波义耳可能是第一个收集过气体的人。

1755 年苏格兰化学家布拉克（J. Black, 1728—1799）发表了题为《关于白镁石、生石灰和其他碱性物质的实验》的论文，指出加热白镁石或石灰石可以得到一种具有重量的气体；它不同于一般空气，可以和碱性物质相结合而被固定，由此称为"固定空气"。

他还指出石灰石加热放出"固定空气"后失重约44%，生石灰吸收"固定空气"变成石灰石后增重约44%，失重相等于增重。他还研究了"固定空气"，发现其具有不助燃和可使动物窒息等性质；并证明在空气、天然水和一些盐类（碳酸盐）中都含有"固定空气"等；这就说明"固定空气"确是一种不同于普通空气的新发现气体。

这一发现，从根本上改变了人们对于气体的认识，具有重要意义。第一，它表明气体也像液体和固体一样是实物，也可以同固体物质结合成新物质，并成为其组成部分。因此气体并无任何神秘之处，从而推翻了海尔蒙特关于气体不能参加化学反应的结论，开辟了气体化学研究的新领域；第二，它表明气体并非只具有一种，同液体和固体一样，也具有多样性，由此引起了人们对于气体研究的兴趣；第三，它表明石灰石燃烧重量的变化仅由固定空气引起，而与燃素无关，从而在燃烧过程中第一次排除了燃素的地位，给予了燃素说以有力的冲击。

然而遗憾的是，布拉克本人并未理解他的重要发现的全部意义，他一贯比较重实验而轻理论，行动谨小慎微，未敢在新发现的事实基础上提出新的科学假说。即使在已经证明了燃素学说的错误时，对于氧化说和燃素说的争论也不置可否，而是谨慎地表示中立。这些表现使他未能成为一个具有更大贡献的化学理论家。

1766年，英国化学家凯文迪旭（H. Cavendish, 1731—1810）发表了一篇题为《论人工空气》的论文，认为各种空气都可以用人工的方法从它所存在的物质中提取出来。他发现，锌、铁、锡等金属和稀硫酸作用都可以得到一种可燃的气体，即氢气。由于"不管用什么样的酸来溶解具有相同重量的某种金属时都会产生相同重量的同样气体"，使他误认为氢气是来自金属而不是来自酸，由此把氢气命名为"来自金属"的"易燃空气"。这种错误看法曾一直延续到19世纪初。不仅如此，由于受到燃素学说的束缚，他甚至认为"易燃空气"本身就是"燃素"，他以为当金属在酸中溶解时"所含的燃素便释放出来，形成了易燃空气"。特别是当它被充入气球后会使气球远离地面而向上飘浮，似乎显示了所具有的"负重量"性质。后来，由于他本人精确测出了氢气的比重，并认清了空气浮力的实质后才否定了自己的看法。凯文迪旭则研究了氢气的多种制法、物理性质、化学性质确定了同空气产生爆鸣的体积比例，从而确认它是一种不同于普通空气的新气体。因此他被公认是氢气的发现人，然而遗憾的是他并未能理解到这一发现的真正意义。

1772年，苏格兰的医生、化学家、布拉克的学生卢瑟福（D. RMtherford, 1749—1819），依照布拉克的建议研究了物质在空气中燃烧后剩余气体的性质。由于他是一位医生，为了得到这种气体，他先用老鼠放在密闭容器中呼吸直至死亡，发现空气体积减少1/10，用碱液吸收后体积又减少1/11，而剩余气体仍可使蜡烛燃烧，再加入磷燃烧后所得到的剩余气体已无助燃性质了。他把这部分气体称为"毒气"或"浊气"，即氮气，并在一篇题为《固定空气和浊气导论》的论文中发表了这一成果。与此同时，凯文迪旭等人也先后发现了氮气，然而均未及时公布。

氮气的发现对于人们认识空气的组成和本质，揭示物质燃烧的奥秘具有重要意义。然而卢瑟福由于受到燃素说的影响，还未认识到氮是一种元素，是空气的一个组成部分，而只认为是"被燃烧物质吸去燃素后的空气"。

氧气的发现对于推翻燃素说具有着决定性的意义。它最早由瑞典化学家舍勒（C. W. Scheet, 1742—1786）所发现。他在硝石的加热中得到了一种气体，能强烈地助燃，使点燃的蜡烛发出了耀眼的光芒。他还在硝酸镁、硝酸汞、氧化汞等物质的加热中也制得了这种气体。他认为这就是存在于空气中的"火空气"。随后他写出论文《关于空气与火的化学》，宣告了氧气的发现。然而由于印刷的拖延，直到1777年才得以公开发表。舍勒虽然最早发现了氧，但是并未能认识燃烧的本质，并错把燃烧看成是"火空气"与燃素的结合，从而失去了一次发现真理的机会。

稍后不久，英国化学家普利斯特列（J. Priestley, 1733—1804）也独立发现了氧气，时间虽较舍勒为晚，然而早在1774年就公开发表了成果，最早产生了重大的实际影响。普利斯特列原修神学，后任牧师，撰写过多部神学著作，然而并未学过化学。在38岁以后由于业余爱好而研究化学，并相继发现了氧气、氧化氮、一氧化碳、二氧化硫、氯化氢和氨气等多种气体，被誉为"气体化学之父"，成了一位杰出的化学实验家。当他得知布拉克发现"固定空气"之后深受启发，也很想研究一下存在于各种固体物质中的不同"空气"。1774年，他的朋友送给他一个很大的凸透镜，于是他便以此为工具加热所保存的各种固体物质，以求驱赶出存在于其中的各种"空气"。当他加热红色的三仙丹（氧化汞）时，看到从中放出了大量气体。经研究发现它具有助燃性和有益于动物呼吸的性质，此外，阳光照射下的绿色植物也能放出这种气体。他由于受到燃素学说的束缚，把这种气体称为"脱燃素空气"，即氧气。这样，普利斯特列同舍勒一样，也并未能认识氧气在燃烧过程中的作用。

氧气的发现在化学发展中占有相当重要的地位。日本著名化学史家山冈望认为，"这是18世纪末到19世纪初建设化学大厦的一块坚固的基石"。如果当时尚未发现，"则要建成化学的殿堂就还不知要推迟几十年"。因此，科学史家贝尔纳把氧气的发现誉为是"化学中气体革命的极点"。这就是说，如果认为气体化学的每一个成就都是建立新的科学燃烧理论链条的一个环的话，那么，氧气的发现就是这一链条中的最后一环，是气体化学中的最大突破。

二、燃烧的氧学说

气体化学的成就和定量方法的应用，从化学科学内部不断地冲击着陈旧的燃素学说。而在18世纪后期以英国为主要舞台的工业革命和以法国为主要舞台的资产阶级民主革命，由于促使西欧社会彻底摆脱了僵硬的中世纪封建躯壳，从而推动整个自然科学进入了一个前所未有的发展时期。这就又在化学科学外部提供了推翻燃素学说建立科学燃烧理论的条件。所有这些因素综合在一起，就使得化学家能够把从气体性质中推导出来的物理概念应用到传统的化学中去，建立了新的氧化学说，实现了一场深刻的化学革命。这样，化学也就从传统的经验技术性的学科转变为一门像力学一样的，可以用数学进行定量计算的科学了。

燃烧过程的本质是什么？这个长期未解的化学奥秘终于被杰出的法国化学家拉瓦锡（1743—1794）所揭示。1768年，年仅25岁的拉瓦锡就因对天然水的卓越研究而当选为法国科学院院士。但是，他的大部分时间还是从事包税人和兵工厂经理等社会行政工作，只是靠业余时间坚持化学研究。1772年他开始研究燃烧问题。他发现金刚石燃烧后竟变得无影无踪，由此想到燃烧可能是物质同空气的结合。他又全面考察了18世纪以来的气体化学成果，特别是布拉克"固定空气"的发现，使他深感定量方法的重要。为此，他在磷、硫等非金属燃烧实验中也精确进行了测量,发现它们同锡、铅等金属一样,燃烧产物的重量亦有增加,认识到燃烧增重是一个较为普遍的现象。至于增重的原因,他查遍了各种著作和文献也未找到令人满意的解释。其中,对于"燃素具有负重量"的说法,显然是违背物理规律的,可不加考虑。然而对于百年前波义耳关于"火粒子"进入的说法呢?他认为也不可轻易置信,而需要自己动手重新检验。1774年拉瓦锡重做了1674年波义耳煅烧金属的实验。但他改进了波义耳的疏漏,把锡放在一个密封的容器里加热煅烧,以避免外界空气的干扰。结果发现,虽然锡煅烧后的重量有所增加,但盛有锡的密封容器的总重量却在反应前后未有改变。既未增加也未减少。这就表明,并没有波义耳所说的"火粒子"从外界进入容器同金属结合,从而否定了传统的"火粒子"增重的解释。他又发现,当容器启封后则有空气进入,并使总重量有所增加。这就使他得出一个结论:锡的加重不是来自"火中物质"而是来自"空气"。他还进一步在量上证明,"锡所增加之重,几乎恰等于补入的空气之重"。至此,拉瓦锡已经明确树立了燃烧是可燃物同空气相结合的观念。但是,拉瓦锡尚未能断定这部分空气的性质是布拉克的"固定空气",还是普通空气,或普通空气中的一部分。开始时,他曾设想是"固定空气"。因为铅在空气中加热后成密陀僧(一氧化铅),而密陀僧和木炭共热后又可还原为铅,并放出了"固定空气",从而以为铅原来就是同"固定空气"相结合的。后来发现磷并不能在"固定空气"中燃烧才放弃了这一设想。那么,同可燃物结合的究竟是一种什么气体?他企图从直接加热金属灰渣中得到这种气体,然而未获成功。1774年10月,正当拉瓦锡的实验遇到困难的时候,恰好刚刚发现了氧气一个多月的普利斯特列在漫游欧洲大陆的旅途中来到巴黎同拉瓦锡会晤,并详细介绍了刚刚发现氧气的过程。这使拉瓦锡恍然大悟。他觉得普利斯特列所说的"脱燃素空气"可能正是自己要分离而尚未分离出的气体。他很快重复了普利斯特列的实验,并从化合和分解两个方面反复做了精确测定。由此得出结论:"金属燃烧是吸收了空气中能够助燃的部分;剩下了不能够助燃的部分,可见空气是由性质相反的两种气体所组成"。前者称为"上等可呼吸空气",不久又称为"成酸的元素"(oxygen),即氧气;后者称为"不能维持生命"的空气,即氮气。1775年,拉瓦锡向法国巴黎科学院提交了《使金属煅烧增重元素的性质》的报告,公布了研究结果。

  至此,拉瓦锡已经揭示出燃烧过程的机制:可燃物的燃烧是同氧的结合而不是燃素的放出;可燃物燃烧的重量变化系由氧造成而同燃素无关,这样就把燃素完全排除在燃烧过程之外,燃素变成了多余的、无用的东西。同时,金属也就不再是由燃素和灰渣组成的化合物,而是元素本身;相反,灰渣也就不是元素,而是化合物了。显然,燃素学说的错误已经毋庸置疑,需要新的科学的燃烧理论即氧化学说加以取代了。1777年,拉瓦锡综合了1772—1777年的研究成果,撰写成一篇题为"燃烧理论"的报告,全面、系统地阐述了新理论,即"燃烧的氧化学说"。其要点是:①物质燃烧时放出光和热;②物质在氧存在时才能燃烧;③物质在空气中燃烧时吸收其中的氧,燃烧后增加之重恰等于吸收的氧之重;④一般可燃物(非金属)燃烧后变为酸;金属煅烧后变为灰渣,即金属氧化物。这样,这个以氧为中心的理论,就以其简洁明快的思想把燃素学说所碰到的种种无法解决的矛盾迎刃而解了,使人们能够按照燃烧的本来面目来掌握燃烧的规律。

  虽然燃烧的氧学说已经建立但并未立即为人们普遍接受,像普利斯特列和凯文迪旭等一些著名化学家仍在相信燃素说。这主要是因为还存在一个"易燃空气"(氢气)及其燃烧产物的问题。燃素论者认为"易燃空气"就是燃素本身，也是燃素存在的"证据"。但是依照新的理论，"易燃空气"只是一种元素，并在燃烧后亦应增重。然而拉瓦锡却始终未能找到这一产物而无法证实，所以，拉瓦锡的理论要走向完备，就必须解决水的组成问题。1781年，普利斯特列在一次氢气和氧气混合爆炸的实验中发现了化合产物水，随后凯文迪旭又精确测出了氢气和氧气化合成水的体积比例。这就用科学的方法第一次证明了水并非像古希腊哲学家泰勒斯所说的是万物的"本原"或"元素"，而是化合物。遗憾的是，发现者本人却对此视而不见，仍坚持认为水是"元素"，并以其倒置的理论加以解释：在两种气体中原来都含有水，氧气是"脱除燃素的水"，氢气是"含有更多燃素的水"，两种气体的化合只是水的重新分配，而不是水的生成，等等。为此，凯文迪旭就更加相信燃素说，认为"被普遍接受的燃素的原理，至少同拉瓦锡先生的学说一样，能够解释所有的现象"。这样，燃素论者就又错过了一次重要的发现机会，而这一机会却又落到了拉瓦锡的身上。1783年，正当拉瓦锡对氢的燃烧产物困惑不解时，凯文迪旭的助手布莱格登（C. Blagden, 1748—1820）来到巴黎拜访了拉瓦锡，并介绍了凯文迪旭合成水的实验，使拉瓦锡顿有所悟。他认为这正是自己要找而尚未找到的"易燃空气"的燃烧产物。他又像过去重复普利斯特列发现氧的实验一样，立即重复了凯文迪旭合成水的实验，并得出结论：水并非元素，而是"易燃空气"和氧气的化合物；"易燃空气"的燃烧是氧化并增重的过程，产物为水，"易燃空气"并非燃素而是元素，应命名为"生成水的元素"，即氢气。同年，他撰写了《对于燃素的回顾》一文发表了研究成果，否定了燃素说赖以存在的最后一个"依据"。这是一次历史画面的重演，过去，普利斯特列发现了氧，而拉瓦锡才真正揭示了氧的本质和意义；现在，凯文迪旭合成了水，而又由拉瓦锡真正揭示了水的本质及其合成意义；再一次显示了科学思维在化学研究中的重要作用。此后，氧化学说日益得到了更为广泛的承认。1783年，为了宣告燃素说的破产，正像二百多年以前帕拉塞斯当众焚烧了中世纪医学权威的著作那样，也由拉瓦锡夫人当众仪式性地焚烧了斯塔尔和燃素说的书籍，以示氧化学说的胜利。1785年以后，除了极少数保守者外，绝大多数化学家已不再相信燃素论而使它很快销声匿迹了，氧化学说已为举世所公认。为了进一步巩固氧化学说的地位，1787年拉瓦锡等人依照新理论的观点，制定了新的化学命名法。

1789年拉瓦锡在经过十多年的努力之后，终于在法国大革命爆发的同年完成了他的具有划时代意义的名著——《化学纲要》一书。拉瓦锡在书中详细叙述了推翻燃素说的实验依据，系统阐明了氧化学说的科学理论，重新解释了各种化学现象，明确了化学研究的目标，认为化学应当是"以自然界的各种物体为实验对象，旨在分解它们，以便对构成这些物体的各种物质进行单独的检验"。他还发展了波义耳的元素概念，并依此提出了包括33种元素的化学史上第一张真正的化学元素表；还依照新的化学命名法对化学物质进行了系统命名和分类。书中还以充分的实验根据明确阐述了质量守恒定律，提出了化学方程式的雏形，并把质量守恒定律提到了一个作为整个化学定量研究基础的地位。这是一部依照新理论体系写出的化学教科书，为培养未来几代化学家的工作奠定了基础。它刚一在巴黎问世，很快就被译成荷兰文（1789年）、英文（1790年）和意大利文（1791年），受到了各国化学界的重视，从而迅速廓清了燃素说的残余，广泛传播了新的氧化理论，使化学建立起从元素概念到理论的全面的近代科学体系。这样，化学作为一门科学才得以最后确定。人们把拉瓦锡的《化学纲要》同牛顿的《自然哲学的数学原理》和达尔文的《物种起源》一起列为世界自然科学的"三大名著"。

三、燃烧的分子碰撞理论

根据化学上的定义,强烈的氧化反应并有热和光同时发生者称为燃烧。热和光是说明燃烧过程中发生的物理现象,那么燃烧的这种氧化反应是怎样发生的呢?亦即燃烧的实质是什么呢?

近代用链式反应理论来解释燃烧的实质,而在这个理论之前,曾有燃烧的分子碰撞理论、活化能理论和氧化过氧化物理论等。

燃烧的分子碰撞理论认为燃烧的氧化反应是由于可燃物和助燃物两种气体分子的互相碰撞而引起的。众所周知,气体的分子都是处于急速运动的状态中,并且不断地彼此互相碰撞,当两个分子发生碰撞时,即有可能发生化学反应。但是用这种理论解释燃烧的氧化反应时,其可能性却非常小。例如,氢与氯的混合物在常温下避光储存于容器中,它们的分子每秒钟彼此碰撞达 10 亿次之多,但觉察不到有任何反应。可是,若把这种混合物置于日光之下,虽不改变其温度和压力,氢与氯两者却可以极快的速度进行反应,而生成氯化氢,并显出燃烧爆炸现象。由此可见,气态下物质的反应速度,并不能仅以分子碰撞次数的多少来加以解释,这是因为在互相碰撞的分子间会产生一般的排斥力,只有在它们的动能极高时,才能在分子的组成部分产生显著的振动,引起键的变弱,使分子各部位的重排有可能,亦即有可能引起化学反应。这种动能,按其大小而言,接近于键的破坏能,因而至少是 2.1~41.8 kJ。这就意味着一切反应必须在极高温度下才能发生,因为 41.8 kJ 的活化能相当于 1200~1400 ℃ 的反应温度。假如同意这种观点,那么燃烧与氧的反应该是特别困难的,因为双键 O═O 的破坏能是 49 kJ,而 C—H 键的破坏能为 33.5~41.8 kJ。但是,实验证明最简单的碳氢化合物的氧化在 300 ℃ 左右就进行了。上面的推证排斥了下面这样一种见解,即可燃物质的燃烧使它们的分子与氧分子直接起作用而生成最终的氧化产物。

四、活化能理论

为使可燃物和助燃物两种气体分子间产生氧化反应,仅仅依靠两个分子发生碰撞作用还不够,这是因为在互相碰撞的分子间尚会产生一般的排斥力,这就是说在通常的条件下,这些分子没有足够的能量来发生氧化反应;只有当一定数量的分子获得足够的能量以后,才能在碰撞时引起分子的组成部分产生显著的振动,使分子中的原子或原子群之间的结合减弱,引起键的削弱以便使分子各部分的重排有可能,亦即有可能引向化学反应。这些具有足够能量的,在互相碰撞时会发生化学反应的分子,称为活性分子。活性分子所具有的能量要比普通分子平均能量多出一定值。使普通分子变为活性分子所必需的能量,称为活化能。

图 1-1 中的纵坐标表示所研究系统的分子能量,横坐标表示反应过程。图中的 A 点表示系统开始时的动力状态。当这个系统接受转入活性状态 B 所必需的能量 E_1 后,将引起反应,并且这个系统将在减弱能量 E_2 的情况下进入结束状态 C。能量 $E_1 - E_2 = -Q$ (E_2 大于 E_1) 这一差数为反应的热效应。

活化能理论指出了可燃物和助燃物两种气体分子发生氧化反应的可能性及其条件。

五、过氧化物理论

过氧化物理论认为，分子在热能、辐射能、电能、化学反应能等各种能量作用下可被活化。在燃烧反应中，首先是氧分子（O═O）在热能作用下活化，被活化的氧分子的双键之一断开，形成过氧基—O—O—。这种基能汇合于被氧化物质的分子上面形成过氧化物：

$$A + O_2 \longrightarrow AO_2$$

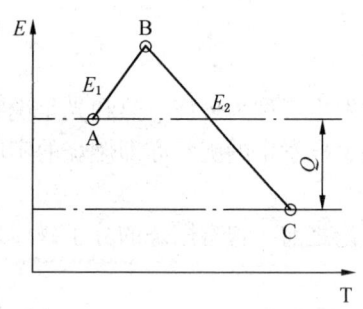

图1-1 反应中的活化能

在过氧化物的成分中有过氧基，这种基中的氧原子较之游离氧分子中氧原子更不稳定。因此，过氧化物是强氧化剂，它不仅能氧化形成过氧化物的物质A，而且也能氧化用分子氧很难氧化的其他物质B：

$$AO_2 + A \longrightarrow 2AO$$
$$AO_2 + B \longrightarrow AO + BO$$

例如，氢和氧的燃烧反应，通常直接表达为

$$2H_2 + O_2 \longrightarrow 2H_2O$$

过氧化物理论则认为先是氢和氧形成过氧化氢，而后才是过氧化氢再与氢再生成 H_2O。其反应式如下：

$$H_2 + O_2 \longrightarrow H_2O_2$$
$$H_2O_2 + H_2 \longrightarrow 2H_2O$$

有机过氧化物通常可看做过氧化氢 H—O—O—H 的衍生物，在其中，有一个或两个氢原子被烃基所取代而成为 H—O—O—R 或 R—O—O—R。所以，过氧化物是可燃物质被氧化的最初产物，它是不稳定的化合物，在受热、撞击、摩擦等情况下能分解而产生自由基和原子，从而又促使新的可燃物质的氧化。

过氧化物理论在一定程度上解释了为何物质在气态下有被氧化的可能性。它假定氧分子只进行单键的破坏，这比双键破坏要容易一些。因为破坏1 mol氧的单键只需要29.3～33 kJ的能量。但是若考虑到C—H键也必须破坏，氧分子也必须加合于碳氢化合物之上而形成过氧化物，则氧化过程还是很困难的。因此，巴赫又提出了另一种说法，即易氧化的可燃物质具有足以破坏氧中单键所需的"自由能"，所以不是可燃物质本身而是它的自由基被氧化。这种观点就是近代关于氧化作用的链式反应理论的基础。

六、链式反应理论

1. 链式反应理论的发展

链式反应的发现及其机理的研究，标志着现代化学动力学研究的重大进展。在这一领域起到开创性作用的是德国的博登斯坦（M. Bodenstein，1871—1942）。他通过卤素与氢反应生成卤化氢的机理的研究，于1913年提出了链反应的概念。但博登斯坦链反应的概念还是一个抽象的假说，很不具体。1916年，能斯特以氢和氯反应为例提出了直链反应的模式：

$$Cl_2 \longrightarrow Cl\cdot + Cl\cdot \quad Cl\cdot + H_2 \longrightarrow HCl + H\cdot \quad H\cdot + Cl_2 \longrightarrow HCl + Cl\cdot$$

在1927年以前，链反应机理的研究还不够普遍，而且主要停留在直链反应阶段。1927—1928年，苏联的谢门诺夫和英国的邢歇伍德对H_2和PH_3在氧气中的燃烧反应做了深入研究，他们二人都得出燃烧反应是链反应的结论，并提出了支链反应的概念。1956年，由于谢门诺夫和邢歇伍德对链反应机理的研究成果，共同获得了诺贝尔化学奖。1934年，谢门诺夫（H. H. CemeHoB, 1896—?）在他的专著《链反应和化学动力学》中，系统地探讨了链反应的机制，并解决了燃烧和爆炸的关系。他认为，由于链反应的传递物都是价键不饱和的，所以，这类反应都是非常活泼的自由原子或自由基与分子之间的反应。它当然要比分子间直接反应要快。自由原子或自由基在反应过程中，自由价并不消失，如$Cl\cdot + H_2 \longrightarrow HCl + H\cdot$，所以链反应比分子间直接反应更利于进行。谢门诺夫与邢歇伍德提出的支链反应理论是对链反应理论的一个发展。他们认为，像氢、一氧化碳等物质的燃烧反应，与氢和氯一起生成氯化氢的直链反应根本不同。前者在反应过程中会出现支链，如$H\cdot + O_2 \longrightarrow OH\cdot + O\cdot$。这些$OH\cdot$与$O\cdot$是增加了自由价的中间产物，不仅特别活泼，而且它们使反应发生树杈般的分枝，因而可以使反应雪崩式地往下进行。此时，链的数目随着反应的进行而呈指数函数增长。所以，链的中断如果小于链的支化就会产生爆炸反应；链的中断如果大于链的支化，反应就会停止；二者相等，反应就会平稳地正常进行。由此，他得出结论，燃烧是缓慢的爆炸，爆炸是骤烈的燃烧，从而把二者统一起来了。

随着对链反应机理的深入研究，链反应又被推广到研究有机化学聚合反应的机制，逐步得到了更大的发展。在化学反应机理深入研究的同时，经过许多化学家的共同努力，逐步建立了催化理论和表面化学。

2. 链式反应的过程

连锁反应理论认为物质的燃烧经历以下过程：可燃物质或助燃物质先吸收能量而离解成为游离基，与其他分子相互作用形成一系列连锁反应，将燃烧热释放出来。这可以列举氯和氢的作用来说明，氯在光的作用下被活化成活性分子，于是构成一连串的反应：

$$Cl_2 + h\gamma \text{（光量子）} \longrightarrow Cl\cdot + Cl\cdot \text{（链的引发）}$$

$$Cl\cdot + H_2 \longrightarrow HCl + H\cdot$$

$$H\cdot + Cl_2 \longrightarrow HCl + Cl\cdot \text{（链的传递）}$$

$$Cl\cdot + H_2 \longrightarrow HCl + H\cdot$$

$$H\cdot + Cl_2 \longrightarrow HCl + H\cdot$$

依此类推，即

$$Cl\cdot + Cl\cdot \longrightarrow Cl_2 \text{（链的中断）}$$

$$H\cdot + H\cdot \longrightarrow H_2$$

上列反应式表明，最初的游离基（或称活性中心、作用中心等）是在某种能源的作用下生成的，产生游离基的能源可以是受热分解或受光线、氧化、还原、催化和射线照射等。游离基由于比普通分子平均动能具有更多的活化能，所以其活动能力非常强，在一般条件下是不稳定的，容易与其他物质分子进行反应而生成新的游离基，或者自行结合成稳定的分子。因此，利用某种能源设法使反应物产生少量的活性中心——游离基时，这些最初的游离基即可引起连锁反应，因而使燃烧得以持续进行，直至反应物全部反应完毕。在连锁反应中，如果作用中心消失，就会使连锁反应中断，从而使反应减弱直至燃烧停止。

总的来说，连锁反应机理大致可分为三段：①链引发。即游离基生成，使连锁反应开始。②链传递。游离基作用于其他参与反应的化合物，产生新的游离基。③链终止。即游离基的消失，使连锁反应终止。造成游离基消失的原因是多方面的，如游离基相互碰撞生成分子，与掺入混合物中的杂质起副反应，与非活性的同类分子或惰性分子互相碰撞而将能量分散，撞击器壁而被吸附等。

综上所述，燃烧是一种复杂的物理化学反应。光和热是燃烧过程中发生的物理现象，游离基的连锁反应则说明了燃烧反应的化学实质。按照链式反应理论，燃烧不是两个气态分子之间直接起作用，而是它们的分裂物——游离基这种中间产物进行的链式反应。

3. 链式反应的分类

链式反应有分支连锁反应和不分支连锁反应两种。上述氯和氢的反应是不分支连锁反应的典型，即活化一个氯分子可出现两个氯的游离基，也就是两个连锁反应的活性中心，每一个氯游离基都进行自己的连锁反应，而且每次反应只引出一个新的游离基。

氢和氧是典型的支链反应。在支链反应中，一个活性粒子（自由基）能生成一个活性粒子以上的中心。任何连锁反应都由三个阶段构成，即链的引发、链的传递（包括支化）和链的终止。

以氢和氧的支链反应为例：

链的引发 $\quad H_2 + O_2 \longrightarrow 2OH\cdot$ (1)

$\quad H_2 + M \longrightarrow 2H\cdot + M$（M 为惰性分子） (2)

链的传递 $\quad OH\cdot + H_2 \longrightarrow H\cdot + H_2O$ (3)

链的支化 $\quad H\cdot + O_2 \longrightarrow O\cdot + OH\cdot$ (4)

$\quad O\cdot + H_2 \longrightarrow H\cdot + OH\cdot$ (5)

链的终止 $\quad 2H\cdot \longrightarrow H_2$ (6)

$\quad H\cdot + O_2 + M \longrightarrow HO_2\cdot + M$ (7)

慢速传递 $\quad HO_2\cdot + H_2 \longrightarrow H\cdot + H_2O_2$ (8)

（压力达到一定值时起作用）

$\quad HO_2\cdot + H_2O \longrightarrow OH\cdot + H_2O_2$ (9)

链的起始，需有外来能源激发，使分子键破坏，生成第一个自由基，如式（1）、式（2）链的传递（包括支化）即自由基与分子反应，如式（4）、式（5）、式（8）、式（9）所示。在这种连锁发展过程中所生成的中间产物——自由基，称为连锁载体或作用中心或者活化中心。链的终止，就是引起自由基消失的反应，如式（6）、式（7）（HO_2不如其他自由基活泼，故列为终止反应）。活化中心与器壁碰撞消失或在气相中与惰性分子碰撞消失。如活化中心与混合物中的杂质撞击，活化中心与非活性的同类分子或惰性分子互撞而将能量分散等等。

4. 连锁反应速度

连锁反应速度 v 用下式表示：

$$v = \frac{F(c)}{f_s + f_c + A(1-\alpha)} \quad (1-1)$$

式中 $F(c)$——反应物浓度函数；

$\quad\quad f_s$——链在器壁上销毁因数；

f_c——链在气相中销毁因数；

A——与反应物浓度有关的函数；

α——链的分支数，在直链反应中 $\alpha=1$，在支链反应中 $\alpha>1$。

连锁反应中，反应系统所处的条件（包括温度，压力，杂质，容器材料、大小、形状等）都能影响反应速度。在一定条件下，当 $f_s+f_c+A(1-\alpha)\longrightarrow 0$ 时，就会发生爆炸。故应用连锁反应理论，可以对燃烧过程中许多现象加以圆满的解释。

第三节 火灾基本知识

一、燃烧的类型

燃烧是同时发光放热的氧化反应，它可分为闪燃、着火和自燃等类型。每一种类型的燃烧都有其各自的特征。研究防火技术，就必须具体地分析每一类型燃烧发生的特殊原因及其特点，才能有针对性地采取行之有效的防火措施。

（一）闪燃与闪点

可燃液体表面存在可燃液体的蒸气，可燃液体的温度越高，蒸发出的蒸气亦越多。当温度不高时，液面上少量的可燃蒸气与空气混合后，遇着火源而发生一闪即灭（延续时间少于 5 s）的燃烧现象，称闪燃。除了可燃液体以外，某些能蒸发出蒸气的固体，如石蜡、樟脑、萘等，其表面上所产生的蒸气可以达到一定的浓度，与空气混合而成为可燃的气体混合物，若与明火接触，也能出现闪燃现象。

可燃液体蒸发出的可燃蒸气足以与空气构成一种混合物，并在与火源接触时发生闪燃最低温度，称为该液体的闪点。闪点越低，则火灾危险性越大。如乙醚的闪点为 $-45\ ℃$，煤油的闪点为 $28\sim 45\ ℃$，说明乙醚不仅比煤油的火灾危险性大，而且还表明乙醚具有低温火灾危险性。可燃液体闪点受液体内含水量影响很大，不同浓度乙醇水溶液的闪点见表 1-1。

表 1-1 乙醇水溶液的闪点

溶液中乙醇含量/%	闪点/℃	溶液中乙醇含量/%	闪点/℃
100	9.0	20	36.75
80	19.0	10	49.0
80	22.75	5	62.0
40	26.75	3	

应当指出，可燃液体之所以会发生一闪即灭的闪燃现象，是因为它在闪点的温度下蒸发速度较慢，所蒸发出来的蒸气仅能维持短时间的燃烧，而来不及提供足够的蒸气补充维持稳定的燃烧。也就是说，在闪点的温度时，燃烧的仅仅是可燃液体所蒸发的那些蒸气，而不是液体自身能燃烧，即还没有达到使液体能燃烧的温度，所以燃烧表现为一闪即灭的现象。

闪燃是可燃液体发生着火的前奏，从消防观点来说，闪燃就是危险的警告。因此，研究可燃液体火灾危险性时，闪燃现象是必须掌握的一种燃烧类型。

目前，常用测定闪点的方法有开口式和闭口式两种。

1. 开口式

开口式闪点测定仪的结构如图1-2所示。该仪器可采用煤气灯、酒精灯或适当的电加热炉加热（测定闪点高于200℃时必须使用电炉）。被测试样在规定条件下加热到它的蒸气与火焰接触发生闪火时所测得的最低温度即为开口式闪点。

2. 闭口式

闭口式闪点测定仪如图1-3所示。该仪器采用电炉加热，也可选用煤气加热。仪器有两种，一种带有电动搅拌装置，另一种带有手动搅拌装置。被测试样在规定条件下加热到它的蒸气与火焰接触发生闪火时所测得的最低温度即为闭口式闪点。

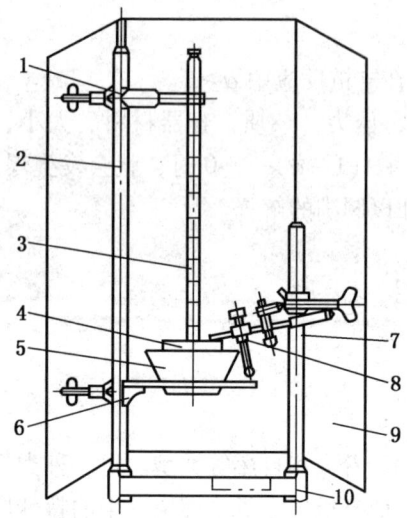

1—温度计夹；2—支柱；3—温度计；4—内坩埚；5—外坩埚；6—坩埚托；7—点火器支柱；8—点火器；9—屏风；10—底座

图1-2 开口式闪点测定仪

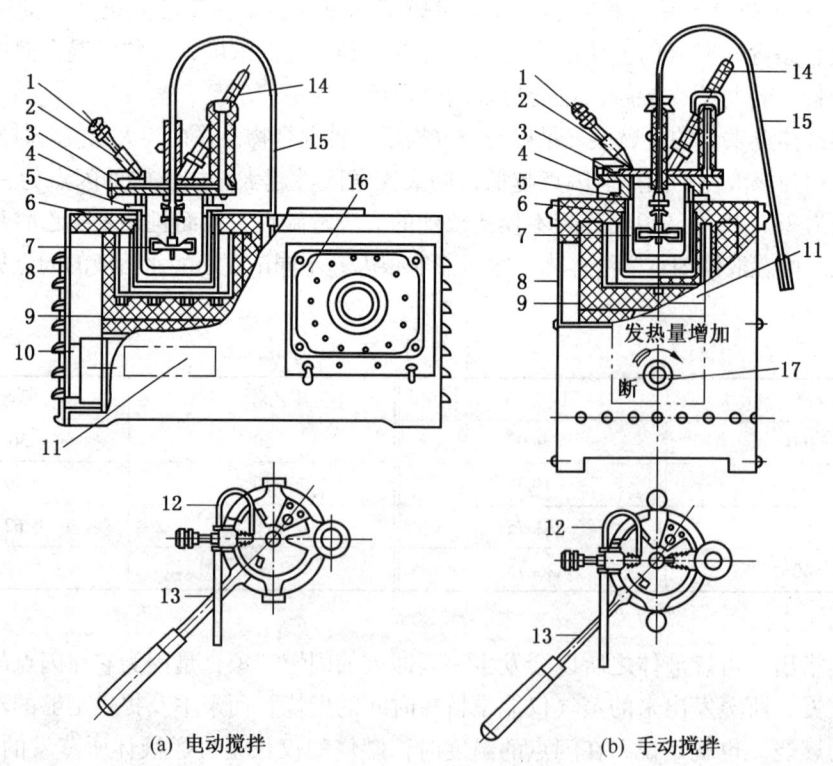

(a) 电动搅拌　　　(b) 手动搅拌

1—点火器调节螺丝；2—点火器；3—滑板；4—油杯盖；5—油杯；6—浴套；7—搅拌桨；8—壳体；9—电炉盘；10—电动机；11—铭牌；12—点火管；13—油杯手柄；14—温度计；15—传动软轴；16—开关箱；17—旋钮

图1-3 闭口式闪点测定仪

闪点数据标有"OC"（Open Cup）是指开口式闪点。由于试验仪器不同，对同一物质，所测得的数据也是有区别的。开口式闪点总是稍高于闭口式闪点的数据，但对于某些具有相对高闪点的物质，选用开口式闪点试验较为准确。

在测闪点较低的易燃性液体时，油杯外还应有冷浴装置，以降低试料温度。其冷媒根据要求不同可以是冷水、冰盐水，甚至是干冰。测试方法是先行将液体温度降低到闪点以下，再用空气浴升温测试，达到闪点时为止。

（二）自燃与自燃点

可燃物质受热升温而不需明火作用就能自行燃烧的现象称为自燃。引起自燃的最低温度称为自燃点，例如，黄磷的自燃点为 30 ℃，煤的自燃点为 320 ℃。自燃点越低，则火灾危险性越大。一些常见物质自燃点见表 1-3、表 1-4 和表 1-5。

1. 物质自燃过程

可燃物质与空气接触，并在热源作用下温度升高，为什么会自行燃烧呢？可燃物质在空气中被加热时，先是开始缓慢氧化并放出热量，该热量可提高可燃物质的温度，促使氧化反应速度加快。但与此同时也存在着向周围的散热损失，亦即同时，存在着产热量和散热量两种速度。当可燃物质氧化产生的热量小于散失的热量时，比如在物质受热而达到的温度不高，氧化反应速度小，产生的热量不多，而且周围的散热条件又较好的情况下，可燃物质的温度不能自行上升达到自燃点，便不能自行燃烧；如果可燃物被加热到较高温度，反应速度较快，或由于散热条件不良，氧化产生的热量不断聚积，温度升高而加快氧化速度，在此情况下，当热的产生量超过散失量时，反应速度的不断加快使温度不断升高，直至达到可燃物的自燃点而发生自燃现象。

可燃物质受热升温发生自燃及其燃烧过程的温度变化情况如图 1-4 所示。图中的曲线表明可燃物在开始加热时，即温度为 T_N 的一段时间里，由于许多热量消耗于熔化、蒸发或发生分解，因此可燃物的缓慢氧化析出的热量很少并很快散失，燃烧物质的温度只是略高于周围的介质。当温度上升达到了 T_0 时，可燃物质氧化反应速度较快，不过由于此时的温度不高，氧化反应析出的热量尚不足以超过向周围的散热量，如不继续加热，温度不再升高，可燃物的氧化过程是不会转为燃烧的；若继续加热升高温度时，由于氧化反应速度加快，除热源作用外，反应析出热量亦较多，可燃物的温度即迅速升高达到自燃点 T_C，此时氧化反应产生的热量与散失的热量相等；当温度再升高超过这种平衡状态时，即

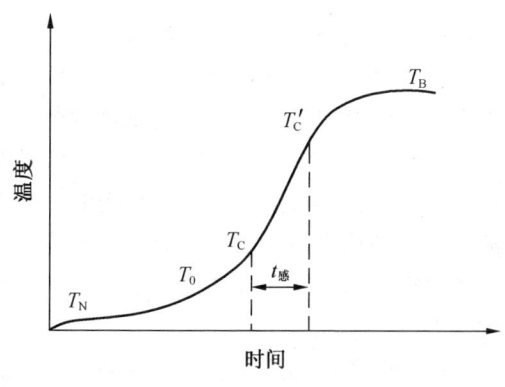

图 1-4　物质自燃过程的温度变化

使停止加热，温度亦能自行快速升高。但此时火焰暂时还未出现，一直达到较高的温度 T'_c 时，才出现火焰并燃烧起来。

2. 自燃的分类

根据促使可燃物质升温的热量来源不同，自燃可分为受热自燃和本身自燃两种。

1) 受热自燃

可燃物质由于外界加热，温度升高至自燃点而发生自行燃烧的现象，称为受热自燃。例如，火焰隔锅加热引起锅里油的自燃。受热自燃是引起火灾事故的重要原因之一，在火灾案例中，有不少是因受热自燃而引起的。生产过程中发生受热自燃的原因主要有：

（1）可燃物质靠近或接触热量大和温度高的物体时，通过热传导、对流和辐射作用，有可能将可燃物质加热升温到自燃点而引起自燃。例如，可燃物质靠近或接触加热炉、暖气片、电热器或烟囱等灼热物体。

（2）在熬炼（如熬油、熬沥青等）或热处理过程中，温度过高达到可燃物质的自燃点而引起着火。

（3）由于机器的轴承或加工可燃物质机器设备的相对运动部件缺乏润滑或缠绕纤维物质，增大摩擦力，产生大量热量，造成局部过热，引起可燃物质受热自燃。在纺织工业、棉花加工厂等由此原因引起的火灾较多。

（4）放热的化学反应会释放出大量的热量，有可能引起周围的可燃物质受热自燃。例如，在建筑工地上由于生石灰遇水放热，引起可燃材料的着火事故等。

（5）气体在很高压力下突然压缩时，释放出的热量来不及导出，温度会骤然增高，能使可燃物质受热自燃。可燃气体与空气的混合气受绝热压缩时，高温会引起混合气的自燃和爆炸。

此外，高温的可燃物质（温度已超过自燃点）与空气接触也能引起着火。

2) 本身自燃

可燃物质由于本身的化学反应、物理或生物作用等所产生的热量，使温度升高至自燃点而发生自行燃烧的现象，称为本身自燃。本身自燃与受热自燃的区别在于热的来源不同，受热自燃的热来自外部加热，而本身自燃的热是来自可燃物质本身化学或物理的热效应，所以亦称自热自燃。在一般情况下，本身自燃的起火特点是从可燃物质的内部向外炭化、延烧，而受热自燃往往是从外部向内部延烧。

由于可燃物质的本身自燃不需要外部热源，所以在常温下或甚至在低温下也能发生自燃。因此，能够发生本身自燃的可燃物质比其他可燃物质的火灾危险性更大。

热源来自化学反应的本身自燃。例如，油脂在空气（或氧气）中的自燃，油脂是由于本身的氧化和聚合作用而产生热量，在散热不良造成热量积聚的情况下，使得温度升高达到自燃点而发生燃烧的。因此，油脂中含有能够在常温或低温下氧化的物质越多，其自燃能力就越大；反之，自燃能力就越小。油类可分为动物油、植物油和矿物油3种，其中自燃能力最大的是植物油，其次是动物油，而矿物油如果不是废油或者没有掺入植物油是不能自燃的。有些浸入矿物质润滑油的纱布或油棉丝堆积起来亦能自燃，这是因为在矿物油中混杂有植物油的缘故。

植物油和动物油是由各种脂肪酸甘油酯组成的，它们的氧化能力主要取决于不饱和脂肪酸甘油酯含量的多少。不饱和脂肪酸有油酸、亚油酸、亚麻酸、桐油酸等，它们分子中的碳原子存在有一个或几个双键，例如，桐油酸（$C_{17}H_{29}COOH$）：$CH_3(CH_2)_3CH=CH-CH=CH-CH=CH(CH_2)_7-COOH$ 分子结构中有三个双键。由于双键的存在，不饱和脂肪酸具有较多的自由能，于室温下便能在空气中氧化，同时析出热量。

$$R-CH=CH-R + O_2 \longrightarrow R-CH-CH-R$$
$$\qquad\qquad\qquad\qquad\qquad\quad |\ \ \ \ |$$
$$\qquad\qquad\qquad\qquad\qquad\ \ O-O$$

生成的过氧化物易于释放出活性氧原子，使油脂中常温下难于氧化的饱和酸发生氧化。

$$R-CH-CH-R \longrightarrow R-CH-CH-R + [O]$$
$$|\ \ \ \ \ |\qquad\qquad\qquad\qquad \backslash\ /$$
$$O-O\qquad\qquad\qquad\qquad\quad O$$

在不饱和脂肪酸发生氧化的同时，它们又按下式进行聚合反应。不饱和脂肪酸的聚合过程也能在常温下进行，同时放出热量。

$$R-CH=CH-R + R-CH-CH-R \longrightarrow \begin{array}{c} R-CH-CH-R \\ |\quad\ \ \ | \\ O\quad\ \ O \\ |\quad\ \ \ | \\ R-CH-CH-R \end{array}$$

综上所述，由于双键的存在，具有较高的键能，即不饱和脂肪酸具有较多的自由能，于室温下便能在空气中氧化，并析出热量；而且在不饱和脂肪酸发生氧化的同时，还进行聚合反应。聚合反应过程也能在常温下进行，并析出热量。这种过程如果循环持续地进行下去，在通风散热不良的条件下，由于积热升温，就能使浸涂不饱和油脂的物品自燃。

油脂的自燃还与油和浸油物质的比例、蓄热条件及空气中的氧含量等因素有关。浸渍油脂的物质如棉纱、锯屑、碎布等纤维材料发生自燃，既需要有一定数量的油脂，又需要形成较大的氧化表面积。如果浸油量过多，会阻塞纤维材料的大部分小孔，减少其氧化表面，因而产生热量少，温度也就不容易达到自燃点；如果浸油量过少，氧化发生的热量亦少，小于向外散失的热量，也不会发生自燃。因此，油和浸油物质需要有适当的比例，一般为1:2或1:3。油脂在空气中的自燃，需要在氧化表面积大而散热面积小的情况下才能发生，亦即在蓄热条件好的情况下才能自燃。如果把油浸渍到棉纱、棉布、棉絮、锯屑、铁屑等物质上，就会大大增加油的表面积，氧化时析出的热量也就相应的增加；可是如果把上述浸渍油脂的物质散开摊成薄薄一层，虽然氧化产生的热量多，但散热面积大，热量损失也多，还是不会发生自燃；如果把上述浸油物质堆积在一起，虽然氧化的表面积不变，但散热的表面积却大大减小，使得氧化时产生的热量超过散失的热量，造成热量积聚和升温，促使氧化反应过程加速，就会发生自燃。

根据有关实验，把破布和旧棉絮用一定数量的植物油浸透，将油布、油棉裹成一团，再用破布包好，把温度计插入其中，使室内保持一定温度，经过一定时间就会逐渐呈现出以下自然特征：①开始无烟无味，当温度升高时，有青烟微味，而后逐渐变浓；②火由内向外延烧；③燃烧后形成硬质焦化瘤。有关实验条件和所得的数据见表1-2。

此外，空气中含氧量对本身自燃也有重要影响，含氧量越多，越易发生自燃。有关实验表明，将油脂在瓷盘上涂上薄薄一层，于空气中放置时不会自燃。如果用氧气瓶的压缩纯氧与之接触，先是瓷盘发热，逐渐变为烫手，继而冒烟，然后出现火苗。这是油脂氧化发热引起本身自燃所致。

表1-2 棉织纤维浸油自燃实验结果

序号	纤维/kg	油脂/kg	纤维与油脂比例	环境温度/℃	发生自燃时间/h	自燃点/℃
1	破布2.5 旧布0.5	亚麻油1	3:1	30	139	270
2	旧布2.5 旧棉0.5	葵花籽油3	3:1	20~30	52	210
3	破布3.5 旧棉0.5	桐油1	4:1	26~33	22.5	264
4	破布5 旧棉1	亚麻仁油0.7 豆油0.3 油漆1.5 清油0.5	6:3	30	14	264
5	破布5 旧棉1	亚麻仁油0.7 豆油0.3 油漆1.5 清油0.5	6:3	7~38	36	322

防止油脂自燃的主要方法是将涂油物品（如油布、油棉纱等）散开存放，尽量扩大散热面积，室内应有良好的通风，而不应堆放或折叠起来。凡是装盛氧气的容器、设备、气瓶和管道等，均不得沾附油脂。

3. 铁的硫化物自燃

在某些生产中，由于硫化氢的存在，使铁制设备或容器的内表面腐蚀而生成一层硫化铁。如容器或设备未充分冷却便敞开，则它与空气接触便能自燃。如有可燃气体存在，则可形成火灾爆炸事故。硫化铁类自燃的主要原因是在常温下发生（与空气）氧化。其主要反应式如下：

$$FeS_2 + O_2 \longrightarrow FeS + SO_2 + 222.32 \text{ kJ}$$

$$FeS + \frac{3}{2}O_2 \longrightarrow FeO + SO_2 + 49 \text{ kJ}$$

$$2FeO + \frac{1}{2}O_2 \longrightarrow Fe_2O_3 + 270.89 \text{ kJ}$$

$$Fe_2S_3 + \frac{3}{2}O_2 \longrightarrow Fe_2O_3 + 3S + 586.15 \text{ kJ}$$

在化工生产中由于硫化氢的存在，所以生成硫化铁的机会较多，例如：

设备腐蚀（常温下）　　$2Fe(OH)_3 + 3H_2S \longrightarrow Fe_2S_3 + 6H_2O$

高温下（310℃以上）　　$2H_2S + O_2 \longrightarrow 2H_2O + 2S$

　　　　　　　　　　　　$Fe + S \longrightarrow FeS$

300℃左右　　$Fe_2O_3 + 4H_2S \longrightarrow 2FeS_2 + 3H_2O + H_2 \uparrow$

4. 煤和植物等的自燃

煤发生自燃的热量来自物理作用和化学反应，是由于煤本身的吸附作用和氧化反应并积聚热量而引起。煤可分为泥煤、褐煤、烟煤和无烟煤四类，除无烟煤之外，都有自燃能力。一般含氢气、一氧化碳、甲烷等挥发物质较多，以及含有一些易氧化的不饱和化合物和硫化物的煤，自燃的危险性比较大。无烟煤和焦炭之所以没有自燃能力，就是因为它们的挥发物量太少。

煤在低温时，氧化速度不大，主要是表面吸附作用。它能吸附蒸气和氧等气体进行缓慢氧化并使蒸气在煤的表面浓缩变成液体，放出热量使温度升高，然后煤的氧化速度不断加快。如果散热条件不良，就会积聚热量，使温度继续升高，直到发生自燃。泥煤中含有大量微生物，它的自燃是由于生物作用和化学作用放出热量而引起的。煤的挥发物含量、粉碎程度、湿度和单位体积的散热量等因素对煤的自燃均有很大的影响。煤中挥发物（甲烷、氢气、一氧化碳）含量越高，则氧化能力越强而越易自燃。煤的颗粒越细，进行吸附作用与氧化的表面积越大，吸附能力强，氧化反应速度快，因此析出的热量也越多，所以越易自燃。湿度对煤的自燃过程有很大影响。煤里一般含有铁的硫化物，硫化铁在低温下能发生氧化，煤中水分多，可促使硫化铁加速氧化生成体积较大的硫酸盐，使煤块松散碎裂，暴露出更多的表面，加速煤的氧化，同时硫化铁氧化时还放出热量，从而促进了煤的自燃过程。由此可知，有一定湿度的煤，其自燃能力要大于干燥的煤，这就是雨季里煤炭较易发生自燃的缘故。此外，煤的散热条件越差就越易自燃，若煤堆的高度过大且内部较疏松，即密度小、空隙率大、容易吸附大量空气，结果是有利于氧化和吸附作用，而热量又不易导出，所以就越易自燃。某些气体、液体及粉尘的自燃点见表1-3及表1-4。

防止煤自燃的主要措施是限制煤堆的高度并将煤堆压实。如果发现煤堆由于最初的吸附作用已缓慢氧化，温度较高（超过60℃）时，应及时挖出热煤，用新煤填平。如发现已有局部着火，应将着火的煤挖出，用水冷却，不要立即用水扑救；若发现着火面积较大，可用大量水浇灭。

表1-3　某些气体及液体的自燃点　　　　　　　　　　　℃

化合物（名称）	分子式（名称）	自燃点		化合物（名称）	分子式（名称）	自燃点	
		空气中	氧气中			空气中	氧气中
氢	H_2	572	560	丙烯	C_3H_6	458	—
一氧化碳	CO	609	588	丁烯	C_4H_8	443	—
氨	NH_3	651	—	戊烯	C_5H_{10}	273	—
二硫化碳	CS_2	120	107	乙炔	C_2H_2	305	296
硫化氢	H_2S	292	220	苯	C_6H_6	580	566
氢氰酸	HCN	538	—	环丙烷	C_3H_6	498	454
甲烷	CH_4	632	556	环己烷	C_6H_{12}	—	296
乙烷	C_2H_6	472	—	甲醇	CH_4O	470	461
丙烷	C_8H_8	493	468	乙醇	C_2H_6O	392	—
丁烷	C_4H_{10}	408	283	乙醛	C_2H_4O	275	150
戊烷	C_5H_{12}	290	258	乙醚	$C_4H_{10}O$	193	182
己烷	C_6H_{14}	248	—	丙酮	C_3H_6O	561	485
庚烷	C_7H_{16}	230	214	醋酸	$C_2H_4O_2$	550	490
辛烷	C_8H_{18}	218	208	二甲醚	C_2H_6O	350	352
壬烷	C_9H_{20}	285	—	二乙醇胺	$C_4H_{11}NO_2$	662	—
癸烷（正）	$C_{10}H_{22}$	250	—	甘油	$C_3H_5O_3$	—	320
乙烯	C_2H_4	490	485	石脑油		277	—

注：引自（日本）化学工业协会编："物性定数"，第6集（1968）。

表1-4 一些粉尘的自燃点（云状粉尘）　　　　　　　　　　　　　℃

名　称	自燃点	名　称	自燃点	名　称	自燃点
铝	645	有机玻璃	440	合成硬橡胶	320
铁	315	六次甲基四胺	410	棉纤维	530
镁	520	碳酸树脂	460	烟煤	610
锌	680	邻苯二甲酸酐	650	硫	190
醋酸纤维	320	聚苯乙烯	490	木粉	430

植物的自燃主要是生物作用引起的，同时在这过程中也有化学反应和物理作用。许多植物如稻草、树叶、棉籽及粮食等，一般都附着大量微生物，而且能自燃的植物都含有一定的水分，当大量堆积时，就可能因发热而导致自燃。微生物在一定的湿度下生存和繁殖，在其呼吸繁殖过程中会不断产生热量。由于植物产品的导热性很差，热量不易散失而逐渐积聚，致使堆垛内温度不断升高，达到70℃以后细菌死亡，但这时植物产品中的有机化合物即可开始分解而产生多孔的炭，吸附大量蒸汽和氧气。吸附过程是一种放热过程，从而使温度继续升高，达到100℃，接着又引起新的化合物分解炭化，促使温度不断升高，可达150~200℃，这时植物中的纤维开始分解，迅速氧化而析出更多的热量。由于反应速度加快，在积热不散的条件下，就会达到自燃点而自行着火。总体来说，影响植物自燃的因素是首先要具有微生物生存的湿度，其次是散热条件。因此预防植物自燃的基本措施是使植物处于干燥状态并存放在干燥的地方，堆垛不宜过高过大，注意通风，加强检测，控制温度，防雨防潮等。

5. 自燃点的影响因素

影响可燃物质自燃点的因素很多。例如，压力对自燃点就有很大的影响，压力越高，则自燃点越低。苯在1个大气压时的自燃点为680℃，在10个大气压下的自燃点为590℃，在25个大气压下的自燃点为490℃。某些常见物品的自燃点见表1-5。

表1-5 某些常见物品的自燃点　　　　　　　　　　　　　℃

名　称	自燃点	名　称	自燃点
松节油	53	蜡烛	190
樟脑	70	布匹	200
灯油	86	麦草	200
赛璐珞	100	硫黄	207
纸张	130	豆油	220
棉花	150	无烟煤	280~500
漆布	165	涤纶纤维	390

可燃气体与空气混合时的自燃点随其组成而变化,当混合物的组成符合于化学计算量时自燃点最低。混合气体中氧浓度增高,也将使自燃点降低。如果可燃气体与氧气(或空气)以适当的比例混合,则燃烧可在混合物中高速扩展,以至达到爆炸的速度。

催化剂对液体及气体的自燃点也有很大影响。活性催化剂能降低物质的自燃点,钝性催化剂能提高物质的自燃点。例如,汽油中加入防爆剂四乙基铅〔$Pb(C_2H_5)_4$〕就是一种钝性催化剂。另外,容器壁与加热面也有催化性能,因而材质不同的仪器所测得的自燃点数值也不一样,这种现象称为接触影响。例如,汽油的自燃点在铁管中测得的是 685 ℃,在石英管中测得的是 585 ℃,而在铂坩埚中测得的是 390 ℃。此外,容器的直径与容积大小也影响物质的自燃点。容器的直径很小时,由于热损失太大,可燃性混合物一般不能自行着火。

受热后能熔融并气化的固体物质,其自燃点的影响因素与液体相似。受热后能分解并析出可燃气体产物的固体,析出挥发物越多者,自燃点越低。例如,木材的自燃点为 250~350 ℃,煤为 400~500 ℃,焦炭则在 700 ℃ 以上。各种固体粉碎得越细,自燃点也越低。硫铁矿矿粉自燃点随粒度变化的情况见表 1-6。

表 1-6 硫铁矿矿粉的自燃点

分级	筛子网眼尺寸/mm	自燃点/℃	分级	筛子网眼尺寸/mm	自燃点/℃
1	0.20~0.15	406	3	0.10~0.086	400
2	0.15~0.10	401	4	0.086	340

此外有机物的自燃点还有以下的特点:

(1) 每一同系物的第一个化合物具有比其他化合物较高的自燃点。同系物中,自燃点随分子量增加而减少。如甲烷的自燃点高于乙烷、丙烷的自燃点。

(2) 正位结构的自燃点低于其异构物的自燃点。如正丙醇的自燃点为 540 ℃,而异丙醇的自燃点则为 620 ℃。

(3) 饱和碳氢化合物的自燃点比相当于它的不饱和碳氢化合物的自燃点高。如乙烯的自燃点为 425 ℃,高于乙炔的自燃点 305 ℃,而低于乙烷的自燃点 515 ℃。

(4) 苯系的低碳氢化合物自燃点高于有同样碳原子数的脂肪族碳氢化合物。如苯(C_6H_6)与甲苯(C_7H_8)的自燃点分别高于己烷(C_6H_{14})、庚烷(C_7H_{16})的自燃点。

此外,自燃点还与测定时的条件有关,不同的仪器、不同的测试步骤和测试条件有不同的结果。例如,在氧气中所测得的数值较在空气中测得的高,如二甲醚在空气中测定的自燃点为 350 ℃,而在氧气中则为 250 ℃,其他物质亦具有上述性质。

一般说来,液体密度越大,闪点越高,而自燃点越低。例如,各种油类的密度,汽油<煤油<轻柴油<重柴油<蜡油<渣油,其闪点依次升高,而自燃点依次降低,详见表 1-7。

(三) 着火与着火点

可燃物质在某一点被着火源引燃后,若该点上燃烧所放出的热量足以把邻近的可燃物层提高到燃烧所需温度,火焰就蔓延开来。因此,所谓着火就是可燃物质与火源接触而能燃烧,并且在火源移去后仍能保持继续燃烧的现象。

表1-7　几种液体燃料的自燃点和闪点比较　　　　　　　　　　℃

物　质	闪　点	自燃点	物　质	闪　点	自燃点
汽油	<28	510~530	重柴油	>120	300~330
煤油	28~45	380~425	蜡油	>120	300~320
轻柴油	45~120	350~380	渣油	>120	230~240

可燃物质发生着火的最低温度称为着火点或燃点，例如，木材的着火点为295 ℃，纸张为130 ℃等。所有固态、液态和气态可燃物质，都有其着火点。

可燃液体的闪点与着火点的区别是：在着火点时燃烧的不仅是蒸气，而且是液体（即液体已达到燃烧温度，可提供保持稳定燃烧的蒸气）。另外，在闪点时移去火源后闪燃即熄灭，而在着火点时则能继续燃烧。液体的着火点可采用测定闪点的开杯法进行测定。

可燃液体的着火点都高于闪点，而且闪点越低的可燃液体，其火点与闪点的差数越小。例如，汽油、二硫化碳等的着火点与闪点相差仅1 ℃。因此着火点对评价可燃固体和闪点较高的可燃液体（闪点在100 ℃以上）的火灾危险性具有实际意义，控制这类可燃物质的温度在着火点以下是预防发生火灾的有效措施之一。

在火场上，如果有两种燃点不同的物质处在相同的条件下，受到火源作用时，燃点低的物质首先着火。所以，存放燃点低的物质方面通常是火势蔓延的主要方向。用冷却法灭火，其原理就是将燃烧物质的温度降低到燃点以下，使燃烧停止。

二、物质的燃烧历程

可燃物质由于在燃烧时状态的不同，会发生不同的变化，比如可燃液体的燃烧并不是液相与空气直接反应而燃烧，它一般是先受热蒸发为蒸气，然后再与空气混合而燃烧。某些可燃性固体（如硫、磷、石蜡）的燃烧是先受热熔融，再气化为蒸气，而后与空气混合发生燃烧。另一些可燃性固体（如木材、沥青、煤）的燃烧，则是先受热分解析放出可燃气体和蒸气，然后与空气混合而燃烧，并留下若干固体残渣。由此可见，绝大多数液态和固态可燃物质是在受热后气化或分解成为气态，它们的燃烧是在气态下进行的，并产生火焰。有的可燃固体（如焦炭等）不能成为气态的物质，在燃烧时则虽呈炽热状态，但不呈现出火焰。由于绝大多数的可燃物质的燃烧都是在气态下进行的，故研究燃烧过程应从气体氧化反应的历程着手。物质的燃烧过程如图1-5所示。

综上所述，根据可燃物质燃烧时的状态不同，燃烧有气相和固相燃烧两种情况。气相燃烧是指在进行燃烧反应过程中，可燃物和助燃物均为气体，这种燃烧的特点是总有火焰产生。气相燃烧是一种最基本的燃烧形式，因为绝大多数可燃物质（包括气态、液态和固态可燃物质）的燃烧都是在气态下进行的。固相燃烧是指在燃烧反应过程中，可燃物质为固态，这种燃烧亦称表面燃烧。燃烧的特征是燃烧时没有火焰产生，只呈现光和热，例如，焦炭的燃烧。金属燃烧亦属于表面燃烧，无气化过程，燃烧温度较高。

有的可燃物质（如天然纤维物）受热时不熔融，而是首先分解出可燃气体进行气相燃烧。最后剩下的碳不能再分解了，则发生固相燃烧。所以这类可燃物质在燃烧反应过程中同时存在着气相燃烧和固相燃烧。

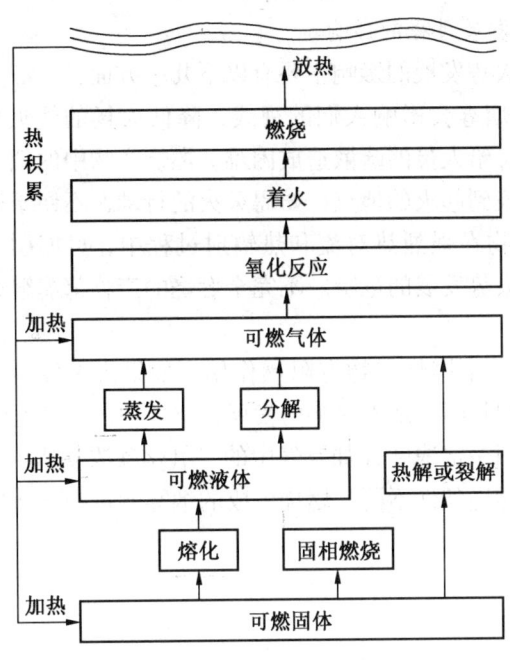

图1-5 物质的燃烧过程

三、燃烧产物

1. 燃烧产物的组成

完全燃烧产物：CO_2、H_2O、SO_2、N_2。

不完全燃烧产物：CO、NH_3、醇类、酮类、醛类、醚类。

烟是燃烧或热解产生的固体悬浮物，主要为炭黑粒子，直径一般为 $10^{-7} \sim 10^{-4}$ cm。炭黑粒子的形成受氧气供给情况、可燃物分子结构及其分子中碳氢比值等因素的影响。氧气供给充分，则碳粒子生成少，甚至不生成；可燃物分子中碳氢比值大的生成碳的能力强；环状结构（芳香族）的比直链结构的生成多。

燃烧产物组成比较复杂，与可燃物质的成分和燃烧条件有关。例如，塑料、橡胶、纤维等各种高分子合成材料，在燃烧时，除生成二氧化碳、一氧化碳和水蒸气外，还有可能生成氯化氢、氨、氰化氢、硫化氢和一氧化氮等有毒或有刺激性的气体。建筑火灾中常见的可燃物及其燃烧产物见表1-8。

表1-8 建筑火灾中常见的可燃物及其燃烧产物

可燃物	燃烧产物	可燃物	燃烧产物
所有含碳类可燃物	CO、CO_2	尼龙、三聚氰、氨塑料等	NH_3、HCN
聚氨酯、硝化纤维等	NO、NO_2	聚苯乙烯	苯
硫及含硫类（橡胶）可燃物	SO_2、S_2O_3	羊毛、人造丝等	羧酸类（甲酸、乙酸、己酸）
人造丝、橡胶、二硫化碳等	H_2S	木材、酚醛树脂、聚酯	醛类、酮类
磷类物质	P_2O_5、PH_3	高分子材料热分解	烃类（CH_4、C_2H_2、C_2H_4 等）
聚氯乙烯、氟塑料等	HF、HCl、Cl_2		

2. 燃烧产物对火势发展过程的影响

燃烧产物对人体和火势发展的影响主要有以下几个方面：

（1）燃烧产物中的烟雾会影响人们的视线，降低火场的能见度，使人们迷失方向，找不到逃脱火场的出路，给人员的疏散造成困难。燃烧产物中的烟雾使灭火人员不易辨别火势发展的方向，不易找到起火的地点，妨碍灭火的行动，不便于抢救受困人员和物资。

（2）高温的燃烧产物在强烈热对流和热辐射过程中，可能引起其他可燃物的燃烧，又造成新的火源和促使火势发展的危险。不完全燃烧的产物都能继续燃烧，有的还能与空气混合发生爆炸。

（3）燃烧产物中的完全燃烧产物有阻燃作用。如果火灾发生在一个密闭的空间内，或将着火的房间所有孔洞封闭，随着火势的发展，空气中的氧气逐渐减少，完全燃烧的产物浓度逐渐增高，当达到一定浓度（如空气中的二氧化碳浓度达到30%）时燃烧则停止。

物质的化学成分和燃烧条件不同，燃烧生成的烟雾颜色和气味也不同，可据此判断是什么物质在燃烧。

四、燃烧速度

（一）气体燃烧速度

由于气体的燃烧不需要像固体、液体那样经过熔化、蒸发等过程，所以燃烧速度很快。气体的燃烧速度随物质的组成不同而异。简单气体燃烧如氢气只需受热、氧化等过程；而复杂的气体如天然气、乙炔等则要经过受热、分解、氧化过程才能开始燃烧。因此，简单的气体比复杂的气体燃烧速度快。在气体燃烧中，扩散燃烧速度取决于气体扩散速度，而混合燃烧速度则取决于本身的化学反应速度。在通常情况下混合燃烧速度高于扩散燃烧速度。气体的燃烧性能也常用火焰传播速度来衡量，可燃气体在直径25.4 mm 管道中的火焰传播速度见表1-9。

表1-9 可燃气体在直径25.4 mm管道中的火焰传播速度

气体名称	最大火焰传播速度/ $(m \cdot s^{-1})$	可燃气体在空气中的含量/%	气体名称	最大火焰传播速度/ $(m \cdot s^{-1})$	可燃气体在空气中的含量/%
氢	4.83	38.5	丁烷	0.82	3.6
一氧化碳	1.25	45	乙烯	1.42	7.1
甲烷	0.67	9.8	炼焦煤气	1.70	17
乙烷	0.85	6.5	焦炭发生煤气	0.73	48.5
丙烷	0.82	4.6	水煤气	3.1	43

火焰传播速度在不同直径的管道中测试时其值不同，一般随着管道直径增加而增加，当达到某个直径时速度就不再增加。同样，随着管道直径的减少而减少，并在达到某种小的直径时火焰在管道中就不再传播了。表1-10为甲烷和空气混合物在不同管径时的火焰传播速度。

这种现象可以用链式反应理论来解释。随着管子直径的减小，燃烧反应的自由基与管壁碰撞的机会就增加，燃烧温度与火焰传播速度相应变慢，直至停止传播。阻火器就是根据这一原理制成的。

表1-10 甲烷和空气混合物在不同管径时的火焰传播速度　　　　　cm/s

甲烷/%	管径/cm					
	2.5	10	20	40	60	80
6	23.5	43.5	63	95	118	137
8	50	80	100	154	183	203
10	65	110	136	188	215	236
12	35	74	80	123	163	185
13	22	45	62	104	130	138

注：表摘自 П. Г. ДИМИТОВ 的"物质燃烧原理"。

此外，在管道中测试火焰传播速度时还与管子材料以及管道的放置方式有关。当 10% 甲烷与空气混合气，管子平放时，火焰传播速度为 65 cm/s；管子向上垂直放时为 75 cm/s；而管子向下垂直放时为 59.5 cm/s。

（二）液体燃烧速度

液体燃烧速度取决于液体的蒸发，其燃烧速度有两种表示方法：一种是以每平方米面积上 1 h 烧掉液体的重量表示，叫做液体燃烧的重量速度；另一种是以 1 h 烧掉液体层的高度来表示，叫做液体燃烧的直线速度。易燃液体的燃烧速度与很多因素有关，如液体的初温、储罐直径、罐内液面的高低、液体中水分含量等。初温越高，燃烧速度越快，储罐中低液位燃烧比高液位燃烧的速度要快，含水的比不含水的石油产品燃烧速度要慢。

液体燃烧前需先蒸发而后燃烧。易燃液体在常温下蒸气压就很高，因此有火星、灼热物体等靠近时便能着火，随后，火焰便很快沿液体表面蔓延，其速度可达 0.5~2 m/s。另一类液体则必须在火焰或灼热物体长久作用下，使其表面层强烈受热而大量蒸发后才能着火。故在常温下生产、使用这类液体的厂房没有火灾爆炸危险。这类液体着火后只在不大的地段上燃烧，火焰在液体表面上蔓延得很慢。

为了使液体燃烧继续下去，必须向液体传入大量热，使表层的液体被加热并蒸发。火焰向液体传热的途径是靠辐射，故火焰沿液面蔓延的速度除决定于液体的初温、热容、蒸发潜热外还决定于火焰的辐射能力。如苯在初温为 16 ℃ 时的燃烧速度为 165.37 kg/(m²·h)，而在 40 ℃ 时为 177.18 kg/(m²·h)；60 ℃ 时为 193.3 kg/(m²·h)。此外，风速对火焰蔓延速度也有很大影响。几种易燃液体的燃烧速度见表 1-11。

（三）固体物质的燃烧速度

固体物质的燃烧速度一般要小于可燃气体和液体。不同的固体物质其燃烧速度有很大差异。如萘及其衍生物、三硫化磷、松香等在常温下是固体，燃烧过程是受热熔化、蒸发、气化、分解氧化、起火燃烧，一般速度较慢。有的如硝基化合物、含硝化纤维素的制

表1-11 几种易燃液体的燃烧速度

液体名称	燃烧速度		相对密度
	直线速度/(cm·h^{-1})	质量速度/(kg·m^{-2}·h^{-1})	
苯	18.9	165.37	$d_{16}=0.875$
乙醚	17.5	125.84	$d_{15}=0.715$
甲苯	16.08	138.29	$d_{15}=0.86$
航空汽油	12.6	91.98	$d_{10}=0.73$
车用汽油	10.5	80.85	$d=1.27$
二硫化碳	10.47	132.97	$d_{18}=0.79$
丙酮	8.4	66.36	$d_{10}=0.8$
甲醇	7.2	57.6	$d_{10}=0.835$
煤油	6.6	55.11	

品等，本身含有不稳定的基团，燃烧是分解式的，燃烧比较剧烈、速度很快。对于同一种固体可燃物质其燃烧速度还取决于燃烧比表面积，即燃烧的表面积与体积的比例越大，则燃烧速度越大；反之，燃烧速度越小。

五、火灾及其分类

1. 火灾的定义

广义地说，凡是超出有效范围的燃烧称为火灾。火灾是工伤事故类别中的一类事故。在消防工作中有火灾和火警之分，两者都是超出有效范围的燃烧，当人员和财产损失较小时登记为火警。按照我国的国家标准《消防基本术语》（GB/T 14107—1993）解释，火是"以释放热量并伴有烟或火焰或两者兼有为特征的燃烧现象"，火灾就是"在时间或空间上失去控制的燃烧所造成的灾害"。由公安部、劳动部、国家统计局制定颁布的《火灾统计管理规定》（1997年1月起施行）中，火灾的定义是"凡失去控制并对财产和人身造成损害的燃烧现象都为火灾"。

2. 火灾的分类

火灾有不同的分类方法，如按起火原因分类、按后果的严重程度分类和按着火物的物质特征分类等等。目前我国国家关于火灾分类有一个国家标准和一个部门规章，现分述如下。

（1）根据国家标准《火灾分类》（GB/T 4968—2008）按照物质的燃烧特征，可把火灾分为六类。

A类火灾：固体物质火灾。这种物质通常具有有机物性质，一般在燃烧时能产生灼热的余烬。如木材、棉、毛、麻、纸张火灾等。

B类火灾：液体或可熔化的固体物质火灾。如汽油、煤油、柴油、原油、甲醇、乙醇、沥青、石蜡火灾等。

C类火灾：气体火灾。如煤气、天然气、甲烷、乙烷、丙烷、氢气火灾等。

D类火灾：金属火灾。如钾、钠、镁、钛、锆、锂、铝镁合金火灾等。

E 类火灾：带电火灾。物体带电燃烧的火灾。

F 类火灾：烹饪器具内的烹饪物（如动植物油脂）火灾。

上述分类方法对防火和灭火，特别是对选用灭火剂有指导意义。

（2）根据公安部消防局《关于调整火灾等级标准的通知》（公消〔2007〕234号），按照火灾事故后果的严重程度，将火灾分为四个等级。

特别重大火灾：造成30人以上死亡，或者100人以上重伤，或者1亿元以上直接财产损失的火灾。

重大火灾：造成10人以上30人以下死亡，或者50人以上100人以下重伤，或者5000万元以上1亿元以下直接财产损失的火灾。

较大火灾：造成3人以上10人以下死亡，或者10人以上50人以下重伤，或者1000万元以上5000万元以下直接财产损失的火灾。

一般火灾：造成3人以下死亡，或者10人以下重伤，或者1000万元以下直接财产损失的火灾。

以上等级标准是公安部消防管理局为贯彻执行国务院颁布的《生产安全事故报告和调查处理条例》，对原来火灾等级标准进行了调整，原火灾等级标准分为三级。

除以上火灾分类方法外，还有按照火灾事故的起火原因分类，具体可见前述。

第四节 爆炸的基本知识

一、爆炸及其分类

1. 爆炸的特征

广义地说，爆炸是物质在瞬间以机械功的形式释放出大量气体和能量的现象。由于物质状态的急剧变化，爆炸发生时会使压力猛烈增高并产生巨大的声响。

所谓"瞬间"，就是说爆炸发生于极短的时间内，通常是在1 s之内完成。例如，乙炔罐里的乙炔与氧气混合发生爆炸时，大约在1/100 s内完成下列化学反应：

$$2C_2H_2 + 5O_2 \longrightarrow 4CO_2 + 2H_2O + Q$$

同时释放出大量的热能和二氧化碳、水蒸气等气体，使罐内压力升高10~13倍，其爆炸威力可以使罐体升空20~30 m。这种克服地心引力，将重物举高一段距离的则是机械功。人们正是利用爆炸时的这种机械功，在采矿和修筑铁路、水库等时开山放炮，用来移山倒海，大大地加快了工程的进度，使得用手工和一般工具难于完成的任务得以实现。又如，用于生活中汽车、摩托车的动力——内燃机汽缸里的爆炸，以及用于军事上的爆炸，等等。

我国最早发明火药，对促进人类物质文明建设作出了重大的贡献。但是，爆炸一旦失去控制，就会酿成工伤事故，造成人身和财产的巨大损失，使生产受到严重影响。

爆炸的内部特征是物质发生爆炸时产生的大量气体和能量在有限体积内突然释放或急骤转化，并在极短时间内在有限体积中积聚，造成高温高压。爆炸的外部特征是爆炸介质在压力作用下对周围物体（容器或建筑物等）形成急剧突跃压力的冲击，或者造成机械性破坏效应，以及周围介质受震动而产生的声响效应。

应当指出，生产中某些完全密闭的耐压容器，虽然其中的可燃混合气发生爆炸，但由于容器是足够耐压的，所以容器并没有被破坏，这说明爆炸和容器设备的破坏没有必然的联系。容器的破坏不仅可以由爆炸引起，而且其他物理原因（如器内介质的体积膨胀，使压力上升）也同样可以引起一般的破坏现象。因此，压力的瞬时急剧升高才是爆炸的主要特征。

2. 爆炸的分类

（1）按照爆炸能量来源的不同，爆炸可分为物理性爆炸、化学性爆炸和核爆炸三类。

物理性爆炸：这是由物理变化（温度、体积和压力等物理因素）引起的。在物理性爆炸的前后，爆炸物质的性质及化学成分均不改变。锅炉的爆炸是典型的物理性爆炸，其原因是过热的水迅速蒸发出大量蒸汽，使蒸汽压力不断提高，当压力超过锅炉的极限强度时，就会发生爆炸。又如，氧气钢瓶受热升温，引起气体压力提高，当压力超过钢瓶的极限强度时即发生爆炸。发生物理性爆炸时，气体或蒸汽等介质潜藏的能量在瞬间释放出来，会造成巨大的破坏和伤害。例如，某钢厂一列拖着钢渣罐的火车开到矿渣厂，在卸车时突然有三个钢渣罐（钢渣有上千摄氏度高温）先后滚到水塘里，顿时发生了蒸汽爆炸（水变成 500 ℃的蒸汽时，体积将增大 3500 倍），只见钢渣罐像火球一样飞向空中，有一个罐飞出 70 m 远并落在工棚上，引起工棚着火，另外两个罐飞到 101 m 远的修建队仓库以及附近的房屋，共烧毁 1000 多平方米建筑物，烧死烧伤多人，有几个重伤人员在抢救中死去。上述这些物理性爆炸是蒸汽和气体膨胀力作用的瞬时表现，它们的破坏性取决于蒸汽或气体的压力。

化学性爆炸：这是物质在短时间内完成化学变化形成其他物质，同时产生大量气体和能量的现象。例如，用来制作炸药的硝化棉在爆炸时放出大量热量，同时生成大量气体（CO、CO_2、H_2 和水蒸气等），爆炸时的体积突然增大 47 万倍，燃烧在几万分之一秒内完成。由于一方面生成大量气体和热量，另一方面燃烧速度又极快，瞬时生成的大量高温气体来不及膨胀和扩散，因此仍保持着很小的体积。由于气体的压力同体积成反比，$pV = K$（常数），故气体的体积越小，压力就越大，而且这个压力产生极快，因而对周围物体的作用就像急剧的一击，这一击连最坚固的钢板、最坚硬的岩石也经受不住。同时，爆炸还会产生强大的冲击波，这种冲击波不仅能推倒建筑物，对在场人员还具有杀伤作用。化学反应的高速度、同时产生的大量气体和大量热量，是化学性爆炸的三个基本要素。

核爆炸：这是某些物质的原子核发生裂变反应或聚变反应时，释放出巨大能量而发生的爆炸，如原子弹、氢弹的爆炸。工矿企业的爆炸事故以化学性爆炸居多，本书着重讨论化学性爆炸。

（2）按照爆炸反应相的不同，爆炸可分为气相爆炸、液相爆炸和固相爆炸三类。

气相爆炸：包括可燃性气体和助燃性气体混合物的爆炸；气体的分解爆炸；液体被喷成雾状物在剧烈燃烧时引起的爆炸，称喷雾爆炸；飞扬悬浮于空气中的可燃粉尘引起的爆炸等。

液相爆炸：包括聚合爆炸、蒸发爆炸以及由不同液体混合所引起的爆炸。例如硝酸和油脂，液氧和煤粉等混合时引起的爆炸；熔融的矿渣与水接触或钢水包与水接触时，由于过热发生快速蒸发引起的蒸汽爆炸等。

固相爆炸：包括爆炸性化合物及其他爆炸性物质的爆炸（如乙炔铜的爆炸）；导线因

电流过载，导致导线过热，金属迅速气化而引起的爆炸等。

（3）按照爆炸瞬时燃烧速度的不同，爆炸可分为轻爆、爆炸和爆轰三类。

轻爆：物质爆炸时的燃烧速度为每秒数米，爆炸时无多大破坏力，声响也不太大。例如，无烟火药在空气中的快速燃烧，可燃气体混合物在接近爆炸浓度上限或下限时的爆炸即属于此类。

爆炸：物质爆炸时的燃烧速度为每秒十几米至数百米，爆炸时能在爆炸点引起压力激增，有较大的破坏力，有震耳的声响。可燃性气体混合物在多数情况下的爆炸，以及被压榨火药遇火源引起的爆炸等即属于此类。

爆轰：物质爆炸时的燃烧速度为 1000~7000 m/s。爆轰时的特点是突然引起极高压力并产生超音速的"冲击波"。由于在极短时间内发生的燃烧产物急速膨胀，像活塞一样挤压其周围气体，反应所产生的能量有一部分传给被压缩的气体层，于是形成的冲击波由它本身的能量所支持，迅速传播并能远离爆轰的发源地而独立存在，同时可引起该处的其他爆炸性气体混合物或炸药发生爆炸，从而产生一种"殉爆"现象。为防止殉爆的发生，应保持使空气冲击波失去引起殉爆能力的距离，其安全间距按下式计算：

$$S = Kg^{0.5} \tag{1-2}$$

式中　S——不引起殉爆的安全间距，m；

　　　g——爆炸物的质量，kg；

　　　K——系数，K 平均值取 1~5（有围墙时，$K=1$；无围墙时，$K=5$）。

二、分解爆炸

具有分解爆炸特性的物质，在温度、压力或摩擦撞击等外界因素作用下，会发生爆炸性分解。因此在生产中必须对具有分解爆炸特性的物质采取相应的防护措施，防止发生事故。

1. 气体的分解爆炸

能够发生爆炸性分解的气体，在温度、压力等作用下会释放相当数量的热量，从而给燃爆提供了所需的能量。生产中常见的乙炔、乙烯、环氧乙烷、二氧化氮和二烯等气体，都具有发生分解爆炸的危险。

以乙炔为例，当乙炔受热或受压时容易发生聚合、加成、取代和爆炸性分解等化学反应。当温度达到 200~300 ℃ 时，乙炔分子就开始发生聚合反应，形成其他更复杂的化合物。例如，形成苯（C_6H_6）、苯乙烯（C_8H_8）等的聚合反应时放出热量：

$$3C_2H_2 \longrightarrow C_6H_6 + 630 \text{ J/mol}$$

放出的热量使乙炔的温度升高，促使聚合反应的加强和加速，从而放出更多的热量，以致形成恶性循环，最后当温度达到 700 ℃、压力超过 0.15 MPa 时，未聚合反应的乙炔分子就会发生爆炸性分解。

乙炔是吸热化合物，即由元素组成乙炔时需要消耗大量的热。当乙炔分解时即放出它在生成时所吸收的全部热量：

$$C_2H_2 \longrightarrow 2C + H_2 + 226.04 \text{ J/mol}$$

分解时的生成物是细粒固体碳及氢气，如果这种分解是在密闭容器（如乙炔储罐、乙炔发生器或乙炔瓶）内进行的，则由于温度的升高，压力急剧增大 10~13 倍而引起容

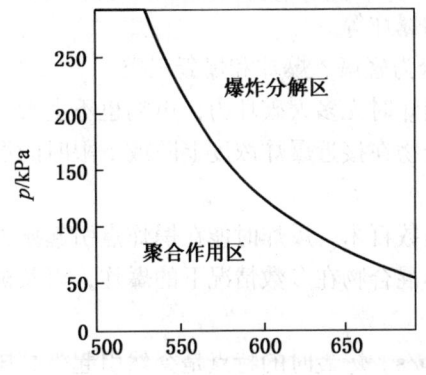

图 1-6 乙炔的聚合作用与爆炸分解范围

器的爆炸。由此可知,如果在乙炔的聚合反应过程能及时地导出大量的热,则可避免发生爆炸性分解。

增加压力也能促使和加速乙炔的聚合及分解反应。温度和压力对乙炔的聚合与爆炸分解的影响可用图 1-6 所示的曲线来表示。图中的曲线表明,压力越高,由于聚合反应促成分解爆炸所需的温度就越低;温度越高,在较小的压力下就会发生爆炸性分解。

此外,乙烯在高压下的分解反应式为

$$C_2H_4 \longrightarrow C + CH_4 + 127.8 \text{ J/mol}$$

分解爆炸所需的能量,随压力的升高而降低。

氮氧化物在一定压力下也会发生分解爆炸,其分解反应式为

$$N_2O \longrightarrow N_2 + 0.5O_2 + 81.9 \text{ J/mol}$$

$$NO \longrightarrow 0.5N_2 + 0.5O_2 + 90.7 \text{ J/mol}$$

在高压下容易引起分解爆炸的气体,当压力降至某数值时,就不再发生分解爆炸,此压力称为分解爆炸的临界压力。乙炔分解爆炸的临界压力为 0.14 MPa,N_2O 为 0.25 MPa,NO 为 0.15 MPa,乙烯在 0 ℃ 下的分解爆炸临界压力为 4 MPa。

2. 简单分解的爆炸性物质

这类物质在爆炸时分解为元素,并在分解过程中产生热量,如乙炔银、乙炔铜、碘化氮、迭氮铅等。乙炔银受摩擦或撞击时的分解爆炸反应式为

$$Ag_2C_2 \longrightarrow 2Ag + 2C + Q$$

简单分解的爆炸性物质很不稳定,受摩擦、撞击,甚至轻微震动都可能发生爆炸,其危险性很大。如某化工厂的乙炔发生器出气接头损坏后,焊工用紫铜做成接头,使用了一段时间,发现出气孔被黏性杂质堵塞,则用铁丝去捅,正在来回捅的时候,突然发生爆炸,该焊工当场被炸死亡。起初找不出事故原因,后来经省化工局派出调查组调查,才确定事故原因是由于铁丝与接头出气孔内表面的乙炔铜互相摩擦,引起乙炔铜的分解爆炸。该事故原因也说明为什么与乙炔接触的设备零件,不得用含铜量超过 70% 的铜合金制作。

3. 复杂分解的爆炸性物质

这类物质包括各种含氧炸药和烟花爆竹等。其危险性较简单分解的爆炸物稍低。含氧炸药在发生爆炸时伴有燃烧反应,燃烧所需的氧由物质本身分解供给。苦味酸、梯恩梯、化棉等都属于此类。例如,硝化甘油的分解爆炸反应式为

$$4C_3H_5(ONO_2)_3 \longrightarrow 12CO_2 + 10H_2O + O_2 + 6N_2 + Q$$

三、可燃性混合物爆炸

1. 燃爆特性

可燃性混合物是指由可燃物质与助燃物质组成的爆炸物质。所有可燃气体、蒸气和可燃粉尘与空气(或氧气)组成的混合物均属此类。例如,一氧化碳与空气混合的爆炸反

应为

$$2CO + O_2 + 3.76N_2 \longrightarrow 2CO_2 + 3.76N_2 + Q$$

这类爆炸实际上是在火源作用下的一种瞬间燃烧反应。

通常称可燃性混合物为有爆炸危险的物质，它们只是在适当的条件下才变为危险的物质。这些条件包括可燃物质的含量、氧化剂含量以及点火源的能量等。可燃性混合物的爆炸危险性较低，但较普遍，工业生产中遇到的主要是这类爆炸事故。因此，下面将着重讨论可燃性混合物的危险性及其安全措施。

2. 爆炸极限

可燃气体、可燃蒸气或可燃粉尘与空气构成的混合物，并不是在任何混合比例之下都有着火和爆炸的危险，而必须是在一定的比例范围内混合才能发生燃爆。混合的比例不同，其爆炸的危险程度亦不相同。例如，由一氧化碳与空气构成的混合物在火源作用下的燃爆实验情况见表 1-12。

表 1-12　一氧化碳与空气混合在火源作用下的燃爆情况　　　　%

一氧化碳在混合气中所占体积	燃爆情况	一氧化碳在混合气中所占体积	燃爆情况
<12.5	不燃不爆	30~80	燃爆逐渐减弱
12.5	轻度燃爆	80	轻度燃爆
12.5~30	燃爆逐渐加强	>80	不燃不爆
30	燃爆最强烈		

表 1-12 所列的混合比例及其相对应的燃爆情况，清楚地说明可燃性混合物有一个发生燃烧和爆炸的浓度范围，亦即有一个最低浓度和最高浓度，混合物中的可燃物只有在这两个浓度之间，才会有燃爆危险。

可燃物质（可燃气体、蒸气和粉尘）与空气（或氧气）必须在一定的浓度范围内均匀混合形成预混气遇着火源才会发生爆炸，这个浓度范围称为爆炸极限（或爆炸浓度极限）。可燃物质的爆炸极限受诸多因素的影响。例如，可燃气体的爆炸极限受温度、压力、氧含量、能量等影响；可燃粉尘的爆炸极限受分散度、湿度、温度和惰性粉尘等影响。

可燃气体和蒸气爆炸极限的单位，是以其在混合物中所占体积的百分比来表示的，如上面所列一氧化碳与空气混合物的爆炸极限为 12.5%~80%。可燃粉尘的爆炸极限是以其在单位体积混合物中的质量数（g/m^3）来表示的，如铝粉的爆炸极限为 40 g/m^3。可燃性混合物能够发生爆炸的最低浓度和最高浓度，分别称为爆炸下限和爆炸上限，如上述的 12.5% 和 80%。这两者有时亦称为着火下限和着火上限。在低于爆炸下限和高于爆炸上限浓度时，既不爆炸，也不着火。这是由于前者的可燃物浓度不够，过量空气的冷却作用阻止了火焰的蔓延；而后者则是空气不足，火焰不能蔓延的缘故。也正因为如此，可燃性混合物的浓度大致相当于完全反应的浓度（上述的 30%）时，具有最大的爆炸威力。完全反应的浓度可根据燃烧反应式计算出来。

可燃性混合物的爆炸极限范围越宽,其爆炸危险性越大,这是因为爆炸极限越宽,则出现爆炸条件的机会就多。爆炸下限越低,少量可燃物(如可燃气体稍有泄漏)就会形成爆炸条件;爆炸上限越高,则有少量空气渗入容器,就能与容器内的可燃物混合形成爆炸条件。生产过程中,应根据各种可燃物所具有爆炸极限的不同特点,采取严防跑、冒、滴、漏和严格限制外部空气渗入容器与管道内等安全措施。应当指出,可燃性混合物的浓度高于爆炸上限时,虽然不会着火和爆炸,但当它从容器或管道里逸出,重新接触空气时却能燃烧,因此仍有发生着火的危险。

四、爆炸反应机理

可燃气体、蒸气或粉尘预先与空气均匀混合并达到爆炸极限,这种混合物称为爆炸性混合物。

按照链式反应理论,爆炸性混合物与火源接触,就会有活性分子生成或成为连锁反应的活性中心。爆炸性混合物在一点着火后,热以及活性中心都向外传播,促使邻近的一层混合物起化学反应,然后这一层又成为热和活性中心的源泉而引起另一层混合物的反应,如此循环地持续进行,直至全部爆炸性混合物反应完为止。爆炸时的火焰是一层层向外传播的,在没有界线物包围的爆炸性混合物中,火焰是以一层层同心圆球面的形式向各方面蔓延的。火焰的速度在距离着火地点 0.5~1 m 处仅为每秒若干米,但以后即逐渐加速,最后可达每秒数百米以上。若在火焰扩展的路程上遇有遮挡物,则由于混合物的温度和压力的剧增,对遮挡物造成极大的破坏。

爆炸大多随着燃烧而发生,所以长期以来燃烧理论的观点认为:当燃烧在某一定空间内进行时,如果散热不良使反应温度不断提高,温度的提高又会促使反应速度加快,如此循环发展而导致爆炸的发生。亦即爆炸是由于反应的热效应而引起的,因而称为热爆炸。但在另一种情况下,爆炸现象不能简单地用热效应来解释。例如,氢和溴的混合物在较低温度下爆炸时其反应式为

$$H_2 + Br_2 \longrightarrow 2HBr + 3.5 \text{ kJ/mol}$$

反应热总共只有 3.5 kJ/mol,而二氧化硫和氢的反应式为

$$SO_2 + H_2 \longrightarrow H_2S + 2H_2O + 12.6 \text{ kJ/mol}$$

反应热为 12.6 kJ/mol,却不会爆炸。因此,有些爆炸现象需要用化学动力学的观点来说明:爆炸的原因不是由于简单的热效应,而是由于链式反应的结果。

链式反应有直链反应和支链反应两种(下面以氢和氧的链式反应为例说明)。氢和氧的连锁反应属于支链反应,它的特点是:在反应中一个游离基(活性中心)能生成一个以上的游离基,例如:

$$H^{\cdot} + O_2 \longrightarrow OH^{\cdot} + O^{\cdot}$$
$$O^{\cdot} + H_2 \longrightarrow OH^{\cdot} + H^{\cdot}$$

于是反应链就会分支。在链增长(即反应可以增值游离基)的情况下,如果与之同时发生的销毁游离基(链终止)的反应速度不高,则游离基的数目就会增多,反应链的数目也会增加,反应速度随之加快,这样又会增值更多的游离基,如此循环进展,使反应速度加快到爆炸的等级。

根据链式反应理论,增加气体混合物的温度可使连锁反应的速度加快,使因热运动而

生成的游离基数量增加。在某一温度下，连锁的分支数超过中断数，这时反应便可以加速并达到混合物自行着火的反应速度，所以可认为气体混合物自行着火的条件是连锁反应的分支数大于中断数。当连锁分支数超过中断数时，即使混合物的温度保持不变，仍可导致自行着火。在一定的条件下，如当 $f_s + f_c + A(1-a) \longrightarrow 0$ 时就会发生爆炸。

综上所述，爆炸性混合物发生爆炸有热反应和链式反应两种不同的机理。至于在什么情况下发生热反应，什么情况下发生链式反应，需根据具体情况而定，甚至同一爆炸性混合物在不同条件下有时也会有所不同。图 1-7 所示为氢和氧按完全反应的浓度（$2H_2 + O_2$）组成的混合气发生爆炸的温度和压力区间。从图中可以看出，当压力很低且温度不高时（如当温度为 500 ℃ 和压力不超过 200 Pa 时），由于游离基很容易扩散到器壁上销毁，此时连锁中断速度超过支链产生速度，因此反应进行较慢，混合物不会发生爆炸；当温度为 500 ℃，压力升高到 200 Pa 和 6666 Pa 之间时（如图 1-7 中的 a 和 b 点之间），由于产生支链速度大于销毁速度，链反应很猛烈，就会发生爆炸；当压力继续提高，超过 b 点（大于 6666 Pa）以后，由于混合物内分子的浓度增高，容易发生链中断反应，致使游离基销毁速度又超过链产生速度，链反应速度趋于缓和，混合物又不会发生爆炸了。

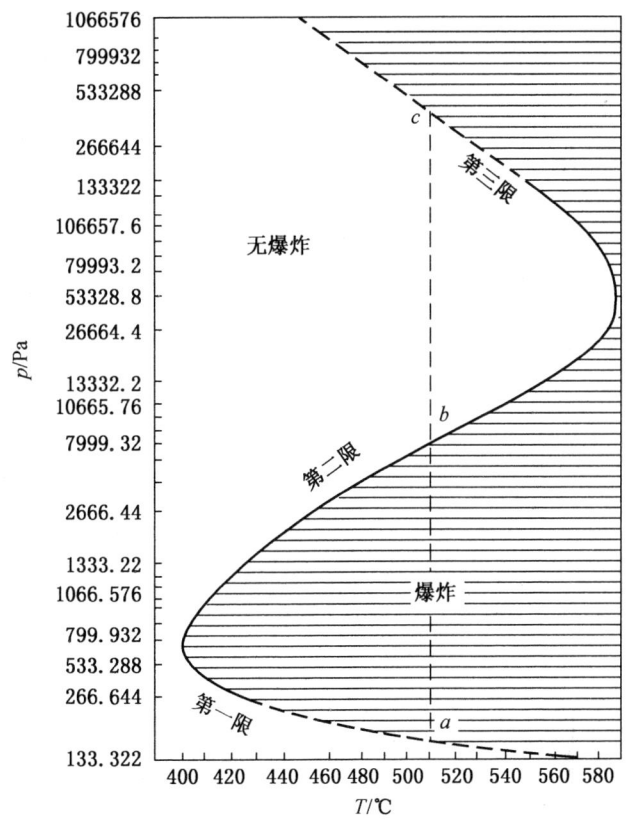

图 1-7 氢和氧混合物 (2:1) 爆炸区间

图 1-7 中 a 和 b 点的压力，即 200 Pa 和 6666 Pa 分别是混合物在 500 ℃ 时的爆炸低限和爆炸高限。随着温度增加，爆炸极限会变宽。这是由于链反应需要有一定的活化能，链

分支反应速度随温度升高而增加，而链终止的反应却随温度的升高而降低，故升高温度对产生链反应有利，结果使爆炸极限变宽，在图上呈现半岛形，当压力再升高超过 c 点（大于 666610 Pa）时，开始出现下列反应：

$$H^{\cdot} + O_2 \longrightarrow HO_2^{\cdot}$$
$$HO_2^{\cdot} + H_2 \longrightarrow H^{\cdot} + H_2O_2$$
$$HO_2^{\cdot} + H_2O \longrightarrow OH^{\cdot} + H_2O_2$$

产生游离基 $H^{\cdot}$ 和 $OH^{\cdot}$，这两个反应是放热的，结果使反应释放出的热量超过从器壁散失的热量，从而使混合物的温度升高，进一步加快反应，促使释放出更多的热量，导致热爆炸的发生。

第二章 燃烧学基本理论

第一节 化学热力学基础

燃烧过程中化学能转变为热能。化学热力学是利用热力学第一定律来分析化学能转变为热能时的相互关系;利用热力学第二定律分析化学平衡的条件,以及在平衡时的平衡常数与自由能关系的一门学科。

化学动力学是研究化学反应机理及化学反应速度的一门学科,是燃烧时一种剧烈的化学反应,因此化学动力学在燃烧理论中占有重要的地位。

讨论热力学定律时,往往根据系统边界是否有能量(热和功)及质量交换对系统进行分类。为此分成:

(1) 孤立系统。系统和周围环境既无能量又无质量交换。
(2) 封闭系统。系统和周围系统有能量交换,但没有质量交换。
(3) 开口系统。系统和周围环境既有能量交换又有质量交换。

一、化合物的生成焓

当化学元素在化学反应中构成一种化合物时,根据热力学第一定律,化学能将转变为热能。转变中生成的能量称为化合物的生成焓(单位,J)。一般常用标准生成焓表示,即化学元素在定压条件下形成 1 mol 化合物所产生的焓的增量。选择温度为 298 K、压力为 0.1 MPa 作为标准条件。标准生成焓用 $\Delta h_{f298}^{\ominus}$ 表示。例如:

$$C + \frac{1}{2}O_2 \longrightarrow CO \quad \Delta h_{f298}^{\ominus} = -110.59 \text{ kJ/mol}$$

$$\frac{1}{2}H_2 + \frac{1}{2}I_2 \longrightarrow HI \quad \Delta h_{f298}^{\ominus} = 25.12 \text{ kJ/mol}$$

但

$$CO + \frac{1}{2}O_2 \longrightarrow CO_2 \quad \Delta h_{f298}^{\ominus} = -283.10 \text{ kJ/mol}$$

其中, $\Delta h = -283.10 \text{ kJ}/[\text{mol}(CO_2)]$ 不是 CO_2 的生成焓,因为反应物 CO 是化合物。

1. 反应焓

几种化合物(或元素)相互反应形成生成物时,放出或吸收的热量称为反应焓(单位,kJ),可以由反应物及生成物的焓差来计算:

$$\Delta H_{RT}^{\ominus} = \sum_{s=P} M_s \Delta h_{fTs}^{\ominus} - \sum_{j=R} M_j \Delta h_{fTj}^{\ominus} \qquad (2-1)$$

其中, $\Delta H_{RT}^{\ominus}$ 表示在温度为 T、压力为 0.1 MPa 下的反应焓; M_s 和 M_j 分别表示各生成物和各反应物的物质的量;"P"表示反应物,"R"表示生成物。例如:

$$CH_4 + 2O_2 \longrightarrow CO_2 + 2H_2O$$

反应焓的计算如下：

反应物总焓　　　　$[1 \times (-17.9) + 2 \times (0.0)] \times 4.186$ kJ

生成物总焓　　　　$[1 \times (94.0) + 2 \times (-68.3)] \times 4.186$ kJ

由式（2-1）算出：

$$\Delta H_{RT}^\ominus = [-94.00 - 136.6 - (-17.9)] \times 4.186 = -890.36 \text{ kJ}$$

负的反应焓表示放热反应。有时，某些化合物的生成焓并不知道，这时不可能用热力学的方法来计算反应焓，可以用化学键能的概念来计算反应焓。

分裂两个原子之间的化学键需要一定的能量，即键能 ε。相反，两个原子结合形成新化学键时，会放出一定的键能。将键分裂的键能减去键合成的键能就相当于反应焓。虽然用键能来计算反应焓是较粗糙的，但在没有生成焓资料的情况下，采用键能的概来计算反应焓是有用的。

2. 燃烧热（燃烧焓）

1 mol 燃料完全燃烧释放的热量称为化合物的燃烧热。如果燃烧发生于定压过程，这时的燃烧热称为燃烧焓，用 Δh_f 表示。

3. 热化学定律

Lavoisier – Laplace 定律：使化合物分解成为组成它的元素所需要的热量与由元素生成化合物产生的热量相等，即化合物的分解热等于它的生成焓，如

$$C + \frac{1}{2}O_2 \longrightarrow CO \quad \Delta h_f = -26.42 \times 4.186 \text{ kJ/mol}$$

$$CO \longrightarrow C + \frac{1}{2}O_2 \quad \Delta h_f = 26.42 \times 4.186 \text{ kJ/mol}$$

盖斯定律指出：化学反应中不论过程是一步还是多步进行，其产生或吸收的热量是相等的。能量转换过程中，取决于系统的初始和最终状态，与反应的中间状态无关。例如，由碳氧化反应生成二氧化碳，其反应式为

$$C + \frac{1}{2}O_2 \longrightarrow CO$$

可由上述方法求得燃烧焓 Δh_f。已知

$$C + O_2 \longrightarrow CO_2 \quad \Delta h_f = -94.05 \times 4.186 \text{ kJ/mol}$$

$$CO + \frac{1}{2}O_2 \longrightarrow CO_2 \quad \Delta h_f = -67.62 \times 4.186 \text{ kJ/mol}$$

两式相减得

$$C + O_2 - CO - \frac{1}{2}O_2 \longrightarrow CO_2 \quad \Delta h = (-94.05 + 67.62) \text{ kJ/mol}$$

即

$$C + \frac{1}{2}O_2 \longrightarrow CO \quad \Delta h_f = -26.43 \times 4.186 \text{ kJ/mol}$$

或

$$\Delta h_f = -26.43 \times 4.186 \text{ kJ/mol}$$

4. 热力学平衡

（1）机械平衡：在系统内部，或在系统与环境之间若没有不平衡的力存在，则出现机械平衡。

（2）热平衡：当系统内各部分的温度都相同且等于环境温度时，则存在热平衡。

（3）化学平衡：当系统的化学成分不会自发改变（无论多么缓慢）时，则存在化学平衡。

如果上述三种平衡都满足，则认为该系统处于热力学平衡状态。在这种状态下，状态参数不随时间变化，分析较为简单。可以用宏观参数来描述这种完全平衡的状态。描述燃烧过程的独立热力学参数有压力 p、容积 V 和某一化学组分在确定物态下的物质的量 n_i。

（4）内涵参数：当几个状态相同的系统相加时，内涵参数的数值不随系统大小的改变而改变。如密度、压力、比内能、比熵、化学势等都是内涵参数。

（5）外延参数：当几个状态相同的系统相加时，外延参数的数值与系统的大小成正比增加。如容积、质量、总储能、总焓、自由能等都是外延参数。

两个外延参数相除可以得到一个内涵参数。

二、热力学定律

热力学平衡意味着系统的各参数保持恒定并均匀分布。由热力学第一定律知：对于封闭系统，函数（储能）E 具有这样的特性，即在一无限小的过程中，加紧该系统的热量等于系统储能的增加和系统对外做功之和：

$$\delta Q = dE + \delta W \tag{2-2}$$

储能 E 是状态参量，而 Q（热量）和 W（做功）是非状态参量，δ 表示一种不严格的微分，Q 和 W 与过程无关。对于单位质量气体，由式（2-2）可得

$$dq = de + pdV \tag{2-3}$$

热力学第二定律指出，对于一个封闭系统的无限小的过程，有

$$dS \geq \frac{dq}{T} \tag{2-4}$$

其中，S 称之为熵，是外延参数。

$$S = S(p, V, n_i)$$

式中　V——气体的体积。

式（2-4）中等号对应可逆过程，不等号表示自发（不可逆）过程。对于不可逆过程，有

$$TdS > de + pdV$$

或

$$de + pdv - TdS < 0$$

对于定压、定温过程，上式可改写为

$$d(e + pv - TS)_{T,p} < 0$$

或

$$d(h - TS)_{T,p} < 0$$

其中，$h = e + pv$，是生成焓。

吉布斯自由能：

$$G = h - TS \tag{2-5}$$

所以 $(dG)_{T,p} < 0$。

因此等温等压过程总是向自由能减少的方向进行。当过程达到平衡状态时，则自由能为最小，这时 $(\mathrm{d}G)_{T,p}=0$，因而在等温等压下热力学平衡的条件可以写成 $(\mathrm{d}G)_{T,p}=0$。这个判别式可以推广到化学平衡中去，为此引入标准反应自由能的定义：

$$\Delta F^0_{R298} = \sum_{s=P} M_s \Delta G^0_{f298s} - \sum_{j=R} M_f \Delta G^0_{f298j} \qquad (2-6)$$

其中，ΔG^0_{f298} 为标准的生成自由能。任意温度、任意压力下的自由能由下式计算：

$$\Delta G^p_T = RT \ln \frac{p}{p_0} + \Delta G^0_T \qquad (2-7)$$

任意温度、任意压力下的自由能为

$$\Delta f^p_{R,T} = \sum_{s=P} M_s \Delta G^p_T - \sum_{j=R} M_j \Delta G^p_{Tj}$$

当 $\Delta f^p_{R,T}=0$ 时，便达到化学平衡状态。

1. 状态方程

一般来说，在一个已知物质的封闭系统中，若体积 V 和温度给定，则系统在化学平衡时有一组确定的 n_i 值。于是

$$n_i = n_i(V, T)$$

其中，n_i 为化学平衡时的数值。

因此，系统在平衡时的状态方程为

$$p = p(V, T, n_1, n_2, \cdots, n_N)$$

由道尔顿的分压定律可知，热力学平衡时完全气体混合分压为

$$p = \frac{1}{V} \sum_{i=1}^{N} n_i RT$$

式中 R——通用气体常数。

封闭系统中的总质量不变。但是，如果处于非化学平衡状态，则各个组分的质量是变化的。

任意一个单步化学反应都可以写成：

$$\sum_{i=1}^{N} r_i' M_i \longrightarrow \sum_{i=1}^{N} r_i'' M_i$$

其中，r_i' 是反应物中 i 组分的化学计量数，r_i'' 是生成物中 i 组分的化学计量数，M_i 是 i 组分的化学分子式。若 i 组分不在反应物中出现，则 $r_i'=0$；若不在产物中出现，则 $r_i''=0$。但哪些物质作为反应物，哪些物质作为生成物，纯属一种选择。在化学反应中生成了 $r_i''-r_i'$ 摩尔的 M_i 组分，则必然有 $r_j'-r_j''$ 摩尔的 M_j 组分消失（$i \neq j$）。此方程表示了每种组分摩尔数变化之间的关系。

例： $$CO + \frac{1}{2} O_2 \longrightarrow CO_2$$

$$M_1 = 1 \quad M_2 = 2 \quad M_3 = CO_2$$

$$r_i' = 1 \quad r_i'' = 0$$

$$r_2' = \frac{1}{2} \quad r_2'' = 0$$

$$r_3' = 0 \quad r_3'' = 1$$

当 $r_3''-r_3'=1\ \mathrm{mol}$、$CO_2$ 生成时，$\Delta n_3 = 1$

$r_1' - r_1'' = 1$ mol、CO 消失时，　　　$\Delta n_1 = -1$

$r_2' - r_2'' = 1$ mol、O_2 消失时，　　　$\Delta n_2 = -\dfrac{1}{2}$

则

$$\frac{\Delta n_1}{r_1'' - r_1'} = \frac{\Delta n_2}{r_2'' - r_2'} = \frac{\Delta n_3}{r_3'' - r_3'}$$

为简单起见，可以引进一个量纲为 1 的单步反应的进度变量 ε，于是在微小的变化中有

$$\mathrm{d}n_i = (r_i'' - r_i')\mathrm{d}\varepsilon \quad (i = 1, 2, \cdots, N) \tag{2-8}$$

如果用 $n_{i,r}$ 表示各种组分在 $\varepsilon = 0$ 的同一初始状态或参考状态时的摩尔数，对上述方程进行积分，可得

$$n_i - n_{i,r} = (r_i'' - r_i')\varepsilon \quad (i = 1, 2, \cdots, N) \tag{2-9}$$

从上式可以看出，在发生单步化学反应的封闭系统中，热力学状态方程中的 n_i 可以用 $n_{i,r}$ 和反应进度 ε 代替。如果某一参考状态下系统的成分已知，则它的化学热力学状态可以用

$$p = p(V, T, \varepsilon)$$

表示，这里的变量 ε 可以看做是一个状态参数。当 V 和 T 给定时，化学平衡对应于一组确定的平衡值 n_i。

如果 m_i 是第 i 种组分的质量，$M_{r,i}$ 是 i 种组分的相对分子质量，则

$$\mathrm{d}m_i = (r_i'' - r_i')M_{r,i}\mathrm{d}\varepsilon \quad (i = 1, 2, \cdots, N)$$

因为封闭系统的总质量不变

$$m = \sum_{i=1}^{N} m_i = \tan t$$

所以，有

$$\sum_{i=1}^{N} \mathrm{d}m_i = 0$$

则有

$$\sum_{i=1}^{N} [(r_i'' - r_i')M_{r,i}]\mathrm{d}\varepsilon = 0$$

如果反应进度的变化不等于 0（$\mathrm{d}\varepsilon \neq 0$），则

$$\sum_{i=1}^{N} (r_i'' - r_i')M_{r,i} = 0$$

这个式子就是化学计量方程。如果方程式（2-8）对时间求导，则

$$\frac{\mathrm{d}n_i}{\mathrm{d}t} = (r_i'' - r_i')\frac{\mathrm{d}\varepsilon}{\mathrm{d}t} \tag{2-10}$$

这是反应速率方程。

2. 反应物分数的表示方法

反应物一般用反应物分数和比值表示。

(1) 质量分数 y_i，第 i 种组分的质量分数，定义为

$$y_i = \frac{m_i}{\sum_{i=1}^{N} m_i}$$

若系统中有 N 种组分，则

$$\sum_{i=1}^{N} y_i = 1$$

（2）摩尔分数 X_i，第 i 种组分的质量分数，定义为

$$X_i = \frac{n_i}{\sum_{i=1}^{N} n_i}$$

若系统中有 N 种组分，则

$$\sum_{i=1}^{N} X_i = 1$$

利用道尔顿定理，可以很方便地由摩尔分数计算出分压

$$p_i V = n_i RT$$

则

$$p = \sum_{i=1}^{N} p_i = \frac{RT}{V} \sum_{i=1}^{N} n_i$$

由上两式可得

$$\frac{p_i}{p} = \frac{n_i}{\sum_{i=1}^{N} n_i} = X_i$$

（3）燃料氧化剂比 $\frac{m_F}{m_o}$ = 燃料质量/氧化剂质量。比如，反应 "$2H_2 + O_2 \rightleftharpoons$ 产物" 的燃料氧化剂比为

$$\frac{m_F}{m_o} = 2 \times 2.016 / 1 \times 32 \approx 1/8$$

（4）当量比 ϕ。

当量比定义为实际的燃料-氧化剂比（m_F/m_o）与化学恰当过程中的燃料-氧化剂比 $(m_F/m_o)_{st}$ 之比值。化学恰当过程是指当发生化学反应时，生成最稳定产物的过程。例如，$CH_4 + 2O_2 \rightleftharpoons CO_2 + 2H_2O$ 是化学恰当过程，因为产物处于它们的最稳定状态。但是，反应 $CH_4 + \frac{3}{2}O_2 \longrightarrow CO + 2H_2O$ 不是化学恰当过程，因为产物 CO 是不稳定的，仍可以和 O_2 继续反应生成产物 CO_2。

化学恰当反应是最经济的反应，放出的能量最高。当量比定义为

$$\phi = \frac{(m_F/m_o)}{(m_F/m_o)_{st}}$$

贫燃料状态时，　　　　　　　　　　$0 < \phi < 1$
化学恰当状态时，　　　　　　　　　$\phi = 1$
富燃料状态时，　　　　　　　　　　$1 < \phi < \infty$

（5）混合物分数 f。

假定流量为 1 kg/s 的混合物流（M）由两种成分混合而成（图 2-1），燃料（F）的流量是 f（kg/s），空气（A）的流量是 $(1-f)$ kg/s，则由这两种双流体混合过程产生的混合物的任何外延参数 ξ 都可以用公式表示为

$$f\xi_F + (1-f)\xi_A = \xi_M$$

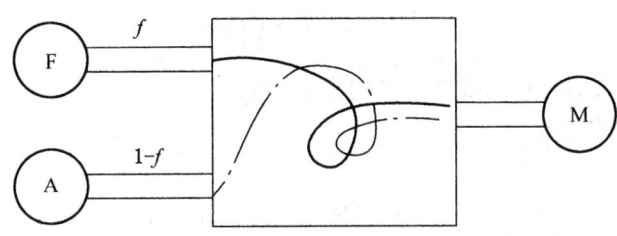

图 2-1 燃料和空气流的定常混合与燃烧

式中，ξ_F 和 ξ_A 分别为燃料流和空气流中的外延参数。上式整理得

$$f = \frac{\xi_M - \xi_A}{\xi_F - \xi_A}$$

如果流体中没有源和汇，又满足上式，其外延参数都称为守恒量。

用质量表示的总体化学反应方程为

$$\left\{\left(\frac{m_F}{m_o}\right)_{st} \text{kg 燃料}\right\} + \{1 \text{ kg 氧气}\} \longrightarrow \left\{\left[1 + \left(\frac{m_F}{m_o}\right)_{st}\right] \text{kg 产物}\right\}$$

3. 平衡常数

化学反应的一般式为

$$\sum r_i A_i \xrightarrow{k} \sum r_i' A_i' \tag{2-11}$$

式中 A_i、A_i'——组分；

r_i、r_i'——化学计算系数。

质量作用定律可表示成

$$\omega = k \prod_i c_i^{r_i}$$

式中 ω——化学反应速率；

k——反应速率常数；

c_i——组分浓度。

一般说来所有反应都是可逆反应，因此

$$\sum r_i A_i \underset{k'}{\overset{k}{\rightleftharpoons}} \sum r_i' A_i'$$

正反应速率为

$$\omega_1 = k \prod_i c_i^{r_i}$$

逆反应速率为

$$\omega_2 = k' \prod_i c_i^{r_i'}$$

达到化学平衡时

$$k\prod_i c_i^{r'_i} = k'\prod_i c_i^{r'_i}$$

化学平衡常数为

$$k_c = \frac{k}{k'} = \frac{k\prod_i c_i^{r'_i}}{k\prod_i c_i^{r'_i}}$$

式中,下标 c 表示它是以浓度定义的平衡常数。

4. 平衡常数和自由能的关系

若以下列反应

$$aA + bB \rightleftharpoons cC + dD$$

为例,则在标准状态下转变的生成物其标准反应自由能为

$$\Delta F_R^0 = c\Delta f_{fC}^0 + d\Delta f_{fD}^0 - a\Delta f_{fA}^0 - b\Delta f_{fB}^0$$

在任意给定压力下的反应自由能为

$$\Delta f_R^p = c\Delta f_{fC}^p + d\Delta f_{fD}^p - a\Delta f_{fA}^p - b\Delta f_{fB}^p$$

压力变化引起的反应自由能的变化为

$$\Delta f_R^p - \Delta f_R^0 = c(\Delta f_{fC}^p - \Delta f_{fC}^0) + d(\Delta f_{fD}^p - \Delta f_{fD}^0) - a(\Delta f_{fA}^p - \Delta f_{fA}^0) - b(\Delta f_{fB}^p - \Delta f_{fB}^0)$$

因为

$$\Delta f_T^p = RT\ln\frac{p}{p_0} + \Delta f_T^0$$

所以

$$\Delta F_R^p - \Delta F_R^0 = RT(c\ln p_C + d\ln p_D - a\ln p_A - b\ln p_B) = RT\ln\frac{p_C^c p_D^d}{p_A^a p_B^b}$$

当平衡时 $\Delta F_R^p = 0$,最后得

$$\ln\frac{p_C^c p_D^d}{p_A^a p_B^b} = -\frac{\Delta F_R^0}{RT}$$

令

$$k_p = \frac{p_C^c p_D^d}{p_A^a p_B^b}$$

其中 k_p 为平衡常数。下标"p"表示按分压定义的平衡常数。

$$\ln k_p = -\frac{\Delta F_R^0}{RT} \qquad (2-12)$$

或

$$k_p = \exp\left(-\frac{\Delta F_R^0}{RT}\right)$$

ΔF_R^0 是常数,因此在给定温度下,k_p 是常数。这 17 种反应顺序为

(1) $SO_2 + \frac{1}{2}O_2 \rightleftharpoons SO_3$

(2) $\frac{1}{2}O_2 + \frac{1}{2}N_2 \rightleftharpoons NO$

(3) $\frac{1}{2}O_2 \rightleftharpoons O$

(4) $\frac{1}{2}H_2 \rightleftharpoons H$

(5) $\frac{1}{2}N_2 + \frac{3}{2}H_2 \rightleftharpoons NH_3$

(6) $\frac{1}{2}N_2 \rightleftharpoons N$

(7) $NO \rightleftharpoons N + O$

(8) $H_2O \rightleftharpoons H_2 + \frac{1}{2}O_2$

(9) $H_2O \rightleftharpoons \frac{1}{2}H_2 + HO$

(10) $CO_2 + C \rightleftharpoons 2CO$

(11) $CO_2 + C \rightleftharpoons 2CO$

(12) $CO_2 \rightleftharpoons CO + \frac{1}{2}O_2$

(13) $2C + H_2 \rightleftharpoons C_2H_2$

(14) $2H_2 + CO \rightleftharpoons CH_4 + O$

(15) $C + 2H_2 \rightleftharpoons CH_4$

(16) $CO + 2H_2 \rightleftharpoons CH_3OH$

(17) $CO + 3H_2 \rightleftharpoons CH_4 + H_2O$

k_c 和 k_p 的关系如下：

因为 $c_s = \dfrac{M_s}{V} = \dfrac{p_s}{RT}$，$c_s$ 是浓度，M_s 是第 s 种组分的物质的质量。

所以
$$k_c = \frac{\left(\dfrac{p_C}{RT}\right)^c \left(\dfrac{p_D}{RT}\right)^d}{\left(\dfrac{p_A}{RT}\right)^a \left(\dfrac{p_B}{RT}\right)^b} = k_p \left(\frac{1}{RT}\right)^{\Delta M_R} \tag{2-13}$$

其中 ΔM_R 为反应过程中气体物质的质量的变化量，即

$$\Delta M_R = \sum_{s=P} M_s - \sum_{j=R} M_j = (c+d) - (a+b)$$

一个反应在反应过程中物质的质量不发生变化，即 $k_p = k_c$。例如 $\frac{1}{2}H_2 + \frac{1}{2}I_2 \rightleftharpoons HI$ 的反应就是如此。

以浓度表示的平衡常数和以分压表示的平衡常数有一定的关系，如果反应过程中气体物质的量不变化，则两者相等。

三、绝热火焰温度计算

混合气体若经过绝热等压达到化学平衡，则系统最终达到的温度称为绝热火焰温度，或称理论燃烧温度或燃烧最大温度 T_m。该温度取决于初始温度、压力和反应物的成分。

由于该系统是绝热的，因此反应物经化学反应生成平衡产物过程中释放出的全部热量都用来提高系统的温度。如果用 ΔH_R 表示反应物中的总焓（包括化学能），ΔH_P 表示平衡

产物中的总焓,则在绝热条件下有

$$\Delta H_R = \Delta H_P$$

燃烧产物在最终状态时的总焓是其各组分的生成焓之和加上燃烧产物从标准状态(298 K)到最终状态时总焓的增加量,即

$$\Delta H_P = \sum_{s=P} M_s \Delta h_{fs} + \sum_{s=P} \int_{298}^{T_m} M_s c_{p,s} dT \qquad (2-14)$$

式中 $c_{p,s}$——热容量。

反应物总焓应为全部反应物的生成焓之和,即

$$\Delta H_R = \sum_{j=R} M_j \Delta h_{fj}$$

由以上两式得到

$$\sum_{j=R} M_j \Delta h_{fj} = \sum_{s=P} M_s \Delta h_{fs} + \sum_{s=P} \int_{298}^{T_m} M_s c_{p,s} dT$$

或

$$\sum_{s=P} \int_{298}^{T_m} M_s c_{p,s} dT = \sum_{j=R} M_j \Delta h_{fj} - \sum_{s=P} M_s \Delta h_{fs}$$

该式的右边是已知的反应热,但符号相反,因而有

$$\sum_{s=P} \int_{298}^{T_m} M_s c_{p,s} dT = -\Delta H_{298}^{\ominus} \qquad (2-15)$$

式(2-15)中,如能知道最终产物的成分,则未知数只有 T_m 一个,但最终产物的成分取决于 T_m,这样,在系统中存在两个互相依赖的未知量,即平衡成分和最终温度 T_m。对于简单反应的平衡成分的计算可采用"反应程度法"。现举例说明。

$$\frac{1}{2}Cl_2 + \frac{3}{2}F_2 \rightleftharpoons ClF_3$$

设 λ 为反应进行的程度,则上面的化学当量式可改写成:

$$\frac{1}{2}Cl_2 + \frac{3}{2}F_2 \rightleftharpoons (1-\lambda)\left[\frac{1}{2}Cl_2 + \frac{3}{2}F_2\right] + \lambda[ClF_3]$$

当 $\lambda = 0$ 时,表明反应刚开始;当 $\lambda = 1$ 时,表明反应已经完成。生成物的各参数见表 2-1。

表 2-1 生成物的各参数

S	M_s	$x_s = M_s/\sum M_s$	$p_s = x_s p$
Cl_2	$(1-\lambda)/2$	$(1-\lambda)/2(2-\lambda)$	$(1-\lambda)p/2(2-\lambda)$
F_2	$3(1-\lambda)/2$	$3(1-\lambda)/2(2-\lambda)$	$3(1-\lambda)p/2(2-\lambda)$
ClF_3	λ	$\lambda/(2-\lambda)$	$\lambda p/(2-\lambda)$

则有

$$k_p = \frac{\dfrac{\lambda p}{(2-\lambda)}}{[(1-\lambda)p/2(2-\lambda)]^{1/2}[3(1-\lambda)p/2(2-\lambda)]^{3/2}} = \frac{4\lambda(2-\lambda)}{3^{3/2}p(1-\lambda)^2}$$

在给定的温度下,k_p 值可以查表。这样在总压给定的情况下可由上式求出 λ 值,知道 λ 后就可求得平衡成分。

T_m 的计算可归纳为以下步骤：

(1) 假定一个 $T_m^{(0)}$ 值，用上述方法求得平衡成分。

(2) 根据反应物及生成物（燃烧产物）的生成热，计算出在标准温度和给定压力下反应放出的热量。

(3) 根据式 (2-15) 算出 $T_m^{(1)}$。如 $T_m^{(0)}$ 不等于 $T_m^{(0)}$，则重新设定 T_m 值，并重复该计算程序，直至假定的 T_m 与算出的 T_m 值相等为止。下面讨论有离解时的绝热燃烧温度及燃烧产物的计算。设燃料分子堆为 $C_nH_mO_p$，氧化剂的一般分子式为 $H_tN_uO_vC_q$，当它们进行反应时，只产生 CO_2、H_2O 及 N_2 时，则其燃烧反应的通式可写成：

$$C_nH_mO_p + \alpha\gamma_0 H_tN_uO_vC_q = (n+\alpha\gamma_0 q)CO_2 + 0.5(m+\alpha\gamma_0 t)H_2O + 0.5\alpha\gamma_0 u N_2$$

式中 α 和 γ_0 为常数。研究表明，在高温下三原子气体的离解按下列方式进行

$$CO_2 \rightleftharpoons CO + 0.5O_2$$
$$H_2O \rightleftharpoons H_2 + 0.5O_2$$
$$H_2O \rightleftharpoons OH + 0.5H_2$$

分子 H_2 和 O_2 将被离解成 H 和 O 原子，即

$$H_2 \rightleftharpoons 2H$$
$$O_2 \rightleftharpoons 2O$$

当燃料中有氮存在时，有

$$0.5N_2 + 0.5O_2 \rightleftharpoons NO$$

因此，燃烧产物一般有 10 种气体：CO_2、CO、H_2O、H_2、OH、N_2、NO、H、O_2、O。通过以上 6 个方程，可得到

$$\frac{p_{CO}p_{O_2}^{0.5}}{p_{CO_2}} = k_{p1} \tag{2-16}$$

$$\frac{p_{H_2}p_{O_2}^{0.5}}{p_{H_2O}} = k_{p2} \tag{2-17}$$

$$\frac{p_{OH}p_{H_2}^{0.5}}{p_{H_2O}} = k_{p3} \tag{2-18}$$

$$\frac{p_H^2}{p_{H_2}} = k_{p4} \tag{2-19}$$

$$\frac{p_O^2}{p_{O_2}} = k_{p5} \tag{2-20}$$

$$\frac{p_{NO}}{p_{N_2}^{0.5}p_{O_2}^{0.5}} = k_{p6} \tag{2-21}$$

得到了包含燃烧产物分压的 6 个方程。由分压定律：

$$p_{CO} + p_{CO_2} + p_{H_2O} + p_{H_2} + p_{OH} + p_{N_2} + p_{O_2} + p_{NO} + p_H + p_O = p_z \tag{2-22}$$

其中 p_z 是燃烧室内的压力。为了解出 10 个分压，必须有 10 个方程，但现在只有 6 个方程，尚缺 4 个方程，这 4 个方程就是物质平衡方程。

在反应物中有 $n+\alpha\gamma_0 q$ 个原子的碳，$m+\alpha\gamma_0 t$ 个原子的氢，$\alpha\gamma_0 u$ 个原子的氮及 $p+\alpha\gamma_0 v$ 个原子的氧。在燃烧产物中，这些元素形成一定数量的气体，这些气体含有一定数量的个别元素的原子。碳仅在 CO_2 及 CO 中才有，因此这些气体摩尔数之和应等于碳原子

数目，故得如下方程：

$$M_{CO_2} + M_{CO} = n + \alpha\gamma_0 q \tag{2-23}$$

H 存在于 H_2O、H_2、OH 及 H，而且前两种气体各有两个原子的氢，故有

$$2M_{H_2O} + 2M_{H_2} + M_{OH} + M_H = m + \alpha\gamma_0 t \tag{2-24}$$

同理，对于氧可以写出

$$2M_{CO_2} + M_{CO} + M_{H_2O} + M_{OH} + 2M_{O_2} + M_{NO} + M_O = p + \alpha\gamma_0 v \tag{2-25}$$

对于氮可以写出

$$2M_{N_2} + M_{NO} = \alpha\gamma_0 v \tag{2-26}$$

$$M_s = M\frac{p_s}{p_z}$$

式中　M_s——某种气体的物质的量；
　　　M——混合气的物质的量；
　　　p_z——混合气的总压力，即燃烧室压力。

这样，可以将上述各式改写成：

$$\frac{M}{p_z}(p_{CO_2} + p_{CO}) = n + \alpha\gamma_0 q \tag{2-27}$$

$$\frac{M}{p_z}(2p_{H_2O} + 2p_{H_2} + p_{OH} + p_H) = m + \alpha\gamma_0 t \tag{2-28}$$

$$\frac{M}{p_z}(2p_{CO_2} + p_{CO} + p_{H_2O} + p_{OH} + 2p_{O_2} + p_{NO} + p_O) = p + \alpha\gamma_0 v \tag{2-29}$$

$$\frac{M}{p_z}(2p_{N_2} + p_{NO}) = \alpha\gamma_0 u \tag{2-30}$$

其中燃烧产物的物质的量 M 是未知数。由上述 4 式可得

$$\frac{2p_{CO_2} + p_{CO} + p_{H_2O} + p_{OH} + 2p_{O_2} + p_{NO} + p_O}{p_{CO_2} + p_{CO}} = \frac{p + \alpha\gamma_0 v}{n + \alpha\gamma_0 q} \tag{2-31}$$

$$\frac{2p_{H_2O} + 2p_{H_2} + p_{OH} + p_H}{p_{CO_2} + p_{CO}} = \frac{m + \alpha\gamma_0 t}{n + \alpha\gamma_0 q} \tag{2-32}$$

$$\frac{2p_{N_2} + p_{NO}}{p_{CO_2} + p_{CO}} = \frac{\alpha\gamma_0 u}{n + \alpha\gamma_0 q} \tag{2-33}$$

10 个方程可以求出 10 个分压，但是在解这 10 个方程时，必须首先知道燃烧产物的温度 T_m，这样才能知道各平衡常数，因此必须列出第 11 个方程，即能量守恒方程

$$\sum_{s=P}\int_{298}^{T_m} M_s c_{p,s} \mathrm{d}T = -\Delta H_{298}^{\ominus} \tag{2-34}$$

这样，可由式 (2-16)~式(2-21)、式 (2-31)~式(2-33) 以及式 (2-34) 解出 T_m 及燃烧产物的成分。

第二节　化学动力学基础

燃烧和爆炸是一种快速化学反应。其物理特征与化学反应速度有关。有些化学反应进行得很快，有些又很慢。当温度提高时，多数化学反应的速度加快。化学动力学是化学学

科的一个组成部分，它定量地研究化学进行的速度及其影响因素，并用反应机理来解释由实验得出的动力学定律。其研究内容包括试验和理解两个方面——根据理论设计反应速率试验方案对试验结果进行理论分析和预测。

一、化学反应速率

单位时间内反应的最初物质或最终物质浓度的变化叫做化学反应速率。化学反应速率可以用单位时间内各种浓度（摩尔浓度、质量浓度）的变化来表示。不同浓度表示法其数值是不同的，但它们之间有一定的关系，这一关系取决于各种浓度因次。例如，质量浓度表示的反应速度是 $\omega_\rho \text{g}/(\text{cm}^3 \cdot \text{s})$，摩尔浓度表示的反应速率是 $\omega_c \text{mol}/(\text{cm}^3 \cdot \text{s})$，它们之间的关系是

$$\omega_\rho = W\omega_c$$

式中　W——某物质摩尔质量。

反应速率可以按照参加反应的任一物质的反应速率来表示，这时虽然得出的各速率值不同，但它们之间存在着对应关系，此关系可以由化学反应式进行计算，例如

$$a\text{A} + b\text{B} + \cdots \Longrightarrow d\text{D} + e\text{E} + \cdots \tag{2-35}$$

如果以 n_A 表示反应物 A 的浓度，则按物质 A 计算的反应速率是

$$\omega_A = -\frac{\mathrm{d}n_A}{\mathrm{d}t}$$

若按生成物 D 的浓度 n_D 来计算，则反应速率为

$$\omega_D = -\frac{\mathrm{d}n_D}{\mathrm{d}t}$$

分析式（2-35）可知，在单位时间内消耗 a 分子的物质 A，则同一时间内必生成 d 分子的物质 D，因此按照不同物质计算出来的反应速率间关系为

$$\omega_A = -\frac{\mathrm{d}n_A}{\mathrm{d}t} = -\frac{a}{b}\frac{\mathrm{d}n_B}{\mathrm{d}t} = \frac{a}{d}\frac{\mathrm{d}n_D}{\mathrm{d}t} = \frac{a}{e}\frac{\mathrm{d}n_E}{\mathrm{d}t} = \cdots$$

例如有反应 $2H_2 + O_2 \Longrightarrow 2H_2O$，则有

$$\omega_{H_2} = 2\omega_{O_2} = \omega_{H_2O}$$

因此，常常要指出是按哪种物质算出的反应速率。反应速率虽然数值不同，但却表示同一放热速度。

根据化学反应速率，化学反应可以分为爆炸反应和非爆炸反应两类。研究爆炸化学反应不仅要确定在什么条件下化学反应的速率可以非常快，同时也要分析它的化学反应机理。化学反应速率与系统的条件关系，包括化学成分的浓度、温度、压力、催化剂或阻化剂的存在、辐射效应等。

不论单步化学反应怎样复杂，均可用下列化学计量方程表示：

$$\sum_{i=1}^{N} \gamma'_i M_i \longrightarrow \sum_{i=1}^{N} \gamma''_i M_i$$

式中　γ'_i——反应物的计量系数；
　　　γ''_i——生成物的计量系数；
　　　M_i——任意的一个化学组分；

N——有关的化学组分总数。

如果化学组分 M_i 不以反应物的形式出现,则 $\gamma'_i = 0$;如果不以产物的形式出现,则 $\gamma''_i = 0$。

人们通过大量实验证明了质量作用定律:一种化学组分消失的速率与参加反应的各化学组分浓度幂函数的乘积成正比,其中,幂函数的方次就是各自的化学计量系数。因此化学反应速率可以用下式表示:

$$RR = k \prod_{i=1}^{N} (c_{M_i})^{\gamma'_i} \tag{2-36}$$

式中 RR——化学反应速率;
　　　k——比例常数,称为反应速率常数;
　　　c_{M_i}——摩尔浓度。

对于给定的化学反应,k 值和摩尔浓度 c_{M_i} 无关,仅是温度的函数。一般 k 可以用公式 (2-37) 表示:

$$k = BT^\alpha \exp\left(-\frac{E_a}{RT}\right) \tag{2-37}$$

式中 BT^α——碰撞频率;
　　　E_a——活化能。

B、α、E_a 与基元反应的特性有关。

二、活化能

两个分子发生作用,其必要条件是两个分子发生接触、碰撞,以破坏分子内在的、原有的联系,从而形成新的联系。例如 $H_2 + I_2 \longrightarrow 2HI$,首先破坏氢分子中原子之间及碘分子中原子之间的联系,然后氢原子和碘原子重新结合。图 2-2 所示为活化能示意图。

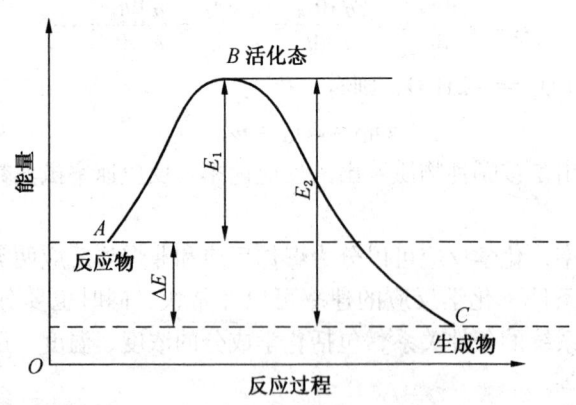

图 2-2　活化能示意图

研究分子碰撞时,必须考虑分子大小的影响。两个大小相等的球形分子,当它们球心之间的距离小于和等于分子直径 d 时,就将发生碰撞。当球心之间的距离大于 d 时,将不发生碰撞,如图 2-3a 和图 2-3b 所示。d 值越大,两个分子发生碰撞的几率也越大。两个分子直径均为 d 的分子之间的碰撞和一个直径为 $2d$ 的分子与另一个用质点表示的分子之间的碰撞是等价的。在上述两种情况中，都用两个分子中心之间距离是否小于 d 来判断是否发生碰撞。如图 2-3 所示，气体中一个分子与其他分子之间的平均碰撞频率近似等于一个半径为 d、以分子平均速度运动的分子在单位时间内扫过的容积中点分子的总数目。一个分子在 1 s 内扫过的圆柱体的长度为 u。一个 $d = 3.5 \times 10^{-8}$ cm，相对分子质量为 130 的分子，在 773 K（500 ℃）时，扫过的圆柱体容积为

$$V = \pi r^2 l = \pi d^2 u = \pi (3.5 \times 10^{-8})^2 \times \left[1.455 \times 10^4 \left(\frac{773}{130}\right)^{\frac{1}{2}}\right] = 1.365 \times 10^{-10} \text{cm}^3$$

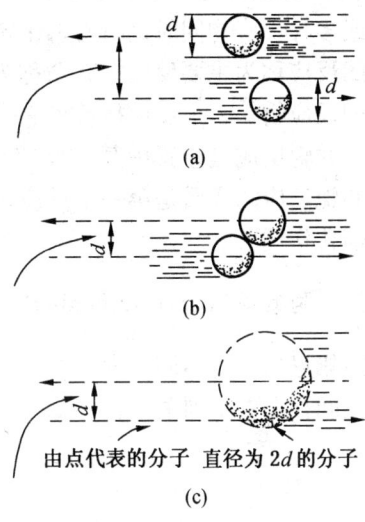

图 2-3 碰撞与分子间距

分子平均速度用下式计算：

$$u = \left(\frac{8RT}{\pi \omega}\right)^{\frac{1}{2}} = 1.455 \times 10^4 \left(\frac{T}{\omega}\right)^{\frac{1}{2}} \text{cm/s}$$

如果气体分子的浓度为 10^{-6} mol/cm³，则在上述容积中有 8.2×10^7 个分子。这就是一个分子在 1 s 内产生碰撞的次数。上面讨论时，假定所有其他分子都是静止的，如果考虑到所有分子都是运动的，上述结果应扩大 $\sqrt{2}$ 倍。

由分子运动论可知：分子与分子之间碰撞次数是非常大的，如果所有的碰撞都引起化学反应，那么即使是在低温条件下，反应速率也将是很大的，甚至反应在瞬间即可完成。但事实上反应速率总是有限的，有时往往是很小的，这说明并非所有的分子碰撞能破坏原有的联系而起化学反应。为使某一化学反应得以进行，分子所需具有的最低能量成为活化能，并用 E 表示。能量达到或超过活化能 E 的分子称为活化分子，如图 2-2 所示。在图 2-2 中，反应物 A 变成生成物 C 时，中间要经过一个活化态 B，它必须克服一定的能量障碍 E_1，才能达到活化态 B，这时反应物内部的原子才可能拆开，最后再变成产物 C。E_1 就是这一反应的活化能。因此，反应要能进行的话，必须要能吸收能量 E_1，才能达到 C，这时放出能量 ΔE；相反，E_2 即表示逆反应的活化能。

一般可把反应分为简单反应和复杂反应两大类。

(1) 简单反应又可以分为单分子反应、双分子反应和三分子反应。所谓单分子反应是指反应过程中只有一个分子参与作用的反应，例如 $I_2 = 2I$。双分子反应即为两个同类或不同类分子碰撞的反应，例如 $I_2 + H_2 = 2HI$。而所谓三分子反应即为三个同类或不同类的分子相互碰撞的反应。由于三分子碰撞的几率很小，因此反应速率是极其缓慢的。目前还没有发现三分子以上的反应。有些反应方程式显示参加反应的分子数很多，但实际上它往往是经过几个步骤而成的，而每个步骤又常是单分子或双分子反应，例如：

$$2NO + O_2 = 2NO_2 \tag{2-38}$$

而它的真实过程是这样的：

$$2NO_2 = N_2O_2$$
$$N_2O_2 + O_2 = 2NO_2$$

（2）复杂反应又可分为可逆反应、连串反应、平行反应和共轭反应。平行反应是指一种或多种反应物同时进行着两个不同的反应称为平行反应。在平行反应中，反应速率比较大的反应称为主要反应，其余称为次要反应。连串反应是指一个反应的生成物又为另一反应的反应物，一个反应接着另一个反应，经过几个步骤才达到最后结果的反应称为连串反应。共轭反应是指其中某一反应仅当另一反应存在时才能进行，这种反应称为共轭反应。共轭反应的实质是第一个反应生成了参加第二个反应的中间化合物，它对第二个反应起着催化作用。

三、阿累尼乌斯（Arrhenius）方程

阿累尼乌斯对不同温度下的等温反应过程进行了大量实验，结果发现反应速率常数与温度之间存在着下列关系：

$$k = A\exp\left(-\frac{E_a}{RT}\right) \qquad (2-39)$$

式中 k——化学反应速率常数；
A——阿累尼乌斯因子；
R——通用气体常数；
T——温度。

式（2-39）称为阿累尼乌斯定律。

在双分子反应中，只有当分子碰撞时中心连线方向的相对运动动能大于活化能 E_a，碰撞才能够产生化学反应。对于二级反应

$$B + C \xrightarrow{k} 产物$$

反应速率定律为

$$\frac{dc_B}{dt} = -kc_B c_C = -Ac_B c_C p\exp\left(-\frac{E_a}{RT}\right) \qquad (2-40)$$

其中 c_B 和 c_C 是组分 B 和 C 的物质的量浓度。

阿累尼乌斯给出的公式为

$$\frac{dc_B}{dt} = -Z_{BC} p\exp\left(-\frac{E_a}{RT}\right) \qquad (2-41)$$

式中 T——绝对温度；
Z_{BC}——总的碰撞频率；
p——空间因子。

空间因子与分子碰撞时的方向有关。如果化学反应除了需具备必要的活化能外，还对碰撞分子的方向有特殊要求，则空间因子的数值小于 1。

一概指出：许多反应的比反应速率都遵循阿累尼乌斯定律。如果将这些反应的化学动力学数据画在 $\ln k$ 与 T^{-1} 的曲线上，得出的是一条直线。

图 2-3 表明，在给定的化学反应中化学反应的比速率常数 k 与浓度 c_{M_i} 无关，仅是温度的函数。对阿累尼乌斯方程取自然对数，就可以得到图 2-4 中 $\ln k$ 的方程，其结果为

$$\ln k = \ln A - \frac{E_a}{RT} \qquad (2-42)$$

化学反应的比速率常数不仅与温度有关，还与温度的取值范围有关。一般说阿累尼乌斯方程不能用来描述一个温度范围很宽的燃烧过程。例如，根据低温时实验数据拟合得到的应用公式不适用于高温，如果用来推论高温下实验可能会得到错误的结果。因此不同温度段必须有相应的反应公式来表述，如图 2-4 所示，反应的比反应速率外推到很宽的温度范围时，必须慎重。

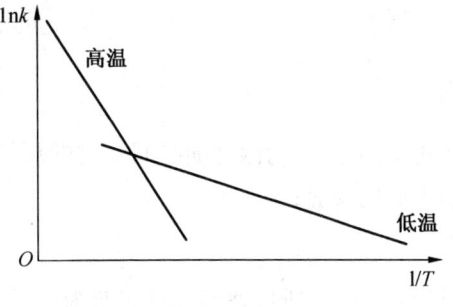

图 2-4　反应速率与温度的关系

有许多反应遵循阿累尼乌斯定律，但有两类反应却不满足阿累尼乌斯方程：

(1) 低活化能的自由基反应。在这类反应中指数项前的参数与温度的关系密切，用所谓的绝对反应理论似乎能更好地描述动力学数据域温度的关系。

(2) 自由基的符合反应。当简单的自由基复合成单一产物时，为了使产物稳定，必须在产物生成时立即从产物中排出释放的能量，而排除能量需要由第三物质来完成。对于这种有第三物质参加的复合反应，压力的影响很显著，因而比反应速率并不满足阿累尼乌斯方程。

我们用 k 表示反应速率常数，并用下标 f 表示正反应，即反应物处于方程左侧，产物处于方程右侧的反应。

四、各种级的单步化学反应

化学反应速度与各反应物质的浓度、温度、压力以及各物质的物理化学性质有关。按照质量作用定律，当温度不变时，化学反应速度与各反应物浓度的成绩成正比。如果反应一步完成，则每种反应物浓度的方次即等于化学反应方程式中的反应比例系数。

要正确地判断反应物浓度对反应速度的影响，应由实验方法测定反应物浓度影响反应速度的方次。应该指出，除了一步反应完成的简单的化学反应以外，还有复杂反应。在复杂反应中，最终产物是由几步反应完成的。化学反应方程式并非表示整个化学反应的真正过程，这时质量作用定律不再适用。

1. 一级化学反应

实验测得化学反应的反应速度与浓度的关系由下列关系式表示，即

$$\frac{dc}{dt} = kc$$

式中　c——浓度；
　　　t——时间；
　　　k——比率常数。

上式说明反应速度与反应物浓度的一次方成正比，称为一级反应。

对于一级反应 $A_2 \xrightarrow{k_f} 2A$，其速率

$$\frac{dc_A}{dt} = 2k_f c_{A_2} = -2\frac{dc_{A_2}}{dt} \tag{2-43}$$

对变量进行分离，并在 0 到 t 的时间内积分，得

$$-\ln c_{A_2} \Big|_{c_{A_2,0}}^{c_{A_2,t}} = k_f(t-0) \tag{2-44}$$

或

$$\ln\left[\frac{c_{A_2,0}}{c_{A_2,t}}\right] = k_f t$$

此式给出了 A_2 的浓度随时间变化的规律。方程式（2-9）给出的速率表达式也可以应用于下面的反应：

$$A + C \xrightarrow{k_f} D$$

因为 $c_C \gg c_A$，所以速率表达式变为

$$\frac{dc_A}{dt} = -\frac{dc_D}{dt} = -k_f c_A c_C = k' c_A$$

式中，k' 是一个新的比率常数，可以推出它的计算公式，因为组分 C 的浓度近似不变（即 c_C 为常数）。

A_2 的分解是单分子反应，它满足一级反应动力学，反应 $A + C \xrightarrow{k_f} D$ 是双分子反应，也满足一级反应动力学。因此，所有的单分子反应都是一级的，但并不是所有的一级反应都是单分子的。

一级反应的另一个例子是分子 AB 的离解：

$$AB \xrightarrow{k_f} A + B \tag{2-45}$$

这里，速率定律表示为

$$\frac{dc_{AB}}{dt} = -k_f c_{AB} \tag{2-46}$$

【例 2-1】用 c_s 表示产物的质量浓度，$c_a - c_s$ 表示反应物的质量浓度（其中 c_a 是反应物的初始质量浓度）。列出比反应速率常数的表达式以及 c_s 的表达式。

解 由方程式（2-12）得

$$\ln\left(\frac{c_a}{c_a - c_s}\right) = k_f t \tag{2-47}$$

则

$$\frac{1}{t}\left(\frac{c_a}{c_a - c_s}\right) = k_f$$

S 的质量浓度为

$$c_s = c_a(1 - e^{-k_f t})$$

假设反应速率常数 k 为定值，且考虑初始条件 $t=0$ 时，反应物的浓度 $c = c_0$，则可得

$$c = c_0 e^{-kt}$$

由上式可以看出：在 $\ln c$ 为横轴，1 为纵轴的坐标内，反应物浓度的对数 $\ln c$ 与时间 t 的关系是一条直线，直线的斜率是反应速率常数 k。如果实验符合这一规律，说明这是一级反应。

在上式中，如果 $t \to \infty$，则 $c \to 0$，说明在一组反应中，要使反应物全部耗尽，必须经过无限长的时间。

另外，从上式还可以看出：一级反应的另一特征表现为无论反应物的初始浓度 c_0 为多大，只要时间 t 相同，则瞬时浓度 c 和初始浓度 c_0 的比值 c/c_0 保持不变。

当 $c = \frac{1}{2}c_0$ 时，由上式可得

$$t_{\frac{1}{2}} = \frac{1}{k}\ln\frac{c_0}{\frac{1}{2}c_0} = \frac{\ln 2}{k} = \frac{0.6932}{k}$$

如果 k 不变，不论反应物的出水浓度是多少，其减低一半浓度所需的时间 $t_{\frac{1}{2}}$ 均为相同，$t_{\frac{1}{2}}$ 称为半衰期，半衰减与反应速率系数成反比。

2. 二级反应

大多数化学反应是双分子反应，并且按照双元碰撞的结果进行，所以这种反应常遵循二级反应动力学。在复杂的化学过程中，二级反应动力学能够确定某一双分子反应过程是整个反应中最缓慢的、决定着化学反应速率的反应步骤。

对于二级的双分子反应 $A + B \xrightarrow{k_f} AB$ 的反应速率定律为

$$\frac{dc_A}{dt} = \frac{dc_B}{dt} = -\frac{dc_{AB}}{dt} = -k_f c_A c_B \tag{2-48}$$

这个反应中，A 的质量浓度等于 B 的质量浓度，即 $c_A = c_B$，所以这个二级反应的微分方程很容易求解。而对于下面的二级双分子反应

$$2A \xrightarrow{k_f} C + D \tag{2-49}$$

反应速率定律为

$$\frac{dc_A}{dt} = -2\frac{dc_C}{dt} = -\frac{dc_{CD}}{dt} - k_f c_A^2$$

下面给出了在火焰中出现的一些有代表性的二级反应过程：

$$Cl + H_2 \longrightarrow HCl + H$$
$$OH + H_2 \longrightarrow H_2O + H$$
$$O_2 + H \longrightarrow OH + O$$
$$O + H_2 \longrightarrow OH + H$$
$$O_3 + CO \longrightarrow CO_2 + 2O$$
$$OH + CH_4 \longrightarrow H_2O + CH_3$$

反应速率定律也可以用反应过程中所消耗的反应物浓度表示。例如，下面的二级反应（有时叫做原子传递反应）

$$A + B \xrightarrow{k_f} C + D$$

物质 A 和 B 的质量浓度为

$$c_A = c_{A_0} - c_x$$
$$c_B = c_{B_0} - c_x$$

式中　c_{A_0}、c_{B_0}——初始质量浓度；

c_x——A 和 B 在反应中被消耗的部分。

则这一反应的速率定律为

$$\frac{dc_x}{dt} = k_f(c_{A_0} - c_x)(c_{B_0} - c_x)$$

在方程的两边同乘上

$$\frac{(c_{B_0} - c_{A_0})\mathrm{d}t}{(c_{A_0} - c_x)(c_{B_0} - c_x)}$$

得

$$\frac{(c_{B_0} - c_{A_0})\mathrm{d}c_x}{(c_{A_0} - c_x)(c_{B_0} - c_x)} = k_f(c_{B_0} - c_{A_0})\mathrm{d}t$$

将上式左边的分母分开进行积分得

$$\int \frac{\mathrm{d}c_x}{(c_{A_0} - c_x)} - \int \frac{\mathrm{d}c_x}{(c_{B_0} - c_x)} = \int k_f(c_{B_0} - c_{A_0})\mathrm{d}t$$

$$\ln\left[\frac{c_x - c_{B_0}}{c_x - c_{A_0}}\right] = k_f(c_{B_0} - c_{A_0})t + 常数$$

由 c_x 定义知道，$t = 0$ 时，$c_x = 0$，故

$$\ln\left[\frac{0 - c_{B_0}}{0 - c_{A_0}}\right] = k_f(c_{B_0} - c_{A_0}) \times 0 + 常数$$

$$\ln\left[\frac{c_{B_0}}{c_{A_0}}\right] = 常数$$

从而得

$$\ln\left[\frac{c_x - c_{B_0}}{c_x - c_{A_0}}\right] = k_f(c_{B_0} - c_{A_0})t + \ln\left[\frac{c_{B_0}}{c_{A_0}}\right]$$

求解 k_f，得

$$k_f = \frac{1}{(c_{B_0} - c_{A_0})}\ln\left[\frac{c_{B_0}(c_x - c_{B_0})}{c_{A_0}(c_x - c_{A_0})}\right]$$

3. 三级反应

三级反应和三分子反应的一个例子是

$$2\mathrm{NO} + \mathrm{O}_2 \xrightarrow{k_f} 2\mathrm{NO}_2$$

另一个例子是

$$M + 2A \xrightarrow{k_f} A_2 \longrightarrow M^*$$

M 是一个第三体（反应媒介），它引起反应 $2A \longrightarrow A_2$，M^* 与 M 的性质稍有不同，因为反应过程中的热量使 M 的性质有所改变。有一些物质甚至会散发辐射能（光）。上面的反应速率定律表示为

$$\frac{\mathrm{d}c_{A_2}}{\mathrm{d}t} = k_f c_M c_A^2 = -\frac{1}{2}\frac{\mathrm{d}c_A}{\mathrm{d}t} \quad \left(\frac{\mathrm{d}c_A}{\mathrm{d}t} = -2k_f c_M c_A^2\right)$$

如果 M 的质量浓度确定了系数，那么它可以和 k 合并起来为

$$\frac{\mathrm{d}c_A}{\mathrm{d}t} = -k' c_A^2$$

式中 k' 是新的反应速率常数，此时反应的级数也从三级降到二级。如果 c_M 并不真正是常数，而是时间的函数，那反应的级数仍然是三级。

对于每一个反应过程，反应速率方程都可以用来代替平衡常数方程。由于反应速率明显的随着反应途径而异，所以热力学状态函数不能使用。实际上，许多化学反应的详细反

应机理尚未清楚,所以通常很难预测出每一种重要组分的浓度。

通常涉及的反应大多数是二级和三级的。下面是一个复杂反应的例子,它既含有二级反应也含有三级反应。

$$OH + H_2 \longrightarrow H_2O + H$$
$$O_2 + H \longrightarrow OH + O$$
$$H + H + H \longrightarrow H_2 + H$$

五、连续反应

反应过程中出现的另一个复杂现象是某一反应的产物还会继续发生反应而生成另一种产物。下面是这种反应的一个简单例子。

$$A + B \xrightarrow{k_1} AB \xrightarrow{k_2} C + D \tag{2-50}$$

从这个方程可以看出,连续反应是一系列的反应,其中 k_1 和 k_2 是两个比反应速率常数(不考虑逆向反应)。第一和第二反应速率定律确定如下:

第一个反应 $\quad\dfrac{dc_{AB}}{dt} = k_1 c_A c_B = -\dfrac{dc_B}{dt} = -\dfrac{dc_A}{dt}$

第二个反应 $\quad\dfrac{dc_{AB}}{dt} = -k_2 c_{AB} = -\dfrac{dc_C}{dt} = -\dfrac{dc_D}{dt}$

将这两个速率表达式相加可得 c_{AB} 变化的净速率为

$$\left(\dfrac{dc_{AB}}{dt}\right)_{净} = -k_1 c_A c_B = -k_2 c_{AB}$$

随着反应及逆行,A 和 B 的浓度减小,C 和 D 的浓度增大,而 AB 的浓度则在某一时刻达到最大值。

【例 2-2】设有如下两个一级反应组成的简单的连续反应:

$$A \xrightarrow{k_1} B \xrightarrow{k_2} C + D$$

式中 k_1 和 k_2 是两个比率常数,求中间产物 B 的浓度。

解 A 的消耗速率为

$$\dfrac{dc_A}{dt} = -k_1 c_A \tag{2-51a}$$

积分得

$$c_A = c_{A_0} e^{-k_1 t}$$

式中 c_{A_0} ——A 的初始质量浓度。

C 的形成速率为

$$\dfrac{dc_C}{dt} = k_2 c_B$$

因而,B 的生成净速率为由 A 形成 B 的速率减去由 B 分裂为 C 和 D 的速率,即

$$\dfrac{dc_B}{dt} = k_1 c_A - k_2 c_B \tag{2-51b}$$

将式(2-51a)代入式(2-51b)中得

$$c_B = c_A \frac{k_1}{k_2 - k_1}(e^{-k_1 t} - e^{-k_2 t})$$

此式中仅含有变量 c_B 和 t，积分得

$$c_B = c_A \frac{k_1}{k_2 - k_1}(e^{-k_1 t} - e^{-k_2 t}) \tag{2-51c}$$

c_A 和 c_B 的变化率由式（2-51a）和式（2-51b）确定，而 c_C 的变化速率不难由下面的关系式求出（注意 $c_C = c_D$）：

$$c_A + c_B + 2c_C = c_{A_0}$$

六、并列反应

当由同一组反应物产生出两组或多组燃烧产物时，即出现并列反应。例如：

$$A + B \xrightarrow{k_1} AB$$

$$A + B \xrightarrow{k_2} E + F$$

这两个反应的速率确定如下：

第一个反应

$$\frac{dc_A}{dt} = -k_1 c_A c_B$$

第二个反应

$$\frac{dc_A}{dt} = -k_2 c_A c_B$$

将两式相加可得组分 A 消耗的净速率为

$$\frac{dc_A}{dt} = -(k_1 + k_2) c_A c_B$$

将速率定律外推到更高的温度范围时，会导致不正确的结果。这时因为反应速率常数对温度很敏感。一个反应在一定温度下占主要地位，而在更高的温度下，就必须考虑其他并列的反应。

七、可逆反应

化学反应一般可以沿正向（反应物生成产物，速率常数为 k_f）和逆向（反应物重新形成反应物，速率常数为 k_b）进行。在热力学平衡时，成分不存在净变化。因此，反应速率常数 k_f 与平衡常数 k_c 有关，k_c 可用带有相应指数的浓度表示为

$$k_c = \prod_{i=1}^{N} c_{M_i}^{(r_i'' - r_i')} \tag{2-52}$$

可逆的化学反应可以表示成

$$\sum_{i=1}^{N} r_i' M_i \underset{k_b}{\overset{k_f}{\rightleftharpoons}} \sum_{i=1}^{N} r_i'' M_i \tag{2-53}$$

对于同时发生的化学反应，每一步反应方程可用基元速率定律来描述。$\frac{dc_{M_i}}{dt}$ 表示同时发生的单个反应步骤所产生的变化之和，因此，对于方程式（2-20）所表示的反应有

$$\frac{dc_{M_i}}{dt} = (r''_i - r'_i)k_f \prod_{i=1}^{N} c_{M_i}^{r'_i} + (r''_i - r'_i)k_b \prod_{i=1}^{N} c_{M_i}^{r''_i} \qquad (2-54)$$

在热力学平衡时

$$\frac{dc_{M_i}}{dt} = 0 \quad (c_{M_j} = c_{M_{j,e}}) \qquad (2-55)$$

式中 $c_{M_{j,e}}$——热力学平衡时组分 M_j 的浓度值。

由方程式（2-21）和式（2-22）可得

$$\frac{k_f}{k_b} = \prod_{i=1}^{N} c_{M_i}^{(r''_i - r'_i)} = k_c \qquad (2-56)$$

式中 k_c——用浓度定义的平衡常数。

显然，方程式（2-23）将动力学参数 k_f 和 k_b 与热力学平衡常数 k_c 联系了起来。k_c 是可以很准确地计算出来的，可以根据分子特性用量子统计学的方法计算。方程式（2-23）用 k_c 的形式表示为

$$\frac{dc_{M_i}}{dt} = (r''_i - r'_i)k_f \prod_{i=1}^{N} c_{M_i}^{r'_i} \left(1 - \frac{1}{k_c}\right) \prod_{i=1}^{N} c_{M_i}^{(r''_i - r'_i)} \qquad (2-57)$$

已知 k_c 和 $\frac{dc_{M_i}}{dt}$ 的测量值，由方程式（2-24）可以计算出正向反应的速率常数。

对于一个有第三物质的反应，第三物质的浓度不出现在平衡常数的表达式中，例如下面的反应：

$$H + H + M \rightleftharpoons H_2 + M$$

平衡常数为

$$k_c = \frac{c_{H_2} c_M}{c_H^2 c_M} = \frac{c_{H_2}}{c_H^2}$$

八、链式反应

链式反应是化学反应中最常见的形式，它由一系列具有不同反应速率常数的连续反应、并列反应和可逆反应组成。在所有的燃烧过程中都会出现这些复杂的化学反应。下面只讨论一些常见的过程。对于很多燃烧过程，各单个反应步骤的比反应速率常数尚不清楚，或只能做粗略估计。

1. 自由基

在反应过程中，最活泼的组分叫做自由基。在化学术语中，自由基的特点是有不配对的电子。如下所示，氢原子是一个自由价，其中·表示电子。

$$H \colon H \longrightarrow H \cdot + H \cdot$$

电磁理论可以用来研究反应过程中自由基的性质。

一个基元反应，如果产生自由基，则叫做链式生成反应。如果是销毁自由基，则叫做链终止反应。根据产物与反应物中自由基数目之比，当比值等于 1 时，这个基元反应叫做链传递反应（或携带链的反应）；当比值大于 1 时，这个基元反应叫做链分支反应。例如：

$$A_2 \longrightarrow 2A \quad \text{链产生反应}（A_2 \text{ 具有较低的分解能量}）$$

$$A + B_2 \longrightarrow AB + B$$
$$B + A_2 \longrightarrow AB + A$$
$$A + AB \longrightarrow A_2 + B$$
$$B + AB \longrightarrow B_2 + A$$

链传递反应（通常非常快）

$$M + 2A \longrightarrow A_2 + M$$
$$M + 2B \longrightarrow B_2 + M$$

链终止反应

A 和 B 叫做链载体或自由基，在高浓度下很少出现。

基元反应

$$H + O_2 \longrightarrow OH + O$$

是一个链分支反应，因为所形成的链载体的数目比反应开始时的链载体的数目多。在后面几节中对链分支反应作更详细的讨论。

2. 氢-溴反应

复杂反应的一个典型例子是由 H_2 和 Br_2 生成 HBr 的反应。溴化氢生成的总反应方程式为

$$H_2 + Br_2 \longrightarrow 2HBr$$

HBr 的生成速率不遵循质量作用定律，由实验确定的这个反应的速率定律为

$$\frac{dc_{HBr}}{dt} = \frac{a_1 c_{H_2} c_{Br_2}^{1/2}}{1 + c_{HBr}/(a_2 c_{Br_2})}$$

式中 a_1、a_2——给定温度下的常数。

反应机理由一组互相影响的基元反应组成。自由基 H 和 Br 应用稳态假设，推导出反应速率表达式，此式在形式上与实验得到的表达式相同。$H_2 \longrightarrow Br_2$ 的反应还可以作为一个例子，用以说明如何提出和证实一个复杂反应的机理。

为了引起反应，需要加入一定的热量。Br_2 首先分解，这是因为 H_2 比 Br_2 更稳定（$\Delta H_{f,Br}^{\ominus} = 6.71 \times 4.186$ kJ/mol，$\Delta H_{f,Br}^{\ominus} = 52 \times 4.186$ kJ/mol），Br 原子是自由基，它能与 H_2 反应，因此，出现了如下一系列（包括链生成、链传递和链终止）的反应：

$$M + Br_2 \xrightarrow{k_1} 2Br + M \quad (1)$$
$$Br + 2H \xrightarrow{k_2} HBr + H \quad (2)$$
$$H + Br_2 \xrightarrow{k_3} HBr + Br \quad (3)$$
$$H + HBr \xrightarrow{k_4} H_2 + Br \quad (4)$$
$$M + Br + Br \xrightarrow{k_5} Br_2 + M \quad (5)$$

在方程式（1）和方程式（5）中，M 表示载体，化学组分 H、Br、Br_2 或 HBr 中任何一个都可以充当载体。

方程式（1）是链生成阶段，方程式（2）和方程式（3）是链传递的反应，在这些反应中，每一个参加反应的原子都会产生出另一个原子（Br 或 H）。方程式（4）是式（5）的逆反应，而方程式（3）的逆反应则相当的缓慢，因此不重要。方程式（4）是链终止阶段，在这个反应过程中，链终止反应

$$M + H + H \longrightarrow H_2 + M$$

并不重要，因为 H 原子的浓度一般比 Br 原子的浓度小。但是在高温下，下面两个反应就显得十分重要：

$$Br + HBr \longrightarrow Br_2 + H$$
$$M + H + H \longrightarrow H_2 + M$$

分析上面这些可逆的和连续的反应，就不难理解为什么由方程

$$Br_2 + H_2 \longrightarrow 2HBr$$

导得的反应速率定律无关紧要了。

浓度变化速率的方程组包括

$$dc_{Br}/dt = 2k_1 c_M c_{Br_2} - k_2 c_{H_2} c_{Br} + k_3 c_H c_{Br_2} + k_4 c_H c_{Br} - 2k_5 c_M c_{Br}^2 \tag{2-58}$$

$$dc_{Br}/dt = k_2 c_{H_2} c_{Br} - k_3 c_H c_{Br_2} - k_4 c_H c_{Br} \tag{2-59}$$

$$dc_{Br_2}/dt = -k_1 c_M c_{Br_2} - k_3 c_H c_{Br_2} + k_4 c_H c_{Br} + k_5 c_M c_{Br}^2 \tag{2-60}$$

$$dc_{H_2}/dt = -k_2 c_{H_2} c_{Br} + k_4 c_H c_{Br} \tag{2-61}$$

$$dc_{HBr}/dt = k_2 c_{H_2} c_{Br} + k_3 c_H c_{Br_2} - k_4 c_H c_{Br} \tag{2-62}$$

应用稳态假设，认为自由基 H 和 Br 的平均浓度近似地保持不变，得

$$dc_H/dt = dc_{Br}/dt = 0 \tag{2-63}$$

实际上，H 和 Br 的浓度在整个反应过程中并非保持不变，但在反应的大部分时间内是保持不变的，除开始和结束的两个短时间内，自由基的浓度几乎不变。

应用式 (2-63)，并令式 (2-58) 和式 (2-59) 相等，化简后得

$$k_1 c_M c_{Br_2} = k_5 c_M c_{Br}^2 \tag{2-64}$$

所以

$$c_{Br} = \sqrt{\frac{k_1}{k_5}} \sqrt{c_{Br_2}} \tag{2-65}$$

解方程式 (2-59) 求 c_H 得

$$c_H = \frac{k_2 c_{H_2} c_{Br}}{k_3 c_{Br_2} + k_4 c_{HBr}} \tag{2-66}$$

式 (2-65) 和式 (2-66) 是在稳定假设下得到的。如果用平衡假设代替稳态假设，则方程式 (2-66) 将有所不同，这是因为必须用平衡常数方程取代替速率表达式。显然，这两个假设是不能互换的。无论是用稳态假设还是平衡假设，未知数的总数都是 6 个，即 T_f、c_H、c_{Br}、c_{HBr}、c_{H_2}、c_{Br_2}。除式 (2-58)~式 (2-62) 外，还有一个焓的平衡方程可使系统完全封闭。求解这 6 个随时间变化的联立方程，可得燃烧反应问题的全过程。

按稳态处理方法将式 (2-65) 和式 (2-66) 代入式 (2-62)，得

$$\frac{dc_{HBr}}{dt} = k_2 c_{H_2} \sqrt{c_{Br_2} \frac{k_1}{k_5}} + \frac{k_2 c_{Br_2} - k_4 c_{HBr}}{k_3 c_{Br_2} + k_4 c_{HBr}} k_2 c_{H_2} c_{Br}$$

或

$$\frac{dc_{HBr}}{dt} = k_2 c_{H_2} \sqrt{c_{Br_2} \frac{k_1}{k_5}} \left[\frac{2k_3 c_{Br_2}}{k_3 c_{Br_2} + k_4 c_{HBr}} \right]$$

此式可简化为

$$\frac{\mathrm{d}c_{\mathrm{HBr}}}{\mathrm{d}t} = \frac{2k_2\sqrt{k_1/k_5}\sqrt{c_{\mathrm{Br}_2}c_{\mathrm{H}_2}}}{1 + c_{\mathrm{HBr}}/(10c_{\mathrm{Br}_2})} \tag{2-67}$$

式（2-67）与实验得到的经验关系是吻合的，即

$$\frac{\mathrm{d}c_{\mathrm{HBr}}}{\mathrm{d}t} = \frac{2k_1\sqrt{c_{\mathrm{Br}_2}}}{1 + c_{\mathrm{HBr}}/(10c_{\mathrm{Br}_2})} \tag{2-68}$$

在反应开始时，HBr 的浓度很小，即

$$1 \gg c_{\mathrm{HBr}}/(10c_{\mathrm{Br}_2})$$

在这种情况下，式（2-67）就会变成 Arrhenins 方程的形式，即

$$\frac{\mathrm{d}c_{\mathrm{HBr}}}{\mathrm{d}t} = 2k_1 c_{\mathrm{H}_2} c_{\mathrm{Br}}^{1/2}$$

反应的总级数是 $1\frac{1}{2}$。若 $c_{\mathrm{HBr}}/(10c_{\mathrm{Br}_2}) \gg 1$，也可以得到阿累尼乌斯方程。在复杂反应中，反应级数随时间而变。

九、不分支连锁反应与分支连锁反应

阿累尼乌斯定律在分子运动理论的基础上建立了化学反应速度和许多重要参数的关系。化学反应的种类很多，特别是燃烧过程，都是些复杂的化学反应，无法用阿累尼乌斯方程来解释。有些化学反应即使在低温条件下，化学反应速度也会自动加速，直至燃烧、爆炸。连锁反应理论认为，单元反应产生活化分子的过程就是链的传递过程，并使反应持续发展。连锁反应又称为活化分子再生的化学反应。

1. 不分支连锁反应

一个活化分子，在产物形成过程中仍然产生一个活化分子，这种连锁反应即为不分支连锁反应。如

$$\mathrm{Cl} + \mathrm{H}_2 \Longleftrightarrow 2\mathrm{HCl}$$

在反应过程中，经过如下几个过程：

（1）链激发过程。在热力活化或光子作用下，产生活化分子：

$$\mathrm{Cl}_2 \longrightarrow 2\mathrm{Cl}$$

（2）链传递过程。

$$\mathrm{Cl} + \mathrm{H}_2 \longrightarrow \mathrm{HCl} + \mathrm{H}$$

氢原子很快又与氯分子相化合而产生氯原子，即

$$\mathrm{H} + \mathrm{Cl}_2 \longrightarrow \mathrm{HCl} + \mathrm{Cl}$$

（3）链断裂过程。化合的中间产物（如氯原子或氢原子）与器壁或惰性气体相碰而失去能量，即活化分子的消失，链被中断。

$$\mathrm{Cl} + \mathrm{Cl} \longrightarrow \mathrm{Cl}_2$$
$$\mathrm{H} + \mathrm{H} \longrightarrow \mathrm{H}_2$$

总结上述三个过程，可以归纳为

$$\mathrm{Cl} + \mathrm{H}_2 \longrightarrow \mathrm{HCl} + \mathrm{H} \Longrightarrow \mathrm{H} + \mathrm{Cl}_2 \longrightarrow \mathrm{HCl} + \mathrm{Cl} \Longrightarrow \mathrm{Cl} + \mathrm{Cl} \longrightarrow \mathrm{Cl}_2 \Longrightarrow \mathrm{Cl} + \mathrm{H}_2 + \mathrm{Cl}_2 \longrightarrow 2\mathrm{HCl} + \mathrm{Cl}$$

重复上述过程。

根据上述 HCl 的形成速度可以分析如下：

$$\omega = \frac{dc_{HCl}}{dt} = k_2 c_{Cl} c_{H_2} + k_3 c_H c_{Cl_2}$$

式中，k_2 是 $Cl + H_2 \longrightarrow HCl + H$ 的反应速率常数；k_3 是 $H + Cl_2 \longrightarrow HCl + Cl$ 的反应速率常数；c_{Cl}、c_H、c_{H_2}、c_{Cl_2} 是 t 时刻氯原子、氢原子、氢分子、氯分子的浓度；c_{HCl} 是氯化氢在 t 时刻的浓度。

由于 c_{Cl} 和 c_H 很小，可假设在短时间内其形成于消耗速度达到平衡，浓度不随时间变化，这时

$$\frac{dc_{Cl}}{dt} = k_1 c_{Cl_2} + k_3 c_H c_{Cl_2} - k_2 c_{Cl} c_{H_2} - k_4 c_{Cl}^2 = 0$$

$$\frac{dc_H}{dt} = k_2 c_{Cl} c_{H_2} - k_5 c_H^2 = 0$$

其中，k_1 是 $Cl_2 \longrightarrow 2Cl$ 的反应速率常数；k_4 和 k_5 分别是 $Cl + Cl \longrightarrow Cl_2$ 和 $H + H \longrightarrow H_2$ 的反应速率常数。

在上述反应中，氯原子的浓度可认为不变，有

$$\frac{dc_{Cl}}{dt} = k_3 c_H c_{Cl_2} - k_2 c_{Cl} c_{H_2} = 0$$

由上式得

$$c_H = \frac{k_2 c_{Cl} c_{H_2}}{k_3 c_{Cl_2}}$$

我们还可以解出：

$$k_1 c_{Cl_2} - k_4 c_{Cl}^2 = 0$$

得到

$$c_{Cl} = \sqrt{\frac{k_1}{k_4}} c_{Cl_2}$$

最后得

$$\frac{dc_{HCl}}{dt} = k_2 c_{Cl} c_{H_2} + k_3 c_H c_{Cl_2} = 2 k_2 c_{Cl} c_{H_2} = 2 k_2 c_{H_2} \sqrt{\frac{k_1}{k_4}} c_{Cl_2}$$

如图 2-5 所示，不分支反应的特点是，在一定环境温度下，反应速度首先由于氯原子和氢原子浓度在初期的增大而增大，反应速度达到最大后，由于反应物质浓度降低而逐渐减慢。

2. 链分支反应

链分支反应是指一个活性中心参加反应后生成最终产物的同时产生两个或多个活性中心，这样活性中心的数目在反应过程中是随时间逐渐增加的，反应速率是自行加速的。如

$$2H_2 + O_2 \rightleftharpoons 2H_2O$$

其中氢分子由于热力或其他能量激发，形成活化分子

$$H_2 \longrightarrow 2H$$

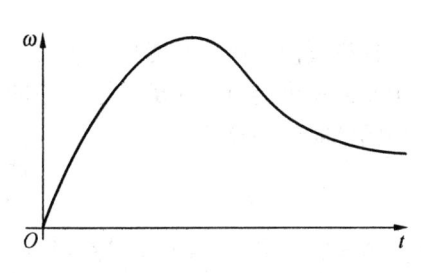

图 2-5 不分支反应中反应速率与时间的 t 关系

然后

$$H + O_2 \longrightarrow OH + O$$
$$O + H_2 \longrightarrow OH + H$$
$$OH + H_2 \longrightarrow H_2O + H$$
$$OH + H_2 \longrightarrow H_2O + H$$

上述 4 个反应相加得

$$H + 3H_2 + O_2 \longrightarrow 2H_2O + 3H$$

一个氢原子 H 参加反应后，经过一个链后形成最终产物 H_2O，同时产生 3 个氢原子 H，如图 2-6 所示。

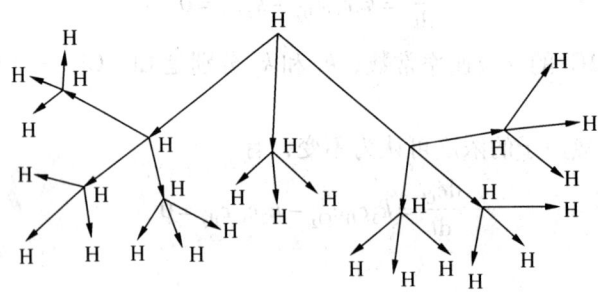

图 2-6 链分支反应示意图

室温或甚至在稍高温度下，即使从外面加入氢原子，氢和氧的混合物仍是很稳定的。通过复合反应过程，自由基在壁面上消失。然而，若超过一定温度，这个链分支反应与氢原子消失的速率相比就变得相当频繁，以致自由基成倍增加而引起爆炸。

爆炸一般分为两种不同的类型：支链爆炸和热爆炸。前者由于链分支的结果，反应速率无限制地增加；对于后者，由于化学反应放热，反应物被加热，比反应速率常数增大，因而反应速率成指数增加。

设有一个 $1\ cm^3$ 的容器，起初其中只有一个链质点，即每立方厘米只有一个自由基。假设这个容器中的分子数是 10^{19} 次/s。如果这个容积中的反应是链传递反应［即在反应中的一个自由基能产生出另一个自由基（$a' = 1.0$）］，那么要使所有的分子都参加反应（即 10^{19} 次碰撞）所需的时间是

$$t = \frac{10^{19}}{10^8/s} = 10^{11}\ s$$

这样缓慢的反应不能称之为燃烧。如果这个反应容器中的反应是支链反应［即一个自由基或一个链质点在反应过程中能生成两个自由基（$a' = 20$）］，那么所有分子参加反应所需的时间估算如下：

$$\frac{2^{N+1} - 1}{2 - 1} = 10^{19}\ \text{个分子}$$

得到 $N = 64$，或 $t = 64 \times 10^{-8}\ s = 1\ \mu s$。这确实是一个很迅速的燃烧过程。但在实际的燃烧过程中，并非所有的反应都是支链反应，只有一小部分是支链反应，反应速率仍然会很迅速。对于一个燃烧过程如果有 1% 的反应为支链反应（$a' = 1.01$），那么上述容积中所有

分子都参加反应所需的时间是

$$\frac{a'^{N+1}-1}{a'-1} = \frac{1.01^{N+1}-1}{1.01-1} = 10^{19} \text{个分子/cm}^3$$

$$N = 3934, t = 3934 \times 10^{-8} \text{ s} \approx 40 \text{ μs}$$

这仍是一个很快的化学反应。

一般支链反应和爆炸过程可由下述的化学动力学机理加以描述：

$$\begin{aligned} M &\xrightarrow{k_1} R & \text{链生成} \\ R + M &\xrightarrow{k_2} a'R + M^* & \text{链分支} \\ R + M &\xrightarrow{k_3} P & \\ R &\xrightarrow{k_4} M\text{（在壁面）} & \\ R &\xrightarrow{k_5} \text{不反应的物质} & \text{链终止} \end{aligned} \qquad (2-69)$$

应用稳态假设，反应速率方程为

$$dc_R/dt = 0 = k_1 c_M + (a'-1)k_2 c_R c_M - k_3 c_R c_M - k_4 c_R c_M - k_5 c_R \qquad (2-70)$$

解式（2-54）求 c_R 得

$$c_R = \frac{k_1 c_M}{(a'-1)k_2 c_M + k_3 c_M + k_4 + k_5} \qquad (2-71)$$

产物浓度变化的速率为

$$\frac{dc_R}{dt} = k_3 c_R c_M = \frac{k_1 k_3 c_M^2}{-(a'-1)k_2 c_M + k_3 c_M + k_4 + k_5} \qquad (2-72)$$

$(a'-1)k_2 c_M$ 为正数，其值增加时，式（2-56）的分母变小。a' 的临界值为

$$a'_{\text{临界}} = 1 + \frac{k_3 c_M + k_4 + k_5}{k_2 c_M} \qquad (2-73)$$

从而

$$a' \geq a'_{\text{临界}} \Longrightarrow \text{支链爆炸}$$
$$a' \leq a'_{\text{临界}} \Longrightarrow \text{不爆炸}$$

需要注意的是，在某些实际爆炸过程中，由于 R 的浓度并不总是很小，所以稳态假设可能不成立。其他基元反应步也可能很重要。方程式（2-53）中假设的反应动力学机理在描述爆炸过程时并不一定都适用。

在实验中可以观察到，一个装有 H_2 和 O_2 的压力容器，当压力提高时就会发生爆炸。不难想象，压力升高时，自由基的浓度将增大，以致引起爆炸。但是，实验表明，当压力降低时也会发生爆炸。

封闭容器中存在爆炸极限不难理解，由方程式（2-73）可知

$$a'_{\text{临界}} = 1 + c_1 + c_2/c_M \text{ 以及 } c_M \propto p$$

其中，p 为压力。压力越低，$a'_{\text{临界}}$ 的值越大，因而爆炸的机会就越小。但是，这些分析却不能预测爆炸极限的准确位置，只能解释每个区域中的反应机理。

当压力升高时，气相反应产生链载体的速率增加，到某种程度时，壁面上链载体的消失不足以阻止支链爆炸。爆炸下限就是气相中链分支反应与壁面上的链中止反应达到平衡时的条件。随着压力上升，气相中链的分支反应变得很重要。其反应动力学有两种假设，

20世纪20年代许多研究工作者认为
$$H_2 \longrightarrow 2H + 443.8 \text{ kJ/mol （离解）} \tag{1}$$
而刘易斯（Lewis）和冯·埃尔伯（Von Elbe）提出：
$$H_2 + O_2 + M \longrightarrow H_2O_2 + M^*$$
$$2OH + 213.5 \text{ kJ/mol} \tag{2}$$
当OH基产生以后
$$OH + H \longrightarrow H_2O + H - 62.8 \text{ kJ/mol}$$
$$H + O_2 \longrightarrow OH + O + 66.9 \text{ kJ/mol}$$
$$O + H_2 \longrightarrow OH + H + 8.34 \text{ kJ/mol}$$

（1）反应比（2）反应的吸热量更大，但是反应（2）与离解反应不同，需要一个第三体的反应。所以，低温下可能是反应（2），而高温下则可能是反应（1）。

在较高温度下将达到第二爆炸极限。如果加入一个第三体反应
$$H + O_2 + M \longrightarrow HO_2 + M \tag{2-74}$$
就不难解释第二爆炸极限的存在。在这个反应中，M代表能够使H和O_2稳定化合的任何第三种分子。由于亚稳态的中间产物过氧化氢基（HO_2）不活泼，所以会扩散到壁面。HO_2成为破坏自由价的物质，从而上面的反应可以看做是一个链终止反应。当压力升高时，三元碰撞$H + O_2 + M$的频率相对于二元碰撞$H + O_2$的频率而言将会增大，因此存在这样的一个临界压力，超过了它，自由价消失的速率将会超过链分支反应产生自由价的速率，由此出现了第二爆炸极限，在壁面上HO_2分子消失，可以用下面的反应表示：
$$HO_2 \longrightarrow \frac{1}{2}H_2 + O_2$$
$$HO_2 \longrightarrow \frac{1}{2}H_2O + \frac{3}{4}O_2$$

至此，一直假设HO_2在链传递和链分支反应中不起作用，而是在壁面上消失了。

当压力超过第二爆炸极限，HO_2将按下面的反应参与链传递过程：
$$H_2 + HO_2 \longrightarrow H_2O_2 + H \Longrightarrow 2OH$$
因此，超过某一临界压力，自由基的数目将激增，这个临界压力就确定了第三爆炸极限。此时H_2O分子中的化学链与HO_2的很接近，其结构是
$$H—O—H$$
$$O—O—H$$

所以H_2O是方程式（2-58）中很好的载体。值得说明的是，当$T > 600$ ℃时，HO_2不稳定，因而在任何压力下都会爆炸。将研究封闭容器内的反应的方法加以扩展，就可用于处理流动系统中的爆炸极限问题。

一氧化碳和氧的混合物也存在爆炸极限。链生成反应为
$$CO + O_2 \longrightarrow CO_2 + O \quad \Delta H_r = -37.68 \text{ kJ/mol （放热）}$$
但在没有H_2的情况下很难发生这种链生成反应，Lewis 和 Von Elbe 认为爆炸极限主要是受下列反应控制的：
$$M + CO + O \longrightarrow CO_2 + M$$
$$M + O + O_2 \longrightarrow O_2 + M^* \text{（放热）}$$

$$CO + O_3 \longrightarrow CO_2 + 2O \text{(非常迅速)}$$
$$M + CO + O_3 \longrightarrow CO_2 + M^* + O_2$$

必须注意，当混进了少量的 H_2 或 H_2O 时，$CO—O_2$ 系统的特性会改变，此时控制速率反应机理包括 O、O_2、CO、CO_2、O_3 以及 H、OH、H_2、H_2O、H_2O_2。

水煤气反应最有可能是表面催化反应
$$CO + H_2O \longleftrightarrow CO_2 + H_2 \text{(表面)}$$

接着就是氢和氧的表面反应
$$O_2 + H_2 \longleftrightarrow H_2O_2 \text{(表面)}$$

H_2O_2 的气相分解产生链载体
$$H_2O_2 \longrightarrow 2OH$$
$$CO + OH \longrightarrow CO_2 + H$$
$$O_2 + H \longrightarrow OH + O$$

第三节 燃烧物理学基本方程

流体力学通常采用连续介质力学的观点和方法。所谓连续介质力学，就是在流体中取任何一个微元体或流体质点，从宏观上讲，它足够小，但从微观上讲，它又足够大，以保证在它的内部仍然包含有足够多的分子，使其满足热力学量和流体力学量所具有的宏观统计性质。燃烧是气体、液体或固体燃料与氧化剂之间发生的一种猛烈的化学反应。不管哪一种燃料的燃烧，反应总是全部的或部分的在气相中进行，同时，燃烧现象总是伴有火焰的传播和流动，而有的燃烧问题就是在流动系统中发生的。在燃烧现象中，气体是多组分的，比如有燃料气、氧化剂、燃烧产物、惰性气体以及各种自由基等。因此，从连续介质力学角度研究燃烧问题，就是研究多组分带化学反应的流体力学问题。

多组分反应流体主要指多组分反应气体。多组分反应流体问题比经典的流体力学问题要复杂的多。因为多组分存在，所以在守恒方程中，还必须增加各个组分的扩散方程；因为有化学反应，所以在扩散方程和能量方程中必须增加物质源项和热源相。当然，气体的热力学性质、输运性质等也都要依赖于构成系统的组分。

对有关燃烧现象做定量分析时，所必需的方程有质量守恒、动量守恒、能量守恒及组分守恒等四个基本守恒方程。用这些方程可以研究流体状态发生变化以及边界条件、初始条件各不相同的流场、燃烧场内压力与速度的变化关系；流体加速与力场、速度场的关系；组分与速度场及浓度间的变化关系；能量（或焓）与温度场及速度场的变化关系等。

本章对多组分气体的一些基本参量、输运定律、守恒方程及一些研究问题的方法作一简单描述。

一、多组分气体基本参量

对于多组分气体，考察一个包围点 $p(x, y, z)$ 的微元体 ΔV，ΔV 内含有 $\Delta m(t)$，那么质点 p 处的总体质量密度 ρ 即为

$$\rho(t) = \lim_{\Delta V \to p} \frac{\Delta m(t)}{\Delta V} \qquad (2-75)$$

如果气体中共有 N 种组分，每一种组分用 i 来表示，那么 p 点处 i 组分的质量密度为

$$\rho_i(t) = \lim_{\Delta V \to p} \frac{\Delta m_i(t)}{\Delta V} \qquad (2-76)$$

在同一时刻，p 点处总体质量密度与每一组分质量密度的关系为

$$\rho(t) = \sum_{i=1}^{N} \rho_i(t) \qquad (2-77)$$

多组分的浓度可以用多种方法来表示，本章采用以下 4 种方法：

(1) 质量浓度：单位体积中所含 i 组分的质量，ρ_i；

(2) 摩尔浓度：单位体积中 i 组分的物质的量，$c_i = \rho_i/\omega_i$，ω_i 是 i 组分的相对分子质量；

(3) 质量分数：i 组分的质量浓度除以混合物的总质量浓度，$Y_i = \rho_i/\rho$；

(4) 摩尔分数：i 组分的摩尔浓度除以混合物的总摩尔浓度，$X_i = c_i/c$，c 是混合物的质量浓度。

在一个扩散混合物中，各组分以不同的速度运动。如 v_i 表示 i 组分相对于静止坐标系的速度，则对于具有 N 个组分的混合物来说，当地的质量平均速度定义为

$$v = \frac{\sum_{i=1}^{N} \rho_i v_i}{\sum_{i=1}^{N} \rho_i} \qquad (2-78)$$

同样，当地的摩尔平均速度定义为

$$v = \frac{\sum_{i=1}^{N} c_i v_i}{\sum_{i=1}^{N} c_i} \qquad (2-79)$$

给定组分相对于 v 或 v^* 的速度，而不是相对于静止坐标的速度，即所谓扩散速度。

质量扩散速度： $\quad v^* = v_i - v$

摩尔扩散速度： $\quad v_{di}^* = v_i - v^*$

扩散速度表示了 i 组分相对于混合流体当地运动速度。下面用双组分系统作为简单例子来说明各种速度的物理意义。系统中摩尔分数 $X_A = \frac{1}{3}$，两个速度向量共线，$|v^*| = 10$，$|v_A - v^*| = 2$，两种组分的相对分子质量满足关系 $\omega_A = 3\omega_B$，则有

$$|v^*| = \frac{\sum_{i=1}^{N} c_i |v_i|}{\sum_{i=1}^{N} c_i} = v = \sum_{i=1}^{N} X_i |v_i| = \frac{1}{3} \times 12 + \frac{2}{3}|v_B|$$

$$\sum_{i=1}^{N} X_i = \frac{\sum_{i=1}^{N} c_i}{c} = c/c = 1$$

利用上述关系可得 $|v_B|=9$。根据摩尔浓度和质量平均速度的定义，我们还可以得到 $|v|=10.8$。所以一般说 v 和 v^* 是不相等的。在讨论了浓度和速度后，就可以定义质量通量和摩尔通量。i 组分的质量（或摩尔）通量为单位时间内通过单位面积的 i 组分质量（或摩尔数），它是向量。相对于静止坐标系的质量通量和摩尔通量分别为

质量通量
$$\dot{m}_i = \rho_i v_i \tag{2-80}$$

摩尔通量
$$\dot{n}_i = c_i v_i \tag{2-81}$$

相对于混合物质心的质量通量和摩尔通量则定义为
$$J_i = \rho_i (v_i - v^*) = \rho_i v_{di} \tag{2-82}$$
$$J_i^* = c_i (v_i - v^*) = c_i v_{di}^* \tag{2-83}$$

不难证明
$$J_i^* = \dot{n} - X_i \sum_{j=1}^{N} \dot{n}_j \tag{2-84}$$

$$\sum_{i=1}^{N} J_i^* = 0$$

二、费克（Fick）扩散定律

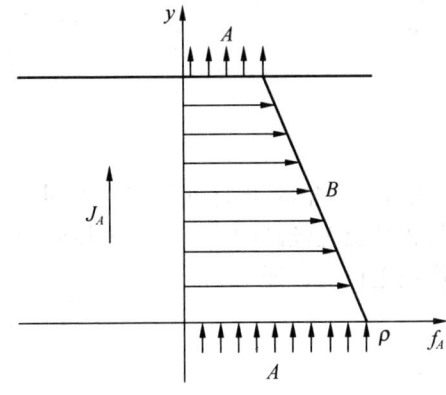

图 2-7 费克扩散定律

假定有一种静止的等温流体 B，从它的一边渗入另一种流体 A，而在另一边将流体 A 渗出。如图 2-7 所示，横坐标代表 A 的浓度，这样在 B 不同的层上，A 的浓度不同。由于浓度差存在，将产生扩散。在单位时间内，单位面积上流体 A 扩散造成物质流与在 B 中流体 A 的浓度梯度成正比，即

$$J_A = -D_{AB} \frac{\partial \rho_A}{\partial y}$$

其中 J_A 是在单位时间内、单位面积上流体 A 扩散造成的物质流量，D_{AB} 是 A 在 B 中的扩散系数。

如果用摩尔扩散通量来表示，则为
$$J_A^* = -c D_{AB} \nabla X_A \tag{2-85}$$

式（2-85）是用摩尔扩散通量写出的费克第一定律。该式表明组分 A 沿着摩尔分数减小的方向扩散。扩散系数 D_{AB} 的单位是 cm^3/s。

相对于静止坐标系的摩尔通量为
$$\dot{n}_A = c_A v^* - c D_{AB} \nabla X_A \tag{2-86}$$

式（2-86）表明相对于静止坐标系的扩散通量 $\dot{n}_A$ 是两个向量之和，是由流体整体运动而产生的 A 组分的摩尔通量。

用质量通量表示的费克第一定律为
$$J_A = -\rho D_{AB} \nabla Y_A \tag{2-87}$$

相对于静止坐标系的 A 组分质量通量为

$$\dot{m}_A = \rho_A v - \rho D_{AB} \nabla Y_A \qquad (2-88)$$

三、牛顿（Dewton）黏性定律

假定有一种等温流体在平面内流动，流速方向为 x 方向，垂直于平面定为 y 方向。如果流体各层之间流速不同，那么在流速快的一层和流速慢的一层之间就有一个剪切力；流速慢的一层对流速快的一层有一个阻力。单位面积上剪切力的大小和速度梯度 $\frac{\partial v_x}{\partial y}$ 成正比：

$$\tau = -\mu \frac{\partial v_x}{\partial y} \qquad (2-89)$$

式中　　τ——单位面积上的剪应力；

　　　　μ——动力黏性系数；

$\frac{\partial v_x}{\partial y}$——速度梯度，也是剪切速率。

这就是牛顿黏性定律，负号表示 τ 的方向和 v_x 的方向相反。

因为 $\mu = \rho v$，其中 v 是运动黏度系数，所以当假定 ρ 为常数时，牛顿黏性定律也常写为

$$\tau = -v\rho \frac{\partial v_x}{\partial y} = -v \frac{\partial (\rho v_x)}{\partial y} \qquad (2-90)$$

这就得出了剪切力与动量梯度间的关系。

四、傅里叶（Fourier）导热定律

与前面的考虑方式类似，假定有一种静止流体，沿着 y 方向各层之间的温度不同。那么由于温度差原因，各层之间将产生热量交换。热量将从温度较高的一层流向温度较低的一层。单位时间内、单位面积上的热流是与温度梯度成正比的，即

$$q = -\lambda \frac{\partial T}{\partial y} \qquad (2-91)$$

式中　　q——单位面积上单位时间内的热流量；

　　　　λ——导热系数；

$\frac{\partial T}{\partial y}$——温度梯度。

这就是傅里叶导热定律，负号表示热流方向与温度增加的方向相反。因为

$$\lambda = \alpha \rho c_p \qquad (2-92)$$

式中　　α——热扩散系数；

　　　　ρ、c_p——密度和定压比热容。

因此当 ρ、c_p 为常数时，傅里叶导热定律又可以写为

$$q = -\alpha \frac{\partial (\rho c_p T)}{\partial y} \qquad (2-93)$$

在双组分系统中，y 方向质量、动量和能量输运具有相似性。

五、连续方程

为推导多组分混合物中每种组分的连续方程，我们首先讨论双组分混合物中一个体积

微元 dxdydz（图2-8）的质量平衡问题。在该体积微元内，因化学反应以速率 ω_A[kg/(m³·s)]产生组分。设流体在 x、y、z 三个方向的速度分别为 u、v、w。t 表示时间。

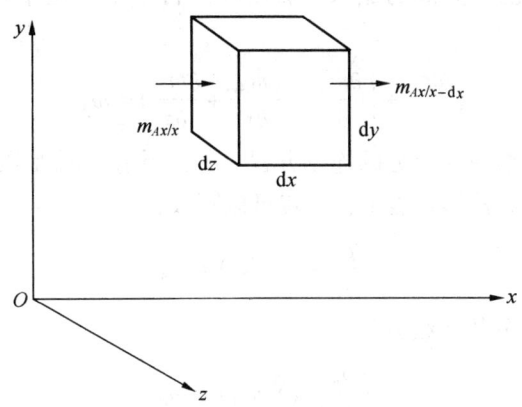

图2-8 单位体流体的流进与流出

在 x 所在断点上，流入的质量为

$$\rho_A u \mathrm{d}y\mathrm{d}z\mathrm{d}t$$

在 $x+\mathrm{d}x$ 所在断点上，流出的质量为

$$\left[\rho_A u + \frac{\partial(\rho_A \varphi)}{\partial x}\mathrm{d}x\right]\mathrm{d}y\mathrm{d}z\mathrm{d}t$$

故由 x 方向从微元体中的净流出量为

$$d_{m\frac{Ax}{x}} = \frac{\partial(\rho_A u)}{\partial x}\mathrm{d}x\mathrm{d}y\mathrm{d}z\mathrm{d}t$$

经过 $\mathrm{d}x$ 后的质量通量的增量为

$$\frac{d_{m\frac{Ax}{x}}}{\mathrm{d}t} = \frac{\partial(\rho_A u)}{\partial x}\mathrm{d}x\mathrm{d}y\mathrm{d}z = \dot{m}_{Ax} \tag{2-94}$$

同理在 y 方向的质量通量在微元体处的净变化为

$$\frac{d_{m\frac{Ay}{y}}}{\mathrm{d}t} = \frac{\partial(\rho_A v)}{\partial y}\mathrm{d}y\mathrm{d}x\mathrm{d}z = \dot{m}_{Ay}$$

在 z 方向的质量通量在微元体处的净变化为

$$\frac{d_{m\frac{Az}{z}}}{\mathrm{d}t} = \frac{\partial(\rho_A w)}{\partial z}\mathrm{d}z\mathrm{d}x\mathrm{d}y = \dot{m}_{Az}$$

所以流体在微元体处质量通量的总变化为

$$\frac{dm_A}{\mathrm{d}t} = \left(\frac{\partial(\rho_A u)}{\partial x} + \frac{\partial(\rho_A v)}{\partial y} + \frac{\partial(\rho_A w)}{\partial z}\right)\mathrm{d}x\mathrm{d}y\mathrm{d}z = \dot{m}_A \tag{2-95}$$

体积微元内，组分 A 的质量随时间的变化率为

$$\frac{dm_A}{\mathrm{d}t} = \frac{\partial \rho_A}{\partial t}\mathrm{d}x\mathrm{d}y\mathrm{d}z \tag{2-96}$$

A 组分的化学反应产生速率是

$$\omega_A \mathrm{d}x\mathrm{d}y\mathrm{d}z \tag{2-97}$$

在 y 方向和 z 方向也有类似的流入、流出项。将整个质量平衡关系式除以体积微元 $\mathrm{d}x\mathrm{d}y\mathrm{d}z$ 即得

$$\frac{\partial \rho_A}{\partial t} + \left(\frac{\partial \dot{m}_{Ax}}{\partial x} + \frac{\partial \dot{m}_{Ay}}{\partial y} + \frac{\partial \dot{m}_{Az}}{\partial z}\right) = \omega_A \tag{2-98}$$

这就是双组分混合物中 A 组分的连续方程。$\dot{m}_{Ax}$、$\dot{m}_{Ay}$、$\dot{m}_{Az}$ 是质量通量向量 $\dot{m}_A$ 在直角坐标中的 3 个分量。用向量形式表示，方程可以写成：

$$\frac{\partial \rho_A}{\partial t} + (\nabla \dot{m}_A) = \omega_A \tag{2-99}$$

同样可以写出 B 组分的连续方程：

$$\frac{\partial \rho_B}{\partial t} + (\nabla \dot{m}_B) = \omega_B \tag{2-100}$$

上两式相加得

$$\frac{\partial \rho}{\partial t} + (\nabla \rho v) = 0 \tag{2-101}$$

这就是混合物的连续方程。在给出方程式（2-100）时，用了关系式 $\dot{m}_A + \dot{m}_B = \rho v$ 和化学反应中的质量守恒定律，即

$$\omega_A + \omega_B = 0$$

当流体的质量密度 ρ 为常数时，方程式（2-101）变为

$$\nabla v = 0 \tag{2-102}$$

如果用摩尔作单位，推导方法完全相同。

$$\frac{\partial c_A}{\partial t} + \nabla \dot{n}_A = \Omega_A \tag{2-103}$$

式中 Ω_A——单位容积中 A 组分的摩尔生成速率。

将式（2-89）代入式（2-100）得

$$\frac{\partial \rho_A}{\partial t} + (\nabla \rho v) = \nabla \rho D_{AB} \nabla Y_A + \omega_A \tag{2-104}$$

将式（2-87）代入式（2-103）得

$$\frac{\partial c_A}{\partial t} + (\nabla c_A v^*) = \nabla c D_{AB} \nabla X_A + \Omega_A \tag{2-105}$$

如果不发生化学反应，则 ω_A、ω_B、Ω_A、Ω_B 全为零。与此同时，如果 $v = 0$ 或 $v^* = 0$，则可得

$$\frac{\partial c_A}{\partial t} = D_{AB} \nabla^2 c_A \tag{2-106}$$

式（2-106）称为费克第二扩散定律。该式一般用于固体或静止液体中的扩散气体中的等摩尔反应扩散问题。

在多组分系统中，利用 $\rho_i = Y_i \rho$ 和 $v_i = v + v_{di}$（i 代表各组分，$i = 1, 2, \cdots, N$，N 是组分总数），方程式（2-100）变为

$$\frac{\partial Y_i\rho}{\partial t} + \nabla \rho Y_i(\nu + \nu_{di}) = \omega_i \qquad (2-107)$$

利用混合物的连续方程：

$$Y_i\frac{\partial \rho}{\partial t} + Y_i\nabla \rho\nu = 0$$

方程式（2-107）可以简化为

$$\frac{\partial Y_i}{\partial t} + \nu\nabla Y_i + \frac{1}{\rho}\nabla \rho Y\nu_{di} = \frac{\omega_i}{\rho} \quad (i=1,2,\cdots,N) \qquad (2-108)$$

通常，多组分系统中有 N 个这类方程。将这些方程相加即得混合物的连续方程。在给定的问题中，N 个组分方程中的任何一个都可以用混合物连续方程代替，因此 Y_i 的方程中只有 $N-1$ 个独立方程，这与 Y 中只有 $N-1$ 个是独立的相一致。

上述推导是在直角坐标系中进行的，圆柱坐标和球坐标下连续方程的推导过程与之类似。

如果没有化学反应，即 $w_A = 0$，再考虑到

$$\dot{m}_{Ax} = u\rho_A$$
$$\dot{m}_{Ay} = v\rho_A$$
$$\dot{m}_{Az} = w\rho_A$$

式中 u、v、w——x、y、z 三个方向的流动速度。

则连续方程式（2-83）变为

$$\frac{\partial \rho_A}{\partial t} + \frac{\partial(\rho_A u)}{\partial x} + \frac{\partial(\rho_A v)}{\partial y} + \frac{\partial(\rho_A w)}{\partial z} = 0$$

如果流体为单一组分 $\rho_A = \rho$，则上式可进一步写为

$$\frac{\partial \rho}{\partial t} + \frac{\partial(\rho u)}{\partial x} + \frac{\partial(\rho v)}{\partial y} + \frac{\partial(\rho w)}{\partial z} = 0$$

这个方程就是无化学反应流的连续方程。当 $\frac{\partial \rho}{\partial t} = 0$ 时，上式可化简为

$$\frac{\partial(\rho u)}{\partial x} + \frac{\partial(\rho v)}{\partial y} + \frac{\partial(\rho w)}{\partial z} = 0$$

上式即为稳态流动的连续方程。

质量守恒或连续方程说明了流场中的密度变化与流量的关系。对单组分或多组分流体都是适用的。

六、动量守恒

动量守恒方程，也即运动方程，它的基础是牛顿运动第二定律，即微元体动量的变化率等于作用在微元体上的外力的矢量和。而作用在微元体上的力可以分为两类，一类是体积力，比如重力、电磁力等；另一类是表面力，比如压力、黏性力等。

表面力包括正应力和剪应力。正应力和剪应力分别与作用表面垂直和平行（图3-3）。由于微元表面具有方向性，因此作用微元面上的应力也具有方向性。为了清楚表示应力的方向和作用面的方向，一般用张量表示应力。

$$\sigma = \begin{pmatrix} \sigma_{11} & \sigma_{12} & \sigma_{13} \\ \sigma_{21} & \sigma_{22} & \sigma_{23} \\ \sigma_{31} & \sigma_{32} & \sigma_{33} \end{pmatrix}$$

其中 σ 表示总应力，σ_{ij}（$i=1,2,3$；$j=1,2,3$）是各个分应力；i 是面元素的方向参量，j 是应力分量的方向参量。如 σ_{11} 表示应力的作用面法线方向与 x_1 方向平行，但其应力的作用方向是与 x_2 方向平行的。

推导动量守恒方程的基础是牛顿第二定律：

$$\sum F = \frac{\mathrm{d}(mv)}{\mathrm{d}t} \tag{2-109}$$

表面力中的压力是垂直于微元体表面的，而黏性力（剪应力）与表面平行。

流体运动有两种不同的描述方法：一种方法是描述某流体颗粒在空间中的运动；另一种方法是描述流场中每一点上流体状态随时间的变化。第一种方法称为"流体颗粒法"，或"拉格朗日法"，第二种方法则称为"流场法"或"欧拉法"。

采用拉格朗日观点，跟随流体颗粒在空间中的运动，并观察它在运动中的变化。流体颗粒的位置坐标是随时间变化的。在拉格朗日方法中，t 是唯一的自变量，流体颗粒的位置用下式表示：

$$x_1 = x_1(t) \quad x_2 = x_2(t) \quad x_3 = x_3(t) \tag{2-110}$$

于是有

$$v = v[x_1(t), x_2(t), x_3(t), t] = v(t) \tag{2-111}$$

这里 v 是某流体颗粒在不同时刻的速度（时间的函数）。同样，流体颗粒的加速度为

$$a = a[x_1(t), x_2(t), x_3(t), t] = a(t)$$

或者

$$a = \frac{\mathrm{d}v}{\mathrm{d}t} = \frac{\partial v}{\partial x_1}\frac{\mathrm{d}x_1}{\mathrm{d}t} + \frac{\partial v}{\partial x_2}\frac{\mathrm{d}x_2}{\mathrm{d}t} + \frac{\partial v}{\partial x_3}\frac{\mathrm{d}x_3}{\mathrm{d}t} + \frac{\partial v}{\partial t}$$

但是因为

$$\frac{\mathrm{d}x_1}{\mathrm{d}t} = u_1 \quad \frac{\mathrm{d}x_2}{\mathrm{d}t} = u_2 \quad \frac{\mathrm{d}x_3}{\mathrm{d}t} = u_3$$

式中 u_1、u_2、u_3——流动速度 v 在三个垂直方向的分量。

并且

$$v = iu_1 + ju_2 + ku_3 = [u_1, u_2, u_3]$$

所以加速度可以写为

$$\frac{\mathrm{d}u_i}{\mathrm{d}t} = u_1\frac{\partial u_i}{\partial x_1} + u_2\frac{\partial u_i}{\partial x_2} + u_3\frac{\partial u_i}{\partial x_3} + \frac{\partial u_i}{\partial t}$$

$$u_i = u_i(x_1, x_2, x_3, t) = u_i(x, t)$$

算子 $\dfrac{\mathrm{d}}{\mathrm{d}t} \equiv \dfrac{D}{Dt} \equiv u_1\dfrac{\partial}{\partial x_1} + u_2\dfrac{\partial}{\partial x_2} + u_3\dfrac{\partial}{\partial x_3} + \dfrac{\partial}{\partial t}$ 称为物质主导数。方程式（2-111）可以写成：

$$\mathrm{d}F_i = \mathrm{d}m\left[u_1\frac{\partial u_i}{\partial x_1} + u_2\frac{\partial u_i}{\partial x_2} + u_3\frac{\partial u_i}{\partial x_3} + \frac{\partial u_i}{\partial t}\right] \tag{2-112}$$

或者

$$dF_1 = dm \frac{Du_1}{Dt}$$

$$dF_2 = dm \frac{Du_2}{Dt}$$

$$dF_3 = dm \frac{Du_3}{Dt}$$

作用于流体颗粒 x_1 方向上的表面应力分量如图 2-9 所示。

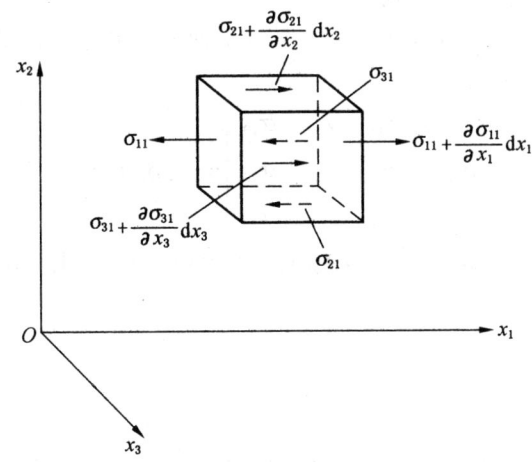

图 2-9 作用于流体颗粒 x_1 方向上的表面应力分量

用笛卡尔张量的符号表示时，有

$$dF_i = dm \left[u_j \frac{\partial u_i}{\partial x_j} + \frac{\partial u_i}{\partial t} \right]$$

假定流体颗粒的质量为 dm，形状为长方体，变长为 dx_1，dx_2，dx_3，则

$$dm = \rho dx_1 dx_2 dx_3$$

作用在流体颗粒上的力有表面力 df_i 和体积力（单位体积的）B_i。由 N 种组分组成的混合物中，作用于各组分上的体积力可能不同，因此多组分系统中的体积力为

$$B_i = \rho \sum_{k=1}^{N} (Y_k f_k)_i \tag{2-113}$$

式中 f_k——作用在第 k 种组分单位质量上的体积力。

于是

$$dF_i = df_i + B_i dx_1 dx_2 dx_3 \tag{2-114}$$

分析图 2-8 可得三个方向上的表面力分别为

$$df_1 = \left(\frac{\partial \sigma_{11}}{\partial x_1} + \frac{\partial \sigma_{21}}{\partial x_2} + \frac{\partial \sigma_{31}}{\partial x_3} \right) dx_1 dx_2 dx_3 \tag{2-115}$$

$$df_2 = \left(\frac{\partial \sigma_{12}}{\partial x_1} + \frac{\partial \sigma_{22}}{\partial x_2} + \frac{\partial \sigma_{32}}{\partial x_3} \right) dx_1 dx_2 dx_3 \tag{2-116}$$

$$df_3 = \left(\frac{\partial \sigma_{13}}{\partial x_1} + \frac{\partial \sigma_{23}}{\partial x_2} + \frac{\partial \sigma_{33}}{\partial x_3}\right)dx_1 dx_2 dx_3 \qquad (2-117)$$

将式（2-114）代入式（2-112）并除以 $dx_1 dx_2 dx_3$，可得动量方程：

$$\rho\left[u_j \frac{\partial u_i}{\partial x_j} + \frac{\partial u_i}{\partial t}\right] = \frac{\partial \sigma_{ji}}{\partial x_j} + B_i = \frac{\partial \sigma_{ji}}{\partial x_j} + \rho \sum_{k=1}^{N}(Y_k f_k)_i \qquad (2-118)$$

这是用应力张量表示的运动方程。

（一）应力应变关系

根据虎克定律，固体弹性体的切应力与角应变的速率成正比，但根据斯托克定律，流体中的切应力与角应变的速率成正比。

流体在切应力的作用下，要发生形变，其变形速率与流体种类以及给定流体的热力学状态有关。在应力张量中：

$$\sigma_{ij} = \begin{pmatrix} \sigma_{11} & \sigma_{12} & \sigma_{13} \\ \sigma_{21} & \sigma_{22} & \sigma_{23} \\ \sigma_{31} & \sigma_{32} & \sigma_{33} \end{pmatrix} = -p\delta_{ij} + \tau_{ij} \qquad (2-119)$$

其中 $i=1,2,3$，$j=1,2,3$。当 $i=j$ 时，$\delta_{ij}=1$；当 $i \neq j$ 时，$\delta_{ij}=0$。前者为正反应，后者为切应力。

应力张量是对称的，即

$$\sigma_{ij} = \sigma_{ji}$$

1. 应变率

如图 2-10 和图 2-11 所示，流体夹在两块平行平板之间，下面的平板静止，上面的平板以恒速 U 运动，流体角变形的速率为

$$\frac{d\gamma}{dt} = \frac{U}{h}$$

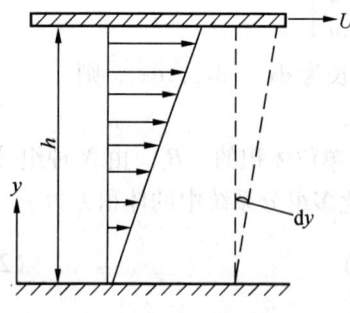

图 2-10　两平行平板间的流体

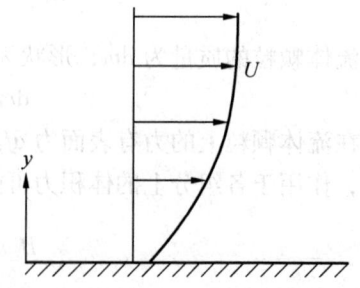

图 2-11　平行流动中的非线性速度分布

如果速度分布是线性的，则极小的流体微元所承受的应变率如图 2-12 所示。在 dt 时间内，总的角变形为

$$d\gamma = \frac{\left(u_1 + \frac{\partial u_1}{\partial x_2}dx_2\right)dt - u_1 dt}{dx_2}$$

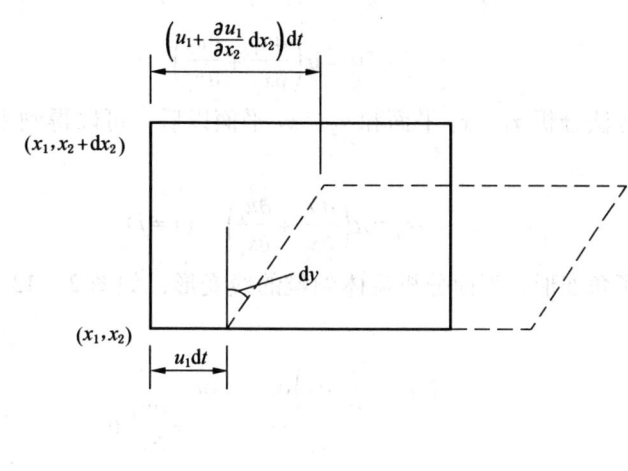

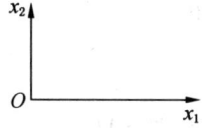

图 2-12 二维平行流动中的流体微元的变形

所以角变形为

$$\frac{\mathrm{d}\gamma}{\mathrm{d}t} = \frac{\partial u_1}{\partial x_2}$$

上述适用于一维变形,如果变形是二维的,其角变形为

$$\mathrm{d}\gamma = \mathrm{d}\gamma_1 + \mathrm{d}\gamma_2 = \frac{\left(u_1 + \frac{\partial u_1}{\partial x_2}\mathrm{d}x_2\right)\mathrm{d}t - u_1\mathrm{d}t}{\mathrm{d}x_2} + \frac{\left(u_2 + \frac{\partial u_2}{\partial x_1}\mathrm{d}x_1\right)\mathrm{d}t - u_2\mathrm{d}t}{\mathrm{d}x_1}$$

所以

$$\frac{\mathrm{d}\gamma}{\mathrm{d}t} = \frac{\partial u_1}{\partial x_2} + \frac{\partial u_2}{\partial x_1} \equiv 2e_{12} = 2e_{21}$$

其中

$$2e_{12} = 2e_{21} = \frac{1}{2}\left(\frac{\partial u_1}{\partial x_2} + \frac{\partial u_2}{\partial x_1}\right)$$

一般形式的张量为

$$e_{ij} \equiv \frac{1}{2}\left(\frac{\partial u_i}{\partial x_j} + \frac{\partial u_j}{\partial x_i}\right)$$

2. 应力与流速的关系

假定流体的切应力与角变形率成正比,也就是说,假定流体为牛顿流体。则

$$\tau \propto \frac{\mathrm{d}\gamma}{\mathrm{d}t} = \frac{\partial u_1}{\partial x_2}$$

或者张量形式为

$$\sigma_{12} = \sigma_{21} = \mu \frac{\partial u_1}{\partial x_2} \qquad (2-120)$$

当 $u_1 \neq 0$,$u_2 \neq 0$ 时,有

$$\tau_{12} = \mu\left(\frac{\partial u_1}{\partial x_2} + \frac{\partial u_2}{\partial x_1}\right) \qquad (2-121)$$

用同样的方法分析 $x_1 - x_3$ 平面和 $x_2 - x_3$ 平面以后,可以得到牛顿流体中切应力张量计算公式:

$$\sigma_{ij} = \mu\left(\frac{\partial u_i}{\partial x_j} + \frac{\partial u_j}{\partial x_i}\right) \quad (i \neq j) \qquad (2-122)$$

上面研究了角变形,下面分析流体颗粒的线变形,如图 2-13 所示。在 dt 时间内的线变形量为

$$\frac{\left(u_1 + \frac{\partial u_1}{\partial x_1}dx\right)dt - u_1 dt}{dx_1} = \frac{\partial u_1}{\partial x_1}dt \qquad (2-123)$$

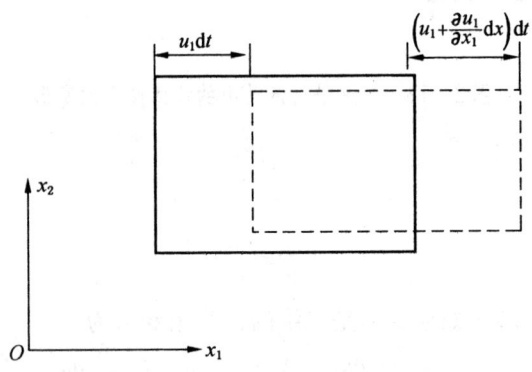

图 2-13 流体颗粒的线变形

线变形速率为

$$e_{11} = \mu\frac{\partial u_1}{\partial x_1} \qquad (2-124)$$

在 x_2 和 x_3 方向上,同样有

$$e_{22} = \frac{\partial u_2}{\partial x_2} \qquad (2-125)$$

$$e_{33} = \frac{\partial u_3}{\partial x_3} \qquad (2-126)$$

写成一般形式,总的变形率张量为

$$\frac{\partial u_i}{\partial x_j}$$

$i = j$ 时为线变形,$i \neq j$ 时为角变形率。

将变形率张量分为两部分,即

$$\frac{\partial u_i}{\partial x_j} = \frac{1}{2}\left(\frac{\partial u_i}{\partial x_j} + \frac{\partial u_j}{\partial x_i}\right) + \frac{1}{2}\left(\frac{\partial u_i}{\partial x_j} - \frac{\partial u_j}{\partial x_i}\right)$$

第一项是对称张量，为角变形张量的$\frac{1}{2}$。第二项是反对称张量，它表示了流体在无变形条件下的旋转。

考虑正应力的应力应变关系，有

$$\left.\begin{array}{l}\sigma_{11} = -p + ce_{11} + \lambda e_{22} + \lambda e_{33}\\ \sigma_{22} = -p + ce_{11} + \lambda e_{22} + \lambda e_{33}\\ \sigma_{33} = -p + ce_{11} + \lambda e_{22} + \lambda e_{33}\end{array}\right\} \quad (2-127)$$

式中 λ、c——比例系数。

这些式子说明应力和同方向上的应变呈线性关系。同时，应力 σ_{11} 也在其他两个方向上产生应变 e_{22} 和 e_{33}。假定流体是各向同性的，所以在这两个方向上的比例系数相同。

式（2-127）中的 p 为流体静压。正应力与应变之间的关系可以写成：

$$\sigma_{11} = -p + \lambda(e_{11} + e_{22} + e_{33}) + (c-\lambda)e_{11}$$
$$\sigma_{22} = -p + \lambda(e_{11} + e_{22} + e_{33}) + (c-\lambda)e_{22}$$
$$\sigma_{33} = -p + \lambda(e_{11} + e_{22} + e_{33}) + (c-\lambda)e_{33}$$

上式中的比例系数 λ 和 c 可以用另外两个系数 μ 和 μ' 代替，它们之间的关系为

$$c - \lambda = 2\mu$$
$$\lambda = \mu' - \frac{2}{3}\mu \quad (2-128)$$

其中，第一个式子对各向同性的牛顿流体成立。式中的 μ 通常称为动力黏度，或第一黏性系数，μ' 称为体积黏度，λ 称为第二黏度（也有人把 λ 称为体积黏度，因为它与体积膨胀有关）。用分子运动论可以证明单原子气体的 $\mu' = 0$。但直到现在，实际上尚无直接的可靠的 μ' 数据。通常采用斯托克斯于1945年提出的假设：

$$\lambda + \frac{2}{3}\mu = 0 \quad \text{或者} \quad \mu' = 0 \quad (2-129)$$

威廉姆斯指出在多原子气体中，由于平移与各种内部自由度之间有松弛效应，μ' 为正值，不等于零。但目前为止，μ' 仍没有理论计算结果，也没有可靠的实验数据。在燃烧过程计算中 μ' 通常是忽略的。

将式（2-112）代入式（2-111）中，得

$$\left.\begin{array}{l}\sigma_{11} = -p + \left(\mu' - \frac{2}{3}\mu\right)e_{kk} + 2\mu e_{11}\\ \sigma_{22} = -p + \left(\mu' - \frac{2}{3}\mu\right)e_{kk} + 2\mu e_{22}\\ \sigma_{33} = -p + \left(\mu' - \frac{2}{3}\mu\right)e_{kk} + 2\mu e_{33}\end{array}\right\} \quad (2-130)$$

其中 $e_{kk} = e_{11} + e_{22} + e_{33}$。

一般形式的应力—应变关系则为

$$\sigma_{ij} = -p\delta_{ij} + \left(\mu' - \frac{2}{3}\mu\right)\frac{\partial u_k}{\partial x_k}\delta_{ij} + \mu\left(\frac{\partial u_i}{\partial x_j} + \frac{\partial u_j}{\partial x_i}\right) \quad (2-131)$$

其中 $i = 1, 2, 3$；$j = 1, 2, 3$。当 $i = j$ 时 $\delta_{ij} = 1$，当 $i \neq j$ 时 $\delta_{ij} = 0$。

(二) 纳维尔—斯托克斯方程

将应力应变式代入动量方程式，可得

$$\rho\left[u_j\frac{\partial u_i}{\partial x_j} + \frac{\partial u_i}{\partial t}\right] = \frac{\partial}{\partial x_j}\left[-p\delta_{ij} + (\mu\delta ij)\frac{\partial u_k}{\partial x_k}\delta_{ij} + \left(\frac{\partial u_i}{\partial x_j} + \frac{\partial u_j}{\partial x_i}\right)\right] + B_i$$

$$= \frac{\partial}{\partial x_j}\left[-p\delta_{ij} + \left(\mu' - \frac{2}{3}\mu\right)\frac{\partial u_k}{\partial x_k}\delta_{ij} + \mu\left(\frac{\partial u_i}{\partial x_j} + \frac{\partial u_j}{\partial x_i}\right)\right] + \rho\sum_{k_1=1}^{N}(Y_{k_1}f_{k_1})_i$$

(2-132)

其中 $i=1, 2, 3$; $j=1, 2, 3$; $k=1, 2, 3$; 组分种数 $k_1 = 1, 2, \cdots, N$。

如果令 $x = x_1$, $y = x_2$, $z = x_3$, $u = u_1$, $v = u_2$, $w = u_3$ 则可将式 (2-132) 写成三个具体的表达式：

$$\rho\frac{Du}{Dt} = \rho\left(\frac{\partial u}{\partial t} + u\frac{\partial u}{\partial x} + v\frac{\partial u}{\partial y} + w\frac{\partial u}{\partial z}\right)$$

$$= -\frac{\partial p}{\partial x} + \frac{\partial}{\partial x}\left[2\mu\frac{\partial u}{\partial x} - \frac{2}{3}\mu\left(\frac{\partial u}{\partial x} + \frac{\partial v}{\partial y} + \frac{\partial w}{\partial z}\right)\right] +$$

$$\frac{\partial}{\partial y}\left[\mu\left(\frac{\partial u}{\partial y} + \frac{\partial v}{\partial x}\right)\right] + \frac{\partial}{\partial z}\left[\mu\left(\frac{\partial w}{\partial x} + \frac{\partial u}{\partial z}\right)\right] + \left(\sum\rho_k f_x\right)_x$$

$$\rho\frac{Dv}{Dt} = \rho\left(\frac{\partial v}{\partial t} + u\frac{\partial v}{\partial x} + v\frac{\partial v}{\partial y} + w\frac{\partial v}{\partial z}\right)$$

$$= -\frac{\partial p}{\partial y} + \frac{\partial}{\partial y}\left[2\mu\frac{\partial u}{\partial y} - \frac{2}{3}\mu\left(\frac{\partial u}{\partial x} + \frac{\partial v}{\partial y} + \frac{\partial w}{\partial z}\right)\right] +$$

$$\frac{\partial}{\partial z}\left[\mu\left(\frac{\partial u}{\partial z} + \frac{\partial w}{\partial y}\right)\right] + \frac{\partial}{\partial x}\left[\mu\left(\frac{\partial u}{\partial y} + \frac{\partial v}{\partial x}\right)\right] + \left(\sum\rho_k f_y\right)_y$$

$$\rho\frac{Dw}{Dt} = \rho\left(\frac{\partial w}{\partial t} + u\frac{\partial w}{\partial x} + v\frac{\partial w}{\partial y} + w\frac{\partial w}{\partial z}\right)$$

$$= -\frac{\partial p}{\partial z} + \frac{\partial}{\partial z}\left[2\mu\frac{\partial u}{\partial z} - \frac{2}{3}\mu\left(\frac{\partial u}{\partial x} + \frac{\partial v}{\partial y} + \frac{\partial w}{\partial z}\right)\right] +$$

$$\frac{\partial}{\partial x}\left[\mu\left(\frac{\partial w}{\partial x} + \frac{\partial u}{\partial z}\right)\right] + \frac{\partial}{\partial y}\left[\mu\left(\frac{\partial v}{\partial z} + \frac{\partial w}{\partial y}\right)\right] + \left(\sum\rho_k f_z\right)_z$$

其中

$$\frac{Dp}{Dt} = \frac{\partial p}{\partial t} + \mu\frac{\partial p}{\partial x} + v\frac{\partial \rho}{\partial y} + w\frac{\partial \rho}{\partial z}$$

式中 ρ_k——第 k 种组分。

如果假定 $\sigma_{ii} = -3p$，体积黏度等于零，则其结果和用分子运动论推出的单原子完全气体的方程相同。动量守恒方程形式变为

$$\rho\left[u_j\frac{\partial u_i}{\partial x_j} + \frac{\partial u_i}{\partial t}\right] = \frac{\partial}{\partial x_j}\left\{\left[-p\delta_{ij} + \mu\left(\frac{\partial u_i}{\partial x_j} + \frac{\partial u_j}{\partial x_i}\right) - \frac{2}{3}\mu\left(\frac{\partial u_k}{\partial x_k}\delta_{ij}\right)\right]\right\} + B_i \quad (2-133)$$

方程式 (2-133) 就是纳维尔—斯托克斯方程，如果假定流体不可压，$\frac{\partial u_1}{\partial x_1} + \frac{\partial u_2}{\partial x_2} + \frac{\partial u_3}{\partial x_3} = 0$，则方程变为

$$\rho\left[u_j\frac{\partial u_i}{\partial x_j} + \frac{\partial u_i}{\partial t}\right] = \frac{\partial p}{\partial x_j} + \frac{\partial}{\partial x_j}\left[\mu\left(\frac{\partial u_i}{\partial x_j} + \frac{\partial u_j}{\partial x_i}\right)\right] + \rho\sum_{k_1=1}^{N}(Y_{k_1}f_{k_1})_i \quad (2-134)$$

圆柱坐标和球坐标下可以写出类似方程。

七、能量守恒

能量守恒方程的基础是热力学第一定律。即一个微元体能量的变化等于外界传给微元体的能量加上外界力对微元体做功之和，可用公式表示为

$$dE = dQ + dW \qquad (2-135)$$

在推导多组分系统的能量守恒方程之前，首先要清楚产生热通量的各种原因。分析流体中一个静止的容积微元，流体通过该微元的表面流进和流出。在任意时刻，该容积微元内的流体都应该满足守恒定律，即

内能和动能的增加速率 = 由对流造成的内能和动能的净输入速率 + 由热通量 q 产生的热量增加速率 + 由热源产生的热量增加速率 + 由环境对系统所做的功的净功率

环境对系统所做的功率包括两部分，一部分是由作用在控制容积边上的所有表面应力张量所做的功；另一部分是体积力所做的功。作用在第 k 种组分上的体积力在 x 方向的分量是 $\rho Y_k f_{k,x} u_k$ 或者 $\rho Y_k f_{k,x} (u + u_{dk})$。$u_{dk}$ 是 x 方向质量扩散分量对混合物所有组分求和，可得 x 方向上体积力所做的总功率为 $\rho \sum_{k=1}^{N} Y_k f_{k,x} (u + u_{dk})$。表示力在三个方向的做功分别为

$$\left[\frac{\partial}{\partial x}(u\sigma_{xx}) + \frac{\partial}{\partial y}(u\sigma_{xy}) + \frac{\partial}{\partial z}(u\sigma_{xz}) \right] dxdydz$$

$$\left[\frac{\partial}{\partial x}(v\sigma_{yx}) + \frac{\partial}{\partial y}(v\sigma_{yy}) + \frac{\partial}{\partial z}(v\sigma_{yz}) \right] dxdydz$$

$$\left[\frac{\partial}{\partial x}(w\sigma_{zx}) + \frac{\partial}{\partial y}(w\sigma_{zy}) + \frac{\partial}{\partial z}(w\sigma_{zz}) \right] dxdydz$$

对于二维问题，分析图 2-14 所示的二维化学反应流动。根据能量方程，二维非定常化学反应流动的能量方程由五项组成

$$\frac{\partial(\rho e_t)}{\partial t} = -\frac{\partial(\rho u e_t)}{\partial x} - \frac{\partial(\rho v e_t)}{\partial y} - \frac{\partial q_x}{\partial x} - \frac{\partial q_y}{\partial y} + Q + \rho \sum_{k=1}^{N} Y_k f_{k,x}(u + u_{dk}) +$$

$$\rho \sum_{k=1}^{N} Y_k f_{k,x}(v + v_{dk}) + \frac{\partial(\sigma_{xx} u)}{\partial x} + \frac{\partial(\sigma_{yx} u)}{\partial y} + \frac{\partial(\sigma_{yy} v)}{\partial y} + \frac{\partial(\sigma_{xy} v)}{\partial x}$$

式中 u_{dk}、v_{dk}——k 组分在 x 和 y 方向的质量扩散速度分量。

第 1 项：$\frac{\partial(\rho e_t)}{\partial t}$，其中 e_t 是单位质量储能，$e_t = e + \frac{u_i u_i}{2}$，$e$ 是比内能；

第 2 项：$-\frac{\partial(\rho u e_t)}{\partial x} - \frac{\partial(\rho v e_t)}{\partial y}$；

第 3 项：$-\frac{\partial q_x}{\partial x} - \frac{\partial q_y}{\partial y}$；

第 4 项：Q；

第 5 项：$\rho \sum_{k=1}^{N} Y_k f_{k,x}(u + u_{dk}) + \rho \sum_{k=1}^{N} Y_k f_{k,x}(v + v_{dk}) + \frac{\partial(\sigma_{xx} u)}{\partial x} + \frac{\partial(\sigma_{yx} u)}{\partial y} + \frac{\partial(\sigma_{yy} v)}{\partial y} + \frac{\partial(\sigma_{xy} v)}{\partial x}$；

其中 u_{dk}、v_{dk} 是 k 组分质量扩散速度在 x、y 方向的分量；u、v 是质量平均速度在 x、y 方向的分量。

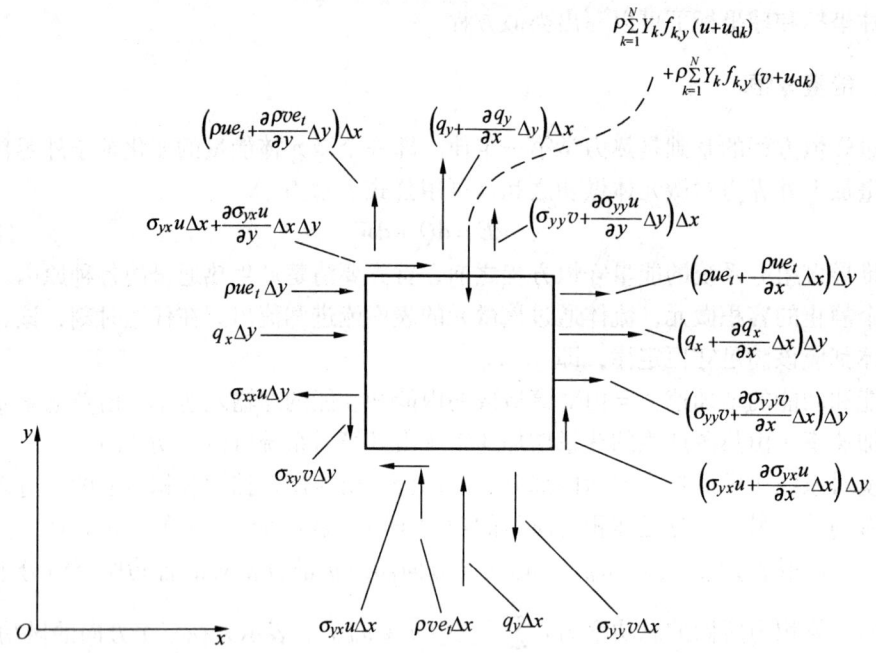

图 2-14 二维流动能量通量平衡方程中的各项

在三维空间,有

$$\frac{\partial(\rho e_t)}{\partial t} + \frac{\partial(\rho u e_t)}{\partial x} + \frac{\partial(\rho v e_t)}{\partial y} + \frac{\partial(\rho w e_t)}{\partial z}$$

$$= -\frac{\partial q_x}{\partial x} - \frac{\partial q_y}{\partial y} - \frac{\partial q_z}{\partial z} + Q + \frac{\partial(\sigma_{xx}u)}{\partial x} + \frac{\partial(\sigma_{yx}u)}{\partial y} + \frac{\partial(\sigma_{zx}u)}{\partial z} +$$

$$\frac{\partial(\sigma_{xy}v)}{\partial x} + \frac{\partial(\sigma_{yy}v)}{\partial y} + \frac{\partial(\sigma_{zy}v)}{\partial z} + \frac{\partial(\sigma_{xz}w)}{\partial x} + \frac{\partial(\sigma_{yz}w)}{\partial y} + \frac{\partial(\sigma_{zz}w)}{\partial z} +$$

$$\rho \sum_{k=1}^{N} Y_k f_{k,x}(u + u_{dk}) + \rho \sum_{k=1}^{N} Y_k f_{k,x}(v + v_{dk}) + \rho \sum_{k=1}^{N} Y_k f_{k,x}(w + w_{dk}) \quad (2-136)$$

其中 w_{dk} 是 k 组分扩散速度在 z 方向的分量;w 是质量平均速度在 z 方向的分量。
用向量与张量符号表示,方程变为

$$\frac{\partial(\rho e_t)}{\partial t} + \frac{\partial(\rho u_i e_t)}{\partial x_i} = -\frac{\partial q_i}{\partial x_i} + Q + \rho \sum_{k=1}^{N} Y_k f_{k,i}(u_i + v_{k,i}) + \frac{\partial(\sigma_{ji} u_i)}{\partial x_j} \quad (2-137)$$

利用连续方程,方程式 (2-121) 可以简化为

$$\rho \frac{\partial(e_t)}{\partial t} + \rho u_i \frac{\partial(e_t)}{\partial x_i} = -\frac{\partial q_i}{\partial x_i} + Q + \rho \sum_{k=1}^{N} Y_k f_{k,i}(u_i + v_{k,i}) + \frac{\partial(\sigma_{ji} u_i)}{\partial x_j} \quad (2-138)$$

这就是欧拉形式的能量方程。在包含 N 种组分的系统中,共有 $N+6$ 个未知数。它们是 $Y_1, Y_2, Y_3, \cdots, Y_N, q, T, p, u, v, w$,需要 6 个方程一个总的质量连续方程,3 个动量方程,1 个能量方程,$N-1$ 个组分方程式,1 个状态方程和 $\sum_{k=1}^{N} Y_k = 1$。

第三章 着 火 理 论

第一节 谢苗诺夫热自燃理论

一、谢苗诺夫热自燃理论

1. 基本思想

任何反应体系中的可燃混合性气体,一方面它会进行缓慢氧化而放出热量,使体系温度升高,当体系的温度高于外界温度时,体系通过器壁向外散热,使体系温度下降。谢苗诺夫热自燃理论认为,着火是反应放热因素与散热因素相互作用的结果;如果反应放热占优势,体系就会出现热量积聚,温度升高,发生自燃;相反,如果散热因素占优势,则体系温度下降,不能自燃。

2. 物理模型

为了使问题简化便于研究,谢苗诺夫热自燃理论将物质自燃前的阶段看做是某个容器内的混合性可燃性气体的缓慢氧化,并假设如下:

(1) 容器壁的温度为 T_0,并保持不变;
(2) 反应系统的温度和浓度都是均匀的;
(3) 由反应系统向器壁的传热系数为 α_1,且不随温度的变化而变化;
(4) 反应系统放出的热量(即在该阶段的反应热) Q 为常数(J/mol)。

假定反应容器的容积为 V,反应速度为 W,则在单位时间内反应系统所放出的热量 q_1 为

$$q_1 = QVW \tag{3-1}$$

在自发着火之前,反应速度可用下式表示:

$$W = K_0 C_A C_B e^{-\frac{E}{RT}} \tag{3-2}$$

式中　　K_0——反应速度常数;
　　　　C_A、C_B——燃料和空气分子的摩尔浓度;
　　　　E——分子活化能;
　　　　R——通用气体常数;
　　　　T——反应系统的温度。

将 W 值代入式 (3-2),得出反应的放热速度为

$$q_1 = K_0 QV C_A C_B e^{-\frac{E}{RT}} \tag{3-3}$$

由于在反应初期 C_A、C_B 与反应开始前的最初浓度 C_{A0}、C_{B0} 很相近,Q、V、K_0 均为常数,因此放热速度 q_1 和混合气温度 T 之间的关系是指数函数关系,即 $q_1 \sim e^{-\frac{E}{RT}}$,如图 3-1 中曲线所示。

在单位时间内通过容器壁而损失的热量可用下式表示:

$$q_2 = \alpha S(T - T_0) \tag{3-4}$$

式中 α ——通过器壁的传热系数；
  S——器壁的传热面积；
  T——反应系统温度；
  T_0——容器壁温度。

散热速度 q_2 与混合气温度之间是直线函数关系，如图3-1中 q_2 直线所示。

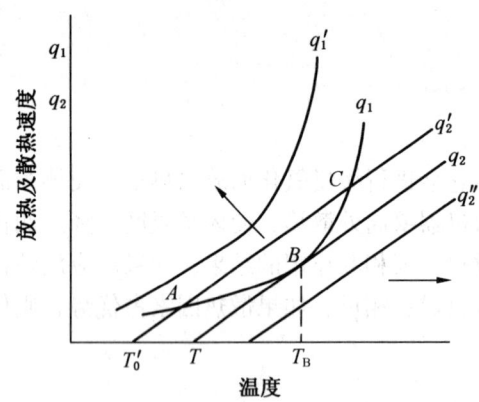

图3-1 混合气在容器中的放热和散热速度

3. 着火判据

当放热速度小于散热速度（$q_1 < q_2$）时，反应物的温度会逐渐降低，显然不可能着火；反之，当放热速度大于散热速度（$q_1 > q_2$）时，则混合气有可能着火。

容器壁温度 T_0 保持不变，提高混合气的压力，使放热反应速度按图中 q'_1 进行，此时散热速度大大低于放热速度，混合气均能自行加热而着火；混合气的压力保持不变，容器壁的温度升高，直线向右方移动（例如 q''_2），系统也将着火（即曲线和直线相离时，系统自燃）。

如将混合气的压力降低，反应放热速度沿图3-1中的 q_1 进行，而容器壁的温度保持 T'_0，此时 q_1 与散热速度 q'_2 相交于 A 及 C 二点。在 A 点，如温度稍升高，散热速度超过放热速度，系统的温度便会自动降低而回到 A 点的稳定状态；如果温度从 A 点稍降低，此时 $q_1 > q'_2$，系统的温度便会上升而重新回到 A 点。结果系统会在 A 点长期进行等温反应，不可能导致着火。在 C 点，只要温度有微小的降低，系统的放热速度 q_1 即小于散热速度 q'_2，结果使系统降温而回到 A 点；如果温度有微小的升高，则 $q_1 > q'_2$，系统温度不断上升，结果导致着火。如果系统的初温是 T'_0，它就不可能自动加热而越过 A 点到达 C 点，除非有外来的能源将系统加热，使系统的温度上升达到 C 点，否则系统总是处于 A 点的稳定状态。所以，C 点不是混合气的自动着火温度，而是混合气的强制着火温度。即曲线和直线相交时，系统不能自发着火，只有在外来能量的初始激发条件下才能着火，也就是强迫着火。

综上所述，一定的混合气反应系统在一定的压力（或浓度）下，只有在某一定的容器壁温度（或外界温度）下才能由缓慢的反应转变为迅速的自动加热而导致着火。从图3-1中可以看出，当混合气的放热速度按 q_1 曲线进行时，只有在容器壁温度为 T_0 时（散热速度按 q_2 进行）才能自动转变为着火，此时，q_2 与 q_1 相切。相切的这一点 B 的温度即为该混合气在此压力（或浓度）和器壁温度下的最低自燃温度，简称自燃点。此时的混合气压力称为该混合气的自燃临界压力。

由此看来，着火温度的定义不仅包括此时放热系统的放热速度和散热速度相等，而且还包括了两者随温度而变化的速度应相等这一条件，即

$$q_1 = q_2 \tag{3-5}$$

$$\frac{dq_1}{dT} = \frac{dq_2}{dT} \tag{3-6}$$

这也就是在散热的条件下，反应由缓慢转变为着火的条件。

由此可以看出，混合气的着火温度不是一个常数，它随混合气的性质、压力（浓度）、容器壁的温度和导热系数，以及容器的尺寸变化而变化。

当体系不自燃时，欲使体系达到临界着火条件，采用的方法有：提高器壁温度（斜线向右平移）；减少对流换热系数或减少表面积（斜线顺时针旋转）；增大体系压力或提高反应物浓度，降低活化能（曲线向左上方移动），具体如图 3-2 所示。

由图 3-2 可知，采用不同的方法时，最终系统的自燃温度不同，即自燃点不是一个常数。

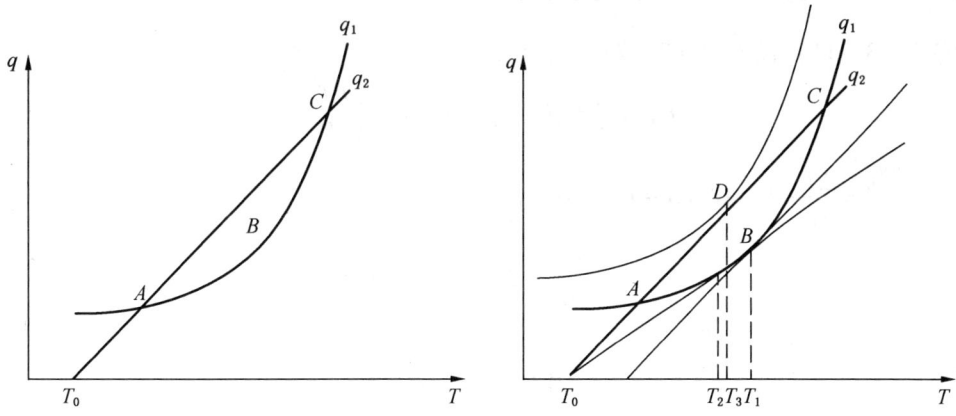

图 3-2 不自燃体系自燃的几种方法

二、着火温度和容器壁温度的关系

根据着火时的条件 $q_1 = q_2$ 可知

$$K_0 Q V C_A C_B e^{-\frac{E}{RT_B}} = \alpha S(T_B - T_0) \tag{3-7}$$

根据 $\dfrac{dq_1}{dT} = \dfrac{dq_2}{dT}$ 的条件，将式（3-7）在 T_B 处求导数，得

$$K_0 Q V C_A C_B \frac{E}{RT_B^2} e^{-\frac{E}{RT_B}} = \alpha S \tag{3-8}$$

将式（3-8）除以式（3-7）得出

$$T_B - T_0 = \frac{RT_B^2}{E} \tag{3-9}$$

解二次方程即可求出 T_B 的值为

$$T_B = \frac{E}{2R} \pm \frac{E}{2R}\sqrt{1 - \frac{4RT_0}{E}} \tag{3-10}$$

式（3-10）中根号前的符号应取负值，否则所得结果过大而不符合实际情况。在 $T_0 = 0$ 处，将式（3-10）中根号按泰勒级数展开，可得

$$T_B = \frac{E}{2R} - \frac{E}{2R}\left(1 - \frac{2RT_0}{E} - \frac{2R^2T_0^2}{E^2} - \cdots\right) = T_0 + \frac{RT_0^2}{E} + \cdots \qquad (3-11)$$

考虑到在一般情况下 $E = 209350$ kJ/mol，误差为 0.5% 以内时，以后各项可忽略不计，因而

$$\Delta T = T_B - T_0 \approx \frac{RT_0^2}{E} \qquad (3-12)$$

式（3-12）说明，在着火条件下，混合气着火温度 T_B 与适应于着火条件的起始温度 T_0（器壁温度）之间的差值是较小的。

三、着火时混合气压力与其他参数的关系

将式（3-11）代入式（3-7）中，可得

$$K_0 Q V C_A C_B E \mathrm{e}^{-\frac{E}{R\left(T_0 + \frac{RT_0^2}{E}\right)}} = \alpha S \left(\frac{RT_0^2}{E}\right) \qquad (3-13)$$

由于 $\dfrac{RT_0}{E} = \dfrac{\Delta T}{T_0} \ll 1$，式（3-13）中

$$T_0 + \frac{RT_0^2}{E} = T_0\left(1 + \frac{RT_0}{E}\right) \approx T_0$$

因而式（3-13）可写为

$$\frac{K_0 Q V C_A C_B E}{\alpha S R T_0^2} \mathrm{e}^{-\frac{E}{RT_0}} = 1 \qquad (3-14)$$

设反应物总摩尔浓度为 C，即 $C = C_A + C_B$，x_A 表示燃料的摩尔分数，x_B 表示空气（氧）的摩尔分数，则

$$C_A = Cx_A \quad C_B = Cx_B$$

同时，在着火条件下，根据理想气体状态方程 $p_c V = nRT$，有

$$C = \frac{n}{V} = \frac{p_c}{RT} \qquad (3-15)$$

式中 p_c——混合气的临界压力。

将式（3-14）中 C_A、C_B 换成压力和温度的函数，则得

$$\frac{K_0 Q V E p_c^2 x_A x_B}{\alpha S R T_0^4} \mathrm{e}^{-\frac{E}{RT_0}} = 1 \qquad (3-16)$$

这就是着火条件下混合气压力与温度及其他参数的关系。当其他条件已知，混合气压力如果小于式（3-16）中的 p_c 值，则这种混合气不能着火；如果大于该值则可以着火。对式（3-16）两边取对数，则有

$$\ln \frac{p_c}{T_0^2} = \frac{E}{2RT_0} + \frac{1}{2}\ln \frac{\alpha S R^3}{K_0 Q V E x_A x_B} \qquad (3-17)$$

在一定的容器和混合气成分条件下，式（3-17）只有初始温度和临界压力两个变量，式（3-17）也可写成

$$\ln \frac{p_c}{T_0^2} = \frac{A}{T_0} + B \qquad (3-18)$$

式中 A、B——常数。

从着火条件的基本公式可以看出着火的一些基本规律。即

(1) 当混合气成分和容器形状不变时,外界温度 T_0（容器温度）越高,则着火所需的临界压力越小。式（3-18）中 p_c 值随 $e^{-\frac{E}{RT_0}}$ 的变化远超过分母中 T_0 的变化。因此,当 T_0 值增大时,p_c 总是减小。在实际实验中,各种烃类着火的临界压力与容器温度的关系如图 3-3 所示。在图3-3 中曲线的左下方（无爆炸区）条件下,燃料不能着火;在曲线的右上方（爆炸区）则能引起着火。当容器温度降低时,所需引起着火的混合气压力值升高;当混合气压力降低时,必须提高外界温度才能保证着火。

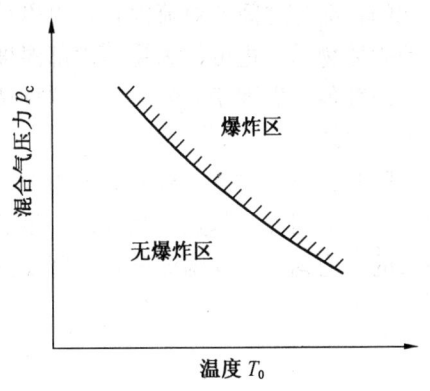

图 3-3 着火临界压力与容器温度的关系

(2) 混合气的成分对着火有密切的关系。当温度不变,燃料的浓度（摩尔分数 x_A）开始减小时,p_c 会逐渐降低,但超过一定值后,由于空气浓度 x_B 的增大,p_c 又逐渐上升。它们之间的关系如图 3-4 所示。当压力不变,混合气浓度和着火温度之间的关系也是如此,如图 3-5 所示。

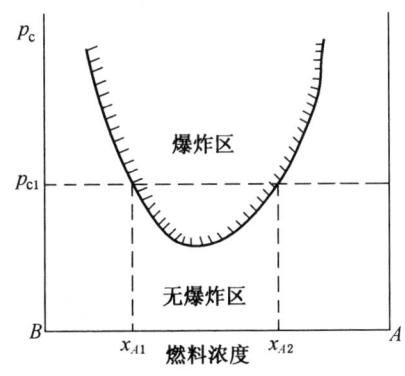

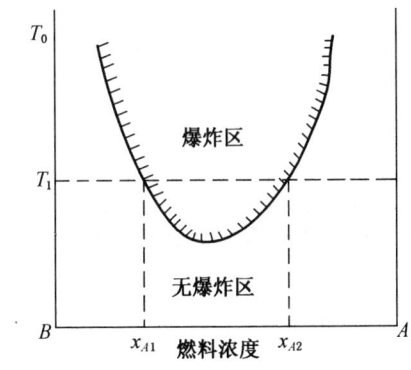

图 3-4 混合气成分与着火临界压力的关系　　图 3-5 混合气成分与着火温度的关系

从图 3-4 和图 3-5 可知,在一定的压力和外界温度下,并不是任何成分的混合气都能引起着火,而只是在一定浓度极限范围内的混合气才能着火。当混合气温度或压力增大时,爆炸极限也随之增大;反之,当 T_0 及 p_c 减小时,爆炸极限也随之缩小。低于一定的 T_0 及 p_c 值时,任何混合气均不能着火。

(3) 燃烧室的体积和容器散热面积的比值对着火的临界压力也有影响。从式（3-16）可以看出,燃烧室容积（混气体积 V）越大,或容器壁面积越小,混合气着火的临界压力 p_c 也越低,即越有利于着火。

第二节 弗兰克—卡门涅茨基热自燃理论

在谢苗诺夫热自燃理论中,假定体系内部各点温度相等,对于气体混合物,由于温度不同的各部分之间的对流混合,可以认为体系内部温度基本相同;对于比渥数 Bi 较小的堆积固体物质,也可认为物体内部温度大致相等。但是,当比渥数 Bi 较大时($Bi > 10$),体系内部各点温度相差较大,在这种情况下,谢苗诺夫热自燃理论中温度均一的假设显然是不成立的。

因此,需要建立一种新的理论模型,对大比渥数 Bi 下的物质体系进行分析,这就是弗兰克—卡门涅茨基热自燃理论。该理论考虑到了大比渥数 Bi 条件下物质体系内部温度分布的不均匀性。其温度分布轮廓如图3-6所示。

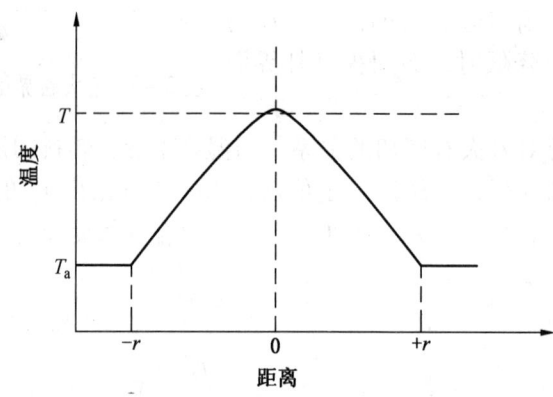

图3-6 弗兰克—卡门涅茨基理论反应体系中的温度轮廓

一、弗兰克—卡门涅茨基热自燃理论

该理论认为,可燃物质在堆放情况下,空气中的氧将与之发生缓慢的氧化反应,反应放出的热量一方面使物体内部温度升高,另一方面通过堆积体边界向环境散失。如果体系不具备自燃条件,则物质内部温度逐渐升高,经过一段时间后,分布趋于稳定,这时化学反应放出的热量与边界传热向外流失的热量相等。如果体系具备自燃条件,则从物质堆积开始,经过一段时间后(称为着火延滞期)体系着火。在后一种情况下,体系自然着火之前,物质内部不可能出现稳态温度分布。因此,体系能否达到稳态温度分布就成为判断物质体系能否自燃的依据。

当体系不具备自燃条件时,得到稳态温度分布方程:

$$\frac{\partial^2 T}{\partial x^2} + \frac{\partial^2 T}{\partial y^2} + \frac{\partial^2 T}{\partial z^2} + \frac{Q'''}{K} = 0 \tag{3-19}$$

式中 Q'''——反应体系放热速率;

K——导热系数。

$$Q''' = \Delta H_c K_n C_{AO}^n e^{\frac{-E}{RT}} \qquad (3-20)$$

为便于分析，引入无因次温度 θ 和无因次距离 x_1、y_1、z_1：

$$\theta = (T-T_0)/(RT_0^2/E) \qquad (3-21)$$

$$x_1 = x/x_0 \quad y_1 = y/y_0 \quad z_1 = z/z_0 \qquad (3-22)$$

式（3-22）中，x_0、y_0、z_0 是体系的特征尺寸，分别定义为体系在 x、y、z 轴方向上的长度。

将式（3-21）、式（3-22）代入式（3-19）并整理得到

$$\frac{\partial^2 \theta}{\partial x_1^2} + \left(\frac{x_0}{y_0}\right)^2 \frac{\partial^2 \theta}{\partial y_1^2} + \left(\frac{x_0}{z_0}\right)^2 \frac{\partial^2 \theta}{\partial z_1^2} = -\frac{\Delta H_c K_n C_{AO}^n E x_0^2}{KRT_0^2} e^{\frac{-E}{RT}} \qquad (3-23)$$

由于 $(T-T_0) < T_0$，式（3-23）中的指数项可以按照当 Z 为小量时，$(1+Z)^{-1} = (1-Z)$ 的等式来简化，即

$$e^{\frac{-E}{RT}} = e^{\frac{-E}{R(T+T_0-T_0)}} = e^{\frac{-E}{RT_0} \cdot \frac{1}{1+\frac{T-T_0}{T_0}}} \approx e^{\frac{-E}{RT_0}\left(1-\frac{T-T_0}{T_0}\right)} = e^{\theta} e^{\frac{-E}{RT_0}}$$

将上式代入式（3-23）得

$$\frac{\partial^2 \theta}{\partial x_1^2} + \left(\frac{x_0}{y_0}\right)^2 \frac{\partial^2 \theta}{\partial y_1^2} + \left(\frac{x_0}{z_0}\right)^2 \frac{\partial^2 \theta}{\partial z_1^2} = -\delta e^{\theta} \qquad (3-24)$$

$$\delta = \frac{\Delta H_c K_n C_{AO}^n E x_0^2}{KRT_0^2} e^{\frac{-E}{RT_0}} \qquad (3-25)$$

相应的边界条件为：在边界面 $z_1 = f_1(x_1,y_1)$ 上 $\theta = 0$；在最高温度处：$\frac{\partial \theta}{\partial x_1} = 0, \frac{\partial \theta}{\partial y_1} = 0, \frac{\partial \theta}{\partial z_1} = 0$。

显然方程式（3-24）的解完全受 x_0/y_0、x_0/z_0 和 δ 控制，即物体内部的稳态温度分布取决于物体的形状和 δ 的大小。当物体的形状确定后，其稳态温度分布则仅取决于 δ 的值。

由式（3-25）可知，δ 表征物体内部化学放热和通过边界向外传热的相对大小。因此，当 δ 大于某一临界值 δ_{cr} 时，方程式（3-24）无解，即物体内部不能得到稳态温度分布。当 $\delta_{cr} = \delta$ 时，与体系有关的参数均为临界参数，此时的环境温度称为临界环境温度 $T_{a,cr}$，体系的尺寸 x_0 称为自燃的临界尺寸 x_{oc}。由式（3-25）得

$$\delta_{cr} = \frac{\Delta H_c K_n C_{AO}^n E x_{oc}^2}{KRT_{a,cr}^2} e^{\frac{-E}{RT_{a,cr}}} \qquad (3-26)$$

如果物质以无限大平板，无限长圆柱体、球体和立方体等简单形状堆积，则内部导热均可归纳为一维导热形式，则相应的稳态导热方程式为

$$\frac{d^2 T}{dx^2} + \frac{\beta}{x} \frac{dT}{dx} + \frac{Q'''}{K} = 0 \qquad (3-27)$$

式中，$\beta = 0$，对厚度为 $2x_0$ 的平板；$\beta = 1$，对半径为 x_0 的无限长圆柱；$\beta = 2$，对半径为 x_0 的球体；$\beta = 3.28$，对边长为 $2x_0$ 的立方体。

相应地对方程式（3-27）无量纲化，可得

$$\frac{d^2 \theta}{dx_1^2} + \frac{\beta}{x_1} \frac{d\theta}{dx_1} = -\delta e^{\theta} \qquad (3-28)$$

这些简单外形的临界自燃准则参数 δ_{cr} 为：对于无限大平板堆积方式，$\delta_{cr}=0.88$；对于无限长圆柱体堆积方式，$\delta_{cr}=2$；对于球体堆积方式，$\delta_{cr}=3.32$；对于立方体堆积方式，$\delta_{cr}=2.52$。

二、理论应用

应用弗兰克—卡门涅茨基热自燃理论模型，并辅之一定的实验手段，可以研究各种物质体系发生自燃的条件。整理关系式（3-25），并两边取对数得

$$\ln\left(\frac{\delta_{cr}T_{a,cr}^2}{x_{oc}^2}\right)=\ln\left(\frac{E\Delta H_c K_n C_{A0}^n}{KR}\right)-\frac{E}{RT_{a,cr}} \quad (3-29)$$

对特定的物质，右边第一项为常数，左边是 $1/T_{a,cr}$ 的线性常数。对于给定几何形状的材料，$T_{a,cr}$ 和 x_{oc}（即试样特征尺寸）之间的关系可通过实验确定。下面举例说明应用 F—K 自燃模型预测物质发生自燃的可能性。

【例 3-1】 经实验得到立方堆活性炭的数据如下。由外推法计算，该材料以无限长圆柱的形式堆放时，在 25 ℃ 有自然着火危险的最小圆柱直径。

立方堆半边长 x_0/mm	25.40	18.60	16.00	12.5	9.53
临界温度 $T_{a,cr}$/K	408	418	426	432	441

解 根据提供的实验数据作下表

$\ln\left(2.52\dfrac{T_{a,cr}^2}{x_{oc}^2}\right)$	6.48	7.15	7.49	8.01	8.59
$1000/T_{a,cr}$	2.45	2.39	2.35	2.31	2.27

利用第二个表以 $1000/T_{a,cr}$ 为横轴，以 $\ln\left(2.52\dfrac{T_{a,cr}^2}{x_{oc}^2}\right)$ 为纵轴作坐标系。

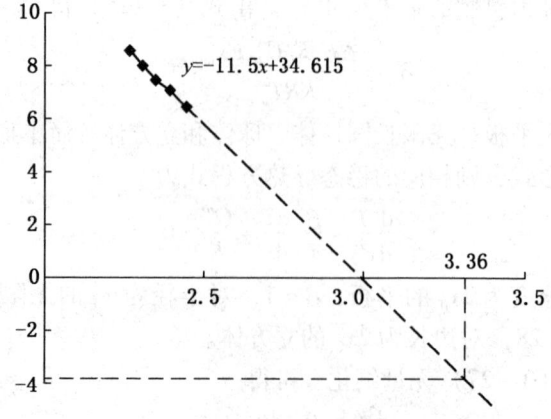

图 3-7 立方堆活性炭自燃数据之间的关系

从图 3-7 中得出 $T_{a,cr} = 25$ ℃时，$\ln(\delta_c T_{a,cr}^2/x_{oc}^2) = -3.96$。对半无限大平板堆积方式，$\delta_c = 2$。所以

$$\ln(2 \times 298^2/x_{oc}^2) = -3.96 \qquad (3-30)$$

由此得到
$$x_{oc} = 3052 \text{ mm}$$

即在环境温度为 25 ℃时，为避免自燃，以无限长圆柱体形式堆积的活性炭厚度不能大于 $2x_{oc} = 6.1$ m。

对于固体堆，其自燃延滞期可以是若干小时或者若干天甚至若干月，这要看所贮存的材料多少和环境温度。对于尺寸更大的堆积固体，自燃延滞期更长，即使实验条件和经费允许，人们也不愿意花如此长的时间来做实验。因此，根据弗兰克—卡门涅茨基自燃模型，可以用小试样在高温下进行自燃试验，节约成本，减少试验时间，并推导出试样在常温下的自燃情况。

第三节　连锁自燃理论

一、链式着火概念

热自燃理论表明，自燃之所以会产生主要是由于感应期内系统化学反应放出的热量大于系统向周围环境散失的热量，出现热量积累而导致反应速度自动加速的结果。在实践中，有不少现象和实验结果无法用热自燃理论来解释，如烃类氧化过程、"着火半岛"现象及冷焰等，这时就要用链式着火理论来解释。该理论认为，使反应自动加速并不一定仅仅依靠热量积累，也可以通过连锁反应的分支迅速增加活化中心来使反应不断加速直至着火爆炸。

连锁反应由三个步骤组成：链引发、链传递和链终止；分为两大类：直链反应（如 $H_2 + Cl_2$）与支链反应（$H_2 + O_2$），前者在发展过程中不发生分支链，后者将产生分支链。

例如：　　　　　　　　　$H_2 + Cl_2 \longrightarrow 2HCl$　　　（总反应）　　　　　　（3-31）

（1）　　　　　　　　　$Cl_2 + M \longrightarrow 2Cl^{\cdot} + M$　　（链引发）

（2）　　　　　　　　　$H_2 + Cl^{\cdot} \longrightarrow HCl + H^{\cdot}$　　（链传递）

　　　　　　　　　　　　$H^{\cdot} + Cl_2 \longrightarrow HCl + Cl^{\cdot}$

　　　　　　　　　　　　　　　……

（3）　　　　　　　　　$2Cl^{\cdot} + M \longrightarrow Cl_2 + M$　　（链终止）

上述链式反应中，一旦形成 $Cl^{\cdot}$，（2）、（3）反应就会反复进行。在整个链传递过程中，$Cl^{\cdot}$ 始终保持不变。

再如：　　　　　　　　　$2H_2 + O_2 \longrightarrow 2H_2O$　　　（总反应）　　　　　　（3-32）

（1）　　　　　　　　　$H_2 + M \longrightarrow 2H^{\cdot} + M$　　（链引发）

（2）　　　　　　　　　$H^{\cdot} + O_2 \longrightarrow OH^{\cdot} + O^{\cdot}$ ⎫

（3）　　　　　　　　　$O^{\cdot} + H_2 \longrightarrow H^{\cdot} + OH^{\cdot}$ ⎬（链传递）

（4）　　　　　　　　　$H_2 + OH^{\cdot} \longrightarrow H_2O + H^{\cdot}$

（5）　　　　　　　　　$H_2 + OH^{\cdot} \longrightarrow H_2O + H^{\cdot}$ ⎭

(6) $\quad\quad\quad\quad\quad\quad$ H· ——→ 器壁破坏
(7) $\quad\quad\quad\quad\quad\quad$ OH· ——→ 器壁破坏 $\Big\}$（链终止）
(8) $\quad\quad\quad\quad\quad\quad$ OH· + H· ——→ H_2O

将（2）、（3）、（4）、（5）相加得

$$3H_2 + O_2 + H· \longrightarrow 2H_2O + 3H· \tag{3-33}$$

一个自由基 H·参加反应后，经过一个链传递形成最终产物 H_2O 的同时产生三个 H·。随着反应的进行，H·的数目不断增加，因此反应不断加速。

二、连锁自然着火条件

在连锁反应过程中，不但有导致活化中心形成的反应，也有使活化中心消灭和连锁中断的反应，因此，连锁反应的速度能否增长导致着火爆炸，取决于这两者之间的关系，即活化中心浓度增加的速度。

在连锁反应中，活化中心浓度增大依靠两种因素：一是分子热运动；二是连锁分支。另外，在反应的任何时刻都存在活化中心被消灭的可能，销毁速度与活化中心本身浓度成正比。

假设 n_0 为反应开始时由于热作用而生成活化中心的速率，f 为链分支反应的动力学系数，g 为链终断反应的动力学系数，n 为活化中心的浓度，则活化中心浓度随时间的变化速率为

$$\frac{dn}{dt} = n_0 + fn - gn \tag{3-34}$$

令 $f - g = \varphi$，则式（3-34）变为

$$\frac{dn}{dt} = n_0 + \varphi n \tag{3-35}$$

设 $t = 0$，$n = 0$，积分式（3-35）得

$$n = \frac{n_0}{\varphi}(e^{\varphi t} - 1) \tag{3-36}$$

如果以 a 表示一个活化中心参加反应后生成最终产物的分子数，那么，生成最终产物的速率（即反应速率）为

$$w = afn = af\frac{n_0}{\varphi}(e^{\varphi t} - 1) \tag{3-37}$$

分子的活化能一般都很大，而在普通温度下 n_0 的数值很小，因此，链的分支与终断速率是影响链发展的主要因素。链的终断反应是属于原子间的化学作用，与温度无关；但链的分支速率则不然，随着温度的升高对链分支反应速率影响越来越大，能促进活化中心的形成。随着温度的变化，由于 g、f 变化的速率不同，φ 的符号将随温度而变化。

在低温下，链分支的速率很缓慢，而链终断的速率却很快，因此，$\varphi < 0$，反应速率随时间增大而趋于某一定值，$w = an_0 f/|\varphi|$。然而，当温度升高时，链分支的速率不断增加，而链终断的速率并没有发生变化，因而可以使 $\varphi > 0$。反应速率随时间按指数规律增长，但由于 n_0 很小，在开始一段时间即在着火延迟期 τ 内，反应非常缓慢。在延迟期后，反应速率自动加速而着火。其反应速率随时间的变化如图 3-8 所示。

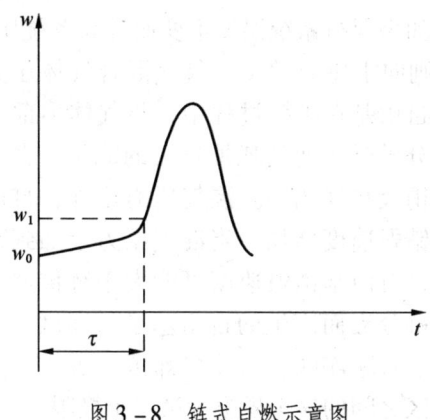

图3-8 链式自燃示意图

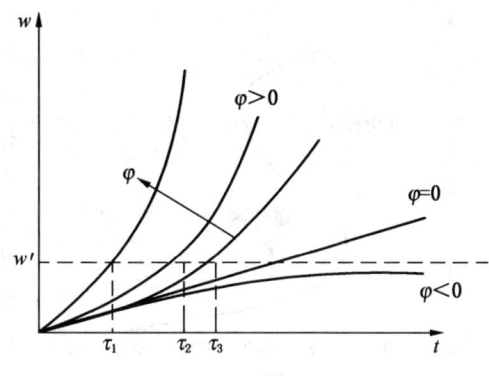

图3-9 反应速率与时间关系

当 $\varphi=0$ 时，由式（3-35）积分可得

$$n = n_0 t \tag{3-38}$$

而反应速率为

$$w = fan_0 t \tag{3-39}$$

在这种情况下，反应速率随时间直线增加，直至反应物耗尽为止。然而，它不会引起着火。

将上述三种情况画在同一图上，具体如图3-9所示。直线（$\varphi=0$）就相当于着火的临界工况。只有当 $\varphi>0$ 时，才可能发生着火。相应于 $\varphi=0$ 的极限情况的温度为自燃温度。

从图3-10中可以看出，当 φ 增大时，着火延迟期 τ 减小。假设 φ 较大，则 $\varphi \approx f$，并相应略去式（3-37）中的1，可得

$$w = \frac{fan_0}{\varphi}\exp(\varphi\tau) = an_0\exp(\varphi\tau) \tag{3-40}$$

式（3-40）取对数后，得

$$\tau = \frac{\ln\dfrac{w}{an_0}}{\varphi} \tag{3-41}$$

事实上 $\ln\dfrac{w}{an_0}$ 随外界的影响变化很小，可近似认为是常数，所以

$$\tau\varphi = 常数 \tag{3-42}$$

这一结论已被实验所证实。

三、着火半岛现象

对氢氧的混合气体，临界着火温度和临界着火压力之间的关系如图3-10所示，即氢氧反应有三个着火极限。

设第一、二极限之间的爆炸区内有一点 P，保持系统温度不变而降低系统压力，P 点则向下垂直移动，此时，因氢氧混合气体压力较低，自由基扩散较快，自由基很容易与器壁碰撞，自由基销毁主要发生在器壁上。压力越低，自由基销毁速度越大，当压力下降到某一数值后，自由基销毁速度有可能大于链传递过程中由于链分支而产生的自由基增长速度，于是 P 点从爆炸区进入非爆炸区，爆炸区与非爆炸区之间的界限为第一极限。

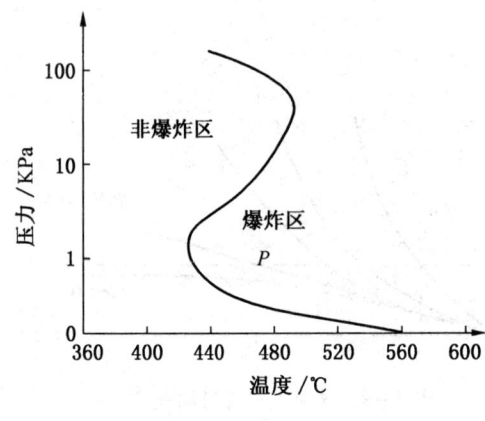

图3-10 氢氧着火半岛现象

如果保持系统温度不变而升高系统压力，P点则向上垂直移动。氢氧混合气体压力较高，自由基在扩散过程中，与气体内部大量稳定分子碰撞而消耗掉自己的能量，自由基主要销毁在气相中。混气压力增加，自由基气相销毁速度增加，当混气压力增加到某一值时，自由基销毁速度可能大于链传递过程中因链分支而产生的自由基增长速度，于是P点也从爆炸区进入非爆炸区，爆炸区与非爆炸区之间的这个界限为第二个极限。

压力再增高，又会发生新的连锁反应，即

$$H^{\cdot} + O_2 + M \longrightarrow HO_2 + M$$

HO_2会在未扩散到器壁前又发生如下反应而生成$OH^{\cdot}$：

$$HO_2^{\cdot} + H_2 \longrightarrow H_2O + OH^{\cdot}$$

导致自由基增长速度增大，于是P点又从非爆炸区进入爆炸区，这就是爆炸的第三极限。该界限的放热大于散热，属于一种热力爆炸。因此，"着火半岛"现象中的第三界限本质上就是热自燃界限。

第四节 强迫着火理论

一、强迫着火与自发着火的比较

强迫着火也称点燃，一般指用炽热的高温物体引燃火焰，使混合气的一小部分首先着火，形成局部的火焰核心，然后这个火焰核心再把邻近的混合气点燃，并逐层依次地引起火焰的传播，从而使整个混合气燃烧起来。强迫着火与自发着火存在很大差别，同时又有很多共同之处。

1. 不同点

（1）强迫着火仅仅在混气局部中进行，而自发着火则在整个混气空间进行。

（2）点火温度一般要比自燃温度高得多。

（3）强迫着火过程要比自发着火过程复杂得多。

（4）强迫着火比自发着火影响因素复杂，除了可燃混气的化学性质、浓度、温度和压力外，还与点火方法、点火能和混合气体的流动性质有关。

2. 共同点

都具有依靠热反应和（或）连锁反应推动的自身加热和自动催化的共同特征，都需要外部能量的初始激发，也有点火温度、点火延迟和点火可燃界限问题。

二、强迫着火理论

常用金属板、柱、丝或球作为电阻，通以电流使其炽热；也有用热辐射加热耐火砖或陶瓷棒等，形成各种炽热物体，在可燃混合气中进行点火。下面以高温质点为例说明炽热物体的引燃机理。

假定如图 3-11 所示，在无限的可燃混气（其温度为 T_0，小于 T_w）中有一个热的金属质点（其温度为 T_w）。由于温度差作用，质点向邻近的混气散失热量，在质点周围薄的边界层内，混气温度从 T_w 下降到 T_0。对可燃混合物，由于化学反应放热，热边界层内的温度分布曲线高于不可燃混合气体中的温度分布曲线。根据曲线的梯度可知，在气体反应放热时，由壁面向混气传递的热流要低于当混气为惰性气体时的情况。

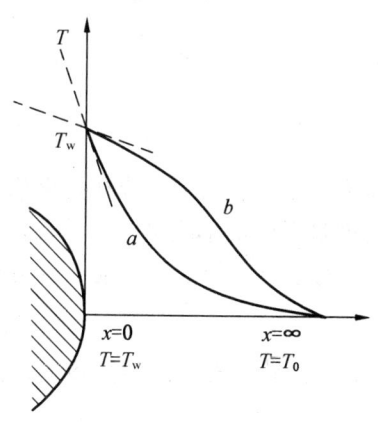

a—混合物不能燃；b—混合物能燃

图 3-11 炽热质点附近的温度分布曲线图
（金属质点温度与气体燃烧温度相差较大）

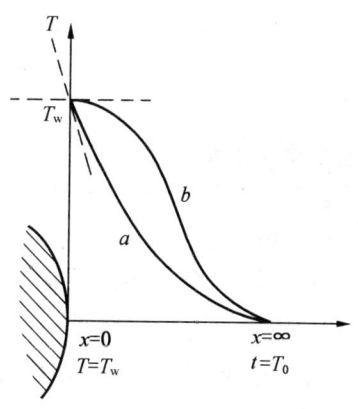

a—混合物不能燃；b—混合物能燃

图 3-12 炽热质点附近的温度分布曲线图
（金属质点温度与气体燃烧温度基本相当）

如果选择更高的质点温度，反应气体和惰性气体温度分布之间的差别就更显著。反应气体质点温度越高，由壁面来的热流越小。如图 3-12 所示，当临界质点温度为 T_c 时，由壁面向反应混合物的热流等于零，曲线 b 在 $x=0$ 处的斜率为零。热边界层内由化学反应放出的热量全部向外界的冷混合气体传递。当在质点表面处的温度梯度等于零时，气体反应层（即火焰）开始向未燃混气传播。这种火焰传播的开始即认为是强迫着火的判据。

三、电火花点火

1. 电火花点火机理

关于电火花点火的机理有两种：一种是着火的热理论，它把电火花看做是一个外加的高温热源，使靠近它的局部混合气体温度升高，以致达到着火临界工况而被点燃，然后再靠火焰传播使整个容器内混合气体着火燃烧；另一种是着火的电理论，它认为混合气的着火是由于靠近火花部分的气体被电离而形成活性中心，提供了进行连锁反应的条件，由于连锁反应的结果使混合气燃烧起来。实验表明，两种机理同时存在，一般低温时的电离作用是主要的；但当电压提高后，主要是热的作用。

电火花点火由放在可燃混合气中的两根电极放电来实现，电极可以是有凸缘电极也可是无凸缘电极，通常用不锈钢制成，具体如图3-13所示。

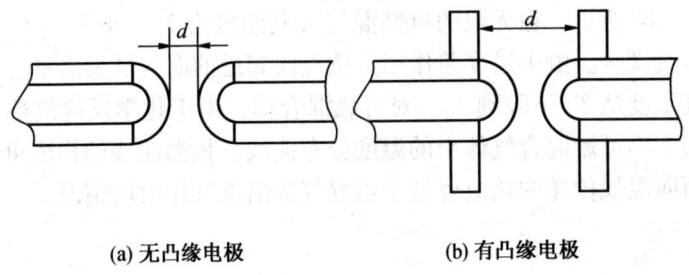

(a) 无凸缘电极　　　　　　(b) 有凸缘电极

图3-13　电火花引燃的有无凸缘电极的几何布置

2. 引燃最小能量

实验表明，当电极间隙内的混气比、温度、压力一定时，为了形成初始火焰中心，电极放电能量必须有一最小极值，这个最小放电能量就是引燃最小能量。

不同的混气所需的最小引燃能E_{min}是不相同的，对于给定的混气，混气压力及初温不同时，最小引燃能E_{min}也不相同。

(1) 热容$\overline{C}_p$越大，最小引燃能E_{min}越大，混气不容易引燃。因为热容大，混气升温时吸收的热量多。

(2) 导热系数K越大，最小引燃能E_{min}越大，混气不容易引燃。因为火花能量被迅速传导出去，使与火花接触的混气温度不易升高。

(3) 燃烧热ΔH_c大，最小引燃能E_{min}小，混气容易引燃。

(4) 混气压力大，即密度ρ_∞大，最小引燃能E_{min}小，表明混气容易引燃。

(5) 混气初温T_∞高，最小引燃能E_{min}小，混气容易引燃。

(6) 混气活化能E大，最小引燃能E_{min}大，混气不容易引燃。

3. 电极熄火距离

实验还表明，当其他条件给定时，最小引燃能E_{min}与电极间距离d有关，具体关联性如图3-14所示。

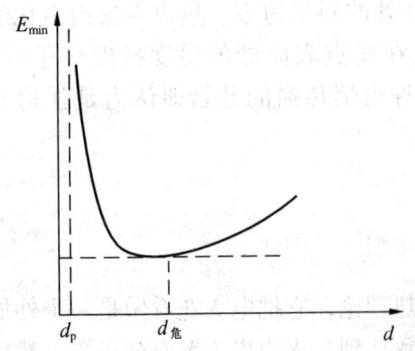

图3-14　最小引燃能E_{min}与电极熄火距离

从图3-14中可以看出：电极距离d小于d_p时，无论多大的火花能量都不能使混气引燃，因为，当电极间距离等于或小于熄灭距离d_p时，由于间隙太小，电极散热太大，以致使初始火焰中心不能向周围混气传播。不能引燃混气的电极间最大距离d_p称为电极熄火距离。在给定条件下，电极距离有一最危险值，电极距离大于或小于最危险值时，最小引燃能增加。

用电火花引燃混气，电极距离必须大于熄火距离d_p；同时，放电能量必须大于某一最小引燃能，否则电火花不能引燃混气。

第五节 阿累尼乌斯定律

燃烧反应速度方程可以根据化学反应动力学理论得到。

1. 质量作用定律

对于简单的化学反应来说，$aA + bB = gG + dD$，反应速度在等温条件下与反应物浓度的乘积成正比，称作质量作用定律，数学表达式为

$$W_s = kC_A^a C_B^b \tag{3-43}$$

式中 W_s——反应速度；

C_A——A 反应物的摩尔浓度；

C_B——B 反应物的摩尔浓度；

k——反应速度常数。

a、b——反应系数。

2. 阿累尼乌斯定律

化学反应速度随温度增加而增加，它们之间的关系就是阿累尼乌斯定律，其公式如下：

$$k = K_0 e^{\frac{-E}{RT}} \tag{3-44}$$

式中 K_0——频率因子；

E——反应活化能，kJ/mol；

R——气体常数；

T——反应绝对温度，℃。

将式（3-44）代入式（3-43）则

$$W_s = K_0 C_A^a C_B^b e^{\frac{-E}{RT}} \tag{3-45}$$

根据阿累尼乌斯定律可知，可燃物反应时，活化能越高，燃烧反应速度越慢。因为，活化能是用来破坏反应物分子内部化学键所需要的能量，可燃物内部化学键越牢固，需要的活化能就越大，反应速度也就越慢。

第四章　可燃气体燃烧与爆炸

第一节　层流预混燃烧火焰传播

一、层流预混燃烧火焰传播机理

对于静止的可燃混合气中发生的化学反应，根据反应机理的不同，可划分为缓燃和爆震两种形式。火焰正常传播（缓燃）是依靠导热和分子扩散使未燃混合气温度升高，从而使燃烧波不断向未燃混合气中推进。传播速度一般不大于 $1\sim3$ m/s，传播是稳定的，在一定的物理、化学条件下（例如，温度、压力、浓度、混合比等），其传播速度是常数。爆震波的传播不是通过传热、传质发生的，它依靠激波的压缩作用使未燃混合气的温度不断升高而引起化学反应。爆震的传播速度很高，常大于 1000 m/s，其传播过程也是稳定的。

假定混合气的流动（或燃烧波的传播速度）是一维的稳定流动，忽略黏性力及体积力，并假设混合气为完全气体，其燃烧前后的定压比热容 c_p 为常数，其分子量也保持不变，反应区相对于管子的特征尺寸（如管径）是很小的，与管壁无摩擦、无热交换。根据相对运动原理，不分析燃烧波在静止可燃混合气中的传播，而是把燃烧波驻定下来，可燃混合气不断向燃烧波流来，则燃烧波相对于无穷远处可燃混合气的流速 u_∞ 就是燃烧波的传播速度，如图 4-1 所示。

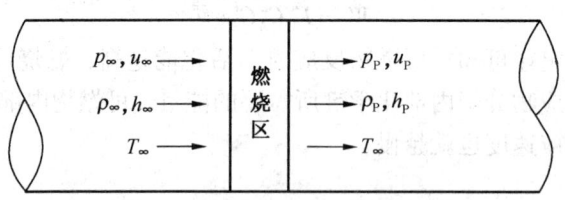

图 4-1　燃烧过程示意图

图 4-1 中下标"∞"表示燃烧波上游无穷远处的可燃混合气之参数；下标"P"表示燃烧波下游无穷远处的燃烧产物之参数；u 为传播速度；ρ 为密度；p 为压力；h 为焓；T 为温度。

根据以上假设，其守恒方程如下：

连续方程为

$$\rho_P u_P = \rho_\infty u_\infty = 常数 \tag{4-1}$$

忽略黏性力与体积力，动量方程为

$$p_P + \rho_P u_P^2 = p_\infty + \rho_\infty u_\infty^2 = 常数 \tag{4-2}$$

忽略黏性力、体积力以及无热交换,则能量方程简化为

$$h_P + \frac{u_P^2}{2} = h_\infty + \frac{u_\infty^2}{2} = 常数 \tag{4-3}$$

状态方程为

$$p = \rho RT$$

或

$$p_P = \rho_P R_P T_P \qquad p_\infty = \rho_\infty R_\infty T_\infty$$

式中 R——气体常数(不是普氏气体常数),J/kg·K。

状态的热量方程为

$$\left. \begin{array}{l} h_P - h_{P*} = c_p(T_P - T_*) \\ h_\infty - h_{\infty*} = c_p(T_\infty - T_*) \end{array} \right\} \tag{4-4}$$

式中 h_*——在参考温度 T_* 时的焓(包括化学焓)。

由式(4-3)、式(4-4)得

$$c_p T_P + \frac{u_P^2}{2} - (\Delta h_{\infty P})_* = c_p T_\infty + \frac{u_\infty^2}{2} \tag{4-5}$$

其中,$(\Delta h_{\infty P})_* = h_{P*} - h_{\infty*} = Q$(单位质量可燃混合气之反应热),将其代入式(4-5)得

$$c_p T_P + \frac{u_P^2}{2} - Q = c_p T_\infty + \frac{u_\infty^2}{2} \tag{4-6}$$

由式(4-1)、式(4-2)得

$$p_\infty + \frac{m^2}{\rho_\infty} = p_P + \frac{m^2}{\rho_P} \tag{4-7}$$

或

$$\frac{p_P - p_\infty}{\dfrac{1}{\rho_P} - \dfrac{1}{\rho_\infty}} = -m^2 = -\rho_\infty^2 u_\infty^2 = -\rho_P^2 u_P^2 \tag{4-8}$$

方程式(4-8)的 $p \sim 1/\rho$ 在图 4-2 上是一直线,斜率为 $-m^2$,此直线称为瑞利(Rayleigh)线,是在给定的初态 p_∞ 和 ρ_∞ 情况下,过程终态 p_P 和 ρ_P 间应满足的关系。

另一方面,由式(4-4)、式(4-6)和式(4-8)得

$$h_P - h_\infty = c_p T_P - c_p T_\infty - Q = \frac{m^2}{2}\left(\frac{1}{\rho_\infty^2} - \frac{1}{\rho_P^2}\right)$$

$$= \frac{m^2}{2}\left(\frac{1}{\rho_\infty} - \frac{1}{\rho_P}\right)\left(\frac{1}{\rho_\infty} + \frac{1}{\rho_P}\right) = \frac{1}{2}(p_P - p_\infty)\left(\frac{1}{\rho_\infty} + \frac{1}{\rho_P}\right) \tag{4-9}$$

利用状态方程及

$$c_p/R = \frac{\gamma}{\gamma - 1}$$

(γ 是比热比)消去温度得

$$\left(\frac{\gamma}{\gamma - 1}\right)\left(\frac{p_P}{\rho_P} - \frac{p_\infty}{\rho_\infty}\right) - \frac{1}{2}(p_P - p_\infty)\left(\frac{1}{\rho_\infty} + \frac{1}{\rho_P}\right) = Q \tag{4-10}$$

方程式（4-10）称为休贡纽（Hugoniot）方程。在图4-2上的曲线为休贡纽曲线，是在给定初态 p_∞、ρ_∞ 及反应热 Q 的情况下，终态 p_P 和 ρ_P 之间的关系。

将瑞利直线（m 不同时可得一组直线）和休贡纽曲线（当 Q 不同时可得一组曲线）同时画在 $p \sim 1/\rho$ 图上，如图4-2所示，一旦混合气的初始状态（p_∞，T_∞）给定，最终状态（p_P，ρ_P）必须同时满足式（4-8）和式（4-10），即瑞利直线与休贡纽曲线之交点就是可能达到的终态。根据图4-2可得出如下一些重要结论：

（1）图4-2中（p_∞，$1/\rho_\infty$）是初态，通过（p_∞，$1/\rho_\infty$）点分别作 p_P 轴、$1/\rho_P$ 轴的平行线（即图中互相垂直的虚线），将（p_P，$1/\rho_P$）平面分成4个区域（Ⅰ、Ⅱ、Ⅲ、Ⅳ）。过程的终态只能发生在（Ⅰ）、（Ⅲ）区，不可能发生在（Ⅱ）、（Ⅳ）区。因为瑞利直线的斜率为负值，因此，通过（p_∞，$1/\rho_\infty$）点的两条虚直线是瑞利直线的极限状况。

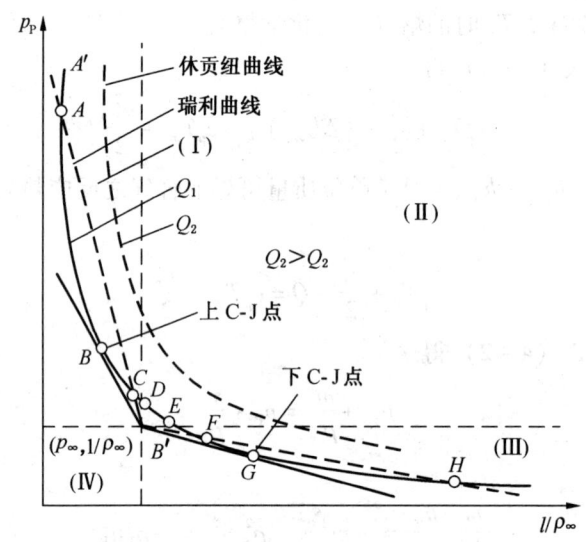

图4-2 燃烧的状态图

（2）交点 A、B、C、D、E、F、G、H 等是可能的终态。区域（Ⅰ）是爆震区，而区域（Ⅲ）是缓燃区。在（Ⅰ）区中，$1/\rho_P < 1/\rho_\infty$，$p_P > p_\infty$，即经过燃烧波后气体被压缩，这时燃烧波是以超音速在混合气中传播的，因此（Ⅰ）区是爆震区。相反，在（Ⅲ）区 $1/\rho_P > 1/\rho_\infty$，$p_P < p_\infty$，即经过燃烧波后气体膨胀，这时燃烧波是以亚声速在混合气中传播的，该区称为缓燃区。

（3）瑞利与休贡纽曲线分别相切于 B、G 两点。B 点称为上恰普曼-乔给特（Chapman-Jouguet）点，简称 C-J 点，具有终点 B 的波称为 C-J 爆震波。AB 段称为强爆震，BD 段称为弱爆震，EG 段称为弱缓燃波，GH 段称为强缓燃波。大多数的燃烧过程是接近于等压过程的，因此强缓燃波不能发生，有实际意义的将是 EG 段的弱缓燃波。

（4）当 $Q=0$ 时，则休贡纽曲线通过初态（p_∞，$1/\rho_\infty$）点，这就是普通的气体力学激波。

二、层流预混燃烧火焰焰锋结构

假定火焰焰锋在管内稳定不动，预混可燃混合气体以 S_L 的速度沿着管子向焰锋流动（图 4-3）。火焰前锋是一很窄的区域，其宽度只有几百甚至几十微米，它将已燃气体与未燃气体分隔开，在这很窄的宽度内完成化学反应、热传导和物质扩散等过程。火焰焰锋内反应物的浓度、温度及反应速度的变化情况如图 4-3 所示。在前锋宽度内，温度由原来的预混合气体的初始温度 T_0 逐渐上升到燃烧温度 T_f，同时反应物的浓度 C 由 o—o 截面上的接近于 C_0 逐渐减少到 a—a 截面上接近于零。火焰前锋的宽度极小，在此宽度内温度和浓度变化很大，出现极大的温度梯度 dT/dx 和浓度梯度 dC/dx，因而有强烈的热流和扩散流。热流的方向为从高温火焰向低温新鲜混合气流动，而扩散流的方向则从高浓度向低浓度流动。因此在火焰中分子的迁移不仅是由于质量流（气体有方向的流动）的作用，而且还由于扩散的作用。

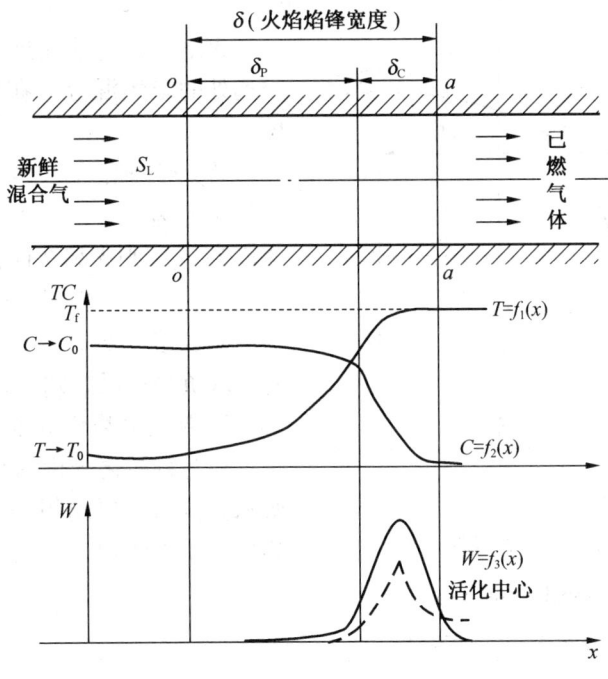

图 4-3 稳定的平面火焰前锋

在初始较大宽度 δ_P 内，化学反应速度很小，其中温度和浓度的变化主要是由于导热和扩散的作用，这部分焰锋宽度统称为"预热区"，新鲜混合气在此得到加热。此后，化学反应速度随着温度的升高按指数函数规律急剧地增大，温度很快地升高到燃烧温度 T_f。在温度升高的同时，反应物浓度不断减少，因此化学反应速度达到最大值时的温度要比燃烧温度 T_f 略低，但接近燃烧温度。由此可见，火焰中化学反应总是在接近于燃烧温度的高温下进行。

在焰锋宽度余下的极为狭窄的区域 δ_C 内，反应速度、温度和活化中心的浓度却达到了最大值,一般称为"反应区"或"燃烧区"或火焰前锋的"化学宽度"。焰锋的化学宽度总小于其物理宽度,即 $\delta_C < \delta_P$。

在火焰焰锋中发生化学反应的着火延迟时(即感应期)很短,甚至可以认为没有,这是与自燃过程不同的。

三、层流预混燃烧火焰的传播速度

1. 有关定义

一层一层的混合气依次着火,薄薄的化学反应区开始由点燃的地方向未燃混合气传播,使已燃区与未燃区之间形成了明显的分界线,这层薄薄的化学反应发光区为火焰前沿。

火焰位移速度是火焰前沿在未燃混合气中相对于静止坐标系的前进速度,其法向指向未燃气体。若火焰前沿在 dt 时间间隔内的位移为 dn,则位移速度为

$$u = \frac{dn}{dt} \qquad (4-11)$$

火焰法向传播速度是指火焰相对于无穷远处的未燃混合气在其法线方向上的速度。

若火焰前沿的位移速度为 u,未燃混合气流速为 w,它在火焰前沿法向上之分速度为 w_n,则火焰法向传播速度 S_L 为

$$S_L = u \pm w_n \qquad (4-12)$$

当位移速度 u 与气流速度的方向一致时,取负号;反之则取正号。

2. 层流火焰传播速度简化分析

马兰特简化分析的物理模型如图 4-4 所示。他的主要思想是,若由Ⅱ区导出的热量能使未燃混合气之温度上升至着火温

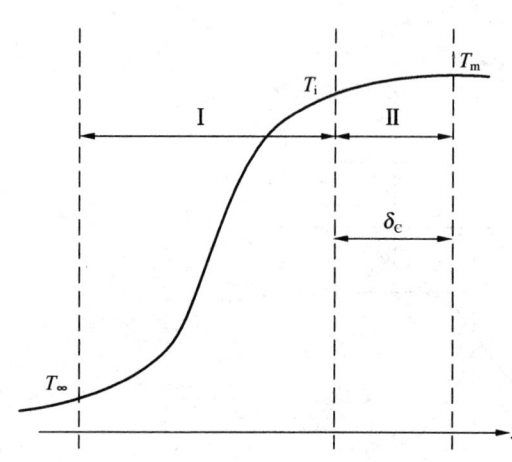

Ⅰ—预热区;Ⅱ—反应区
图 4-4 火焰前沿中的温度分布

度 T_i,则火焰就能保持温度的传播。

假设反应区中温度分布为线性分布,即

$$\frac{dT}{dx} = \frac{T_m - T_i}{\delta_C} \qquad (4-13)$$

因此热平衡方程式为

$$Gc_p(T_i - T_m) = FK\frac{T_m - T_i}{\delta_C} \qquad (4-14)$$

式中　　G——质量流量;

　　　　F——管道的横截面积;

　　　　K——导热系数。

因为

$$G = \rho F u = F\rho_\infty S_L \qquad (4-15)$$

所以

$$\rho_\infty S_L c_p (T_i - T_\infty) = K \frac{T_m - T_i}{\delta_C}$$

或

$$S_L = \frac{K(T_m - T_i)}{\rho_\infty c_p (T_i - T_\infty) \delta_C} = a \frac{(T_m - T_i)}{(T_i - T_\infty) \delta_C} \tag{4-16}$$

式中 $a = \dfrac{K}{\rho_\infty c_p}$，称为导温系数。

又因为

$$\delta_C = S_L \tau_C = S_L \frac{\rho_\infty f_{s\infty}}{W_s} \tag{4-17}$$

式中　τ_C——化学反应时间；

　　　ρ_∞——混合气初始质量浓度；

　　　$f_{s\infty}$——混合气的初始质量相对浓度；

　　　W_s——可燃混合气反应速度。

将公式（4-17）代入公式（4-16）得

$$S_L = \sqrt{a \frac{(T_m - T_i)}{(T_i - T_\infty)} \frac{W_s}{\rho_\infty f_{s\infty}}} \tag{4-18}$$

由此可见，层流火焰传播速度 S_L 与导温系数 a 及化学反应速度 W_s 的平方根成正比。

又因

$$W_s = K_{os} \rho_\infty^n f_{s\infty}^n e^{\frac{-E}{RT_m}} \quad a = \frac{K}{\rho_\infty c_p}$$

所以

$$S_L = \sqrt{\frac{K(T_m - T_i) K_{os} \rho_\infty^{n-2} f_{s\infty}^{n-1} e^{\frac{-E}{RT_m}}}{c_p (T_i - T_\infty)}}$$

据 $p \propto \rho$ 关系可得

$$S_L \propto \sqrt{\rho_\infty^{n-2}} \propto \sqrt{p^{n-2}} = p^{\frac{n}{2}-1} \tag{4-19}$$

式中 n 是反应级数，对于二级反应，火焰传播速度 S_L 与压力无关。大多数碳氢化合物与氧的反应级数接近 2，火焰传播速度 S_L 与压力关系不大。

3. 影响燃烧速度的因素

1）燃料/氧化剂比值的影响

图 4-5 及图 4-6 为一些重要的燃料/氧化剂混合剂的成分对燃烧速度的影响。从这些图中可以十分清楚地看到当混合物太浓或太稀的火焰均不能传播，在燃烧界限处的燃烧速度急速降低为零。对大多数混合物而言，最大燃烧速度是发生在组分为化学计量比处。当以空气为氧化剂时，最大燃烧速度发生在较化学计量比稍浓的一侧。

2）燃料结构的影响

图 4-7 所示为三族烃燃料分子的碳原子数不同时对燃烧速度的影响。随着分子量的增加燃烧界限的范围变窄。

饱和碳氢化合物的燃烧速度（约 70 cm/s）几乎与碳原子数 n_c 无关，非饱和烃的燃烧速度随 n_c 的增加而下降，下降速度是先快后慢，当 $n_c \geq 8$ 时燃烧速度达到其饱和值而不再变化。

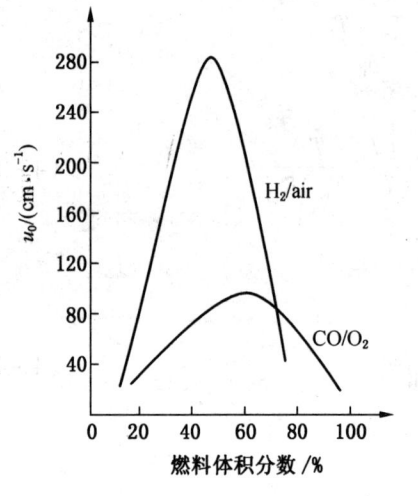

图4-5 混合物成分对燃烧速度的影响

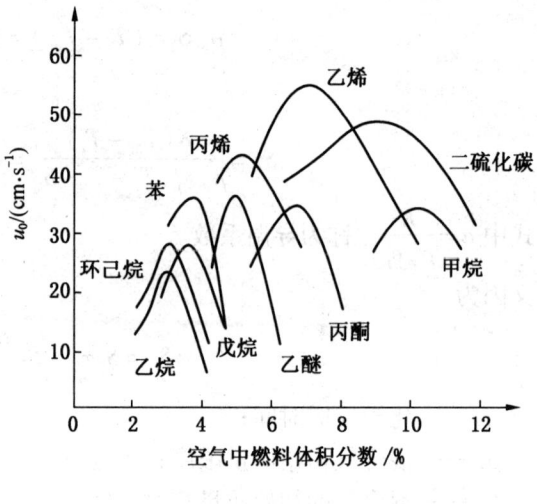

图4-6 燃料百分数对燃烧速度的影响

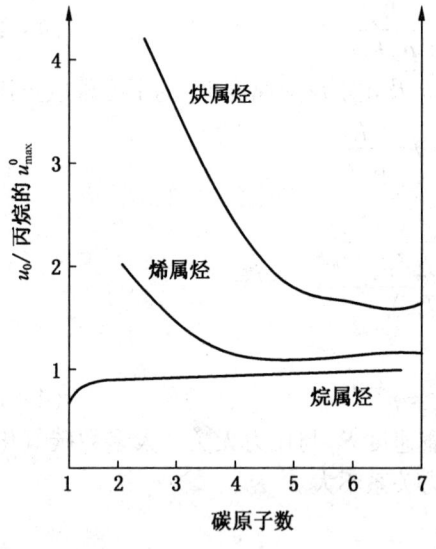

图4-7 饱和碳氢化合物及非饱和碳氢化合物

3）压力的影响

图4-8所示为不同碳氢化合物火焰的压力指数 n。当燃烧速度低（如小于50 cm/s）时随压力的降低而燃烧速度增加，在50～100 cm/s范围内与压力无关；当速度很高（即大于100 cm/s）时则随压力的降低而燃烧速度减慢。即当 $u_0 < 50$ cm/s 时，总的燃烧反应级数小于2；当 50 cm/s $< u_0 <$ 100 cm/s 时，总的燃烧反应级数为2；当 $u_0 > 100$ cm/s 时，其反应级数大于2。

4）混合物初始温度的影响

图4-9定性地描述了混合物初始温度对燃烧速度的影响，即预热确实使燃烧速度增加。Dugger为三种混合物的 u_0 随 T_s 的变化作了测量，并根据测量数据推导出了 $u_0 \propto T_s^m$ 的关系（m 值为1.5～2）。

5）火焰温度的影响

图4-10所示为几种混合物最终燃烧温度 T_f 与 u_0 的关系，它们之间的关系非常鲜明，火焰温度越高，对 u_0 的影响越强烈。

6）惰性添加剂的影响

在 H_2/O_2、CO/O_2 及 CH_2/O_2 混合物中加入 CO_2 及 N_2 产生了相似的效应：降低燃烧速度，燃烧界限变窄；将 u_0 最大值移向燃料百比含量较少的一侧。它们的效应可以定性地用图4-11和图4-12表示。

当燃料混合气中有过量的氧化剂或过量的燃料时，多余的燃料或氧化剂的影响与惰性

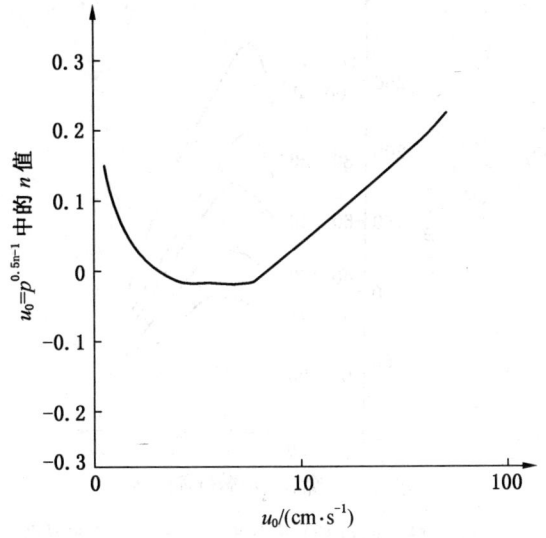

图4-8 压力对燃烧速度的影响

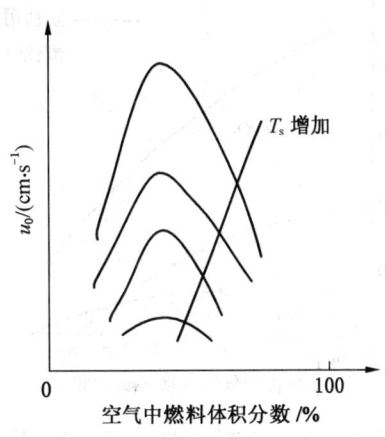

图4-9 初始温度对燃烧速度的影响

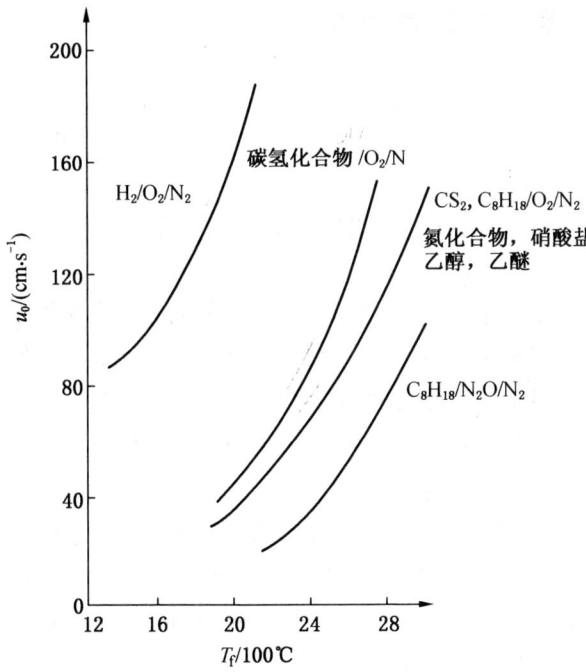

图4-10 火焰温度对燃烧速度的影响

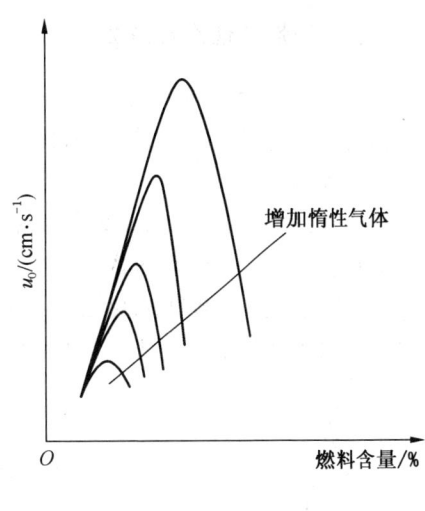

图4-11 添加剂对燃烧速度的影响

气体的影响相似。

7) 活性添加剂的影响

在 CO/air 中增加少量的 H_2 后,由于链反应效应可使燃烧速度增加。随着 CO 大量地被 H_2 置换,u_0 与燃料百分数曲线移向 H_2/air 的曲线,具体如图 4-13 所示。可燃混合气的燃烧性质逐渐变成了 H_2/air 混合气的性质。

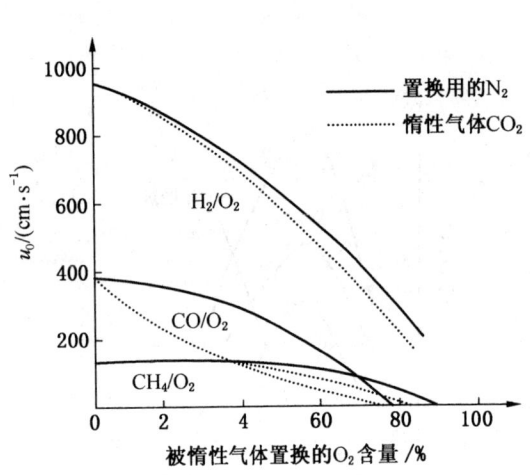

图 4-12 惰性组分对燃烧速度的影响

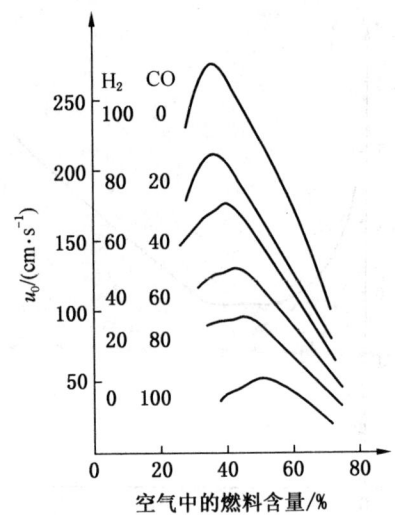

图 4-13 H_2+CO 混合气在空气中燃烧的速度

第二节 湍流燃烧与扩散燃烧

一、湍流燃烧理论及模型

1. 湍流的物理本质

真实流体总是有黏性的,黏性流体的运动存在着两种有明显区别的流动状态,即层流和湍流(紊流)。

当流动的雷诺数 Re 大于或等于某一临界值以后,层流流动将转变为紊乱的湍流流动。在湍流状态下,流体质点的运动参数(速度的大小和方向)、动力参数(压力的大小)等都将随时间不断地、无规律地变化,运动参数、动力参数随时间瞬息变化的现象称为脉动。湍流状态下的速度和压力是在一个平均值的上下脉动,该平均值则具有一定的规律性。

2. 湍流燃烧的特点

湍流火焰区别于层流火焰的一些明显特征如图 4-14 所示。湍流火焰的火焰长度短,厚度较厚,发光区模糊,有明显噪声等。产生这些特征原因可能是下述三种因素之一或共同作用引起的:

(1) 湍流可能使火焰面弯曲皱折,增大了反应面积,而且在弯曲的火焰面的法向仍保持层流火焰速度。

(2) 湍流可能增加热量和活性物质的运输速率,增大了垂直于火焰面的燃烧速度。

(3) 湍流可以快速地混合已燃气和未燃新鲜可燃气,使火焰在本质上成为均混反应物,从而缩短混

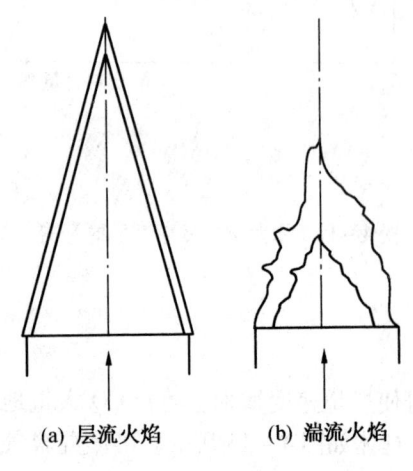

图 4-14 层流火焰与湍流火焰

合时间。

湍流燃烧是由湍流的流动性质和化学反应动力学因素共同起作用的，其中流动的作用更大。

3. 邓克勒—谢尔金皱褶火焰面模型

湍流燃烧的研究工作是德国的邓克勒和苏联的谢尔金开创的。用层流火焰传播概念来解释湍流燃烧机理，用湍流火焰速度来说明湍流燃烧过程。假设来流为湍流，火焰变形，但并不破坏火焰锋面，且弯曲皱折的火焰面上仍然是层流火焰，具体结构如图 4-15 所示。

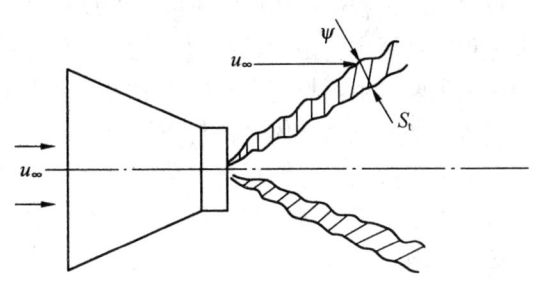

图 4-15　湍流火焰传播速度示意图

在图 4-15 中，湍流火焰传播速度 S_t 与来流速度 u_∞ 有关，即

$$S_t = u_\infty \cos\psi$$

一维准稳态湍流火焰能量平衡方程：

$$\rho_\infty c_p S_t \frac{dT}{dt} = \frac{d}{dx}\left[(\lambda + \lambda_t)\frac{dT}{dx}\right] + w_s Q_s \qquad (4-20)$$

其中，分子导热系数 λ 和湍流导热系数 λ_t 均为常数。

$$\lambda_t = \rho_\infty c_p \sqrt{{v'_x}^2 L_h}$$

式中　L_h——湍流微团尺度。

取无量纲量：

无量纲量温度 $\qquad \theta = \dfrac{T_m - T}{T_m - T_\infty}$

无量纲速度 $\qquad \overline{S}_t = \dfrac{S_t}{u_\infty}$

无量纲坐标 $\qquad \xi = \dfrac{x}{L}$

式中　L——特征尺寸。

代入式 (4-20)，则该式的无量纲形式为

$$\overline{S}_t \frac{d\theta}{d\xi} = \frac{\alpha_\infty + \sqrt{{v'_x}^2 L_h}}{u_\infty L}\frac{d^2\theta}{d\xi^2} - \frac{LQ_s w_s}{\rho_\infty c_p u_\infty (T_m - T_\infty)} \qquad (4-21)$$

进一步简化，可得

$$\overline{S}_t = A\left(\frac{\sqrt{{v'_x}^2}}{u_\infty}\right)^\alpha \left(\frac{S_L}{u_\infty}\right)^\beta \qquad (4-22)$$

或

$$S_t = A\left(\sqrt{{v'_x}^2}\right)^\alpha (S_L)^\beta \qquad (4-23)$$

式中　S_L——层流火焰传播速度。

$$\alpha + \beta = 1$$

湍流火焰传播速度取决于湍流脉动速度和层流火焰传播速度。

二、扩散燃烧

根据燃烧过程进展条件的不同，燃烧过程一般可分为化学动力燃烧和扩散燃烧两类。如果过程的进展主要是由燃料的氧化化学动力过程来决定，则称为化学动力燃烧；如果过程的进展主要是由燃料与空气的扩散混合过程来决定，则称为扩散燃烧。

气体扩散燃烧是气体燃料与空气分开并同时送入燃烧室中进行燃烧。燃烧所需的氧气是依靠空气扩散获得，燃料与氧化剂分别从火焰两侧扩散到交界面，燃烧产物则向火焰两侧扩散开去。所以，对扩散火焰来说，就不存在什么火焰传播。

按照燃料与空气分别供入的方式，扩散火焰可以有自由射流扩散火焰、同轴流扩散火焰和逆向喷流扩散火焰。

（1）自由射流扩散火焰，产生于气体燃料从喷燃器向大空间的静止空气中喷出后形成的燃料射流的界面上，如图 4-16a 所示。

（2）同轴流扩散火焰，产生于气体燃料从喷管以与空气气流同一轴线喷出的燃料射流的界面上，如图 4-16b 所示。

（3）逆向喷流扩散火焰，产生于与空气气流逆向喷出的燃料射流界面上，如图 4-16c 所示。

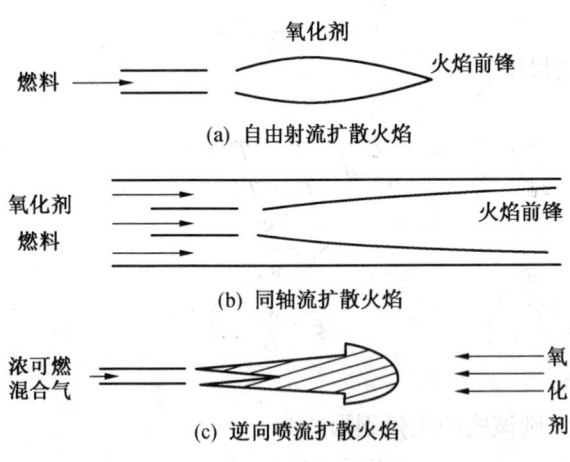

图 4-16 扩散火焰的形式

在油滴周围所产生的火焰实际上也是一种气态扩散火焰。它是由油滴表面蒸发所产生的燃油蒸气与周围空气相互扩散混合而在两者交界面上所产生的一种扩散火焰。

扩散火焰不会发生回火现象，稳定性较好，燃烧前又无需把燃料与氧化剂进行预先混合，在工业上广泛被应用。射流扩散火焰根据射流流动的状况可分为层流射流扩散火焰和湍流射流扩散火焰，湍流射流的扩散混合要较层流为好。在工业燃烧设备中为了获得高的空间加热速度，一般都采用湍流射流扩散火焰。

第三节 可燃气体爆炸

火焰在预混气中正常传播时，会产生二氧化碳和水蒸气等燃烧产物，同时放出热量，使产物受热、升温、体积膨胀。如果受热膨胀的燃烧产物不能及时排走，会发生爆炸。

一、预混气爆炸的温度计算

密闭容器中可燃气体和空气的预混气的燃烧，由于燃烧速度快，热量来不及散发，可近似看做绝热等容燃烧，燃烧产生的热量全部用来加热燃烧产物。如果可燃气体与空气的比值为化学当量比，并已知燃烧热、燃烧产物量及热容，就可以计算出它爆炸时的最高温度。

二、可燃混气爆炸压力的计算

设爆炸前未燃混合气的千摩尔数、温度、压力和体积分别为 n、T_1、p_1、V_1，其中 p_1 一般为 1.01325×10^5 Pa，爆炸后已燃气体的千摩尔数、温度、压力和体积分别为 n_2、T_2、p_2、V_2($V_2 = V_1$)，则有 $p_1 V_1 = n_1 R T_1$，$p_2 V_1 = n_2 R T_2$，相除得

$$p_2 = p_1 \frac{n_2 T_2}{n_1 T_1} \qquad (4-24)$$

【例 4-1】计算丁烷在空气中的理论最大爆炸压力（初始温度为 25 ℃，初始压力为 0.1 MPa，爆炸温度为 1900 ℃）。

解 $C_4H_{10} + 6.5(O_2 + 3.76N_2) = 4CO_2 + 5H_2O + 6.5 \times 3.76N_2$

$n_1 = 31.94 \quad p_1 = 0.1 \text{ MPa} \quad T_1 = 25 + 273 = 298 \text{ K}$

$n_2 = 33.44 \quad T_2 = 1900 + 273 = 2173 \text{ K}$

$$p_2 = p_1 \frac{n_2 T_2}{n_1 T_1} = 0.1 \times \frac{33.44 \times 2173}{31.94 \times 298} = 0.763 \text{ MPa}$$

【例 4-2】某容器中含有甲烷 5%，乙烷 2%，氧气 21%，氮气 67%，二氧化碳 5%（体积百分比）、初始温度为 25 ℃，初始压力为 0.1 MPa，爆炸温度为 1200 ℃，计算爆炸压力。

解 $5CH_4 + 2C_2H_6 + 21O_2 + 67N_2 + 5CO_2 = 14CO_2 + 16H_2O + 67N_2 + 4O_2$

$n_1 = 100 \quad p_1 = 0.1 \text{ MPa} \quad T_1 = 25 + 273 = 298 \text{ K}$

$n_2 = 101 \quad T_2 = 1200 + 273 = 1473 \text{ K}$

$$p_2 = P_1 \frac{n_2 T_2}{n_1 T_1} = 0.1 \times \frac{101 \times 1473}{100 \times 298} = 0.499 \text{ MPa}$$

三、爆炸时的升压速度

上面计算出的爆炸压力是可燃气体在该条件下爆炸所能达到的最大压力。爆炸最大压力 p_2 减去初始压力 p_1 除以到达最大压力时需要的时间，即为平均升压速度：

$$v = \frac{p_2 - p_1}{t}$$

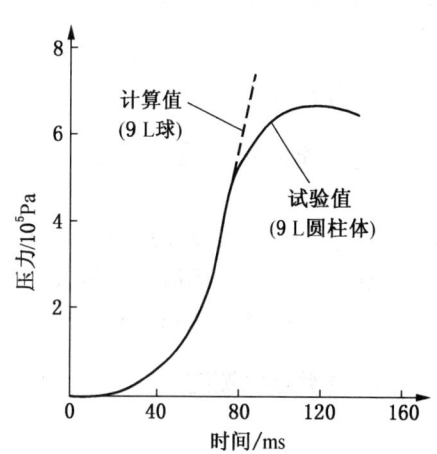

图 4-17 甲烷爆炸时升压速度

不同的可燃气最大爆炸压力是不同的，到达最大压力所需的时间也不一样，因此不同的可燃气爆炸时的升压速度也不同。容器体积越大，升压速度越慢；容器体积越小，升压速度越快。某些可燃气的升压速度见表4-1。

表4-1 某些可燃气最大爆炸压力和升压速度

名 称	浓度 (体积)/%	初压/ 10^5 Pa	最大爆炸 压力/ 10^5 Pa	最大压力 上升速度/ (10^5 Pa·s^{-1})	平均压力 上升速度/ (10^5 Pa·s^{-1})
氢	35	1	7.3	2703	730
甲烷	10	1	7.35	334	92
乙烷	7	1	7.9	464	128
己烷	3	1	8.7	456	117
环己烷	3	1	8.6	452	121
苯	4	1	8.6	500	118

爆炸时对设备的破坏程度不仅与最大爆炸压力有关，而且与升压速度有关。

四、爆炸威力指数

$$\text{爆炸威力指数} = \text{最大爆炸压力} \times \text{平均升压速度}$$

某些可燃气的爆炸威力指数见表4-2。

表4-2 几种可燃气的爆炸威力指数　　　　　　　　10^{10} Pa^2/s

气体名称	威力指数	气体名称	威力指数
氢	5329	环己烷	1041
甲烷	676	丙酮	1012
乙烷	1011	苯	1014
己烷	1018	乙炔	8859

五、爆炸总能量

爆炸总能量可用下式计算：

$$E = Q_v v \qquad (4-25)$$

式中　E——可燃气爆炸总能量，kJ；
　　　Q_v——可燃气热值，kJ/m^3；
　　　v——可燃气体积，m^3。

六、爆炸参数测定

1. 实验设备

实验设备由爆炸室、容器、喷管、点火器以及压力测量系统组成，如图4-18所示。

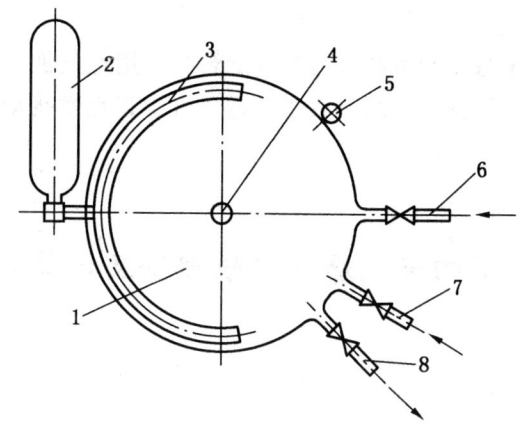

1—爆炸室；2—容器；3—半圆形喷管；4—点火源；5—压力传感器；
6—可燃气/空气入口；7—吹洗空气；8—排气管

图 4-18 可燃气体爆炸测定仪

爆炸室：体积为 1 m³ 的圆柱形容器，高度：直径≈1:1。

容器：体积为 5 L，并能用空气加压至 2 MPa。

喷管：内径 19 mm 的半圆形管，管上有孔，孔径为 4~6 mm。

电子点火器：点火器电流约 300 VA，输出电压为 15 kV，电火花间距为 3~5 mm，位于试验装置的几何中心。

2. 测试参数

(1) 爆炸压力 (p_m)：某种可燃气在某一浓度的最大爆炸压力。

(2) 爆炸最大压力 (p_{max})：某种可燃气在一个大浓度范围内的最大爆炸压力。

(3) 升压速度 $\left(\dfrac{dp}{dt}\right)_m$：某种可燃气在某一浓度时的升压速度。

(4) 最大升压速度 $\left(\dfrac{dp}{dt}\right)_{max}$：某种可燃气在一个大的浓度范围内的最大升压速度。

(5) 爆炸指数 K_m：

$$K_m = \left(\dfrac{dp}{dt}\right)_m \times V^{1/3} \qquad (4-26)$$

式中 V——爆炸容器体积。但 V 不小于 1 m³，且长度与直径之比不大于 2。

(6) 最大爆炸指数 K_{max}：

$$K_{max} = \left(\dfrac{dp}{dt}\right)_{max} \times V^{1/2} \qquad (4-27)$$

式中，V 意义同式 (4-26)。

3. 实验方法

1) 静态可燃气爆炸试验

在爆炸室中预制一定浓度的可燃气与空气混合物，确保气体混合均匀且处于静态，打开压力记录仪，启动点火源，测得 p_m 和 $\left(\dfrac{dp}{dt}\right)_m$。

2) 动态可燃爆炸试验

在爆炸室中预制一定浓度的可燃气与空气混合物,用空气加压 5 L 容器至 2 MPa,开启容器阀门,打开压力记录仪,在某一点燃延迟条件下,点燃扰动可燃气与空气混合物,可测得 p_m 和 $\left(\dfrac{dp}{dt}\right)_m$。

第四节 爆炸极限理论及计算

一、爆炸极限理论

爆炸极限一般可用可燃性气体或蒸汽在混合物中的体积百分数来表示,有时也用单位体积气体中可燃物的含量来表示(g/m^3 或 mg/L)。

可燃性气体或蒸汽与空气组成的混合物能使火焰蔓延的最低浓度,称为该气体或蒸汽的爆炸下限;能使火焰蔓延的最高浓度称为爆炸上限,浓度若在下限以下及上限以上的混合物则不会着火或爆炸。混合爆炸物浓度在爆炸下限以下时含有过量空气,由于空气的冷却作用,阻止了火焰的蔓延。混合爆炸物浓度在爆炸上限以上时含有过量的可燃性物质,火焰也不能蔓延。但此时若补充空气同样有火灾爆炸的危险。

当混合气燃烧时,其波面上的反应如下式:

$$A + B \longrightarrow C + D + Q \tag{4-28}$$

式中 A、B——反应物;
  C、D——生成物;
  Q——反应热(燃烧热),J。

反应物(A + B)当给予活化能 E 时,成为活化状态,反应结果变为生成物(C + D),此时放出的能量为 W,则反应热 $Q = W - E$,或 $W = Q + E$。

如将燃烧波的基本反应浓度作为 n(每单位体积内发生反应的分子数),则单位体积放出能量为 nW。如燃烧波连续不断,放出的能量作为新反应中的活化能,将 α 作为活化概率($\alpha \leqslant 1$)则第二批单位体积内得到活化的基本反应数为 $\alpha nW/E$,第二批再放出能量为 $\alpha nW^2/E$。

前后两批分子反应时放出的能量为

$$\beta = \frac{\alpha nW^2/E}{nW} = \alpha \frac{W}{E} = \alpha\left(1 + \frac{Q}{E}\right) \tag{4-29}$$

当 $\beta < 1$ 时,表示反应系统在受能源激发后,放热越来越少,引起反应的分子数越来越少,不能形成燃烧或爆炸;当 $\beta = 1$ 时,表示反应系统在受能源激发后能均衡放热,有一定数量的分子在持续进行反应,是决定爆炸极限的条件;当 $\beta > 1$ 时,表示放热量越来越大,反应分子越来越多,形成爆炸。

在爆炸极限时, $\beta = 1$

则 $\alpha\left(1 + \dfrac{Q}{E}\right) = 1$

设爆炸下限为 $L_下$(容积百分比)并与反应概率 α 成正比,

即
$$\alpha = KL_{下}$$

式中 K——比例常数。

因此,
$$\frac{1}{L_{下}} = K\left(1 + \frac{Q}{E}\right) \tag{4-30}$$

当 Q 与 E 相比较大时,上式可近似写做 $\frac{1}{L_{下}} = K\frac{Q}{E}$。

如各可燃气体的活化能变化不大,可大体上得出:
$$L_{下} Q = 常数 \tag{4-31}$$

由此可见,爆炸下限 $L_{下}$ 与可燃性气体的燃烧热 Q 近于成反比,可燃性气体分子燃烧热越大,爆炸下限就越低。利用爆炸下限与燃烧热乘积成常数的关系,可以推算同系物的爆炸下限。但不能应用于氢、乙炔、二硫化碳等可燃性气体。

【例 4-3】已知乙烷爆炸下限为 3%,摩尔燃烧热为 1426.6 kJ,丙烷的摩尔燃烧热为 2041.9 kJ,求丙烷的爆炸下限。

解
$$Q_c x_{下} = 常数$$
$$1426.6 \times 3\% = 2041.9 x_{下}$$
$$x_{下} = 2.1\%$$

二、爆炸极限的经验公式

(1) 通过 1 mol 可燃气在燃烧反应中所需氧原子的摩尔数(N)计算有机可燃气爆炸极限(体积百分数)。

$$\left. \begin{aligned} x_{下} &= \frac{100}{4.76(N-1)+1} \\ x_{上} &= \frac{400}{4.76N+4} \end{aligned} \right\} \tag{4-32}$$

式中 $x_{下}$——有机可燃气的爆炸下限,%;

$x_{上}$——有机可燃气的爆炸上限,%;

N——单位摩尔可燃气体完全燃烧所需的氧原子摩尔数。

(2) 利用可燃性气体在空气中完全燃烧时的化学计量浓度 x_0 计算有机物爆炸极限。

$$\left. \begin{aligned} x_{下} &= 0.55 x_0 \\ x_{上} &= 4.8 \sqrt{x_0} \end{aligned} \right\} \tag{4-33}$$

式中 $x_{下}$——有机可燃气的爆炸下限,%;

$x_{上}$——有机可燃气的爆炸上限,%;

x_0——有机可燃气在空气中完全燃烧时的化学计量浓度,%。

式(4-33)适用于以饱和烃为主的有机可燃性气体,不适用于无机可燃性气体。

(3) 通过燃烧热计算有机可燃气的爆炸下限。当爆炸下限用体积百分数表示时,大多数同系列可燃气爆炸下限和燃烧热(摩尔燃烧热)的乘积近似为常数,即
$$x_1 Q_1 = x_2 Q_2 = \cdots = C_x \tag{4-34}$$

式中 x_1、x_2——第 1、2 种可燃气的爆炸下限,%;

Q_1、Q_2——第1、2种可燃气的燃烧热（摩尔燃烧热）；

C_x——常数。

（4）多种可燃气体组成的混合物爆炸极限的计算。

$$x = \frac{100}{\dfrac{p_1}{N_1} + \dfrac{p_2}{N_2} + \dfrac{p_3}{N_3} + \cdots + \dfrac{p_i}{N_i}} \quad (4-35)$$

式中　　　　　　　　x——混合可燃气的爆炸极限；

p_1、p_2、p_3、…、p_i——混合气中各组分的体积百分数，%；

N_1、N_2、N_3、…、N_i——混合气中各组分的爆炸极限，%。

式（4-35）称为莱—夏特尔公式，它将各组分可燃气爆炸下限代入公式计算出来的结果为可燃混合气的爆炸下限；将各组分可燃气爆炸上限代入公式计算出来的结果为可燃混合气的爆炸上限。

在应用莱—夏特尔公式时，组成混合气体的各组分之间不得发生化学反应。对含有氢—乙炔，氢—硫化氢，硫化氢—甲烷及二硫化碳等的混合气体，计算结果误差比较大。应用莱—夏特尔公式计算得到的爆炸下限比较接近实际，爆炸上限偏差较大。

如果可燃混合气中含有惰性气体，如 N_2、CO_2 等，计算其爆炸极限时，仍然可利用莱—夏特尔公式进行计算。但需将每种惰性气体与一种可燃气编为一组，将该组气体看成一种可燃性气体成分。该组在混合气体中的体积百分含量为该组中惰性气体和可燃性气体体积百分含量之和。该组气体的爆炸极限可先列出该组惰性气体与可燃气的组合比值，再从图4-19中查出，然后代入公式进行计算。

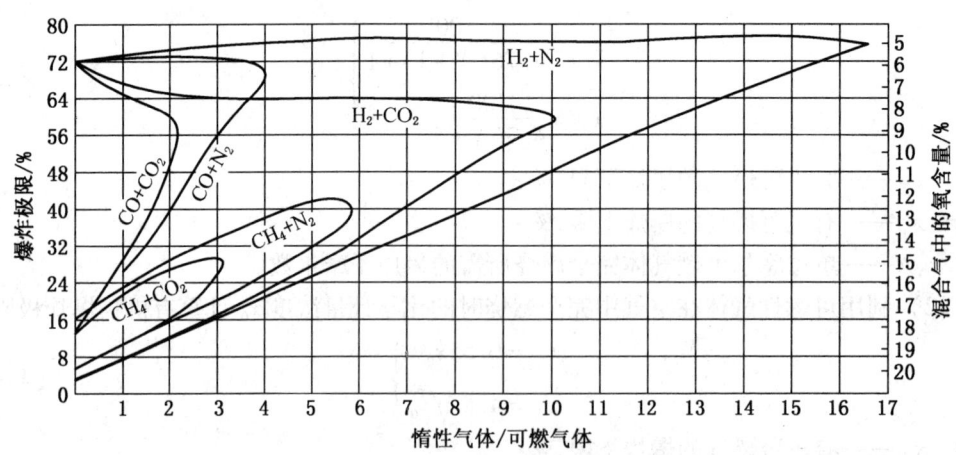

图4-19　氢、一氧化碳、甲烷与氮、二氧化碳混合气体在空气中的爆炸极限

【例4-4】求煤气的爆炸极限。煤气组成为：H_2 12.4%，CO 27.3%，CO_2 6.2%，CH_4 0.7%，N_2 53.4%。

解　将煤气中惰性气体与可燃气体编为三组：CO_2 与 H_2 为第一组；N_2 与 CO 为第二组；CH_4 单独作为第三组。CO_2 与 H_2 组在整个混合气体中的体积百分数应等于 6.2% + 12.4% = 18.6%；N_2 与 CO 组气体在整个混合气体中的体积百分数为 27.3% + 53.4% =

80.7%；CH_4 则为 0.77%。

各组中惰性气体与可燃气的组合比为

$$\frac{CO_2}{H_2} = \frac{6.2\%}{12.4\%} = 0.5 \quad \frac{N_2}{CO} = \frac{53.4\%}{27.3\%} = 1.96$$

从图 4-19 查得：

$H_2 + CO_2$ 组的爆炸极限为 6.0% ~ 70%；

$CO + N_2$ 组的爆炸极限为 40% ~ 73%。

CH_4 的爆炸极限为 5% ~ 15%，可直接采用 CH_4 在空气中的爆炸极限。

将以上数据代入公式（4-35），即可计算出该煤气的爆炸极限为

$$x_{下} = \frac{100}{\frac{18.6}{6.0} + \frac{80.7}{40} + \frac{0.7}{5.0}} = 19\%$$

$$x_{上} = \frac{100}{\frac{18.6}{70} + \frac{80.7}{7.30} + \frac{0.7}{15}} = 70.53\%$$

【例 4-5】某煤气的组成：CO 10%、H_2 45%、CH_4 30%、N_2 11%、CO_2 2%、O_2 2%。若将 1 m^3 该煤气与 19 m^3 的空气混合，遇明火是否爆炸？

解 煤气中含空气 4.76×2% = 9.52%，其中，O_2 2%，N_2 7.52%。

扣除空气后：CO：10%/0.9048，H_2：45%/0.9048，CH_4：30%/0.9048，N_2：3.48%/0.9048，CO_2：2%/0.9048

分组：

H_2, CO_2 $\frac{CO_2}{H_2} = \frac{2\%/0.9048}{45\%/0.9048} = 0.044$ $CO_2 + H_2 = 51.9\%$

CO, N_2 $\frac{N_2}{CO} = \frac{3.48\%/0.908}{10\%/0.9048} = 0.348$ $N_2 + CO = 14.89\%$

CH_4 $CH_4 = 33.2\%$

查表得：

H_2, CO_2 组的爆炸极限为 3% ~ 72%；

CO, N_2 组的爆炸极限为 18% ~ 73%；

CH_4 的爆炸极限为 5% ~ 15%。

$$x_{下} = \frac{100}{\frac{51.9}{3} + \frac{14.89}{18} + \frac{33.2}{5}} = 3.736\%$$

$$x_{上} = \frac{100}{\frac{51.9}{72} + \frac{14.89}{73} + \frac{33.2}{15}} = 31.949\%$$

将 1 m^3 该煤气与 19 m^3 的空气混合，浓度为

$$\frac{1 \times 90.48\%}{1 + 19} = 4.524\%$$

$$3.763\% < 4.524\% < 31.949\%$$

所以，遇明火会爆炸。

三、爆炸极限的影响因素

爆炸极限不是一个固定值，它随着各种因素而变化。影响爆炸极限的主要因素有以下几点。

1. 初始温度

爆炸性混合物的初始温度越高，则爆炸极限范围越大。因为系统温度升高，其分子内能增加，使原来不燃的混合物成为可燃、可爆系统。

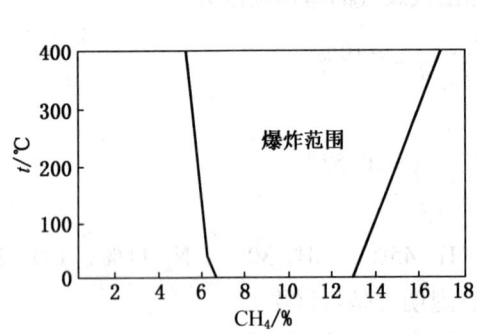
图 4-20 温度对甲烷爆炸极限的影响

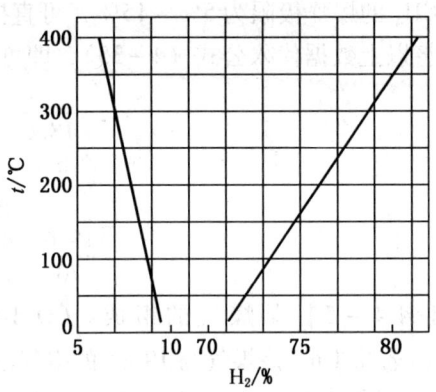
图 4-21 温度对氢气爆炸极限的影响

温度对甲烷和氢气的爆炸上、下限的影响实验结果如图 4-21、图 4-22 所示。从图中可以看出，甲烷和氢气的爆炸范围随温度的升高而扩大，其变化接近直线。

2. 初始压力

混合物的初始压力对爆炸极限有很大的影响，一般压力增大，爆炸极限扩大。因为系统压力增高，其分子间距更为接近，碰撞几率增高，使燃烧的最初反应和反应的进行更为容易。压力降低，爆炸极限范围缩小。待压力降至某值时，下限与上限重合，此时的最低压力称为爆炸的临界压力。不同压力下甲烷、氢气的爆炸极限变化如图 4-22 和图 4-23所示。压力对爆炸上限的影响十分显著，而对下限影响较小。

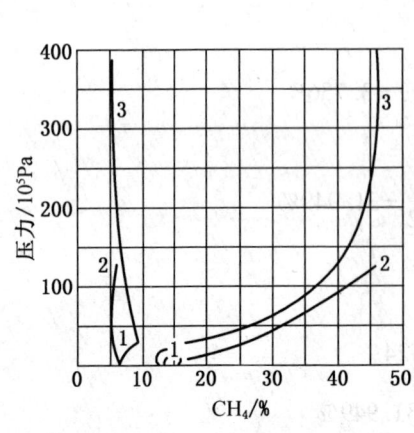
图 4-22 不同压力下甲烷爆炸极限

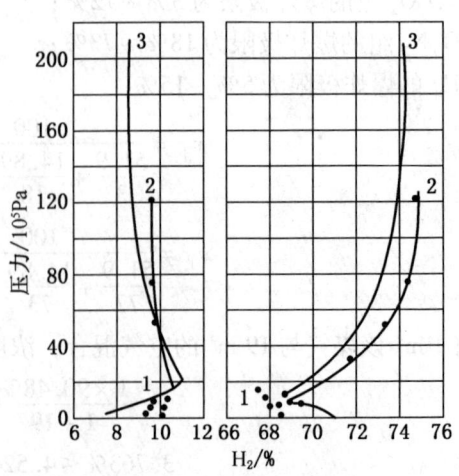
图 4-23 不同压力下氢气爆炸极限

3. 惰性介质即杂质

若混合物中含惰性气体的百分数增加，爆炸极限的范围缩小，惰性气体的浓度提高到某一数值，可使混合物不爆炸。

如在甲烷的混合物中加入惰性气体（氮、二氧化碳、水蒸气、氩、氦、四氯化碳等），随着混合物中惰性气体量的增加，对上限的影响较之对下限的影响更为显著。因为惰性气体浓度加大，氧的浓度相对减少，而在上限中氧的浓度本来已经很小，故惰性气体浓度稍微增加一点，即产生很大影响。

从图4-24可以看出惰性气体对甲烷爆炸极限影响大小依次为 $CCl_4 > CO_2 > H_2O > N_2 > He > Ar$。

4. 容器

充装容器的材质、尺寸等对物质爆炸极限均有影响。容器管子直径越小、爆炸极限范围越小。当管径（或火焰通道）小到一定程度时，火焰即不能通过，称临界直径。

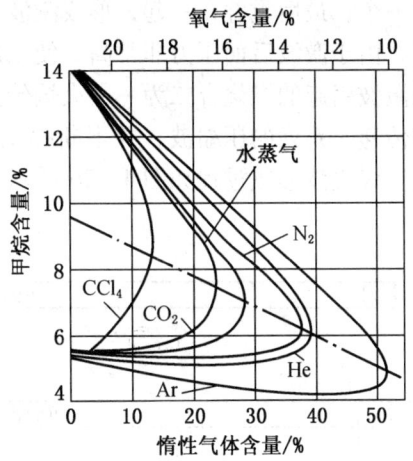

图4-24　各种惰性气体对甲烷爆炸极限的影响

材料对爆炸极限也有影响，例如，氢和氟在玻璃器皿中混合，放在液态空气温度下于黑暗中也会发生爆炸。而在银制器皿中，一般温度下才能发生反应。

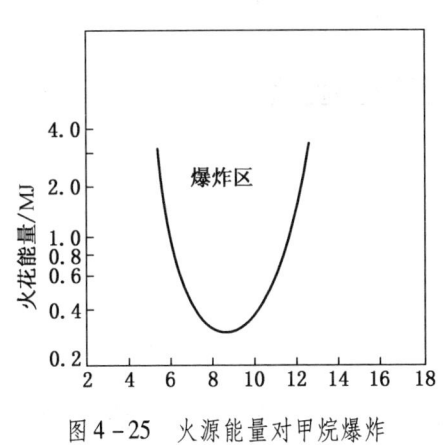

图4-25　火源能量对甲烷爆炸极限的影响（常压，26℃）

5. 点火能源

火花的能量、热表面的面积、火源与混合物的接触时间等，对爆炸极限均有影响。各种爆炸混合物都有一个最低引爆能量，如图4-25所示是甲烷空气混合气体的爆炸极限与火源能量的关系。

四、爆炸极限的测定

爆炸极限的测定一般采用传播法。测试原理：首先将爆炸管内抽成真空，然后充以一定浓度的可燃气与空气的混合气体，混合均匀后，再用电极点火，观察火焰传播情况。火焰传播的最低浓度或最高浓度（可燃气的体积百分含量），即为该可燃气的爆炸下限或爆炸上限。

第五节　爆　　轰

一、爆轰的发生

一根装有可燃预混合气的长管子，一端封闭，在封闭端点燃混合气，形成一燃烧波。开始的燃烧波是正常火焰传播，由于温度升高，体积会膨胀。体积膨胀的已燃气体就相当于一个活塞，压缩未燃混合气，产生一系列的压缩波，这些压缩波向未燃混合气传播，各自使波前未燃混合气的 p、ρ、T 发生一个微小增量，并使未燃混合气获得一个微小向前运动速度，后面的压缩波波速比前面的大。当管子足够长时，后面的压缩波就有可能一个赶上一个，最后重叠在一起，形成激波。

由于激波后面压力非常高，使未燃混合气体着火。经过一段时间以后，正常火焰传播与激波引起的燃烧合二为一，火焰传播速度与激波速度相同。激波后的已燃气体又连续向前传递一系列的压缩波，并不断提供能量以阻止激波强度的衰减，从而得到稳定的爆轰波。爆轰波形成过程如图 4-26 所示。

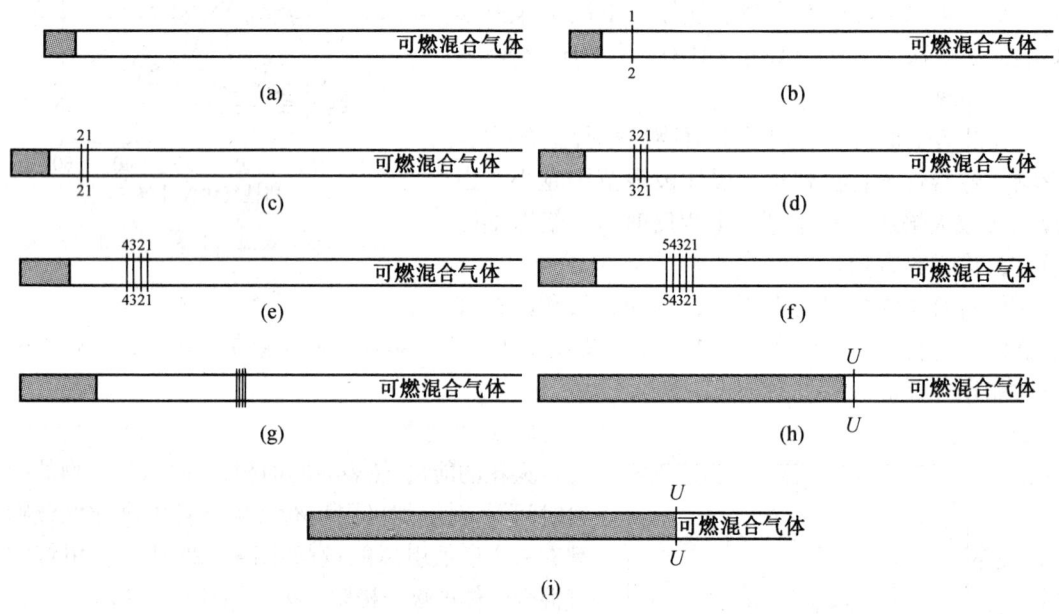

图 4-26 爆轰波形成过程图

二、爆轰形成条件

爆轰形成应具有以下条件：

（1）初始正常火焰传播能形成压缩扰动。爆轰波的实质是一个激波，是燃烧产生的压缩扰动形成的。初始正常火焰传播能否形成压缩扰动，是能否产生爆轰波的关键。因为，只有压缩波才具有后面的波速比前面快的特点。

（2）管子要足够长或自由空间的预混合气体积要足够大。由一系列连续压缩波重叠形成激波有一个过程，因此需要一段距离，若管子不够长，或自由空间的预混合气体积不够大，初始正常火焰传播就不能形成激波。

正常火焰峰与爆轰形成位置之间的距离称为爆轰前期间距。如果其他条件都相同，那么爆轰前期间距与管径有着密切关系，可用管径的倍数来表示。对于光滑的管子，爆轰前期间距为管径的数十倍；对于表面粗糙的管子，爆轰前期间距为管径的 2~4 倍。

（3）可燃气浓度要处于爆轰极限范围内。爆轰和爆炸一样，也存在极限问题，但爆轰极限范围一般比爆炸极限范围要窄。几种可燃混合气体的爆炸极限与爆轰极限的对比关系见表4-3。

表4-3 爆炸极限与爆轰极限的比较　　　　　　　　　　　　　　%

可燃混合气体	爆炸极限（体积分数）		爆轰极限（体积分数）	
	上　限	下　限	上　限	下　限
氢—空气	4.0	75.6	18.3	59.0
氢—氧	4.7	93.9	15.0	90.0
一氧化碳—氧	15.7	94.0	38.0	90.0
氨—氧	13.5	79.0	25.4	75.0
乙炔—空气	1.5	82.0	4.2	50.0
乙炔—氧	2.5		3.5	92.0
丙烷—氧	2.3	55.0	3.2	37.0
乙醚—空气	1.7	36.0	2.8	4.5
乙醚—氧	2.1	82.0	2.6	24.0

（4）管子直径要大于爆轰临界直径。管子直径越小，火焰的热损失比例越大，火焰中自由基碰到管壁销毁的相对机会越多，火焰传播越慢。但当管径小到一定程度以后，却又不能形成爆轰，管子能形成爆轰的最小直径称为爆轰临界直径，为12~15 mm。

三、爆轰波波速和压力

从爆轰波的形成过程可以看出，它相对于波前的气体是超声速的，爆轰波比正常火焰的传播速度快得多，某些可燃混合气体形成爆轰波时传播速度的测量结果见表4-4。

表4-4　某些可燃混合气体形成爆轰波时传播速度的实测结果

混　合　物	$U_0/(\text{m} \cdot \text{s}^{-1})$
$2H_2 + O_2$	2821
$2CO + O_2$	1264
$CH_4 + 2O_2$	2146
$CH_3 + 1.5O_2 + 2.5N_2$	1880
$C_2H_6 + 3.5O_2$	2363
$C_2H_4 + 3O_2$	2209

爆轰波波速不仅能够精确测量，还可以通过计算求得，计算值与测量值也非常吻合。例如，在初温 $T_\infty = 291$ K，压力 $p_\infty = 1.01325 \times 10^5$ Pa 的条件下，化学当量比的氢氧混合气，爆轰波波速的计算值为 2806 m/s，实验值为 2819 m/s，误差不超过1%。

第六节 气体爆炸预防

气体爆炸是最常见的爆炸之一，采取有效的措施预防气体爆炸是十分重要的。可燃性气体爆炸须具备三个条件，即可燃气、空气（可燃气与空气的比例必须在一定的范围内）和点火源。因此应从这四个方面采取有效措施预防气体爆炸。

一、严格控制火源

火源种类很多，如电焊、气焊产生的明火；电气设备启动、关闭、短路时产生的电火花；静电放电引起的火花；物体撞击、相互摩擦时产生的火花等。因此应严格控制各种火源的产生。

电气设备或线路由于短路、接触电阻过大、超负荷或通风散热不良等使其温度升高，产生火花和电弧是引起可燃气体爆炸的一个主要火源。电火花可分为工作火花和事故火花两类，前者是电气设备正常工作时产生的火花，后者是发生故障或错误作业时出现的火花。

具有爆炸危险的厂房、矿井内，应根据危险程度的不同，采用与之相应的防爆型电气设备。按照防爆结构和防爆性能的不同，防爆电气设备可分为增安型、隔爆型、充油型、充砂型、通风充气型、本质安全型、无火花型、特殊型等。隔爆型的防爆性能比较好，一级爆炸危险场所应优先采用；增安型的防爆性能比较差，宜用于危险程度较低的场所。

二、防止预混可燃气产生

生产、储存和输送可燃气的设备和管线应严格密封，防止可燃气泄漏到大气中，与空气形成爆炸性混合气体。在重要防爆场所应装置监测仪，对现场可燃气泄漏情况随时进行监测。

在不能保护设备绝对密封的情况下，应使厂房、车间保持良好的通风条件，使泄漏的少量可燃气能随时排走，不形成爆炸性的混合气。如果可燃气比空气轻（例如氢气），泄漏出来以后往往聚积在屋顶，与屋顶空气形成爆炸性混合气体，因此屋顶应有天窗等排气通道。如果可燃气比空气重，有可能聚积在地沟等低洼地带，与空气形成爆炸性混合气，因此应采取措施排走。

三、用惰性气体预防气体爆炸

当厂房内或设备内已充满爆炸性混合气体又不易排走，或某些生产工艺过程中，可燃气难免与空气（或氧气）接触时，可用惰性气体（氮气、二氧化碳等）进行稀释，使之形成的混合气不在爆炸极限之内，不具备爆炸性，即为惰性气体保护。

添加惰性气体进行保护时，只有混合气体中的氧含量处在临界值以下时，遇火才不会发生爆炸；甲烷的临界氧浓度为 12%（温度为 26℃，标准大气压）。

四、用阻火装置防止爆炸传播

可燃性气体发生爆炸时，为了阻止火焰传播需设置阻火装置。它的作用是防止火焰窜入设备、容器与管道内，或阻止火焰在设备和管道内扩展。工作原理是在可燃气体进出口两侧之间设置阻火介质，任何一侧着火，火焰的传播都会被阻止而不会烧向另一侧。常用的阻火装置有安全水封、阻火器和单向阀。

1. 安全液封

目前广泛使用的安全液封装置为安全水封。安全水封是以水为阻火介质，一般安装在气体管线与生产设备之间，如果某一侧着火，当火焰传到安全水封时会因水的作用阻止火焰蔓延到另一侧。常用的安全水封有敞开式和封闭式两种。

（1）敞开式安全水封。其构造和工作原理如图4-27所示，主要由罐体、进气管、出气管和安全管组成。进气管插入液面较深，安全管插入液面较浅。正常工作时，可燃气体经进气管进入罐内，再从气体出口流出。发生火焰倒燃时，罐内气体压力升高，压迫水面，液面下降。由于安全管插入液面较浅，它首先离开水面，气体由此通道排出，罐体卸压。敞开式安全水封适用于压力较低的燃气系统。

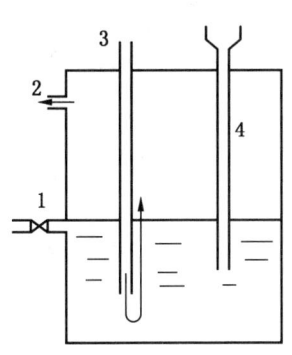

1—水位阀门；2—出气管；
3—进气管；4—安全管

图4-27 敞开式安全水封

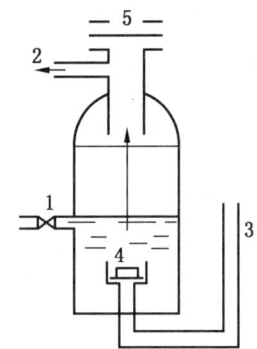

1—水位阀门；2—气体出口；3—进气管；
4—单向阀；5—爆破片

图4-28 封闭式安全水封

（2）封闭式安全水封。其构造和工作原理如图4-28所示。正常工作时，可燃气体由进气管流入，经单向阀从出气口流出。发生火焰倒燃时，罐内压力增高，压迫水面，单向阀瞬时关闭，防止火焰进入另一侧。若气体压力很大，则罐顶的爆破片崩裂，卸压保护罐体。

封闭式安全水封适用于压力较高的燃气系统。

使用安全水封时，水位不得低于水位阀门所标定的位置。水位也不应过高，否则会影响可燃气体流动，而且还可能会随可燃气体一道进入出气管。发生火焰倒燃后，应检查水位并补足。冬季使用安全水封时，应防止水冻结，只能用热水或蒸汽加热解冻。

2. 阻火器

阻火器是一种利用间隙消焰防止火焰传播的干式安全装置。间隙消焰是指通过金属网的火焰由于与网面接触，火焰中的部分活性基团（自由基）失去活性而销毁，链式反应中止，这就是阻火器的工作原理。消焰径（或消焰直径）是设计阻火器的重要参数，是指使混合气体着火时不传播火焰的管路临界直径。

消焰元件是许多间隙的集合体，是阻火器中最重要的组成部分，选择的恰当与否，对装置的能力有决定性的影响。一般采用具有不燃性、透气性的多孔材料来做消焰元件，并且应具有一定的强度。

阻火器结构比较简单，造价低廉，安装维修方便，应用比较广泛。在容易引起爆炸的高热设备、易燃液体蒸气的管线之间，以及易燃液体、可燃气体的容器、管道、设备的排气管上，多用阻火器进行阻火。

3. 单向阀

单向阀亦称逆止阀，其仅允许可燃气体或液体向一个方向流动，遇有倒流时自行关闭，避免在燃气或燃油系统中发生流体倒流，或高压窜入低压造成容器管道的爆裂或发生回火时火焰的倒袭和蔓延等事故。

在工业生产上，通常在流体的进口与出口之间，在燃气或燃油管道及设备相连接的辅助管线上，在高压与低压系统之间的低压系统上安置单向阀。

第五章 可燃液体燃烧与爆炸

第一节 液体燃料的燃烧特性及种类

一、燃烧特性

液体燃料的沸点低于燃点,它的燃烧是先蒸发,生成燃料蒸气,然后与空气相混合,进而发生燃烧,即液体燃料在与空气混合前存在蒸发汽化过程,因此它的燃烧过程与气体燃料不同,燃烧过程如图5-1所示。

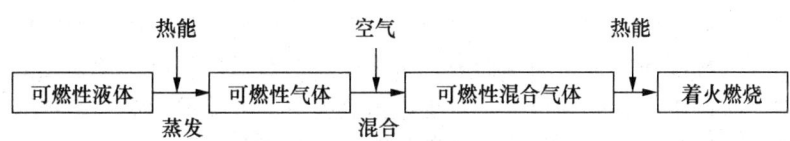

图5-1 可燃性液体的着火过程

对于重质液体燃料来说,还有一个热分解过程,即燃料由于受热而裂解成轻质碳氢化合物和炭黑,一般炭黑的直径只有 $0.01 \sim 0.2~\mu m$;轻质碳氢化合物以气态形态燃烧,而炭黑则以固相燃烧形式燃烧。

二、燃烧种类

根据蒸发与汽化的特点,液体燃料的燃烧形式可分为液面燃烧、灯芯燃烧、蒸发燃烧和雾化燃烧4种。

1. 液面燃烧

液面燃烧是直接在液体燃料表面上发生的燃烧。若液体燃料容器附近有热源或火源,则在辐射和对流的影响下,液体表面蒸发加快,液面上方的燃料蒸汽增加,当其与周围的空气形成一定浓度的可燃混合气、并达到着火温度时,便可以发生燃烧。

液面燃烧往往是灾害燃烧的形式,如油罐火灾、海面浮油火灾等。在工程燃烧中不宜采用这种燃烧方式。

2. 灯芯燃烧

灯芯燃烧是利用吸附作用将燃油从容器中吸上来在灯芯表面生成蒸汽然后发生的燃烧。这种燃烧方式功率小,一般只用于家庭生活或其他小规模的燃烧器,如煤油炉、煤油灯等。

3. 蒸发燃烧

蒸发燃烧是令液体燃料通过一定的蒸发管道,利用燃烧时所放出的一部分热量(如高温烟气)加热管中的燃料,使其蒸发,然后再像气体燃料那样进行燃烧。蒸发燃烧适宜于黏度不太大、沸点不太高的轻质液体燃料,在工程燃烧中有一定的应用。

4. 雾化燃烧

雾化燃烧是利用各种形式的雾化器将液体燃料破碎成许多直径为几微米到几百微米的小液滴，悬浮在空气中边蒸发边燃烧。由于燃料的蒸发表面积增加了上千倍，因而有利于液体燃料迅速燃烧，它是液体燃烧工程燃烧的主要方式。

第二节 液体燃料的蒸发

一、液体蒸发概述

物质由液态变为气态的过程称为汽化。蒸发和沸腾都是液体的汽化现象。蒸发一般指低于沸点的条件下在液体表面进行的汽化，而沸腾则指液体在沸点时的剧烈汽化；蒸发只在液体的表面进行，而沸腾时液体的表面和内部同时进行强烈的汽化，因而液体会出现翻滚现象。

蒸发是液体表面分子运动的宏观表现。在常温下，一切有自由表面的液体一直都在进行蒸发。如果将一种液体放进密闭容器中，从液体表面蒸发出的分子便会逐渐聚积在容器内的蒸气层中，它们中间也有少量分子由于撞击其他分子或器壁而又重新进入液体的。由此可见，液体的蒸发实际上包括汽化、扩散和凝结三个过程：

（1）汽化过程——液体分子从液面逸出成为蒸气分子。

（2）扩散过程——逸出的蒸气分子在气相介质中分散开来。

（3）凝结过程——部分逸出的蒸气分子经碰撞后重新被液面吸收。

在开始阶段，由于从表面逸出的分子多于返回液体的分子，容器内液体的蒸气压逐渐上升；当蒸气压达到某一定值时，单位时间内从液面逸出分子的数量恰好等于返回液面分子的数量，此时液相与气相保持相对的气液平衡（称为动态平衡），燃料蒸发的程度取决于逸出液面的分子数与重新被吸回液面的分子数之差。这个差数越大，燃料蒸发的程度就越大。燃料的蒸发速度（单位时间内单位面积上蒸发的数量）则不仅取决于该燃料的汽化过程和凝结过程，而且与逸出分子的扩散过程有密切关系。

液相与气相保持相对的气液平衡称之为饱和状态，此时的蒸气称为饱和蒸气，饱和蒸气产生的压力称为饱和蒸气压，有时也简称为蒸气压。一种物质在一定温度下的饱和蒸气压值是不变的，例如，水在 20 ℃时的饱和蒸气压为 2.33 kPa。

一种液体汽化的难易程度称为该液体的蒸发性或挥发性。显然，液体在一定温度下的饱和蒸气压越大，表示该液体的蒸发性越高。

对纯物质来说，饱和蒸气压只取决于液体的性质和温度，与该物质在气相、液相中的数量无关；然而，当系统由不纯物质如石油产品组成时，则液体的蒸气压不仅取决于液体的组成和温度，而且还与系统中蒸气和液体的数量比例有关。

二、蒸发的动力学基础

当液体蒸发时，位于液体表面层的分子由于热运动克服了相邻分子对它的引力而离开液面，进入周围空间变为自由蒸气分子。只有在某一瞬间具有超过一定速度的那些分子才能顺利地逸出液体表面，这些分子对液面的法向速度分量必须大到一定程度。

如以 m 表示液体分子的质量，u_x 表示垂直于液面的 x 轴上分子运动的速度分量，ε 表示液体分子逸出表面层所做的功，则液体分子蒸发时必须满足下列条件：

$$\frac{mu_x^2}{2} \geqslant \varepsilon$$

或

$$u_x \geqslant \sqrt{\frac{2\varepsilon}{m}} \tag{5-1}$$

即分子的动能应等于或大于 ε。

假定液体在真空条件下蒸发，舒列依今根据麦克斯韦尔速度分布公式计算出在自由蒸发时液体分子蒸发的速度，即每秒内自每平方厘米液面上蒸发出去的分子数 n_0 应为

$$n_0 = \frac{N}{\gamma'\mu}\left(\frac{RT}{2\pi\mu}\right)^{\frac{1}{2}} e^{-\frac{l_i}{RT}} \tag{5-2}$$

式中　N——阿弗加德罗常数；
　　　γ'——液体的比体积（单位质量的体积）；
　　　μ——液体的摩尔质量，kg/mol；
　　　R——气体常数；
　　　l_i——每摩尔液体的蒸发潜热，kJ/kg；
　　　T——绝对温度，K。

因此，在自由蒸发时，单位时间内自单位面积上蒸发出的液体质量 w 应为

$$w = n_0 \frac{\mu}{N} = \frac{1}{\gamma'}\left(\frac{RT}{2\pi\mu}\right)^{\frac{1}{2}} e^{-\frac{l_i}{RT}} = \rho\left(\frac{RT}{2\pi\mu}\right)^{\frac{1}{2}} e^{-\frac{l_i}{RT}} \tag{5-3}$$

式中　ρ——液体的密度，kg/m³。

在实际工作中，液体表面上总是有空气或本身的蒸气分子存在，因而液体分子在蒸发出液面后不得不碰撞其他分子，在多次碰撞之后，有部分分子被撞回液面。不是所有被撞回液面的分子都被吸收，而是只有部分分子被吸收，其余分子被弹回而仍处于蒸发状态。

因此，假设在液体表面每立方厘米气相层中有 C_0 个蒸气分子，则单位时间内在单位面积液面上所发生的蒸气分子撞击次数 Z 为

$$Z = C_0 j \left(\frac{RT}{2\pi\mu}\right)^{\frac{1}{2}} \tag{5-4}$$

式中　j——常数。

假定在每 ξ 次撞击中有一次被吸回液面，则在单位时间内每平方厘米表面上被吸回液面的分子数为

$$n'_0 = \frac{C_0 j}{\xi}\left(\frac{RT}{2\pi\mu}\right)^{\frac{1}{2}} \tag{5-5}$$

当蒸发继续进行，直到平衡状态，即蒸发出去的分子数等于被吸回的分子数，此时蒸气达到饱和状态，饱和状态下的蒸气浓度称饱和蒸气浓度 C_s，蒸气压力称饱和蒸气压力 p_s。

在饱和状态下：

$$n_0 = n'_0 = \frac{C_s j}{\xi}\left(\frac{RT}{2\pi\mu}\right)^{\frac{1}{2}} \tag{5-6}$$

由式（5-6）及式（5-2）可以得出

$$C_s = \frac{N\xi}{j\gamma'\mu}e^{-\frac{l_i}{RT}} \tag{5-7}$$

或

$$\frac{1}{\xi} = \frac{N\xi}{C_s j\gamma'\mu}e^{-\frac{l_i}{RT}} \tag{5-8}$$

即从饱和蒸气浓度和蒸发潜热 l_i 可以计算出撞合系数 $1/\zeta$。

由上述推导也可以计算出在各种情况下，单位时间内在液体表面层每平方厘米表面内蒸发出去的分子数 n，此时

$$n = n_0 - n'_0 = \left(\frac{TR}{2\pi\mu}\right)^{\frac{1}{2}}\left(\frac{N}{\gamma'\mu}e^{-\frac{l_i}{RT}} - \frac{C_0 j}{\xi}\right) \tag{5-9}$$

将式（5-8）代入式（5-9）后得出

$$n = \frac{N}{\gamma'\mu}e^{-\frac{l_i}{RT}}\left(\frac{TR}{2\pi\mu}\right)^{\frac{1}{2}}\left(1 - \frac{C_0}{C_s}\right) \tag{5-10}$$

由于蒸气分子的浓度通常可以用其相应的蒸气压表示，故式（5-10）可以写为

$$n = \frac{N}{\gamma'\mu}e^{-\frac{l_i}{RT}}\left(\frac{TR}{2\pi\mu}\right)^{\frac{1}{2}}\left(1 - \frac{p}{p_s}\right) \tag{5-11}$$

如计算成单位时间内单位面积上蒸发出去的液体质量即蒸发速度，则

$$w = \rho\left(\frac{TR}{2\pi\mu}\right)^{\frac{1}{2}}e^{-\frac{l_i}{RT}}\left(1 - \frac{p}{p_s}\right) \tag{5-12}$$

式（5-12）是纯液体蒸发公式，从式中可以看出，不同液体的蒸发速度与液体温度、密度、饱和蒸气压成正比，与液体摩尔数、蒸发潜热、气相中的分压成反比。

当液体表面蒸气分子的浓度为零时（即 $p=0$），蒸气速度为最大，相当于自由蒸发。当液体表面蒸气分子浓度达到饱和状态时（$p=p_s$），$w=0$，液体的蒸发速度最小。

在液体温度一定的条件下，式（5-12）中 ρ、R、T、μ 及 l_i 均为常数，故式（5-12）可写为

$$w = w_0\left(1 - \frac{p}{p_s}\right) = \frac{w_0}{p_s}(p_s - p) \tag{5-13}$$

式中 w_0——常数。

由于在一定温度下液体的饱和蒸气压是不变的，故式（5-13）还可写为

$$w = A(p_s - p)$$

式中 A——常数。

以上就是1803年道尔顿从实验中得出的有关液体蒸发的基本定律，从这个定律可知：在一定温度下，液体蒸发的速度取决于该液体的饱和蒸气压与液面上该液体蒸气压之差；此差值越大，蒸发的速度也越大；在相同条件下，液体的饱和蒸气压越大，或沸点越低，则液体的蒸发性越大，蒸发越迅速。

三、静蒸发

液体在容器中处于静止状态，液面空气（或其他气体）不流动时液体的蒸发称为静蒸发。各种液体燃料在容器中储存时的蒸发现象均属静蒸发，在密封条件下，液体静蒸发的规律可以用道尔顿蒸发定律来说明，即单位时间内单位面积上蒸发出的液体质量 w 与液体的饱和蒸气压 p_s 和该液体在容器内气相中的分压 p 之差成正比，即

$$w = A(p_s - p) \tag{5-14}$$

据研究，在有空气存在的条件下，式（5-14）中的常数 A 实际上与外界压力 $p_{外}$ 成反比，即

$$w = \frac{A'}{p_{外}}(p_s - p) \tag{5-15}$$

式中 w——单位面积上单位时间内的蒸发质量；

A'——常数，取决于液体的性质，如分子密度、蒸发潜热及该液体的蒸气扩散系数等。

蒸发是在液体表面上进行的。因此，单位时间内的总蒸发量总是与液体蒸发的表面积成正比，而与液体的质量无关：

$$\overline{w} = \frac{A'S}{p_{外}}(p_s - p) \tag{5-16}$$

式中 S——液体的总表面积。

在实际工作中，储油容器往往不易做到完全密封，容器内的蒸气不断通过阀门或细小孔隙向外界扩散，从而造成蒸发损耗。在油罐等容器中储存的液体燃料蒸发损耗的原因，除扩散损失外，还有容器的小呼吸。小呼吸就是指储油容器内蒸气由于昼夜温差而引起的周期性的膨胀和收缩。膨胀时含油蒸气逸出，收缩时新鲜空气进入。昼夜温差越大，小呼吸损失也越大。

四、动蒸发

液体在流动的气流中分散为细小颗粒的蒸发称为动蒸发。液体燃料在汽油机、柴油机、喷气式发动机或锅炉中燃烧前的蒸发称为动蒸发。在往油罐等容器注油时会有大量燃料蒸气逸出，卸油时会有大量新鲜空气进入，这种现象叫做大呼吸，也属于动蒸发。

液体在动蒸发时的蒸发速度远远超过在静蒸发时的蒸发速度。这是由于在动蒸发时，和液体表面相邻的空气中液体的蒸气压（或浓度）很难达到饱和状态的缘故。

影响动蒸发的因素很多，概括起来分为两方面：一是属于液体本身性质方面的因素，二是属于使用条件的因素。

影响动蒸发速度的因素较静蒸发复杂，下面就一些主要因素对燃料动蒸发的影响进行简要的讨论。

1. 燃料的沸点和饱和蒸气压

沸点和饱和蒸气压是表示液体燃料蒸发性的基本指标，沸点越低、饱和蒸气压越高，则蒸发性越好。

对任意一种纯物质，无论是沸点还是各温度下的饱和蒸气压均为定值。因此，比较两

种单体烃蒸发性大小时,只需比较其沸点即可,沸点越低,蒸发性越高;但如要求比较两者在一定温度下的蒸发性大小,则需取两者在该温度下的蒸气压进行比较,蒸气压越大的蒸发性越高。

各种单体烃和液体燃料的蒸气压均随温度的升高而迅速增大,关于纯物质的蒸气压随温度变化的规律曾经有过许多研究。著名的克劳修斯-克拉佩龙方程,就可用来计算不同温度下物质的蒸气压,该方程为

$$\frac{dp}{dT} = \frac{\Delta H}{T(V_2 - V_1)} \tag{5-17}$$

式中 ΔH——液体的蒸发潜热;
V_1——1 mol 该物质的液相容积;
V_2——气相容积。

如已知该物质的蒸发潜热,且其蒸气可看做为理想气体,由于 V_1 远远小于 V_2(即 $V_2 - V_1 \approx V_2$),则上述方程经积分后可得

$$\ln \frac{p_2}{p_1} = \frac{\Delta H}{R}\left(\frac{1}{T_1} - \frac{1}{T_2}\right) \tag{5-18}$$

式中 R——气体常数;
p_1、p_2——该液体在绝对温度为 T_1、T_2 时的饱和蒸气压。

式(5-18)还可以写为

$$\ln p_0 = -\frac{L_V}{RT} + C \tag{5-19}$$

或

$$\lg p_0 = -\frac{L_V}{2.303RT} + C' \tag{5-20}$$

式中 p_0——平衡压力,Pa;
T——温度,K;
L_V——蒸发热,J/mol;
C、C'——常数;
R——气体常数,8.314 J/(K·mol)。

表5-1 所列为几种常见有机化合物的 L_V 和 C' 值。

表5-1 几种常见有机化合物的 L_V 和 C' 值

化合物	分子式	$L_V/(J \cdot mol^{-1})$	C'	温度范围/℃
正戊烷	$n-C_5H_{12}$	27567	9.6116	-77~191
甲苯	$C_6H_5CH_3$	35866	9.8443	-28~31
正癸烷	$n-C_{10}H_{22}$	45612	10.3730	17~173
甲醇	CH_3OH	37531	10.7647	-44~224
乙醇	C_2H_5OH	40436	10.9523	-31~242
苯	$n-C_6H_6$	34.052	9.9586	-37~290

程光钺等在比较了大量蒸气压的公式后，认为安顿（Anloine）方程最适用，该方程形式简单，结果准确可靠，即

$$\lg p = a - \frac{b}{t+c} \tag{5-21}$$

式中　　p——该烃在温度为 t 时的蒸气压；

　　　　a、b、c——常数；

　　　　t——温度。

对于每种不同的烃，这些常数均有不同值，它们可以在一些物理化学手册中找到。也可以用三个实测的蒸气压值来确定三个常数，然后用它来计算其他温度下的蒸气压值。

2. 扩散系数

在液体蒸发的整个过程中，汽化分子在气相中的扩散对蒸发的速度有很大的影响。如果从液面蒸发出的分子不能迅速扩散，在液体表面就很快会形成一层饱和蒸气层，从而阻止液体的进一步蒸发。在开口容器中储存的液体，由于不断扩散的结果，液体得以迅速蒸发，直至全部蒸发完为止。

液体燃料在静止的或运动很慢的空气中蒸发时，蒸发的速度在很大程度上取决于蒸气分子在空间内的扩散速度。但当液体燃料在空气流速很大或强烈涡流的条件下蒸发时，对蒸发速度起决定作用的则是气流的速度及涡流的强度，据研究，液体蒸气扩散的速率与液体表面空气流速的平方根成正比，这是由于空气的运动将浓度大的蒸气层不断带走，取而代之的是新鲜空气和浓度很低的蒸气，因而始终保持较高的蒸气浓度梯度的缘故。

3. 蒸发潜热

在沸点时，单位质量液体变为蒸气所需的热量称为该液体的蒸发潜热，简称为蒸发热或汽化热，单位常以 kJ/kg 表示。

根据特鲁东法则，1 mol 液体的蒸发潜热 H 与该液体的沸点 T 成正比，即

$$\frac{H}{T} = K \tag{5-22}$$

式中　K——常数。

常数 K 的计算式为

$$K = 8.754 + 57\lg T \tag{5-23}$$

式中　T——液体沸点的绝对温度。

液体的蒸发潜热对蒸发的速度有很大的影响。当外界条件相同时，液体的蒸发潜热越高，则本身由于蒸发而降低的温度越多，因而蒸发的速度也越低。

4. 黏度

黏度是表示液体流动时，两个平行液层之间发生相对运动的摩擦阻力大小的指标，也就是液体的内摩擦系数。黏度和流动性相反，黏度大的液体流动性小，黏度小的液体流动性大。

在动蒸发条件下，液体燃料通常先雾化为细小的液体颗粒，然后迅速蒸发。黏度小的燃料雾化时，因为所需克服内摩擦而消耗的力较少，所以雾化时颗粒较细，蒸发表面增大，结果使燃料的蒸发速度增大；反之，黏度大的燃料雾化较困难，蒸发速度也较低，这在低温时影响尤为显著。

5. 表面张力

处在液体内部的分子，上下四周所受其他分子引力作用是均衡的；但处在液体表面的分子，其所受液体分子的引力大于其所受气体分子的引力，结果产生一个合力，垂直指向液体内部，使处于液体表面的分子有拉向液面内的作用，结果使液面缩为最小。作用在液体表面单位长度上的力称为表面张力，它的常用单位是 N/m。

当液体燃料被分散成雾状颗粒时，液面颗粒越细，表面积越大。在相同条件下，表面张力较小的燃料，雾化就容易，喷射时形成的颗粒越细，结果使蒸发表面大大增加，从而使燃料的蒸发更为完善。

6. 空气温度

温度是影响液体燃料蒸发速度最重要的因素之一。温度升高后液体蒸发速度迅速增大，主要是由于温度升高后，分子运动的速度增加，逸出液体表面的分子数增多，因而增大了燃料的蒸气压；同时，燃料的扩散速度也迅速增大，燃料的表面张力和黏度则降低，这些都有利于在动蒸发的条件下使燃料雾化更细密，蒸发程度也大大增加；此外，在发动机工作条件下，燃烧室及气缸壁或空气的温度提高后，雾化颗粒加热的速度也增大，因而也导致蒸发程度的增加。

7. 蒸发表面

其他条件相同时，液体的蒸发表面越大，单位时间内的蒸发量也越大。

静蒸发时的蒸发表面易于计算，因而蒸发速率也可以根据蒸发的条件来计算。但在动蒸发时，燃料通常在发动机中被分散成许多细滴，各个细滴的直径也不尽相同，因此很难准确地估计总蒸发面积。

液流中液滴数量与液滴直径的关系曲线如图 5-2 所示。从图中可以看出，燃料雾化的程度越好，颗粒直径越小，则单位质量燃料所占有的面积越大。

随着细滴半径的减小，它的蒸发速率将增大，而对非常小的细滴，将接近于自由蒸发的速率。

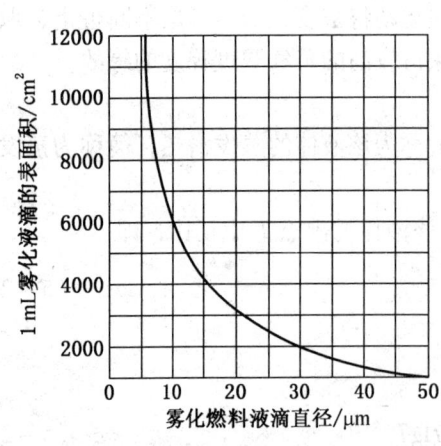

图 5-2　液流中液滴数量与液滴直径的关系曲线

第三节　闪燃与爆炸温度极限

一、同类液体闪点变化规律

同类有机物在结构上相似，在组成上相差一个或多个系差且结构上相似的一系列化合物称为同系列。同系列中各化合物互称同系物。

同系物虽然结构相似，但分子量却不相同。分子量大的分子结构变形大，分子间力大，蒸发困难，蒸气浓度低，闪点高；否则闪点低。因此，同系物的闪点具有以下规律：

(1) 同系物闪点随分子量增加而升高，见表5-2。
(2) 同系物闪点随沸点的升高而升高，见表5-2。
(3) 同系物闪点随比重的增大而升高，见表5-2。
(4) 同系物闪点随蒸气压的降低而升高，见表5-2。

表5-2 部分醇类和芳烃类的物理性能

物 质		分子式	分子量	比重20℃/4℃（无量纲量）	沸点/℃	20℃时的蒸气压力/kPa	闪点/℃
醇类	甲醇	CH_3OH	32	0.792	64.56	11.82	7
	乙醇	C_2H_6OH	46	0.789	78.4	5.87	9
	正丙醇	C_3H_7OH	60	0.804	97.2	1.93	22.5
	正丁醇	C_4H_9OH	74	0.810	117.8	0.63	34
	正戊醇	$C_5H_{11}OH$	88	0.817	137.8	0.37	46
芳烃类	苯	C_6H_6	78	0.873	80.36	9.97	-12
	甲苯	$C_6H_5CH_3$	92	0.866	110.36	2.97	5
	二甲苯	$C_6H_4(CH_3)_2$	106	0.879	146.0	2.18	23

(5) 同系物中正构体比异构体闪点高，见表5-3。

表5-3 正构体与异构体的闪点   ℃

物质名称	沸点	闪点	物质名称	沸点	闪点
正戊烷	36	-40	正己酮	127.5	35
异戊烷	28	-52	异己酮	119	17
正辛烷	125.6	16.5	正丙烷	91	-11.5
异辛烷	99	-12.5	异丙烷	69	-13
氯代正丁烷	79	-11.5	氯代异丁烷	70	-24

二、混合液体闪点

1. 两种完全互溶的可燃性液体的混合液体的闪点

这类混合液体的闪点一般低于各组分闪点的算术平均值，并且接近于含量大的组分的闪点（两种组分的含量差别较大）。例如，纯甲醇闪点为7℃，纯乙酸戊酯的闪点为28℃。当80%的甲醇与20%的乙酸戊酯混合时，其闪点并不等于7℃×80% + 28℃×

20%=11.2℃，而是等于10℃，如图5-3所示。图中实线为混合液体实际闪点变化曲线，虚线为混合液体算术平均值闪点。对于甲醇和丁醇（闪点为36℃）1:1的混合液，其闪点等于13℃，而不是$\frac{1}{2}(7+36)$℃=21.5℃，如图5-4所示。

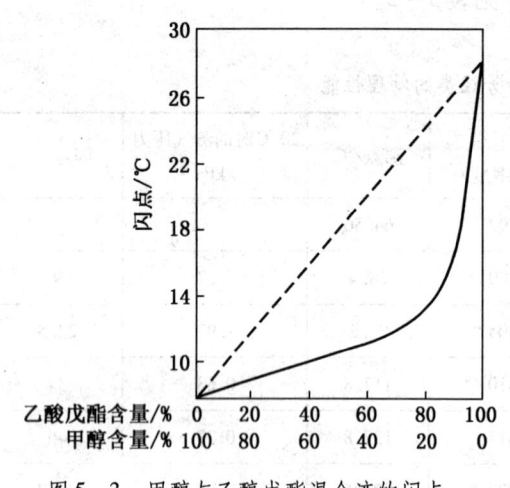 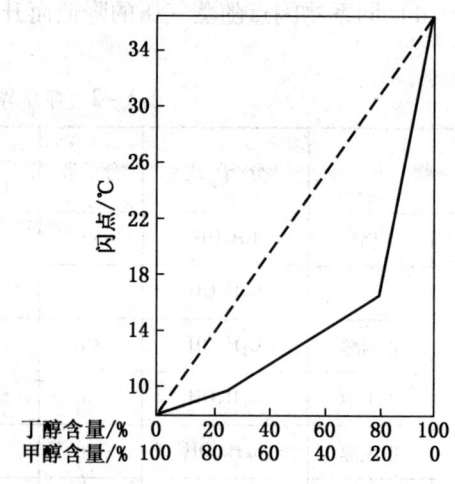

图5-3 甲醇与乙醇戊酯混合液的闪点　　　图5-4 甲醇与丁醇混合液的闪点

2. 可燃性液体与不燃性液体混合液体的闪点

在可燃性液体中掺入互溶的不燃性液体，其闪点随着不燃性液体含量的增加而升高，当不燃性组分含量达一定值时，混合液体不再发生闪燃。表5-4所列为醇水溶液的闪点。

表5-4 醇水溶液的闪点

溶液中醇的含量/%	闪点/℃	
	甲 醇	乙 醇
100	7	11
75	18	22
55	22	23
40	30	25
10	60	50
5	无	60
3	无	无

三、爆炸温度极限

（一）爆炸温度极限

根据蒸气压的理论，对特定的可燃性液体，饱和蒸气压（或相应的蒸气浓度）与温度成一一对应关系。蒸气爆炸浓度上、下限所对应的液体温度称为可燃性液体的爆炸温度上、下限,分别用 $t_上$、$t_下$ 表示,具体如图5-5所示。

表5-5所列为几种可燃性液体的爆炸浓度极限与爆炸温度极限。

液体温度处于爆炸温度极限范围内时,液面上方的蒸气与空气的混合气体遇火源会发生爆炸。因此,可利用爆炸温度极限来判断可燃性液体的蒸气爆炸危险性,且比使用爆炸浓度极限更方便。

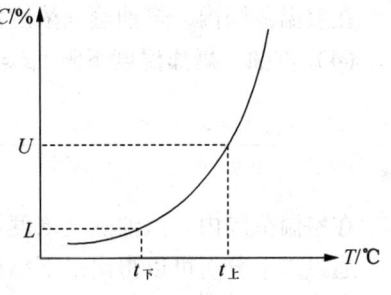

图5-5 液体温度与蒸气浓度对应关系曲线

表5-5 几种可燃性液体的爆炸浓度极限与爆炸温度极限

爆炸浓度极限/%		液体名称	爆炸温度极限/℃	
下 限	上 限		上 限	下 限
3.3	18.0	酒精	+11	+40
1.5	7.0	甲苯	+5.5	+31
0.8	62.0	松节油	+33.5	+53
1.7	7.2	车用汽油	-38	-8
1.4	7.5	灯用煤油	+40	+86
1.85	40	乙醚	-45	+13
1.5	9.5	苯	-14	+19

设液体温度与室温相等,则液体温度与爆炸温度极限有如下几种关系(设室温为0~28℃):

(1)苯。爆炸温度下限 $t_下 = -14$ ℃,爆炸温度上限 $t_上 = +19$ ℃,与室温关系为

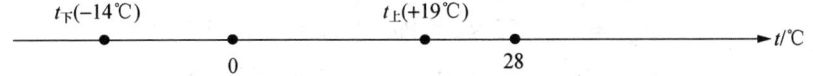

苯蒸气在0~19℃范围内能爆炸,因此在室温下具有爆炸危险性。

(2)酒精。爆炸温度下限 $t_下 = +11$ ℃,爆炸温度上限 $t_上 = +40$ ℃,与室温关系为

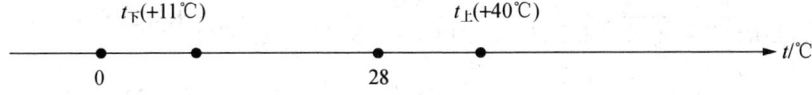

在11~28℃之间酒精蒸气正好处于爆炸浓度极限范围之内,也能爆炸,因此在室温下具有爆炸危险性。

(3)煤油。爆炸温度下限 $t_下 = +40$ ℃,爆炸温度上限 $t_上 = +86$ ℃,与室温关系为

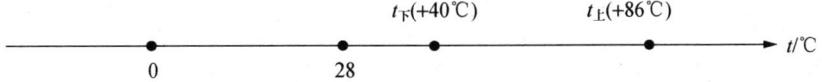

在室温范围内,煤油蒸气浓度没有达到爆炸下限,在室温下它没有爆炸危险性。

(4) 汽油。爆炸温度下限 $t_{\text{下}} = -38\ \text{℃}$,爆炸温度上限 $t_{\text{上}} = -8\ \text{℃}$,与室温关系为

```
        t_F(-38℃)    t_L(-8℃)
    ─────●───────────●──────────┬────────●──────▶ t/℃
                                0        28
```

在室温范围内,汽油蒸气浓度没有达到爆炸上限,在室温下它没有爆炸危险性。

通过以上分析可以得出以下结论:

凡爆炸温度下限 $t_{\text{下}}$ 小于最高室温的可燃性液体,其蒸气与空气混合物遇火源均能发生爆炸;凡爆炸温度下限 $t_{\text{下}}$ 大于最高室温的可燃性液体,其蒸气与空气混合物遇火源均不能发生爆炸;凡爆炸温度上限 $t_{\text{上}}$ 小于最低室温的可燃性液体,其饱和蒸气与空气的混合物遇火源不能发生爆炸,但可能燃烧,其非饱和蒸气与空气的混合物遇火源有可能发生爆炸。

(二) 爆炸温度极限的计算

爆炸温度极限的计算,可根据已知的爆炸浓度值计算出相应的饱和蒸气压,然后用克劳修斯-克拉佩龙方程等方法计算出饱和蒸气压所对应的温度,即为爆炸温度极限。

【例 5-1】已知癸烷的爆炸下限为 0.75%,环境压力为 1.01325×10^5 Pa,试求其闪点。

解 闪点对应的蒸气压为

$$p_{\text{f}} = 0.75\% \times 1.01325 \times 10^5\ \text{Pa} = 760\ \text{Pa}$$

查表 5-1 可知,癸烷的 $L_{\text{V}} = 45612$ J/mol,$C' = 10.3730$,将已知值代入式 (5-20),得闪点为

$$T_{\text{f}} = \frac{L_{\text{V}}}{2.303R(C' - \lg p_{\text{f}})} = \frac{45612}{2.303 \times 8.314 \times (10.3730 - \lg 760)}\ \text{K} = 318\ \text{K}$$

则

$$T_{\text{f}} = (318 - 273)\ \text{℃} = 45\ \text{℃}$$

【例 5-2】已知甲苯的爆炸浓度极限范围为 1.27%~6.75%,求其在 1.01325×10^5 Pa 大气压下的爆炸温度极限。

解 (1) 求爆炸浓度极限所对应的饱和蒸气压:

$$p_{\text{饱下}} = 1.01325 \times 10^5\ \text{Pa} \times 1.27\% = 1287\ \text{Pa}$$

$$p_{\text{饱上}} = 1.01325 \times 10^5\ \text{Pa} \times 6.75\% = 6839\ \text{Pa}$$

(2) 用克劳修斯-克拉佩龙方程计算爆炸温度极限。饱和蒸气压为 1287 Pa 和 6839 Pa 时,甲苯所处的温度范围分别为 0~10 ℃ 和 30~40 ℃,则

$$t_{\text{下}} = \frac{L_{\text{V}}}{2.303R(C' - \lg p_{\text{f}})} = \frac{35866}{2.303 \times 8.314 \times (9.8443 - \lg 1287)}\ \text{K} = 278.1\ \text{K} = 5.0\ \text{℃}$$

$$t_{\text{上}} = \frac{L_{\text{V}}}{2.303R(C' - \lg p_{\text{f}})} = \frac{35866}{2.303 \times 8.314 \times (9.8443 - \lg 6839)}\ \text{K} = 311.7\ \text{K} = 38.6\ \text{℃}$$

(三) 爆炸温度极限的影响因素

1. 可燃性液体的性质

液体的蒸气爆炸浓度下限低,则液体爆炸温度下限低;液体越易蒸发,则爆炸温度下限越低。

2. 压力

压力升高使爆炸温度上、下限升高，反之则下降。表 5-6 所列为压力对甲苯闪点的影响。由此可知，压力升高，闪点升高，即爆炸温度下限升高。

表 5-6 压力对甲苯闪点的影响

总压力/Pa	甲苯饱和蒸气压/Pa	甲苯闪点/℃
74078	889	0.1
100000	1200	4.9
197368	2368	16.3

3. 水分或其他物质含量

由于水蒸气在液面上的可燃蒸气—空气混合气体中起着惰性气体作用，因此在可燃性液体中加入水会使其爆炸温度极限升高。如果在闪点高的可燃性液体中加入闪点低的可燃性液体，则混合液体的爆炸温度极限比前者低，但比后者高。

4. 火源强度与点火时间

在其他条件相同时，液面上的火源强度越高，或者点火时间越长，液体的爆炸温度下限（或闪点）越低。因为此时液体接受的热量较多，液面上蒸发出的蒸气量增加。

第四节 液体燃料的火灾蔓延

一、油池火

在油池火中，一般常用油面的下降速度表示油池火的燃烧速度（单位时间、单位面积上的燃料消耗量），其与油池直径的关系曲线如图 5-6 所示。

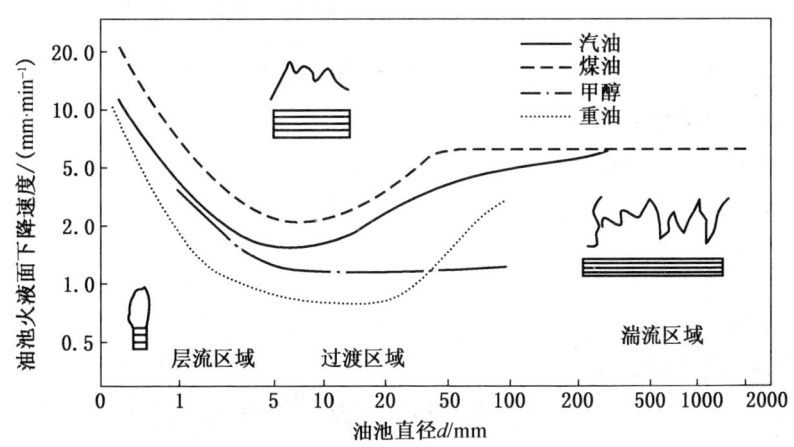

图 5-6 油池火液面下降速度与油池直径的关系曲线

在油池直径较小时，形成的是层流扩散火焰。火焰长度随着油池直径的增大而变短，液面的下降速度随着油池直径的增加而减小。当油池直径增大到某一范围之后，火焰就从层流扩散火焰向湍流扩散火焰过渡，当然，这个范围与液体燃料的性质有关。在过渡区域中，液面的下降速度随油池直径的变化较慢，有时甚至无关，这一点从图 5-6 中曲线斜率的变化可以看出。此时火焰中有大量的黑烟产生，火焰渐渐向湍流扩散火焰转变。以后液面的下降速度又随油池直径的增加而增加，并最终趋于某个固定值。整个过程体现了层流扩散火焰向湍流扩散火焰转变的特点。

从火焰向液体传入的热量包括从容器的器壁向液体的传热，液面上方的高温气体向液体的对流传热，以及火焰与高温气体向液体的辐射传热等几部分。

由于容器器壁与火焰根部相距很近，器壁的温度可取为液体的温度 T_1，从器壁向液体的热流量为

$$q_{cd} = k \pi d (T_F - T_1) \tag{5-24}$$

式中　d——油池直径；
　　　k——热传导系数；
　　　T_F——火焰温度。

液面上方的高温气体向液体传入的热流量为

$$q_{cv} = h \frac{\pi d^2}{4} (T_F - T_1) \tag{5-25}$$

式中　h——对流换热系数，一般与油池直径 d 有关。

火焰与高温气体向液体的辐射热流量为

$$q_{ra} = \frac{\pi d^2}{4} \sigma (\varepsilon_F \varphi_F T_F^4 - \varepsilon_1 T_1^4) \tag{5-26}$$

式中　σ——斯蒂芬-波兹曼常数；
　　　ε_F——火焰及高温气体的辐射率；
　　　φ_F——火焰及高温气体对液面的形态系数；
　　　ε_1——液体的辐射率。

这些热流量的总和应当等于液体蒸发所需要的热量与液体本身升温所需热量之和，即

$$q_{cd} + q_{cv} + q_{ra} = \frac{\pi d^2}{4} v_1 \rho_1 L_V + c_{pl} \left(M_1 - \frac{\pi d^2}{4} v_1 \rho_1 \right)(T_1 - T_\infty) \tag{5-27}$$

式中　ρ_1——液体的密度；
　　　L_V——液体的蒸发潜热；
　　　v_1——液面的下降速度；
　　　c_{pl}——液体的比热容；
　　　M_1——油池内液体的总质量；
　　　T_∞——液体的初温。

液面的下降速度可表示为

$$v_1 = \frac{q_{cd} + q_{cv} + q_{ra} - c_{pl} M_1 (T_1 - T_\infty)}{\frac{\pi d^2}{4} \rho_1 [L_V - c_{pl}(T_1 - T_\infty)]} \tag{5-28}$$

将式（5-24）至式（5-26）代入式（5-28）得

$$v_1 = \frac{1}{\rho_1 [L_V - c_{pl}(T_1 - T_\infty)]} \left[\frac{4k}{d}(T_F - T_1) + h(T_F - T_1) + \sigma(\varepsilon_F \varphi_F T_F^4 - \varepsilon_1 T_1^4) - c_{pl} \rho_1 H(T_1 - T_\infty) \right]$$

$$\tag{5-29}$$

式中 H——油池液面高度。

当 d 很小时,式(5-29)右端的第一项相对较大,v_1 与 d 近似成正比的关系;当 d 很大时,式(5-29)右端的第一项相对较小,v_1 与 d 近似无关系。

二、液面火

在静止环境中液体的初温对火的蔓延速度影响显著。图 5-7 所示为甲醇液面火蔓延速度与甲醇初温的关系曲线,开始时甲醇液面火的蔓延速度随着甲醇初温的增高而加快,当温度超过某个值之后,液面火的蔓延速度趋于某个常数。这是因为甲醇的闪点为 11 ℃,当温度达到 30 ℃ 之后,在甲醇液面上方就形成了一定浓度的甲醇蒸气,该蒸气与空气混合后形成了具有一定混合比的预混可燃气,而这个预混可燃气的传播速度是一定的,表现出来就是甲醇液面火的蔓延速度趋于某个常数。这个常数值就是最大甲醇浓度与空气混合气的层流火焰传播速度。

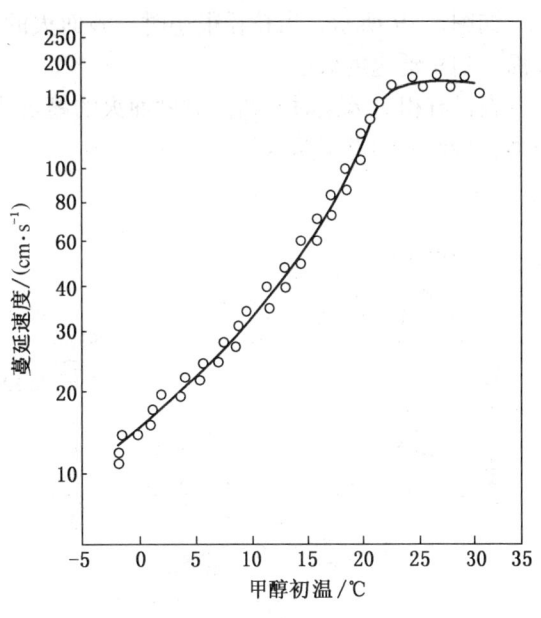

图 5-7 甲醇液面火蔓延速度与甲醇初温的关系曲线

图 5-8 所示为在有相对速度条件下,液面火的蔓延情况,图中负值表示逆风。在逆风条件下,不同初温下的火灾蔓延速度差别较大;且如果逆向以大于液面火蔓延速度数倍的风速吹来,就可将液面火扑灭。在顺风条件下,火灾蔓延速度差别很小;且风速越大,蔓延速度越快。

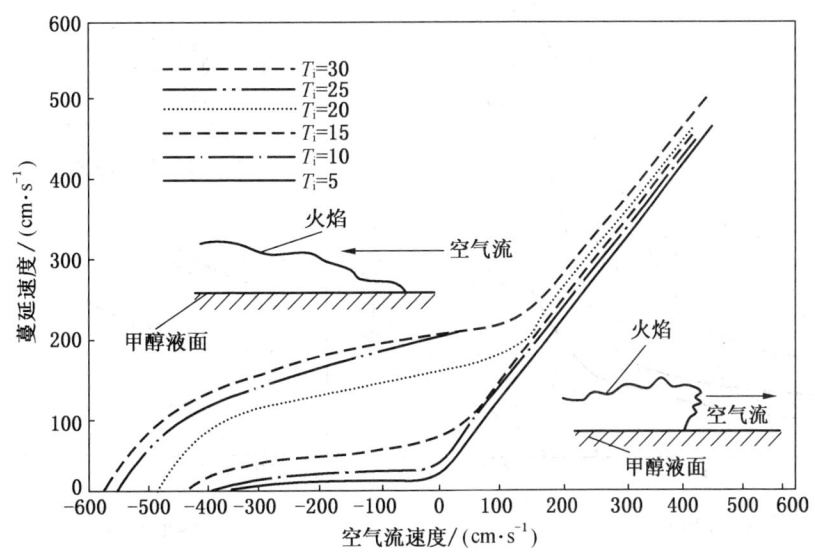

图 5-8 空气流速度对液面火蔓延速度的影响

三、含油固面火

实际生活中经常出现油泄漏到地面上,使地面变成了含有可燃性液体的固面,如果着火燃烧就形成了含油的固面火。

如图 5-9 所示,当粒径很小时,砂面火的蔓延速度近于一个常数,随着粒径的增大砂面火的蔓延速度减小。

在没有相对风速时,初温对砂面火的蔓延速度也有显著影响,如图 5-10 所示。初温越高,砂面火的蔓延速度越大。

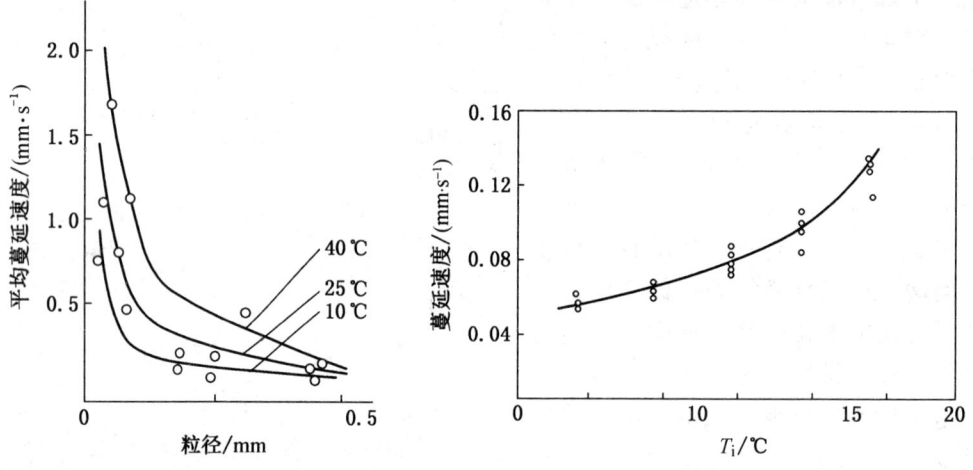

图 5-9 粒径对砂面火蔓延速度的影响　　图 5-10 初温对砂面火蔓延速度的影响

当砂层的倾角发生变化时,火焰的蔓延速度也有显著变化,如图 5-11 所示。砂层的导热系数增加,砂面火的蔓延速度下降,如图 5-12 所示。

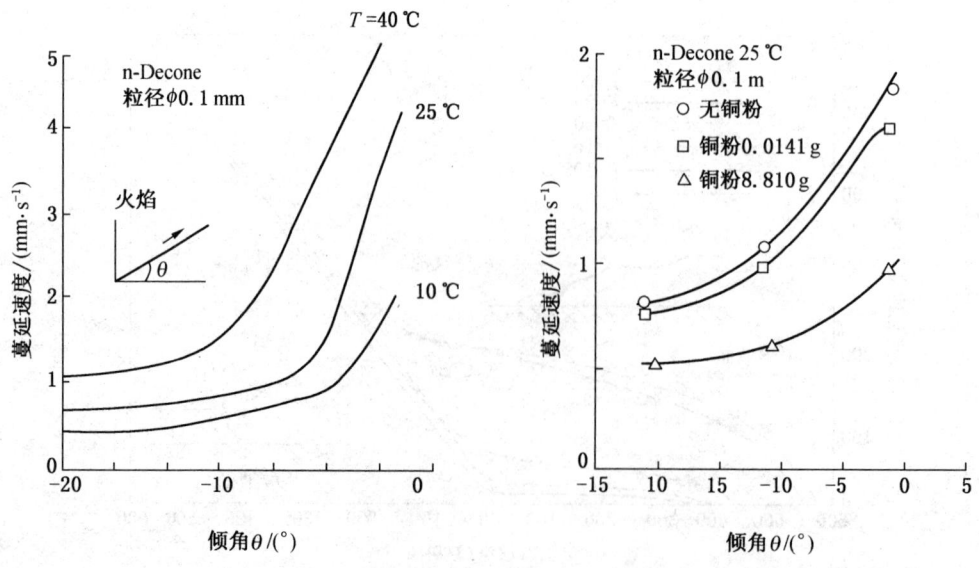

图 5-11 砂层倾角对砂面火蔓延速度的影响　　图 5-12 砂层导热系数对砂面火蔓延速度的影响

第五节 油罐火灾燃烧

一、液体的稳定燃烧

可燃液体一旦着火并完成液面上的传播过程之后，就进入稳定燃烧的状态。

(一) 液体的燃烧速度及影响因素

1. 液体燃烧速度表示方法

液体燃烧速度有两种表示方式，即燃烧线速度和质量燃烧速度。

1) 燃烧线速度 (v)

燃烧线速度是指单位时间内燃烧掉的液层厚度，可以表示为

$$v = \frac{H}{t}$$

式中 H——液体燃烧掉的厚度，mm；
t——液体燃烧所需时间，h。

2) 质量燃烧速度

质量燃烧速度是指单位时间内单位面积燃烧的液体的质量，可以表示为

$$G = \frac{g}{st}$$

式中 g——液体燃烧掉的质量，kg；
s——液体燃烧的液面面积，m^2；
t——液体燃烧所需时间，h。

2. 液体燃烧速度的影响因素

1) 液体的初温影响

液体燃烧的质量速度 G 可表示为

$$G = \frac{\dot{Q}''}{L_V + c_p(t_2 - t_1)} \qquad (5-30)$$

式中 $\dot{Q}''$——液面接受的热量，$kJ/(m^2 \cdot h)$；
G——液面燃烧的质量速度，$kg/(m^2 \cdot h)$；
L_V——液体的蒸发热，kJ/kg；
c_p——液体的平均比热容，$kJ/(kg \cdot K)$；
t_2——燃烧时的液面温度，℃；
t_1——液体的初温，℃。

从式 (5-30) 可以看出，初温 t_1 升高，燃烧速度加快。

2) 容器直径大小的影响

液体通常盛装于圆柱形立式容器中，其直径大小对液体的燃烧速度有很大的影响，如图 5-13 所示。从图中可以看出，容器直径小于 0.03 m 时，火焰为层流状态，燃烧速度随直径增加而减小；容器直径大于 1 m 时，火焰呈充分发展的湍流状态，燃烧速度为常数，不受直径变化的影响；容器直径介于 0.03 ~ 1.0 m 的范围内时，随着直径的增加，燃

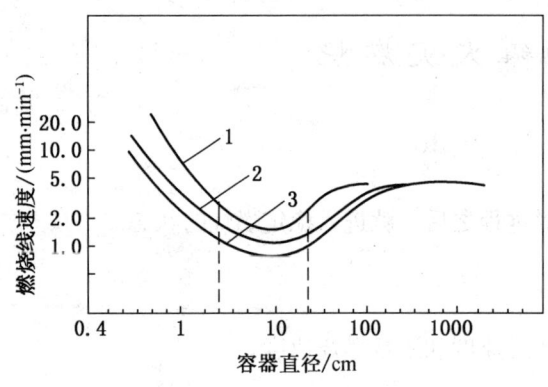

1—汽油；2—煤油；3—轻油

图 5-13 液体燃烧速度随容器直径的变化

烧状态逐渐从层流状态过渡到湍流状态，燃烧速度在 0.1 m 处到达最小值，之后燃烧速度随直径增加逐渐上升到湍流状态的恒定值。

3）容器中液体高度的影响

容器中的液体高度是指液面距离容器上口边缘的高度。随着容器中液位的下降，直线燃烧速度相应降低。这是因为随着液位下降，液面到火焰底部的距离加大，所以火焰向液面的传热速度降低。

4）液体中含水量的影响

液体中含水时，由于从火焰传递出的热量有一部分要消耗于水分蒸发，因此液体的燃烧速度下降，而且含水量越多，燃烧速度越慢。

5）风的影响

风有利于空气和液体蒸气的混合，可使燃烧速度加快。图 5-14 所列为三种石油产品的燃烧速度与风速的关系曲线。从图中可以看出，风速对汽油和柴油的燃烧速度影响大，但对重油几乎没有影响；如果风速增大到超过某一值时，几乎所有液体的燃烧速度都将趋向于某一固定值。这是由于火焰向液面的辐射热通量同时受到火焰的辐射强度和火焰的倾斜度的影响。当风速增大时，随着燃烧速度的加强，火焰的辐射强度增加；但同时火焰的倾斜度也增大，这使从火焰到液面的辐射角系数减小。综合这两个因素对辐射热通量的影响，液体的表面所得到的热通量趋于常数，所以燃烧速度趋于某一固定值。

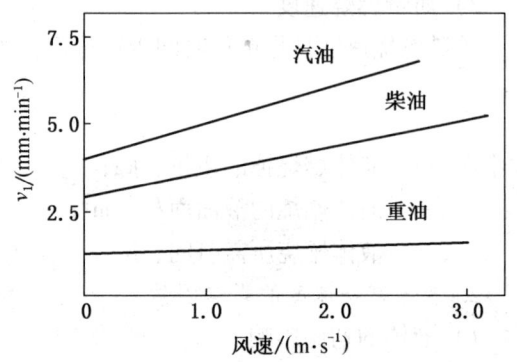

图 5-14 燃烧速度与风速的关系曲线

（二）油罐燃烧的火焰特征

1. 火焰的燃烧状态

大多数实际液体火灾为湍流火焰。油面蒸发速度较大，火焰燃烧剧烈。由于火焰的浮力运动，在火焰底部与液面之间形成负压区，结果大量的空气被吸入形成激烈翻卷的上下气流团，并使火焰产生脉动，烟柱产生蘑菇状的卷吸运动，使大量的空气被卷入。图 5-15 所示为湍流型浮力扩散火焰。

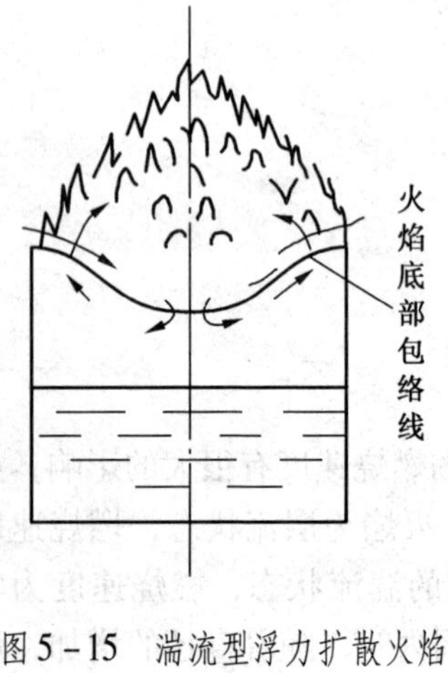

2. 火焰的倾斜度

液池内油品的火焰大体上呈锥形，锥形底面积就等于燃烧的液池面积。锥形火焰受到风的作用而产生一定的倾

图 5-15 湍流型浮力扩散火焰

斜角度。当风速大于或等于 4 m/s 时，火焰会向下风方向倾斜 60°～70°，在无风的条件下，火焰会不定向倾斜 0°～5°，这可能是由于空气在液池边缘被吸入的不平衡或火焰卷入空气不对称所造成的。

3. 火焰的高度

火焰高度通常是指由可见发光的碳微粒所组成的柱状体的顶部高度，它取决于液池直径和液体种类，如果以圆池直径 D 为横坐标，以火焰高度 H 与圆池直径 D 之比 H/D 为纵坐标，可以绘出如图 5-16 所示的关系曲线。

从图 5-16 可以看出，在层流火焰区域内，H/D 随 D 的增大而降低，而在湍流火焰区域内，H/D 基本上与 D 无关。

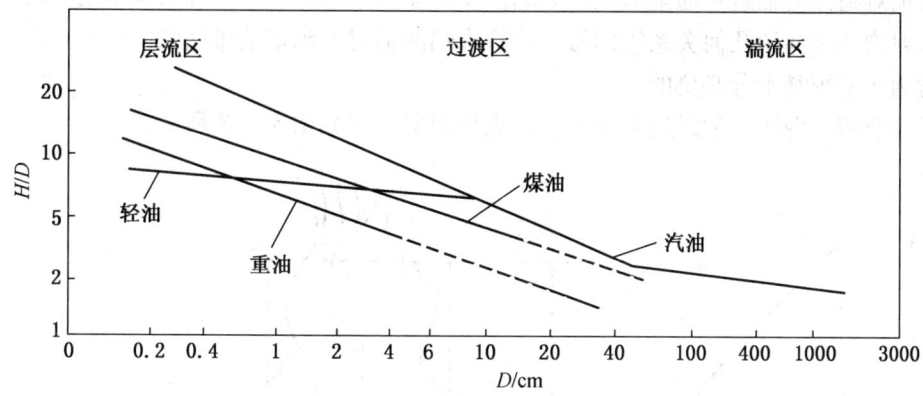

图 5-16 石油产品的火焰高度

层流火焰区：

$$\frac{H}{D} \propto D^{-0.1 \sim 0.3} \tag{5-31}$$

湍流火焰区：

$$\frac{H}{D} \approx 1.5 \sim 2.0 \tag{5-32}$$

汽油火焰高度与圆池直径的关系见表 5-7，表中数据与式（5-31）和式（5-32）基本吻合。

表 5-7 汽油火焰高度与圆池直径的关系

D/m	H/m	H/D
22.30	35.01	1.56
5.40	11.45	2.12
0.38～0.44	1.30	3.25

Hesdestad 对大量的试验数据进行了数学处理，并得到了火焰高度公式，即

$$H = 0.23 \dot{Q}_C^{2/5} - 1.02D \tag{5-33}$$

式中 $\dot{Q}_C$——整个液池火焰的热释放速率，kW。

式（5-33）在 $7\ kW^2/m < \dot{Q}_C^{2/5}/D < 700\ kW^2/m$ 的范围内与实验结果基本吻合。

4. 火焰的温度

火焰的温度主要取决于可燃性液体种类，一般石油产品的火焰温度在 900~1200℃ 之间。火焰沿纵轴的温度分布如图 5-17 所示。从油面到火焰底部存在一个蒸气带，从火焰辐射到液面的热量有一部分被蒸气带吸收，温度从液面到火焰底部迅速增加；到达火焰底部后有一个稳定阶段；高度再增加时，则由于向外损失热量和卷入空气，火焰温度逐渐下降。

5. 火焰的辐射

火焰对物体的辐射热通量取决于火焰温度与厚度，以及火焰内辐射粒子的浓度和火焰与被辐射物体之间的几何关系等因素。计算火焰的辐射对确定油罐间的防火安全距离，设计消防洒水系统是十分必要的。

下面介绍点源法，油罐发生火灾后，火焰辐射状况如图 5-18 所示。

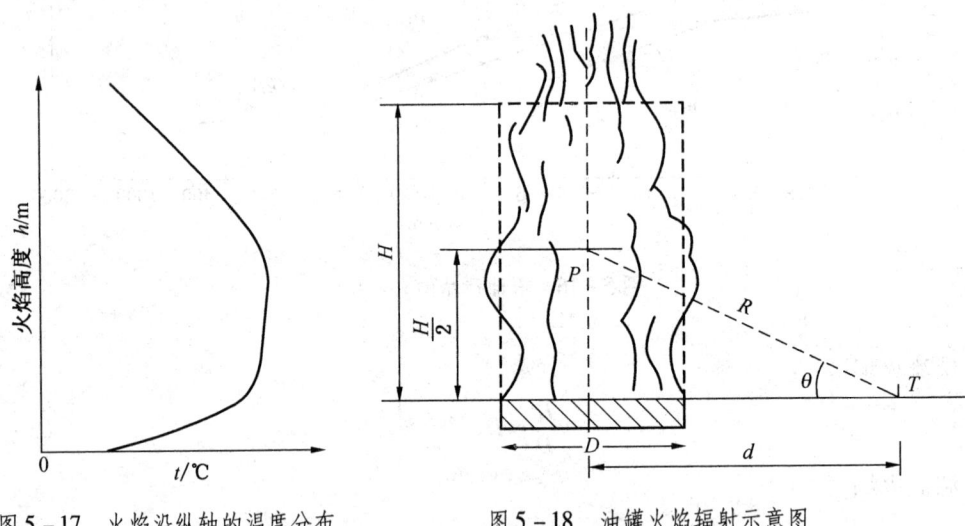

图 5-17 火焰沿纵轴的温度分布　　图 5-18 油罐火焰辐射示意图

火焰高度近似地由式（5-33）计算：

$$H = 0.23 \dot{Q}_C^{2/5} - 1.02D \tag{5-34}$$

液池的热释放速率 $\dot{Q}_C$ 为

$$\dot{Q}_C = G\Delta H_C A_f \tag{5-35}$$

式中　A_f——液面面积；

　　　G——单位面积的液面上的蒸发速率；

　　　ΔH_C——液体的燃烧热。

假定总热量的 30% 以辐射能的方式向外传递，则辐射热速率为

$$\dot{Q}_r = 0.3 G\Delta H_C A_f$$

所谓点源法即是假定 $\dot{Q}_r$ 是从火焰中心轴上离液面高度为 $H/2$ 处的点源发射出的。因此，离点源 R 距离处的辐射热通量为

$$\dot{q}''_r = \frac{0.3G\Delta H_c A_f}{4\pi R^2} \tag{5-36}$$

在图 5–18 中存在如下关系：

$$R^2 = \left(\frac{H}{2}\right)^2 + d^2 \tag{5-37}$$

式中 d——火焰中心轴到被辐射体的水平距离。

假定被辐射体与视线 PT 的夹角为 θ，则投射到辐射接受体表面的辐射热通量为

$$\dot{q}''_r = \frac{0.3G\Delta H_c A_f \sin\theta}{4\pi R^2} \tag{5-38}$$

二、原油和重质石油产品燃烧时的沸溢和喷溅

可燃性液体的蒸气与空气在液面上边混合边燃烧，燃烧放出的热量会在液体内部传播。液体特性不同，热量在液体中的传播也不同。

1. 单组分液体燃烧时热量在液层的传播特点

单组分液体（如甲醇、丙酮、苯等）和沸程较窄的混合液体（如煤油、汽油等），在自由表面燃烧时，在很短时间内就会形成稳定燃烧，且燃烧速度基本不变。

（1）液面温度接近但稍低于液体的沸点。液体燃烧时，火焰传给液面的热量使液面温度升高。达到沸点时，液面的温度则不再升高。液体在敞开空间燃烧时，蒸发在非平衡状态下进行，且液面要不断地向液体内部传热，所以液面温度不可能达到沸点，而是稍小于沸点。

（2）液面加热层很薄。单组分油品和沸程很窄的混合油品在稳定燃烧时，热量只传播到较浅的油层中，即液面加热层很薄。图 5–19 所示为丁醇和汽油稳定燃烧时的液面下温度分布。

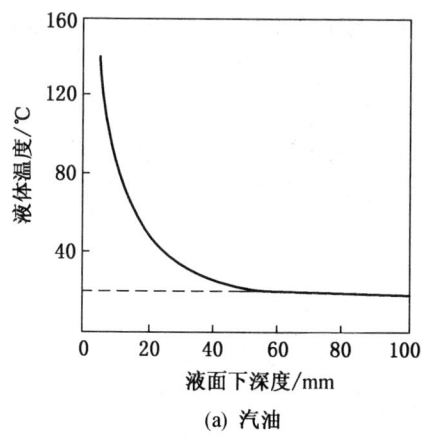
(a) 汽油

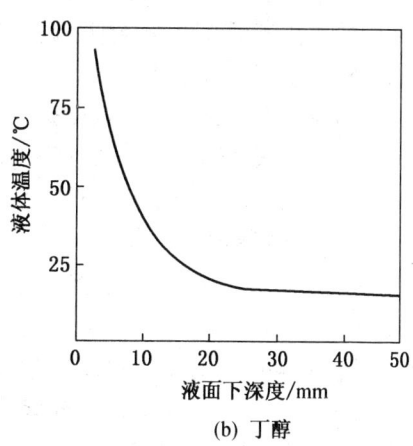
(b) 丁醇

图 5–19 丁醇和汽油稳定燃烧时的液面下温度分布

液体稳定燃烧时，液体蒸发速度是一定的，火焰传递给液面的热量也是一定的。这部分热量一方面用于蒸发液体，另一方面用于向下加热液体层。如果加热厚度越来越厚，则根据傅里叶导热定律可知，通过液面传向液体的热量越来越少，而用于蒸发液体的热量越来越多，从而使火焰燃烧加剧。显然，这是与液体稳定燃烧的前提不符合的。

2. 原油燃烧时热量在液层中的传播特点

沸程较宽的混合液体，由于没有固定的沸点，在燃烧过程中，火焰向液面传递的热量首先使低沸点组分蒸发并进入燃烧区燃烧，而沸点较高的重质部分则携带在表面接受的热量向液体深层沉降，形成一个热的锋面向液体深层传播，逐渐深入并加热冷的液层。这一现象称为液体的热波特性，热的锋面称为热波。

热波的初始温度等于液面的温度，等于该时刻原油中最轻组分的沸点。随着原油的连续燃烧，液面蒸发组分的沸点越来越高。

热波在液层中向下移动的速度称为热波传播速度，它比液体的直线燃烧速度（即液面下降速度）快，见表5-8。在已知某种油品的热波传播速度后，就可以根据燃烧时间估算液体内部高温层的厚度，进而判断含水的重质油品发生沸溢和喷溅。因此，热波传播速度是扑救重质油品火灾时要用到的重要参数。

表5-8 热波传播速度与直线燃烧速度比较表　　　　mm/min

油品种类		热波传播速度	直线燃烧速度
轻质油品	含水量<0.3%	7~15	1.7~7.5
	含水量>0.3%	7.5~20	1.7~7.5
重质燃油及燃料油	含水量<0.3%	2.5~8	1.3~2.2
	含水量>0.3%	3~20	1.3~2.3
初馏分（原油轻组分）		4.2~5.8	2.5~4.2

3. 重质油品的沸溢和喷溅

原油中的水一般以乳化水和水垫两种形式存在。所谓乳化水是原油在开采运输过程中，原油中的水由于强力搅拌成细小的水珠悬浮于油中而成的。久置后，油水分离，水因密度大而沉降在底部形成水垫。

当热波向液体深层运动时，由于热波温度远高于水的沸点，因而热波会使油品中的乳化水汽化，大量的水蒸气就要穿过油层向液面上浮，在向上移动过程中形成油包气的气泡向外溢出，同时部分未形成泡沫的油品也被下面的水蒸气膨胀力抛出罐外，使液面猛烈沸腾起来，这种现象叫沸溢。

由沸溢过程可知，沸溢形成必须具备三个条件：

（1）原油具有形成热波的特性，即沸程宽，密度相差较大。

（2）原油中含有乳化水，水遇热波变成水蒸气。

（3）原油黏度较大，使水蒸气不容易从下向上穿过油层。如果原油黏度较低，水蒸气很容易通过油层，就不容易形成沸溢。

随着燃烧的进行，热波的温度逐渐升高，热波向下传递的距离也加大，当热波到达水垫时，水垫的水大量蒸发，水蒸气体积迅速膨胀，以至把水垫上面的液体层抛向空中，向罐外喷射，这种现象叫喷溅。

一般情况下，发生沸溢要比发生喷溅的时间早得多。发生沸溢的时间与原油种类、水分含量有关。根据实验得知，含有1%水分的石油，经45~60 min 燃烧就会发生沸溢。喷溅发生时间与油层厚度、热波移动速度及油的燃烧线速度有关。

第六章 可燃固体燃烧与爆炸

第一节 固体燃烧概述

一、固体燃烧的形式

根据各类可燃固体的燃烧方式和燃烧特性，固体燃烧的形式大致可分为蒸发燃烧、表面燃烧、分解燃烧、熏烟燃烧、动力燃烧。

（1）蒸发燃烧：在受到火源加热时，先熔融蒸发，随后蒸气与氧气发生燃烧反应。

（2）表面燃烧：燃烧反应是在其表面由氧和物质直接作用而发生的，称为表面燃烧。这是一种无火焰的燃烧，有时又称之为异相燃烧。

（3）分解燃烧：在受到火源加热时，先发生热分解，随后分解出的可燃挥发分与氧气发生燃烧反应，这种形式的燃烧一般称为分解燃烧。

（4）熏烟燃烧（阴燃）：可燃固体在空气不流通、加热温度较低、分解出的可燃挥发分较少或逸散较快、含水分较多等条件下，只冒烟而无火焰的燃烧现象。

（5）动力燃烧（爆炸）：可燃固体或其分解出的可燃挥发分遇火源所发生的爆炸式燃烧，主要包括可燃粉尘爆炸、炸药爆炸及轰燃等几种情形。

上述各种燃烧形式的划分不是绝对的，有些可燃固体的燃烧往往包含着两种或两种以上的形式。

二、评定固体火灾危险性的参数

固体燃烧特性比较复杂，评定其火灾危险性的参数如下所述。

1. 熔点、闪点和燃点

固体熔点是固体变为液体的初始温度；某些低熔点可燃固体发生闪燃的最低温度就是其闪点；固体燃点是指对可燃固体加热到一定温度，遇明火发生持续燃烧时固体的最低温度。

熔点、闪点和燃点是评定固体火灾危险性的重要参数。一般来说，可燃固体的熔点越低，闪点和燃点也越低，火灾危险性越大。

2. 热分解温度

固体热分解温度指可燃固体受热发生分解的初始温度，它是评定受热能分解的固体火灾危险性的主要参数之一。可燃固体的热分解温度越低，燃点也越低，火灾危险性越大。

3. 自燃点

可燃固体加热到一定程度能自动燃烧的最低温度，就是其自燃点。自燃点越低的固体，越容易燃烧，因而火灾危险性越大。

4. 比表面积

比表面积是指单位体积固体的表面积。相同的可燃固体，比表面积越大，火灾危险性越大。

5. 氧指数

氧指数是指在规定条件下，刚好维持物质燃烧时的混合气体中最低氧含量的体积百分数。氧指数是评价各种物质相对燃烧性能的一种表示方法，也是评价可燃固体（尤其是高聚物）火灾危险性的重要指标。氧指数越小的高聚物，燃烧时对氧气的需求量越小，或者说燃烧时受氧气浓度的影响越小，因而火灾危险性越大。

除上述参数外，对于可燃粉尘和炸药还有其他重要的评定火灾爆炸危险性的参数，如粉尘的爆炸浓度下限、炸药的感度等。

三、固体着火燃烧理论

在实际火灾中，最为常见的可燃固体是受热时能释放出可燃气体的固体，本节主要讨论这类固体的着火燃烧问题。

1. 固体引燃条件和引燃时间

受热时能释放出可燃气体的固体能否被引燃，取决于其释放出的可燃气体能否保持一定浓度，也可以用热平衡方程进行判断，即

$$(\varphi \Delta H_c - L_V) G_{cr} + \dot{Q}_E - \dot{Q}_1 = S \tag{6-1}$$

式中　　φ——固体在燃点时的燃烧热（ΔH_c）传递到其表面的份数；

　　　　L_V——固体释放可燃气体所需要的热量；

　　　　G_{cr}——固体释放的可燃气体在燃点时的临界物质流量；

　　　　$\dot{Q}_E$、$\dot{Q}_1$——单位固体表面上火源的加热速率和热损失速率；

　　　　S——单位固体表面上净获热率。

$\dot{Q}_E$ 可通过计算确定，ΔH_c 和 L_V 可在有关文献中查得。对于一定厚度无限大固体，$\dot{Q}_1$ 可用下式估算：

$$\dot{Q}_1 = \varepsilon \sigma T_i^4 + K \frac{T_s - T_0}{\sqrt{\alpha t}}$$

式中　　　　　　ε——固体的辐射率；

　　　　　　　　σ——斯蒂芬-波尔兹曼常数；

　　　　T_i、T_s、T_0——固体的燃点、燃点时的表面温度和环境温度；

　　　　　　　K、α——固体的导热系数和热扩散系数；

　　　　　　　　t——固体受火源加热的时间。

G_{cr} 与 φ 有如下关系：

$$G_{cr} = \frac{h}{C}\left(1 + \frac{3000}{\varphi \Delta H_c}\right) \tag{6-2}$$

式中　　h——火焰与固体表面之间的对流换热系数；

　　　　C——空气的热容。

如果由试验测出 G_{cr}，根据式（6-2）就可估算 φ。

在式（6-1）中，当 $S<0$ 时，固体不能被引燃或只能发生闪燃；当 $S>0$ 时，固体表面接受的热量除了能维持持续燃烧，还有多余部分；当 $S=0$ 时，固体处于引燃的临界条件。

在火源的持续作用下，可燃固体被引燃的时间长短与可燃物种类、形状尺寸、火源强度、加热方式等因素有关。在此利用"集总热容分析法"对 B_i 值较小的窗帘、幕布之类的薄物体的引燃时间进行估算。

假设某一薄物体的厚度、密度、热容及其与周围环境间的对流换热系数分别为 τ、ρ、c 及 h；薄物体的燃点和环境温度（或物体初温）分别为 T_i 和 T_0。当薄物体两边同时受温度为 T_∞ 的热气流加热时，在时间间隔 dt 内，能量平衡方程可写成：

$$2Ah(T_\infty - T)dt = (\tau A)\rho C dT \qquad (6-3)$$

式中　A——薄物体受热面积；
　　　T——薄物体在时刻 t 的温度；
　　　dT——薄物体经 dt 后的温度变化。

式（6-3）可变为

$$dt = \frac{\tau \rho C}{2h} \times \frac{dT}{T_\infty - T} \qquad (6-4)$$

对式（6-4）从 T_0 到 T_i 进行积分得引燃时间 t_i 为

$$t_i = \frac{\tau \rho C}{2h} \ln\left(\frac{T_\infty - T_0}{T_\infty - T_i}\right) \qquad (6-5)$$

同理可得，如果物体一面受热，另一面绝热，引燃时间 t_i 为

$$t_i = \frac{\tau \rho C}{h} \ln\left(\frac{T_\infty - T_0}{T_\infty - T_i}\right) \qquad (6-6)$$

如果物体一面受热，另一面不绝热，则有

$$t_i = \frac{\tau \rho C}{h} \ln\left(\frac{T_\infty - T_0}{T_\infty + T_0 - 2T_i}\right) \qquad (6-7)$$

当物体一面受热通量为 $\dot{Q}''_r$ 的辐射加热，另一面绝热时，假设物体吸收率为 α，在时间间隔 dt 内，能量平衡方程可写为

$$dt = \frac{\tau \rho C}{\alpha \dot{Q}''_r - h(T - T_0)} dT \qquad (6-8)$$

对式（6-8）从 T_0 到 T_i 积分得引燃时间 t_i 为

$$t_i = \frac{\tau \rho C}{h} \ln\left[\frac{\alpha \dot{Q}''_r}{\alpha \dot{Q}''_r - h(T_i - T_0)}\right] \qquad (6-9)$$

如果物体一面受辐射热，另一面不绝热，则有

$$t_i = \frac{\tau \rho C}{2h} \ln\left[\frac{\alpha \dot{Q}''_r}{\alpha \dot{Q}''_r - 2h(T_i - T_0)}\right] \qquad (6-10)$$

物体两面同时受辐射加热的情况不多见。

2. 固体火焰传播理论

在火场上，火焰传播速度和可燃物面积大小决定了火势发展的快慢。因此，固体的火焰传播特性是火灾发展的一个基本要素。

在固体火焰传播的理论中，用"燃烧起始表面"的概念统一所有类型的火焰传播或火灾蔓延。"燃烧起始表面"是指固体火焰传播时正在燃烧的火焰和未燃物质之间的界面，穿过这个界面的传热速率决定了火焰传播或火灾蔓延的速度。根据能量守恒方程，

"火焰传播的基本方程"为

$$\rho v \Delta h = \dot{Q} \tag{6-11}$$

由此得

$$v = \frac{\dot{Q}}{\rho \Delta h} \tag{6-12}$$

式中　　v——火焰传播速度；

　　　　$\dot{Q}$——穿过界面的传热速率；

　　　　ρ——固体的密度；

　　　　Δh——单位质量的固体从初温 T_0 上升到燃点 T_i 时的焓变。

在国家生产和建设的各个领域中，利用固相态物质的燃烧和爆炸特性来服务越来越广泛，本章以固体炸药为例来阐述固相态物质燃烧和爆炸的基本理论。

第二节　几类典型固体的燃烧

一、高聚物的燃烧

塑料、橡胶和纤维是人们熟知的三大有机高分子化合物（简称高聚物）。

高聚物的燃烧过程主要分为受热软化熔融、热分解、着火燃烧等阶段。高聚物的热分解是燃烧的关键阶段，不同高聚物分解温度及分解产物不同。相同高聚物分解产物的质和量随着加热温度、加热速度及环境条件等变化也有变化。

高聚物的燃烧主要是其分解产物中的可燃性气体的燃烧。不同高聚物着火燃烧的难易程度有很大差别。

从总体上讲，高聚物燃烧的普遍性特点可以概括为以下三个方面。

（1）发热量较高、燃烧速度较快。高聚物的燃烧热普遍较高，因此它们燃烧时要产生大量的热。高聚物在燃烧时，如果发生软化、熔融、滴落或流动，将会促进火势的蔓延。

（2）发烟量较大，影响能见度。由于高聚物的分子结构中含碳量普遍较高，因此在其燃烧（包括热分解）过程中发烟量较大，影响能见度。

（3）燃烧（或分解）产物的危害性大。高聚物在燃烧（或分解）过程中，会产生 CO、氮氧化物、HCl、HF、HCN、SO_2 及 $COCl_2$ 等有害气体，加上缺氧窒息作用，对火场人员的生命安全构成极大的威胁。

除上述普遍性特点外，不同类型高聚物的燃烧还有如下特点：

①只含碳和氢的高聚物，易燃但不猛烈，离开火焰后仍能持续燃烧，火焰呈蓝色或黄色，燃烧时有熔滴，并产生有毒的一氧化碳气体。

②含有氧的高聚物，易燃且猛烈，火焰呈黄色，燃烧时变软，无熔滴，并产生有毒的一氧化碳气体。

③含有氮的高聚物，燃烧情况比较复杂，如脲甲醛树脂为难燃自熄；三聚氰胺树脂为缓燃缓熄；尼龙为易燃以烬。它们在燃烧时都有熔滴，并产生一氧化碳、一氧化氮有毒气体和氰化氢剧毒气体。

(4) 含有氯的高聚物，硬的为难燃自熄，软的为缓燃缓熄，火焰呈黄色，燃烧时无熔滴，有炭瘤，并产生氯化氢气体，有毒且溶于水后有腐蚀性。

(5) 含有氟的高聚物，实际上不燃，但加强热时，能放出腐蚀毒害性的氟化氢气体。

(6) 酚醛树脂，无填料的为难燃自熄，有木粉填料的为缓燃缓熄，火焰呈黄色，冒黑烟，放出有毒的酚蒸气。

热容大的高聚物，在燃烧过程的加热阶段需要较多的热量，因此燃烧速度较慢；导热系数较大的高聚物，热失散较快，在燃烧过程中的加热阶段温度上升较慢，因此燃烧速度较慢。

热稳定性较差的高聚物，热分解温度较低，只需要供给较少的热量就能使其分解产生可燃气体，因此燃烧速度过快；分解产物中含可燃气体较多的高聚物，燃烧速度较快。燃烧时释放热量越多的高聚物，火焰温度越高，燃烧扩展得越快。

环境氧浓度越高，越有利于高聚物燃烧。如果氧含量低于高聚物的氧指数，其燃烧就难于发生或维持。

除用试验方法测定外，高聚物的氧指数还可用一些经验公式估算。不含卤素高聚物的氧指数可用下式估算：

$$OI = 17.5 + 0.4CR \qquad (6-13)$$

式中　OI——氧指数；

　　　CR——热剩焦量（物质加热到850℃时的剩焦量，以质量百分数表示）。

对 C/O 比不小于 6 的高聚物，则有

$$OI = \frac{1.84M}{\Delta(O_2)} \qquad (6-14)$$

式中　　M——高聚物的结构单元的摩尔质量；

　　　$\Delta(O_2)$——该结构单元完全燃烧时所需要的氧气分子的摩尔数。

对含卤素的高聚物，氧指数可由下式估算：

$$OI = \begin{cases} 17.5 & (CP \geq 1) \\ 60 - 42.5CP & (CP < 1) \end{cases} \qquad (6-15)$$

$$CP = \frac{H}{C} - 0.65\left(\frac{F}{C}\right)^{\frac{1}{3}} - 1.1\left(\frac{Cl}{C}\right)^{\frac{1}{3}} \qquad (6-16)$$

式中　$\frac{H}{C}$、$\frac{F}{C}$、$\frac{Cl}{C}$——高聚物组成中 H、F、Cl 元素与 C 元素的原子比。

二、木材的燃烧

木材是森林火灾和建筑火灾燃烧的主体。

（一）木材的组成

木材的种类、产地不同，组成也不同。其主要成分是碳（50%）、氢（6.4%）和氧（42.6%），还有少量的氮（0.01%~0.2%）和其他元素（0.8%~0.9%），但不含有其他燃料中常有的硫。

纤维素是木材的主要组成，约占50%（在棉花中占95%），分子式为$(C_6H_{10}O_5)_n$。含氮量在13%左右的硝酸纤维素酯叫火棉，它易燃具有爆炸性，是制造无烟火药的原料；

含氮量在11%左右的硝酸纤维素酯叫胶棉，它易燃但无爆炸性，是制造喷漆和赛璐珞的原料。

木材中还含有水分。在一定温度和相对湿度下，木材与周围环境含水量达到平衡时，木材中的含水量冬天略低于10%，夏天约为12%。建筑用木材经干燥约含19%的水，而家具用木材含水量要干燥至6%以下。木材的含水量对木材的着火难易程度、燃烧速度、导热性和导电性都有很大影响。木材含水量越大，木材越不易燃烧，燃烧速度小，导电性、导热性都较高。

不同木材的燃烧热值不同，每千克木材的燃烧热值为20 MJ左右。

(二) 木材的热分解

木材被加热到130℃时，首先是水的蒸发，接着开始微弱的分解；加热到150℃时木材开始显著分解，分解产物主要是水和二氧化碳；温度升高到200℃以上，构成木材主要成分的纤维素被分解，生成一氧化碳、氢和碳氢化合物；木材加热到270~380℃时，木材发生剧烈的热分解，热分解的剩余物含30%~38%的碳。

(三) 木材的燃烧过程

在木材被加热过程中，析出可燃气体，此时若遇火源，析出的可燃气体也会出现闪燃、引燃。若无火源，只要加热温度足够高，也会发生自燃现象。

木材的燃烧过程比气体和液体燃烧过程复杂得多，反应既可在气相中进行（热分解析出的可燃气体的燃烧），又可在固相中进行（剩余碳的燃烧）。

木材燃烧大体分为有焰燃烧和无焰燃烧两个阶段。

(四) 木材燃烧速度

木材的燃烧速度可以用质量速度和线速度两种方法表示。木材的燃烧速度主要取决于木材的密度、含水量、比表面积和温度等。

1. 木材密度的影响

木材的密度越大，燃烧速度越小，这是因为密度大的木材导热性能好，大量热被导入木材深处，使表面温度上升慢，热分解慢，不容易着火，燃烧速度慢。

2. 木材含水量的影响

木材含水量越大，木材越不易着火，着火后燃烧速度也慢，这是因为木材中的水分蒸发时需吸收部分热量；蒸发的水蒸气充满燃烧区使氧气与可燃气体浓度减少；水分会使木材的热导率增加。

3. 木材比表面积的影响

比表面积是木材的表面积与其体积之比。比表面积大，燃烧时单位体积的木材承受的热量就大，与氧气接触面积也大，所以易着火且燃烧速度大。

木材的燃烧速度基本上是采用测定的方法，只有杉木、松木的燃烧速度可用以下经验公式进行近似计算。

杉木： $$X = 1.0\left(\frac{T}{100} - 2.5\right)\sqrt{t} \tag{6-17}$$

松木： $$X = 1.0\left(\frac{T}{100} - 2.5\right)\sqrt{t} \tag{6-18}$$

式中　X——燃烧线速度，以燃烧时碳化深度表示，mm/min；

T——木材表面被加热的温度,℃;

t——加热时间,min。

木材表面燃烧线速度一般为 0.75~1.5 mm/min。

以上讨论的是单个木材的燃烧。对于木垛的燃烧,其特性主要取决于木垛的通风状况。堆积松散的木垛,由于通风良好,堆垛内部发生明显的有焰燃烧,而且燃烧速度主要由单个木材的粗细度控制。堆积紧密的木垛,其燃烧速度主要取决于木垛的孔隙率,孔隙率 φ 的计算式为

$$\varphi = N^{0.5} b^{1.1} \frac{A_V}{A_S} \tag{6-19}$$

式中　　b、N——木垛中单个木材的粗细度和木垛的层数;

A_V、A_S——木垛竖直通风井的外露面积和所有木材的外表面积。

成卷、成捆或成垛的木材、纸张等在火灾条件下,燃烧的时间 t(单位为 h)可按下述经验公式估算:

$$t = \frac{\Delta H_W W \beta}{K_1} \tag{6-20}$$

式中　ΔH_W——可燃物的燃烧热,kJ/kg;

W——单位面积上可燃物的质量,kg/m²;

K_1——常数,木材类可燃物的 K_1 值取 837.2 MJ/(m²·h);

β——系数,取决于单位面积上可燃物的质量。

三、煤的燃烧

1. 固体燃料煤的燃烧过程

煤颗粒的燃烧历程。首先煤颗粒被加热干燥,而后可燃性气体开始析出。在足够高的温度和供氧条件下,可燃性气体在颗粒周围着火燃烧,形成光亮的火焰。燃烧消耗的氧气来自周围空气,靠扩散作用进入火焰区,但不能到达颗粒表面,此时颗粒本身呈暗黑色,颗粒中心温度不超过 600~700 ℃。这样,可燃性气体一方面阻碍了颗粒本身的燃烧,另一方面可燃性气体在颗粒周围的燃烧对颗粒有强烈的加热作用,所以当可燃性气体燃尽后,颗粒本身能迅速燃烧。

可燃性气体着火后,经过不长时间,火焰逐渐缩短,直至消失,这表明可燃性气体已基本燃烧完毕。实验表明,从煤颗粒干燥开始到析出气体直至可燃性气体基本燃尽所需的时间是极短的,仅占煤全部燃烧时间的 10%。然后煤颗粒表面开始燃烧、发亮,其温度逐渐升高,达到最高值(一般为 1100 ℃)。这时颗粒周围只有极短的蓝色火焰,它主要是一氧化碳燃烧所形成的。

2. 固体碳粒的燃烧过程

碳在空气中燃烧是多相燃烧过程,对于任何多相反应过程都将依次经历以下 5 个阶段:

(1) 氧气扩散到固体燃料表面。

(2) 扩散到固体表面的气体(或氧气)须被固体表面所吸附。

(3) 吸附的气体和固体表面进行化学反应,形成吸附后的生成物。

(4) 吸附后的生成物从固体表面上解吸。

(5) 解吸后的气体生成物扩散离开固体表面。

多相反应的总速度或多相反应的燃烧速度取决于上述各阶段中最慢阶段的速度。

碳燃烧释热的化学过程为

$$C + O_2 = CO_2 + 40.9 \times 10^4 \text{ kJ} \tag{6-21}$$

$$2C + O_2 = 2CO + 24.5 \times 10^4 \text{ kJ} \tag{6-22}$$

实际上碳和氧并不是按照上述机理进行反应的。式（6-21）和式（6-22）只是表示整个化学反应的物料平衡和热平衡。

关于碳和氧的反应机理，目前有三种说法：

二氧化碳模型。认为在碳的氧化反应中二氧化碳是初次反应产物，$C + O_2 \longrightarrow CO_2$，而燃烧产物中的一氧化碳是二氧化碳与碳相互作用形成的二次反应产物。

这种学说是早年以很低的空气流速通过碳层时得出的，这时一氧化碳有充裕的时间和足够的机会燃尽。

一氧化碳模型。认为碳和氧反应的初次反应产物为一氧化碳，$2C + O_2 \longrightarrow 2CO$，由此产生的一氧化碳再与氧化合成二氧化碳。

这种学说在很高的空气流速下的燃烧试验中得到证实。但是这种试验条件是不符合燃烧技术实际的。

中间碳氧络化物模型。这是目前比较普遍被接受的，是关于两种碳氧化物同时都是初级产物的燃烧模型。它考虑到低温时氧的吸附现象，认为氧不是直接和碳化合生成 CO_2 和 CO，而是由于氧被吸附而停留在碳表面上，形成一种结构不确定的中间碳氧复合物 C_xO_y。这种复合物即使在高度真空时也无法把它们抽吸出来。

在高温条件下这种复合物也在进行着复合和分解，但由于速度太快以致不能觉察出来。实际上碳和氧相遇后首先发生的化学反应是，在 900~1200 ℃ 的范围内，燃烧过程符合下列反应式：

$$4C + 3O_2 \longrightarrow 2CO_2 + 2CO \tag{6-23}$$

从 1450 ℃ 起，燃烧过程则符合另一反应式：

$$3C + 2O_2 \longrightarrow CO_2 + 2CO \tag{6-24}$$

在这两种情况下，所得到的 CO_2 和 CO 的比例分别为 1:1 和 1:2，其所以会具有这种不同的比例是因为在这两个温度范围内所形成的复合物 C_xO_y 有着不同组成的缘故。因而，可以认为

$$\frac{CO}{CO_2} = f(T)$$

这样，碳粒燃烧过程可看做是由下列几个阶段组成的：氧向碳表面上扩散→氧在碳表面上物理吸附→化学吸附（生成中间碳氧化合物）→复合物的分解→反应生产物的解吸→反应生产物扩散到周围气体介质中去。

碳粒燃烧过程是很复杂的。实际上，初级反应和次级反应是相互交错进行的，因此很难确定哪些是初级反应产物，哪些是次级反应产物。此外，实际上碳粒燃烧过程的进行较之上述还要复杂得多。如果在燃烧过程中还有水蒸气存在（这在燃烧技术上经常遇到），那么还会发生下列反应：

$$CO + H_2O \longrightarrow CO_2 + H_2$$
$$CO + H_2 \longrightarrow CO_2 + H_2$$

或综合为

$$C + 2H_2O \longrightarrow CO_2 + 2H_2 \tag{6-25}$$
$$2H_2 + O_2 \longrightarrow CH_4 \tag{6-26}$$
$$C + 2H_2 \longrightarrow CH_4 \tag{6-27}$$

这些反应中究竟哪些速度十分显著，哪些速度很微弱而可以忽略，就要取决于燃烧过程的具体条件。在上述反应过程中，除 H_2 燃烧成 CH_4，大部分都得到同样的气体产物 CO 和 CO_2。

四、金属的燃烧

金属的燃烧能力取决于金属本身及其氧化物的物理、化学性质，其中金属及其氧化物的熔点和沸点对其燃烧能力的影响比较显著。根据熔点和沸点不同，通常将金属分为挥发金属和不挥发金属。

挥发金属在空气中容易着火燃烧。它们和火源接触时被加热发生氧化，在金属表面上形成一层氧化物薄膜，由于金属氧化物的多孔性，金属继续被氧化和加热。经过一段时间后，金属被熔化并开始蒸发，蒸发出的蒸气通过多孔的固体氧化物扩散进入空气中，当空气中的金属蒸气达到一定浓度时就燃烧起来，同时燃烧反应放出的热量又传给金属，使其进一步被加热直至沸腾，进而冲碎了覆盖在金属表面上的氧化物薄层，出现了更激烈的燃烧。

挥发金属的燃烧温度大于其氧化物的沸点，因此燃烧激烈时，固体氧化物也变为蒸气扩散到燃烧层，离开火焰时便冷凝聚成微粒，形成白色的浓烟。这是挥发金属的燃烧特点。

不挥发金属因其氧化物的熔点低于金属的沸点，则在燃烧时熔融金属表面上形成一层氧化物。这层氧化物在很大程度上阻碍了金属和空气中氧的接触，从而减缓了金属被氧化的进程。但这些金属呈粉末状、气溶胶状、刨花状时在空气中燃烧进行得很激烈，且不生成烟。

Al、Ti、Fe 等金属虽然在空气中难以燃烧，但是在纯氧中却能燃烧。在燃烧时金属并不气化而是液化，液态金属的流动方向对燃烧有重要影响。

着火燃烧部分（液化部分）的温度很高，因此它要向未燃烧部分传热；而液化的金属流动下落，减弱了传热效果，对着火燃烧不利。这一点与前面提到的着火位置对含可燃挥发分固体可燃物的着火燃烧性能的影响是不同的。

从以上讨论可以看出，挥发金属的燃烧属于熔融蒸发式燃烧，而不挥发金属的燃烧属于气、固两相燃烧。

某些金属燃烧具有下述普遍特征：

（1）燃烧难易程度与比表面积关系极大。有的金属呈块状时难以燃烧，但在薄片时可以燃烧；而呈粉尘状时极易燃烧，在一定条件下还会发生爆炸。

（2）燃烧热值大，燃烧温度高。金属燃烧热一般为普通燃料的 5~20 倍。由于燃烧热大，燃烧时火焰温度很高。

(3) 高温燃烧的金属性质活泼。金属处在燃烧状态时，由于温度很高，性质比较活泼，可以与二氧化碳、卤素及其化合物、氮气、水等发生反应，使燃烧更加强烈。

(4) 某些金属燃烧时火焰具有特征颜色。某些金属燃烧时火焰的特征颜色见表6-1。

表6-1　某些金属燃烧时火焰的特征颜色

金属名称	Na	K	Ca	Ba	Sr	Cu	Mg
火焰颜色	黄色	紫色	砖红色	绿色	红色	蓝色	白色

五、特殊形状固体可燃物的着火

1. 薄片（纸、布等）固体可燃物的着火

这类物质由于很薄，而面积相对很大，总质量相对较小，所以热容量较小。导致受热之后升温很快，热解、气化也很快，着火就容易。另外，由于相对面积较大，与周围空气中氧气的接触多，供氧容易，这就是着火容易的另一个原因。薄片物体的放置方向，对于薄片物体周围的自然对流情况有显著影响。因此影响到薄片物体的着火特性。图6-1所示为有机玻璃片在水平放置与垂直放置两种状态下，受热辐射而着火时着火延迟时间的变化。导致这种差别的原因就是自然对流的情况不同，因而向有机玻璃片的传热情况不同。垂直放置的物体对自然对流有利，对传热和供氧有利。所以它的着火延迟时间比同样条件下水平放置物体的着火延迟时间要短一些。

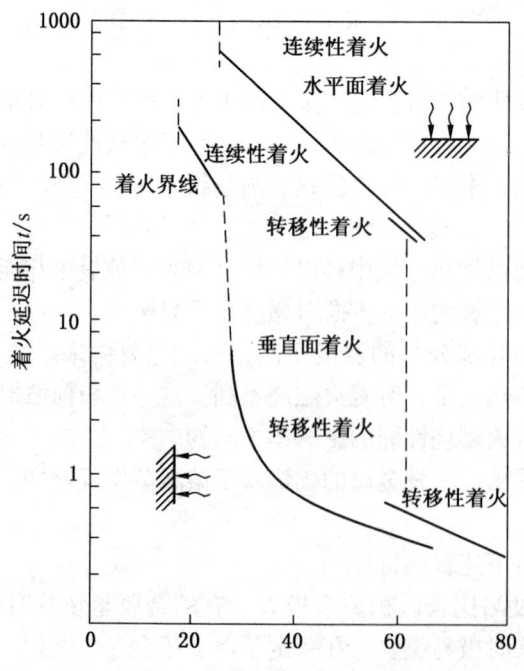

图6-1　水平与垂直放置薄片可燃物着火特征比较

此外研究结果还表明，热辐射强度不同，着火位置也不同，如图6-2所示，图中q_{re}表示外界辐射热流。从图中看到：在垂直放置的有机玻璃薄片中，当热辐射强度较低时，着火位置在高温上升气流的下端；从水平方向来看，距有机玻璃片表面的距离较近（与热辐射强度较高时相比）。水平放置的有机玻璃薄片也有类似结果。实际的着火现象多属于低热辐射强度下的着火。

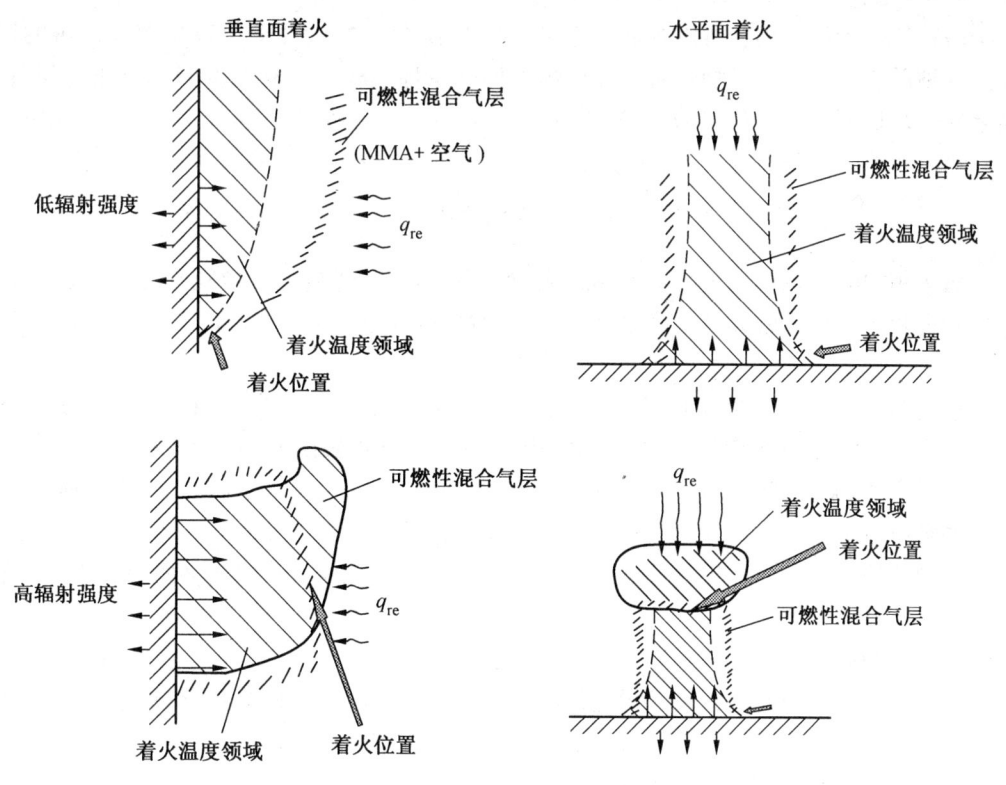

图6-2 垂直与水平放置薄片可燃物着火特性与热辐射强度的关系

2. 固体微粒物的着火

对于一般堆积的微粒，可以用热着火理论进行分析。依据佛朗克-卡门涅茨斯的稳态分析法可得着火的临界条件为

$$\delta = \frac{E_a}{RT_0^2} \frac{\Delta H r^2 K}{\lambda_e} \exp\left(-\frac{E_a}{RT_0}\right) \tag{6-28}$$

式中 E_a——活化能；

K——频率因子；

R——通用气体常数；

r——微粒堆积的代表尺寸(堆积层厚度的一半，圆筒状及圆球状堆积体的半径等)；

T_0——环境温度；

λ_e——微粒堆积体内的有效热传导系数；

δ——着火的临界条件，对于可简化为平板堆积体时$\delta = 0.88$，圆柱堆积体时$\delta = $

2.00，圆球堆积体时 $\delta = 3.22$；

ΔH——标准生成焓。

K 和 λ_e 与粒径的大小有关，一般随着粒径的减小，K 是增大的，而 λ_e 则是减小的，所以粒径越小越容易着火。堆积体不能过大，因为 δ 与 r^2 成正比，过大的堆积体很容易着火。对于平均粒径 2~3 μm 的超细微粒碳，堆积体若有足球那么大，在室温条件下，一般 1 h 就可着火。

微粒物由于尺寸小，所以很轻，在有相对气流存在的条件下很容易形成浮游的微粒云。这种浮游状态的微粒物具有预混可燃气体的特性，较堆积状态的微粒物更容易着火。如果取一个长度为 d（单位为 cm）的正方微元体，微粒物的密度为 ρ（单位为 g/cm³），微粒物之间的中心距离为 L（单位为 cm），则微粒物的浓度 c（单位为 g/cm³）为

$$c = \frac{\pi \rho}{6} \left(\frac{d}{L} \right)^3$$

对于相同的微粒物浓度，如果粒径越小，微粒物数就越大，微粒物之间的距离就越小，着火和火焰传播就容易。这也是浮游微粒物着火和火焰传播特性与预混可燃气体的差别。

最近的研究结果表明：不带电的微粒受震动的影响可以带电，而带电量与振动的振幅、频率、时间等因素有关。此外，由于微粒带电，微粒在容器中的飞行高度也相应增加。如果增加振动时间，微粒的带电量将达到饱和状态。由于带电量的增加，微粒与容器壁面的吸引力增加，进而抑制了微粒的飞行高度，导致微粒扩散速度的降低。同时又引起了带电微粒的聚积，可能出现放电而引起火花的危险。这种火花的能量如果足够大，就可能点燃微粒群而引起火灾。

进一步的研究结果表明：容器表面的性能对微粒的带电也有影响。在容器表面涂有表面活性剂之后明显地看出，表面活性剂的浓度对微粒带电量有显著的影响。总之，不带电的微粒在运送等过程中如果受到振动的影响，就可能带电，而带电量与许多因素有关。

对于液体的研究结果也表明具有上述的性能。

第三节　固态可燃物的火灾蔓延

一、塑料等可燃性固体

如果以塑料棒或板为例，其燃烧情况分为三种：上端着火，火向下蔓延；下端着火，火向上蔓延；中间着火，火向两端蔓延。而最后一种情况实际上就是前两种情况的综合，所以只需讨论前两种情况即可。图 6-3 所示为塑料棒的燃烧情况，燃烧过程的关键是传热规律。必须以足够的热量传给固体可燃物，才能满足固体可燃物热解、气化反应的要求，这是保证火蔓延的必备条件。

火的蔓延速度受周围气流速度影响很大，现在分析一下无相对风速的情况。向上蔓延时，高温燃气流经未燃固体表面，所以对流换热效果明显。可燃性固体可以从火焰得到更多的热量，满足可燃性固体热解、气化反应的要求，火的蔓延速度就快。向下蔓延时，高温燃气不流经未燃固体表面，传热量少，火的蔓延速度就慢。

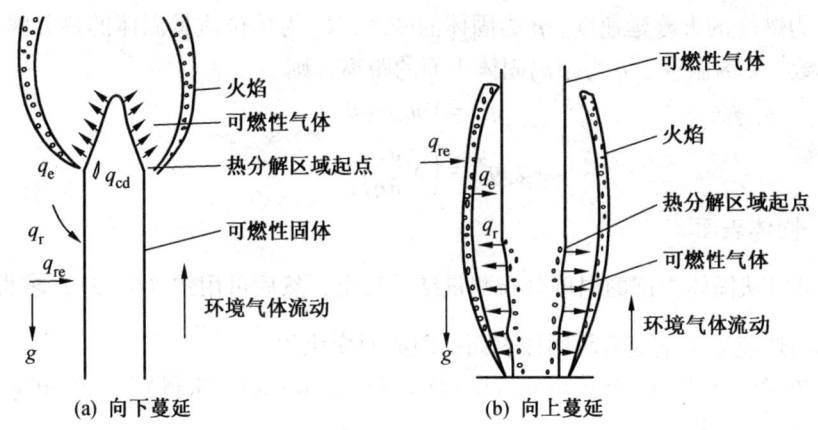

q_e—从气体向固体的对流热流；q_{cd}—固体内部的导热热流；
q_r—从火焰向固体的辐射热流；q_{re}—从外部热源向固体的辐射热流

图 6-3 塑料棒燃烧示意图

实验结果表明：向下的火蔓延速度随着板厚的增加而减小，并逐渐趋于某个常数，这个常数值略小于相同厚度的水平蔓延时的速度。造成上述事实的主要原因是传热关系的变化结果。

当板的厚度小时，向未燃烧部分的传热主要靠气相向预热区传热：

$$\frac{q_{su}}{q_t} > \frac{q_c}{q_t}$$

当板的厚度大时，主要靠固体内部向未燃烧部分传热：

$$\frac{q_{su}}{q_{st}} < \frac{q_c}{q_t}$$

式中　q_t——向固体的全部热流量；
　　　q_{su}——从气相向预热区的热流量；
　　　q_c——固体内部的热传导热流量；
　　　q_{st}——从气相向热解区的热流量。

当固体的表面温度 T_S 升高时，火的蔓延速度 V_F 增大。当板的厚度 δ 小时，火的蔓延速度 V_F 与固体的气化温度（T_V）同表面温度（T_S）的差（$T_V - T_S$）成反比；当板的厚度 δ 大时，火蔓延速度 V_F 与 $(T_V - T_S)^2$ 成反比。这就是说对于厚度大的固体可燃物来讲，表面温度影响非常显著。这说明当火灾规模较大时，再有较大尺寸的可燃物，其危险程度就更大了。很明显热辐射强度不同，表面温度不同，杆的内部温度也不同，而且固体的表面形状也不同，因此可依据表面形状判断表面温度的高低。

如用 q''_E 表示二氧化碳激光器的热辐射强度，θ 为固体表面与水平面的夹角，则有

$$q''_e = q''_E \cos\theta$$

式中　q''_e——外部向固体单位表面积上的热辐射通量。

如果 q''_J 为从火焰向固体单位表面积上的热辐射通量，q''_p 为单位表面的固体热分解时所需的热通量，q''_c 为每单位固体表面上向固体内部传入的热通量，则

$$q''_e + q''_J = q''_p + q''_c \tag{6-29}$$

如果 V 为燃烧的火蔓延速度，ρ 为固体的密度，L_e 为单位质量固体的热分解，λ 为固体的导热系数，T 为温度，η 为距离固体表面的距离，则

$$q''_p = V\rho L_e \cos\theta \tag{6-30}$$

$$q''_c = \left(\lambda \frac{\partial T}{\partial \eta}\right)_S \tag{6-31}$$

式中　S——固体表面。

$\left(\dfrac{\partial T}{\partial \eta}\right)_S$ 可以从固体内部的温度分布测量结果得出，然后再用式（6-31）求得 q''_c。显然固体内部的热流通量是随着距固体表面的距离而变化的。

如果已知 q''_E、V 和 θ，就可由式（6-28）和式（6-30）求得 q''_c、q''_p 和 q''_J。

二、木材等天然可燃性固体

火的蔓延速度也与木材的结构有关，竖直下端点火，火焰向上蔓延时，横纹（木纹方向与木条轴线相垂直）木条的火焰蔓延速度均大于顺纹（木纹方向与木条轴线一致）木条火焰蔓延速度，且存在下述关系：

$$\overline{U}_{横} \approx 1.3\, \overline{U}_{纵} \tag{6-32}$$

这种现象的重要性在于揭示了森林火灾和城市建筑火灾中，木材沿径向烧损严重的实质，也为火灾防治提供了依据。

木条的横截面尺寸对火的蔓延速度有显著影响，木条的厚度（δ）及木条的高度（h）对火蔓延速度的影响并不相同；木条的厚度增加时，火的蔓延速度下降；木条的高度增加时，火的蔓延速度增加。造成上述结果的原因，仍然可以从对传热过程的影响得到解释。木条的厚度增加时，受热面积并不增加，但相对散热量增加，所以火的蔓延速度下降。木条的高度增加时，增加了与已燃高温燃气的接触面积，传热量增加而使火焰蔓延速度增加。增加高度相当于增加了横纹木条的长度，有利于从下向上的火蔓延。一般建筑结构中的横梁，由于力学性能要求，多是木条的厚度小、高度大，这点对防火来讲是十分不利的。

环境温度对火的蔓延速度有显著影响，依据木材的闪火温度在 270 ℃ 左右可知：当环境温度接近 270 ℃ 时，木材的热解、气化速度迅速上升，所以火的蔓延速度迅速增加，因此大面积的森林火灾形成的高温环境是非常危险的。

三、灌木及茅草天然可燃性固体

在实验室中进行模拟实验时，各种参数容易控制，可以一个一个参数进行研究，下面将主要介绍实验室中的模拟实验结果。

火区的形状与风速、风向有密切的关系，顺风的蔓延方向称为火头，逆风的蔓延方向称为火尾，两侧称为火侧，中间为已烧过的区域，正在向外蔓延的火一般称为火线。此外，火的蔓延方向和速度还与地形有关，一般在山脊背上的蔓延速度较快，在谷底的蔓延速度较慢。显然可燃物的含水率对火的蔓延速度有很大影响，这些情况表明：要对实际火场进行全面的模拟是很困难的，所以经常模拟局部火线上的蔓延情况。森林火灾常依据火焰高度、火线强度（单位长度上的放热量，单位为 kW/m）划分火的强度等级。一般常以低强度地表火为例来进行研究，下面只介绍低强度地表火的有关情况。这与条件因素及低

强度地表火的发生率最高有关。

（1）模拟火场的尺寸。模拟火场必须有足够大的尺寸，这里取 1 m 宽、2 m 长。地面则应模拟当地林区土质的热物理性能、粒度、含水率等，一般应在 10 cm 以上。

（2）可燃物负荷量。根据模拟火场的强度、可燃物种类及含水率等因素来确定。

（3）描述火场特性的参数选取。决定火的蔓延速度大小的参数很多，其中以温度最为重要，所以选用温度来描述火场特性。

（4）温度测定的布置。要真实地反映火场的温度分布，在转折处附近应多布几个测点。为了消除边界的影响，沿火焰蔓延方向的所有测点均布置在中心平面内。为了监测可燃物初温的变化，沿可燃物表面应有温度测点。垂直于地面方向上，在不同高度上布置温度测点，测量火焰温度随高度的变化。实验结果表明：在模拟火场的开始和终了阶段，有两个火焰温度高峰值。而且终了时的温度峰值最大，中间基本平稳不变。开始阶段温度较高；在中间阶段由于已燃过的区域温度较环境温度高，因自然对流的影响，带走了卷吸进来的新鲜空气，使得火焰一侧的供氧不足，燃烧完全程度下降，火焰温度自然就低；在终了阶段虽然也有中间阶段的供氧问题，但是因可燃物的温度增高，使得火焰温度升高。

（5）火蔓延速度的确定。单位时间、单位长度火线上的热释放速度称为火强度 I（单位为 kW/m），一般常用下式表示：

$$I = 0.007 H W V_F \qquad (6-33)$$

式中　H——可燃物热值，kcal/kg；

W——有效的可燃物质量，kg/m^2；

V_F——火的蔓延速度，m/min。

所谓有效的可燃物质量是指应去掉未燃烧部分的质量及相应的热值。已知 1 kcal = 4.1868 kJ，式（6-33）经过单位换算以后可写为

$$I = 0.0293 H W V_F \qquad (6-34)$$

式（6-34）中 H 的单位为 kJ/kg。

风速和风向对火焰蔓延速度有显著影响，当顺风时，火蔓延速度随着风速的增加而增加。这除了温度因素，还要特别注意燃烧产物中的有毒气体对人体的影响，避免因中毒而造成伤亡。

四、薄片可燃性固体

单页纸和单层布之类的可燃性固体，由于很薄，本身的热容很小，所以着火后火的蔓延规律有很多特点，与一般的可燃性固体着火后的火蔓延情况不同。

研究结果表明：薄片可燃性固体的质量燃烧速度等于固体的热解、气化速度。而可燃性固体的热解、气化速度强烈地依靠外部向固体的传热量。尽管材料种类不同，但均与热流通量有密切关系，这实质上反映了温度对燃烧过程的强烈影响。当温度在 1000 ℃ 以下时，只有碳的表面反应；当温度在 1000 ℃ 以上时，除表面反应外，还将发生空间的气相反应。

由于温度的变化，必然引起自然对流的变化，而流动对传热过程又有强烈影响，最终导致火蔓延速度的变化。纸火焰的蔓延速度随气流速度 u_∞ 变化明显分成三个区域：

I 区（$u_\infty \leq 85$ cm/s）属于自然对流范围。气流速度增加，火焰的蔓延速度下降。而

且在每一种速度下，火焰的蔓延速度都有加速现象。

Ⅱ区（$85 \text{ cm/s} < u_\infty < 125 \text{ cm/s}$）为不稳定范围。此时 $u_\infty = 100 \text{ cm/s}$，纸中间部分火焰的蔓延速度忽快忽慢，而且边上比中间慢得更多，火焰形状变尖，火焰整体的蔓延速度下降。

Ⅲ区（$u_\infty \geq 125 \text{ cm/s}$）是火焰蔓延速度下降范围。火焰从边上到中间趋于平整，总的火焰蔓延速度均匀地下降了。但也有局部的加速现象，此时的 $u_\infty = 130 \text{ cm/s}$，若再增大气流速度则灭火。

温度实验结果表明：

在Ⅰ区未燃侧受火焰前锋高温气体的预热作用明显，所以气相温度变化不规则，但总的趋势是温度在增高。

在Ⅱ区这种预热作用呈周期性变化，这是由于高温气体与环境气体交互流过该处所致，温度也有所增高。

在Ⅲ区这种预热作用只限于紧靠火焰前锋的一小部分，其他部分几乎没有预热作用。

第四节　固体可燃物的阴燃

阴燃是指在规定的试验条件下，物质发生的持续、有烟、无焰的燃烧现象。阴燃与有焰燃烧的主要区别是无火焰，与无焰燃烧的主要区别是能热分解出可燃气体。在一定条件下，阴燃可以转变为有焰燃烧。

一、阴燃的发生条件

阴燃能否发生完全取决于固体材料自身的理化性质及其所处的外部环境。

很多固体材料能发生阴燃是因为这些材料受热分解后能产生刚性结构的多孔炭，从而具备多孔蓄热并使燃烧持续下去的条件。相反有些材料，如 α-纤维素等，受热时很少产生刚性结构的炭，所以难以发生阴燃。有些不易阴燃的固体经过一些无机物溶液浸泡处理后，变得容易发生阴燃，这主要是因为这些无机物有助于炭化反应的进行。

有些物质以粉末状分散于能阴燃的固体中时，会中断碳上的反应晶格，降低炭生成量，从而能抑制阴燃的发生。

阴燃主要发生在固体物质处于不流通的情况下，但也有暴露于外加热流的固体粉尘层表面上发生阴燃的情况。无论哪种情况，阴燃的发生均要求有一个供热强度适宜的热源。在多孔材料中，常见的引起阴燃的热源包括：①自燃热源；②阴燃本身成为热源；③有焰燃烧火焰熄灭后的阴燃。

此外，不对称加热、固体内部热点等，都有可能引起阴燃的发生。

二、阴燃的传播

如果材料的一端被适当加热，就开始发生阴燃，接着它沿着未燃区向另一端传播。阴燃的结构分为三个区域，如图 6-4 所示。

区域Ⅰ：热解区。在该区内温度急剧上升，并且从原始材料中挥发出烟。相同的固体材料，在阴燃中产生的烟与在有焰燃烧中产生的烟大不相同，因阴燃通常不发生明显的氧化，其烟气含有可燃性气体，冷凝成悬浮粒子的高沸点液体和焦油等，所以它是可燃的。

在密闭的空间内，阴燃烟的聚积能形成可燃性（甚至爆炸性）混合气体。曾发生过由于乳胶垫阴燃而导致的烟雾爆炸事故。

区域Ⅱ：炭化区。在该区中，碳在表面发生氧化并放热，温度升高到最大值。在静止空气中，纤维素材料阴燃在这个区域的典型温度为 600~750 ℃。该区产生的热量一部分通过传导进入原始材料，使其温度上升并发生热解，热解产物（烟）挥发后就只剩下炭。对于多数有机材料，完成这种分解、炭化过程，要求温度大于 250~300 ℃。

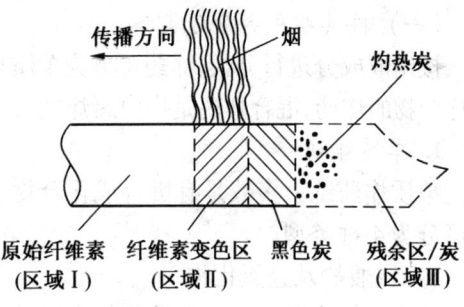

图 6-4　纤维素棒沿水平方向阴燃示意图

区域Ⅲ：残余区/炭区。在该区中，灼热燃烧不再进行，温度缓慢下降。

因为阴燃传播是连续的，所以实际上以上各区域间并无明显界限，其间都存在逐渐变化的过渡阶段。阴燃能否传播及传播速度快慢主要取决于区域Ⅱ的稳定及其向前的热传递情况。

有些高聚物泡沫单独存在时是难以阴燃的，但是如果它们与许多像织物类的构料组成双元材料体系时，就可以发生阴燃。这说明某些易阴燃材料对其他一些难阴燃材料的阴燃起决定性作用。如果泡沫材料阴燃是在静止的空气中发生的，区域Ⅱ所达到的最高温度不会超过 400 ℃，它明显地低于纤维素阴燃的区域Ⅱ的最高温度（≥600 ℃），这可能是某些泡沫材料单独存在时难以阴燃的主要原因。还有人提出，这些泡沫的阴燃传播机理涉及穿过稀疏网眼结构的辐射传热问题。

除上述影响因素外，固体材料的阴燃特性还受到其中杂质的影响。另外，湿度对阴燃不利。

三、阴燃向有焰燃烧的转变

上述有利于阴燃的因素也都有利于阴燃向有焰燃烧的转变。

从总体上讲，当区域Ⅱ的温度增加时，由于热传导使得区域Ⅰ温度上升，热解速率加快，挥发分增多，这时区域Ⅰ附近空间的可燃气体浓度加大。当这个浓度达到某一值时，如果有明火即可引燃；如果没有明火，当温度继续升高时，也可自燃着火。这就完成了阴燃向有焰燃烧的转变。

概括地讲，阴燃向有焰燃烧的转变主要有以下几种情形：

（1）阴燃从材料堆垛内部传播到外部时转变为有焰燃烧。
（2）加热温度提高，阴燃转变为有焰燃烧。
（3）密闭空间内材料的阴燃转变为有焰燃烧。

第五节　炸　药　爆　炸

一、炸药的分类

由于炸药的组成、物理性质、化学性质、爆炸性能的不同，炸药的分类方法很多。目前，一般根据炸药的组成成分、用途和使用条件来进行分类。

(一) 按其组成成分分类

按组成成分进行分类，炸药可分为单质炸药和混合炸药两大类。单质炸药是指成分为单一化合物的炸药，混合炸药是指由爆炸性成分和非爆炸性成分按照一定配比混合制成的炸药。

1. 单质炸药

单质炸药绝大多数是有机合成化合物，根据合成元素、分子结构及所含原子团的类别又可分为4种类型。

1) 雷酸盐及叠氮化物

这类炸药主要用于雷管及其他火工品作起爆药使用。如雷汞、二硝基重氮酚等。

2) 醇类硝酸酯

这类炸药含有硝酸根（NO_3^-），而且硝基是通过氧原子与有机物中的碳原子连接，因此极不稳定，它们的各种感度都较高，化学稳定性差。如硝化甘油、泰安、硝化棉等。

3) 硝基化合物

这类炸药含有硝基（—NO_2），它可直接和苯环或烃基中的碳原子连接，也可以通过氮原子与碳原子连接。这类炸药的爆炸性能主要取决于硝基的数目、位置及其与碳原子的连接方式。如梯恩梯、黑索金、苦味酸等。

4) 硝酸盐类

这类炸药是常用混合炸药的主要成分，它可以是无机物也可以是有机物。如硝酸铵、硝酸尿等。

2. 混合炸药

民用炸药绝大多数是混合炸药，均是根据使用要求由多种单质炸药混合而成，因此其爆炸性能、敏感度、物化性能、原材料的种类及生产工艺等都可以进行人为的调节和选择。如果按其主要组分和特性可分为硝酸铵类混合炸药和硝铵含水炸药两大类。

1) 硝酸铵类混合炸药

这类炸药的主要成分是硝酸铵，一般硝酸铵在炸药中占67%~92%。如是以梯恩梯作敏化剂的称为铵梯炸药，它是我国20世纪80—90年代矿山生产和爆破工程中的主要使用品种，由于梯恩梯的毒副作用，现在其使用比例正在逐年下降，有被低梯的铵梯油炸药、无梯硝铵炸药和硝铵含水炸药取代的趋势。如不含梯恩梯的炸药称为无梯硝铵炸药。这类炸药威力较低，但价格便宜、制造简单，如铵油炸药、铵沥炸药、铵松蜡炸药等。如在硝酸铵中加入高威力猛炸药和金属发热剂以提高其敏感度和威力的叫做硝铵高威力炸药。这类炸药的爆速一般大于4000 m/s，猛度大于16 mm。如铵梯黑炸药、铵梯铝炸药等。

2) 硝铵含水炸药

这类炸药是以硝酸铵的饱和水溶液为主要成分，再加入敏化剂和其他添加剂所组成的炸药，称为含水炸药。它最大的特点是抗水性强，近几年这类炸药发展得很快。如浆状炸药、水胶炸药、乳化炸药等。

混合炸药中还有以硝化甘油为主要成分的胶质炸药。如黑火药等。

(二) 按其特性和用途分类

1. 起爆药

起爆药是作为雷管的主要起爆炸药，它的作用是用来引爆雷管内的主爆猛炸药的，从而提高雷管的起爆能力。起爆药的特点是感度较高,在热、摩擦或撞击等作用下,很容易发生爆炸。也就是它起爆所需要的外界能量较小,且达到爆轰时间很短。

2. 猛炸药

猛炸药一般都比较钝感,只有在相当大的外界能量作用下才能发生爆炸,但是爆炸后猛炸药具有较大的爆速和威力,在爆破工程中主要是利用猛炸药来做功。猛炸药又可分为单质猛炸药和混合猛炸药两种。

3. 发射药或火药

发射药或火药在一般情况下主要的化学变化形式是燃烧,几乎不发生爆炸(在密闭容器内或用大威力的传爆药柱进行起爆时,还是可以发生爆轰的)。也正是它这种能稳定燃烧的性质,决定了它的主要用途:在军事上主要用来发射枪弹或炮弹,也可以用来发射火箭;在民用上主要是用来制造导火索和延期雷管的延期药。常用的发射药或火药,除黑火药外,用得比较多的还有无烟火药等,它们是以硝化棉、硝化甘油为主要成分,外加部分添加剂胶化而成的。

(三) 按其使用条件进行分类

1. 露天炸药

对这类炸药没有作任何限制,只能用于露天爆破。目前露天炸药主要有铵油炸药、多孔粒状铵油炸药、浆状炸药、铵沥炸药、铵松蜡炸药、露天乳化炸药等。

2. 岩石炸药

对这类炸药的爆破后生成的有毒气体量做了限制,它主要适用于无瓦斯和煤尘爆炸危险的矿井和岩石工作面。现阶段主要岩石炸药有铵梯炸药、铵梯油炸药、水胶炸药、膏状乳化炸药、粉状乳化炸药、膨化硝铵炸药等。

3. 煤矿许用炸药

这类炸药主要用于有瓦斯和煤尘爆炸危险的矿井和煤层工作面,对这类炸药的爆热、爆温、产生火焰的长度和持续时间等都做了严格的限制,同时也和岩石炸药一样对其爆炸后生成的有毒气体量也做了规定,以保证井下安全使用。我国煤矿许用炸药分为五级,经常使用的只有 1~3 级,属一般安全型。

二、炸药的特性

(一) 起爆药

起爆药的特点是对外界作用如火焰、摩擦、撞击等特别敏感,只要很小能量的激发就会引起爆炸。它主要用于制造起爆器材,如火雷管、电雷管、非电雷管等,最常用的起爆药有雷汞、氮化铅和二硝基重氮酚。

1. 雷汞

雷汞 $[Hg(CNO)_2]$ 为白色或灰白色微细晶体,50 ℃ 以上即自行分解,160~165 ℃ 时发生爆炸。干燥的雷汞对撞击、摩擦和火花均极为敏感,潮湿的或压制的感度降低。湿雷汞易与铝起化学作用生成极易爆炸的雷酸盐,故不能用铝材作雷汞雷管的管壳,工业用雷汞雷均为铜壳或纸壳。

2. 氮化铅

氮化铅 $[Pb(N_3)_2]$ 为白色针状晶体,与雷汞或二硝基重氮酚相比,其热感度较低,但起爆威力较大，不怕潮湿，可用于水下起爆。由于氮化铅在有二氧化碳存在的潮湿环境中易与铜发生化学作用而生成极敏感的氮化铜，因此氮化铅雷管不可使用铜质管壳而必须使用铝壳或纸壳。

3. 二硝基重氮酚

二硝基重氮酚 $[C_6H_2(NO_2)N_2O]$ 简称 DDNP，为黄色或黄褐色晶体，它的安定性好，在常温下长期存储于水中仍不降低其爆炸性能，干燥时在 75 ℃ 时开始分解，170~175 ℃ 时爆炸。它对撞击、摩擦的感度均比雷汞或氮化铅低，热感度介于这两者之间。

由于二硝基重氮粉的原料来源广，生产工艺简单、安全、成本较低，而且具有较高起爆性能，所以国产工业雷管目前主要用二硝基重氮粉作起爆药。

（二）猛炸药

猛炸药同起爆药相比其感度较低，在使用时必须用起爆药来引爆。可用来作起爆器材的加强药或爆破的主爆药包。猛炸药的爆炸威力大，破碎岩石时的效果好。常用的猛炸药又可以分为单质猛炸药和混合猛炸药。

1. 单质猛炸药

1）梯恩梯

梯恩梯学名为三硝基甲苯 $[C_6H_2(NO_2)_3CH_3]$，简称 TNT，纯净的梯恩梯为无色针状结晶体，熔点为 80.75 ℃，工业生产的粉状梯恩梯为浅黄色鳞片状晶体，其液态密度为 1.465 g/cm³，铸装密度为 1.55~1.56 g/cm³，即熔融时，体积膨胀 12%；吸湿性弱，几乎不溶于水；热安定性好，常温下不分解，遇火能燃烧，密闭条件下燃烧或大量燃烧时，很快转为爆炸。梯恩梯的机械感度较低，若混入细砂类硬质掺和物，则容易引爆。许多炸药厂采用精制梯恩梯作雷管中的加强药或硝酸铵类炸药的敏化剂。

梯恩梯的爆力为 255~300 mL，猛度为 16~19.9 mm，爆速为 5100~6856 m/s，爆热为 4222 kJ/kg。

梯恩梯是一种有毒的物质，其粉尘、蒸气主要是通过皮肤侵入人体内，其次是通过呼吸道。在生产和使用中接触梯恩梯和铵梯炸药均有可能中毒。主要是引起中毒性肝炎和再生障碍性贫血，结果导致黄疸病、青紫病、消化功能障碍，以及红、白血球减少等，严重时可死亡。

2）黑索金

黑索金即环三次甲基三硝胺 $[C_3H_6N_3(NO_2)_3]$，简称 RDX，它是白色晶体，熔点为 204.5 ℃，爆发点为 230 ℃，不吸湿，不溶于水。黑索金热安定性好，其机械感度比梯恩梯高。

黑索金的爆力为 480 mL，猛度为 24.9 mm，爆速为 5980~8740 m/s，爆热为 5350 kJ/kg。由于黑索金的威力和爆速都很高，因此它除用作雷管中的加强药外，还可以用作导爆索的药芯或同梯恩梯混合制造起爆药包。

3）特屈儿

特屈儿即三硝基苯甲硝胺，它是淡黄色晶体，难溶于水，热感度及机械感度都很高，爆炸性能好，爆力为 475 mL，猛度为 22 mm。特屈儿容易与硝酸铵强烈作用而释放热量导致自燃。它主要用于军事，也可以作工业雷管的加强药。

4）泰安

泰安即季戊四醇四硝酸铵酯，简称 PETN，它是白色晶体，几乎不溶于水，熔点为

140.5 ℃，爆发点为 225 ℃。其爆炸威力大，爆力为 550 mL，猛度为 24 mm，爆速为 8000～8600 m/s。它的爆炸特性与黑索金相似，用途相同。

5）硝化甘油

硝化甘油即三硝酸酯丙三醇 $[C_3H_3(ONO_2)_3]$，简称 NG。它是无色或微带黄色的油状液体，20 ℃时的相对密度为 1.59，不溶于水，在水中可以爆炸。

硝化甘油有毒，应避免与皮肤接触。它在 50 ℃时开始挥发，爆发点为 200 ℃，机械感度很高，受撞击和震动易发生爆炸，因此不能单独使用，常用多孔物质如硅藻土或硝化棉吸收以降低其感度。爆炸威力很高，爆力为 500 mL，猛度为 23 mm。纯硝化甘油在 13.2 ℃时冻结，此时极为敏感，为提高使用时的安全，常将硝化甘油与二硝酸酯乙二醇混合使用，以降低此类炸药的冻结点。

工业使用的硝化甘油炸药是以硝化甘油为主要成分，以硝化棉为吸收剂，以硝酸钾、硝酸钠或硝酸铵为氧化剂，加上少量木粉组成的混合炸药，通常此类炸药的爆炸威力与硝化甘油含量成正比。国产硝化甘油炸药为含硝化甘油 40% 的粉状硝化甘油炸药和含硝化甘油 60% 的胶质硝化甘油炸药两种。硝化甘油炸药的突出优点是抗水性强、威力高，但由于它的撞击感度和摩擦感度高而不安全，以及价格高昂等缺点，而逐步让位于其他新型抗水炸药。

40% 硝化甘油炸药的主要性能指标：

爆力	360 mL
猛度	15 mm
殉爆距离	5 cm

60% 硝化甘油炸药的主要性能指标：

爆力	380 mL
猛度	16 mm
殉爆距离	8 cm

2. 混合猛炸药

混合猛炸药是含有两种组成成分以上的混合物，又叫爆炸性混合物。这类炸药有气态的、液态的和固态的，其中以固态的最多。大多数工业炸药都属于混合猛炸药。

黑火药是我国古代四大发明之一，也是混合炸药的始祖。一直到 19 世纪瑞典人诺贝尔发明硝化甘油炸药，才使工业炸药的面貌焕然一新。以硝化甘油为主要原料的狄纳米特威力强大，因而在市场上占据重要地位。20 世纪早期，人们通过偶然的爆炸事故中发现硝酸铵不仅可以作化肥使用，而且还是一种爆炸性物质，可以用来配制炸药。于是，各种各样的价格便宜的硝铵炸药应运而生，现在硝铵类炸药已取代硝化甘油类炸药成为工业炸药的主宰。

硝铵类混合炸药是以硝酸铵为主要成分的混合炸药，它具有反应完全，爆炸后生成气体量大，原材料来源广泛，制作工艺简单、可靠，成本低，爆炸性能好等特点。下面介绍几种常用的工业炸药。

1）铵梯炸药

铵梯炸药的主要成分是硝酸铵、梯恩梯和木粉。硝酸铵是构成铵梯炸药的主要成分，占炸药总量的 65%～95%。

硝酸铵加热时分解，其熔点为 169.6 ℃，加热到 230 ℃ 以上时开始迅速分解，当温度高于 400 ℃ 时可爆炸。它的感度较低，不能用工业雷管直接起爆，但当起爆能足够大时，硝酸铵也可发生爆炸，其爆力为 165~230 mL，临界直径大于 100 mm。硝酸铵易吸湿、结块，吸湿结块后，其爆炸性能和感度下降，甚至完全不能爆炸。硝酸铵在炸药中是氧化剂。

梯恩梯在炸药中占 8%~15%，主要起还原剂和敏化剂的作用。

木粉在炸药中主要起疏松作用，依靠自身的弹性，调节炸药的密度，阻止硝酸铵颗粒之间的黏结、结块，同时它也是可燃剂。

国产铵梯炸药有露天炸药、岩石炸药和煤矿安全许用炸药等品种。结成硬块用手揉松和水分超过 0.5% 的铵梯炸药，由于爆炸生成的有毒气体量显著增加，因此均不能在井下使用。其存储期一般为 6 个月，煤矿许用型为 4 个月。

2 号岩石铵梯炸药的主要性能指标：

爆速	3600 m/s
爆力	320 mL
猛度	12 mm
殉爆距离	5 cm

煤矿安全许用铵梯炸药是在普通型铵梯炸药的基础上加入 15%~20% 的消焰剂，通常采用食盐作消焰剂。

铵梯炸药是比较安全的，它对撞击、摩擦的感度较低，用火焰和火星不太容易点燃，但当它受到强烈的撞击、摩擦和铁制工具敲打时，也能发生爆炸。在大气中裸露的少量铵梯炸药，一般不会由燃烧转化为爆炸，但如放在封闭的容器里，遇到火源就很容易由燃烧转化为爆炸。铵梯炸药很容易从空气中吸潮，含有食盐时其吸湿性更强。

2）铵油炸药

由硝酸铵和燃料油为主要成分的粒状或粉状（添加适量木粉）爆炸性混合物称为铵油炸药，简称 ANFO。其特点如下：

（1）成分简单，原料来源充足，成本低，制造使用安全，一般矿山均可自己制造，甚至可在露天爆破工地当场拌和，在爆炸威力方面低于铵梯炸药。

（2）感度低、起爆比较困难。采用轮辗机热加工，且加工细致、颗粒较细、拌和均匀的细粉状铵油炸药可由普通雷管直接起爆。采用冷加工，且加工颗粒较粗、拌和较差的粗粉状铵油炸药，需借助大约 10% 的普通炸药制成炸药包辅助起爆，雷管不能直接起爆它。

（3）吸潮及固结的趋势更为强烈，吸潮、固结后爆炸性能更加严重恶化，故最好不要储存，现做现用。容许的储存期一般为 15 天。

目前铵油炸药是我国金属矿山井下和露天爆破使用最多的炸药之一。

细粉状铵油炸药的主要性能指标：

爆速	3600 m/s
爆力	280~310 mL
猛度	9~13 mm
殉爆距离	4~7 cm

3）铵松蜡炸药

铵松蜡炸药由硝酸铵、松香、石蜡和木粉组成，也可添加适量柴油。硝酸铵和木粉的性质与作用如前所述，松香和石蜡则为还原剂和防水剂。铵松蜡炸药的爆炸性能良好，能接近 2 号岩石硝铵炸药，适用于无瓦斯和粉尘爆炸危险的中硬以上岩石爆破，铵松蜡炸药的突出优点是防潮抗水能力强，在雨季或潮湿环境下，敞露在空气中一段时间后，铵松蜡不会因吸湿潮解而失效，该炸药不含梯恩梯，同时也减少了制造过程中梯恩梯对工人的毒害作用。但是其有毒气体生成量偏高，在井下使用时要注意该指标的影响。

2 号铵松蜡炸药的主要性能指标：

猛度	12～14 mm
殉爆距离	4～7 cm

4）浆状炸药

浆状炸药是以氧化剂水溶液、敏化剂和胶凝剂为基本成分的抗水硝铵类炸药。1956 年，浆状炸药首次出现于加拿大铁矿公司的某个露天矿中。该炸药的主要优点是抗水性强、密度高、具有较好的可塑性和一定的流动性、爆炸威力较大、原料来源广、成本低和安全，该炸药在露天有水深孔爆破中得到广泛应用。其缺点是由于没有雷管感度，需要用猛炸药制作起爆药包来起爆。

5）水胶炸药

水胶炸药是在浆状炸药的基础上发展起来的含水炸药，也是由氧化剂（硝酸铵为主）的水溶液、敏化剂（硝酸甲胺、铝粉等）和胶凝剂等基本成分组成。一般来说，水胶炸药与浆状炸药没有严格的界限，二者的主要区别在于使用不同的敏化剂，浆状炸药的主要敏化剂是非水溶性的火炸药（梯恩梯和硝化甘油）成分、金属粉（铝粉和镁粉）和可燃物（柴油），而水胶炸药则是采用水溶性的甲胺硝酸盐作敏化剂，因而使爆轰感度大为增加，并且具有威力高、安全性好（机械感度和热感度低）、抗水性强、价格低廉、爆炸后产生有毒气体少等优点。可用于井下小直径（35 mm）炮眼爆破，尤其适于井下有水而且坚硬岩石中的深孔爆破。非安全型水胶炸药只适用于无瓦斯和煤尘爆炸危险的工作面，安全型水胶炸药可用于有瓦斯和煤尘爆炸危险的爆破工作面。

SHJ-K 型水胶炸药的主要性能指标：

爆速	≥3500 m/s
爆力	350 mL
猛度	≥15 mm
殉爆距离	≥8 cm
有毒气体生成量	29.6 L/kg

6）乳化炸药

乳化炸药也称乳胶炸药，是在水胶炸药的基础上发展起来的一种新型抗水炸药。它由氧化剂（硝酸铵水溶液）、可燃剂（燃料油）、乳化剂（失水山梨醇）、敏化发泡剂（敏化气泡和珍珠岩）、高热剂等成分组成。它跟浆状炸药和水胶炸药不同，属于油包水型结构。乳化炸药包括传统的膏状乳化炸药和粉状乳化炸药。

传统的乳化炸药是以无机含氧酸盐水溶液作为分散相，悬浮在含有分散气泡或空心玻璃微球或其他多孔性材料的似油类物质构成的连续介质中，形成一种油包水型的特殊乳化体系。

粉状乳化炸药突破了传统的乳化炸药的药体概念，其最终产品的外观状态不再是乳胶体，而是以极薄油膜包覆的硝酸铵等无机氧化剂盐结晶粉末。由于它保持了乳化炸药体系中氧化剂与燃烧剂接触紧密充分的特点，且呈粉末状态，无须引入敏化气泡，就具有较高的爆轰感度和良好的爆炸性能，但其装药密度较低，一般只有 $0.8 \sim 0.85$ g/cm³。

膏状乳化炸药具有密度可调范围较宽（一般可在 $0.8 \sim 1.45$ g/cm³ 之间）、抗水性能强、起爆感度高、爆炸性能好、机械感度低、炸药中不含有毒成分、爆炸产生的有毒气体少等优点，因而无论生产、存储、运输、使用都比较安全。

EL 型乳化炸药的主要性能指标：

爆速	$4000 \sim 5000$ m/s
猛度	$16 \sim 19$ mm
殉爆距离	$8 \sim 12$ cm
爆力	$260 \sim 280$ mL

粉状乳化炸药的主要性能指标：

爆速	$3700 \sim 4300$ m/s
猛度	$15 \sim 18$ mm
殉爆距离	$5 \sim 8$ cm
爆力	$340 \sim 380$ mL

（三）发射药

发射药也是一种混合炸药，其特点是对火焰的感度较高，遇到火能迅速燃烧，在密封条件下可转为爆炸。此类炸药用于军事上发射炮弹和火箭等，民用发射药主要是黑火药。

黑火药由硝酸钾、木炭和硫黄组成。硝酸钾是氧化剂；木炭是可燃剂；硫黄既是可燃剂，又是木炭和硝酸钾的黏合剂，有利于火药的造粒。黑火药的摩擦感度很高，对火花也很敏感，其爆发点为 $290 \sim 310$ ℃。由于黑火药的爆炸威力较低，所以一般用于石材和石膏的开采爆破。大部分黑火药用以制作导火索。

三、炸药爆炸基本概念

（一）爆炸现象及其分类

人们在日常生活工作中经常遇到各种各样的爆炸现象。然而什么是爆炸呢？广义来说，爆炸是指在适宜的条件下，某些物质发生急剧的物理和化学变化，其内部的能量瞬间释放，并借助于系统内原有气体或爆炸后生成气体的膨胀，对系统周围介质做功，使之发生冲击破坏效应的现象。

爆炸可以由各种不同的物理现象或化学现象所引起。就爆炸引起的原因和特征，爆炸现象大致可分为物理爆炸、核爆炸和化学爆炸三类：

1. 物理爆炸

由于物态变化（如蒸汽锅炉或高压气瓶、地震、强火花放电等）所引起的爆炸叫物理爆炸。

引起爆炸的原因：内部压力或物态发生剧烈变化。

爆炸特征：爆炸过程中只是物态发生变化，其物质的化学成分和性质并没有改变。

2. 核爆炸

由于某些具有放射性物质产生的核裂变（如 U^{235} 的裂变）或核聚变（如氘、氚、锂核的聚变）反应所释放出的核能所引起的爆炸叫核爆炸。

引起爆炸的原因：原子发生核裂变或核聚变，释放出大量的能量。
爆炸特征：其物质的原子发生改变。

3. 化学爆炸

由于物质变化时发生极为迅速的放热化学反应（如细煤粉悬浮于空气中的爆燃、炸药爆炸等），生成高温高压的气体产物，而引起的爆炸叫化学爆炸。

引起爆炸的原因：物质的分子发生化学变化，且放出大量的热和气体产物。
爆炸特征：其物质的分子发生改变。

（二）爆炸三要素

放出大量的热、产生大量的气体产物和能自动传播的高速化学反应是出现爆炸现象的三个必要条件，一般称为炸药爆炸三要素。这三个条件正是任何化学反应成为爆炸性反应必备的，三者互相关联、缺一不可。

1. 放出大量的热

反应过程的放热性是爆炸现象发生的首要条件，它是对外做功的能源。

例如：硝酸铵在常温到150 ℃时是吸热的分解反应，就不会发生爆炸；当把它加热到近200 ℃时，虽然发生了放热的分解反应，但放出的热量不大，不足以形成爆炸；当把它迅速加热到400～500 ℃或在爆轰波激发下，就会提高硝酸铵的放热效应，而形成爆炸。

2. 产生大量的气体产物

由于气体具有远远超过固体和液体的压缩比与膨胀系数，因此炸药爆炸就是利用气体的可压缩性和膨胀性，将释放出的热量转化为对外做功的机械能，即气体是炸药爆炸对外做功不可缺少的中间媒介条件。如铝热反应，它产生化学反应时所释放出来的热量大于一般炸药，反应速度也很快，但由于不能生成大量的气体产物，不能把热能转化为机械功，所以这种物质的化学反应就不具有爆炸性。

3. 自动传播的高速化学反应

炸药爆炸反应中，在反应区内炸药变成气体产物的时间只需要 $10^{-6} \sim 10^{-5}$ s，在这样短的时间内所生成的气体和能量均聚积在原炸药占据的空间中来不及扩散，使气体的压力和温度急剧上升，形成很高的能量密度而产生爆炸。这是爆炸反应区别燃烧及其他化学反应的一个显著特点。

因此，放热性给炸药爆炸提供了能源，反应生成的大量气体是为炸药爆炸对外做功提供了工作媒介，快速的化学反应则是使炸药爆炸释放出的有限能量集中在有限空间的必要条件。它们三者之间是相互联系互为条件的，体现了炸药爆炸的共同特性。

（三）炸药爆炸机理

炸药在一定条件下之所以能够发生化学爆炸，是因为组成炸药的化学分子中包含有比较活泼的氧化剂和可燃剂。对一个化合物分子来说，氧化剂是指分子中的含氧基团，可燃剂是指分子中含碳、氢的基团。这两种基团都是反应性很强的活性原子基团，在一般情况下，它们在分子中被活性小的中性原子基团或原子分隔，但当炸药分子被外界能量活化时，分子运动速度增大，分子之间的碰撞增强，致使炸药分子破裂，释放出活性基团，因此它们之间相互发生化学反应，以热能形式释放出其内部所含的化学能，并借助迅速膨胀的气体产物，把能量传递给周围介质而做功，这就是炸药的爆炸机理。

根据上述炸药组成的特点和爆炸机理，炸药虽然属于不稳定体系的物质，但在不受外界作用的条件下，炸药是稳定的，不会发生爆炸，因而炸药才能安全地生产、运输、存储和使用。所以炸药是既具有相对稳定而又带有不稳定因素矛盾的统一体。我们研究炸药就是要研究和掌握炸药不稳定的条件及了解使炸药稳定的因素，从而找出炸药安全使用的技术规则，为人类谋福利。

四、炸药化学反应基本形式

炸药爆炸并不是炸药唯一的化学反应形式。由于环境和引起炸药化学反应的条件不同，同种炸药可能有三种不同形式的化学变化：缓慢分解、燃烧和爆炸反应形式。这三种化学反应形式进行的速度不同，生成的产物和热效应也不同。

1. 缓慢分解反应

炸药与一般化合物一样，在常温常压下部分分子均能发生缓慢的化学分解反应，环境温度越高，其分解速度也越快。

缓慢分解反应的特点：反应是在全部炸药中进行，炸药内部各点的温度相同，没有集中的反应区，环境温度对其反应速度影响较大。缓慢分解反应一般都伴随热量的释放，如果所释放的热量又不能及时散发出去，聚积起来的热量就会使炸药的温度升高，从而加快了炸药的分解反应的速度，就会释放出更多的热量，致使炸药的环境温度更高，如此循环往复就会产生热量的聚积，最终导致反应形式的升级，造成炸药的燃烧或爆炸。

炸药缓慢分解反应反映了炸药的化学安定性指标，所以在炸药存储时储存量不宜过多、堆放不宜过密过紧，而且库房内温度不宜过高，要注意通风，防止炸药因温度过高，导致分解反应加速而产生燃烧或爆炸事故的发生。

2. 燃烧反应

炸药在热的作用下可以燃烧，并以一定的速度在炸药内传播，而且这种燃烧不需要外界供氧就可以进行。

燃烧反应的特点：反应不是在全部炸药中同时发生，而只是在炸药局部区域内进行，但是它可以在炸药中自动传播。开始发生燃烧的面称作焰面，焰面的传播速度称作燃烧速度。炸药燃烧主要靠热传导来传递能量，燃烧速度不会很高，一般为几毫米每秒到几米每秒，最高也能达到几百米每秒，但都低于炸药的声速。

炸药在燃烧过程中，若燃烧速度保持定值，不发生波动，这样的燃烧称为稳定燃烧，否则为不稳定燃烧。炸药燃烧速度能否保持稳定取决于燃烧过程中的热平衡。如果燃烧释放的热量与传导到炸药邻层和周围介质散失的热量相等，则燃烧就能稳定进行；否则，燃烧速度加快或降低，形成爆炸或缓慢分解反应。

根据燃烧的特性，炸药可分为起爆药、猛炸药和火药三大类。

（1）起爆药。起爆药的燃烧特点：一旦燃烧，化学反应非常迅速，因此燃烧很不稳定，非常容易转化成爆炸。

（2）猛炸药。猛炸药一般能稳定燃烧，但在一定条件下又可以很快转化成爆炸。

（3）火药。火药燃烧的稳定性最好，一般不会爆炸，但在特殊条件下也能爆炸。

因此，当炸药燃烧时所生成的气体和热量不能及时排出时，燃烧反应就可以转化成爆炸，这一点在炸药焚毁时要特别注意。

3. 爆炸反应

炸药在冲击、摩擦或热作用下能形成爆炸。爆炸的反应过程和燃烧相类似，都是可燃元素的氧化反应，反应也只在局部区域内进行，且能在炸药内部自动传播。

爆炸反应和燃烧反应的主要区别：燃烧靠热传导来传递能量和激起化学反应，受环境条件影响较大，而爆炸反应则依靠压缩冲击波的作用来传递能量和激起化学反应，基本上不受环境条件的影响；爆炸反应比燃烧反应更为激烈，单位时间内放出的热量与形成的温度也更高；燃烧时产物的运动方向与反应区的传播方向相反，而爆炸时产物运动方向则与反应区的传播方向相同。因此，燃烧产生的压力较低，而爆炸则可产生很高的压力；燃烧速度是亚声速的，而爆炸速度则是超声速的。爆炸反应传播速度保持在稳定时化学反应称为爆轰，爆轰是炸药反应的最高形式，人们利用炸药做功就是利用炸药爆轰的特性。

上述炸药的三种化学反应形式，在一定条件下，都是能够相互转化的。缓慢分解可以发展为燃烧、爆炸；爆炸也能转化为缓慢分解。但是炸药的反应形式无论向哪个方向转化，都会给安全使用带来极大的隐患，造成重大的安全事故。

五、炸药的起爆与感度

（一）起爆与起爆能

炸药属于有一定稳定性的化学体系，但如果没有任何外部能量的作用，炸药是可以保持它的平衡状态的。为了打破原体系的平衡，就必须由外部给予足够的能量以激发或活化一部分炸药分子，这种使炸药活化发生爆炸反应所需的外部能量叫做起爆能。引起炸药爆炸的过程叫做起爆。

通常工业炸药的起爆能有热能、机械能和爆炸冲能三种形式：

（1）热能：利用加热作用使炸药起爆，它又可以分为火焰、火星、电热等形式。工业雷管多利用这种形式能量作起爆能。

（2）机械能：通过撞击、摩擦、针刺等机械作用使炸药分子之间产生强烈的相对运动，并在瞬间产生热效应使炸药起爆。这种形式能量的起爆多用于武器弹药的激发。

（3）爆炸冲能：利用起爆药爆轰产生的爆轰波及高温高压气体产物流的动能，可以使猛炸药起爆。

（二）起爆机理

起爆能是否能使炸药起爆，不仅与起爆能量多少有关，而且还取决于能量的集中程度。根据活化能理论，化学反应只是在具有活化能量的活化分子之间互相接触和碰撞时才能发生。活化分子具有比一般分子更高的能量，故比较活泼。因此，为了使炸药起爆，就必须有足够的外能使部分分子变为活化分子，活化分子的数量越多，其能量同分子平均能量相比越大，则爆炸反应速度也越高。图6-5所示为炸药爆炸反应过程中能量的变化。

能量级Ⅰ是炸药 A 的分子平均能量，能量级Ⅱ是爆炸产物 C 的分子平均能量，能量级Ⅲ则是炸药分子碰撞发生化学反应所必须具有的最低能量。显然，为

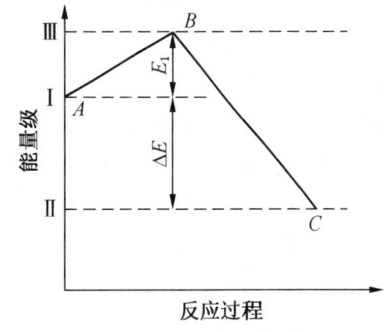

图6-5 炸药爆炸时能量变化示意图

了使炸药分子的能量级从Ⅰ提高到Ⅲ以达到活化状态 B，就必须增加能量 E_1，E_1 就是活化能。起爆时，就是让外能转化为炸药分子的活化能，产生足够数量的活化分子，并因它们的相互接触、碰撞而发生爆炸反应。

图 6-5 中 ΔE 表示反应过程最终释放出的热能，说明该过程为放热反应。许多炸药的活化能为 125~250 kJ/mol，相应的，爆炸反映释放出来的热量在 840~1250 kJ/mol 之间，远大于所需活化能量，因此反应以后这些炸药分子所释放的能量，完全足以生成更多的活化分子，而使炸药分子产生自动加速的化学反应。所以，外能越大、越集中，炸药局部温度越高，所形成的活化分子越多，则引起炸药爆炸的可能性越大。反之，如果外能均匀地作用于炸药整体，使能量均分于每个炸药分子，则需要更多的能量才能使分子全部活化而产生爆炸反应。

1. 热能起爆机理

炸药在热能作用下通常都产生放热分解，但不一定导致爆炸。只有当单位时间内炸药反应放出的热量大于散失到环境中的热量时，炸药中才有可能产生热量的聚积，而只有炸药中产生热积累，才有可能使炸药温度不断上升，从而引起反应速度加快而导致爆炸。因此炸药爆炸的条件就是单位时间内的发热量必须超过单位时间内的散热量的变化，才能使炸药分子的热分解反应自动加速而形成爆炸。

雷汞、二硝基重氮酚等在遇到火焰或电热作用时，能迅速由分解反应转变成爆炸，故可作起爆药使用。

通常采用不易因受热而发生爆炸的炸药作猛炸药，要使这种猛炸药起爆，又必须利用起爆器材的爆炸冲能。虽然如此，在使用、运输、加工和存储过程中，仍然必须采取安全措施，防止猛炸药由于受热或燃烧而转为爆炸的事故。在密闭条件下，大量燃烧的猛炸药由于温度、压力的不断升高，而最终导致爆炸，这是在使用焚烧法销毁炸药时必须注意的。

2. 机械能起爆机理

炸药在摩擦、撞击作用下由机械能转化为热能而引起爆炸的假说已有多种，其中以包登的热点学说比较合理而得到广大学者的认可。

热点学说认为：在机械能作用下产生的热来不及均匀地分散到全部炸药分子中，而是集中在炸药个别的小点上，如个别结晶的两面角，特别是多面角或微小气泡周围，这些小点上的温度达到爆发点时，就会首先在这里发生爆炸反应，然后再扩展开去。通常将这种温度很高的小点叫做热点。

热点形成的原因：炸药中的孔隙或微小气泡在机械作用下的绝热压缩；炸药颗粒间，炸药与杂质之间，炸药与容器之间发生强烈摩擦而生热；高黏性液体炸药的流动生热。因此要使工业炸药顺利地起爆，其密度存在一个最佳范围，当其密度过高时，爆炸参数值急剧恶化而不易起爆。这主要是由于随着炸药密度的增大，炸药分子中的孔隙和颗粒表面所吸附的气泡减少而对热点形成不利所造成的。

热点扩展和成长是炸药爆炸的必要条件。热点的形成是炸药在机械能作用下发生爆炸的首要条件，但这并不意味着所有的热点都能够发展为爆炸，只有同时满足热点扩展和成长的条件时才能形成爆炸。如用 α 粒子轰击炸药，由于形成的热点太小，只能使热点附近的炸药变黑，并不能发展为爆炸。

通过实验,得知热点必须在下列条件下方能发展为爆炸:
(1) 热点温度不低于 $300 \sim 600 \, ^\circ\!C$,视炸药品种而定。
(2) 热点半径够大,要达到 $10^{-3} \sim 10^{-5}$ cm。
(3) 热点作用时间在 10^{-7} s 以上。
(4) 热点具有足够大的热量,$q \geq 4.18 \times 10^{-8}$。

3. 爆炸冲能起爆机理

在工程爆破中常利用起爆药的爆炸冲能去引爆次发炸药,如用雷管的爆炸使工业炸药起爆。爆炸冲能起爆机理同机械能起爆机理相似,由于瞬间爆轰波(强冲击波)的作用,首先在炸药某些局部造成热点,然后由热点周围炸药分子的爆炸再进一步扩展。

(三) 炸药的感度

炸药是一种相对稳定的物质系统,只要外界提供适当的能量,炸药就可以从稳定向不稳定方向转化,形成爆炸,因此研究炸药的感度对于炸药的安全储存、运输、加工处理及使用都具有很重要的意义。热、电、光、冲击波、机械摩擦与撞击等外界能量作用均可激发炸药发生爆炸。炸药在外界起爆能作用下发生爆炸反应的难易程度,叫做该炸药的感度(敏感度)。炸药感度的高低以激起炸药爆炸反应所需要起爆能的多少来衡量,感度与所需要的起爆能成反比。同一种炸药对不同形式起爆能的感度不存在一定的当量关系,不能简单地以炸药对某种起爆能的感度等效地衡量它对另一种起爆能的感度,它们具有一定的选择性。如果炸药对某些形式起爆能的感度过高,就会在炸药生产、运输、储存、使用过程中造成危险,这样的感度称为危险感度。炸药对用来起爆炸药的起爆能所呈现的感度称为使用感度。

1. 炸药的热感度

炸药在储存、运输、加工处理及使用过程中常会遇到不同的热源。如雷管中电热丝加热、炸药的烘干、装药前炸药的预热或熔化等。因此,弄清楚炸药的热感度概念,对于安全使用和处理炸药具有很重要的指导意义。炸药的热感度是指在热能作用下引起炸药爆炸的难易程度。根据加热方式的不同,炸药的热感度分为加热感度和火焰感度两种。

1) 加热感度

加热感度是指炸药在均匀加热条件下发生爆炸的难易程度,通常采用在一定试验条件下确定出的爆发点来表示炸药的加热感度。爆发点是指炸药在规定时间内(通常为 5 min)起爆所需加热的最低温度。爆发点越低炸药越易受热爆炸,其加热感度越高。表 6-2 所列为一些炸药的爆发点。

表 6-2 一些炸药的爆发点 ℃

炸药名称	爆 发 点	炸药名称	爆 发 点
二硝基重氮酚	170~175	泰安	205~215
胶质炸药	180~200	黑索金	215~235
雷汞	170~180	梯恩梯	290~295
特屈儿	195~200	硝铵类炸药	280~320
硝化甘油	200~205	氮化铅	330~340

2）火焰感度

火焰感度是指炸药在明火（火焰、火星）作用下发生爆炸的难易程度。火焰感度主要用于起爆药，常用炸药对导火索喷出的火焰的上下限距离值来表示，单位为 mm。上限值即为炸药 100% 发火的最大距离，下限值即为炸药 100% 不发火的最小距离。被测炸药的上限距离越大，表明其火焰感度越大；反之越小。上限距离用来对比起爆药的发火难易程度；下限距离作为判定炸药对火焰安全性能的依据。常用起爆药的火焰感度见表 6-3。

表 6-3 常用起爆药的火焰感度　　　　　　　　　　　　　　　　　　cm

起 爆 药	雷 汞	二硝基重氮酚	氮 化 铅
100% 发火的最大距离	20	17	<8

2. 炸药的机械感度

炸药在机械能作用下发生爆炸的难易程度即为炸药的机械感度。根据机械作用方式的不同主要包括两个方面，即撞击感度和摩擦感度。由于炸药在生产、运输和使用的过程中都不可避免地会遇到各种各样的机械作用，因此以下从安全的角度来分析炸药对机械作用的感度。

1）撞击感度

撞击感度是指炸药在机械撞击作用下发生爆炸的难易程度。测定猛炸药撞击感度的方法多使用卡斯特立式落锤仪来测定，如图 6-6 所示。试验时，将受试炸药（0.05 g）装在撞击器内，在某一固定锤重（标准 10 kg）和固定高度（标准 25 cm）的试验条件下，进行 25 次试验炸药所发生的爆炸频数。

对于起爆药来说，由于感度很高，试验装置与猛炸药有所不同，一般常用维列尔弧形落锤仪（摆锤重 1.5 kg，摆角 90°）来测定其撞击感度，如图 6-7 所示。

2）摩擦感度

摩擦感度是指炸药在一定压力（表压 50 kg/cm²）作用下的击柱之间，通过固定摆锤（1.5 kg）在固定摆角（96°）的试验条件下，击打击柱时的炸药爆炸频数，以百分数表示。通常用摩擦摆来测定炸药的摩擦感度，如图 6-8 所示。

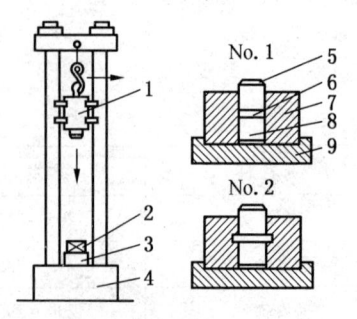

1—落锤；2—撞击器；3—钢砧；4—基础；5—上击柱；
6—炸药；7—导向套；8—下击柱；9—底座

图 6-6　卡斯特立式落锤仪

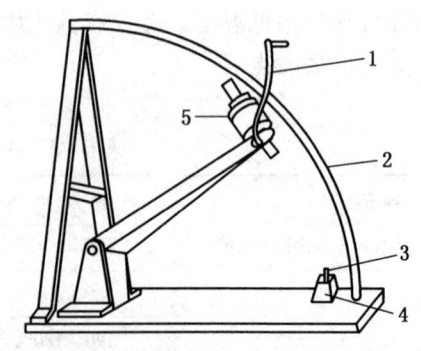

1—手柄；2—有刻度的弧形架；3—击柱；
4—击柱与火帽定位器；5—落锤

图 6-7　维列尔弧形落锤仪

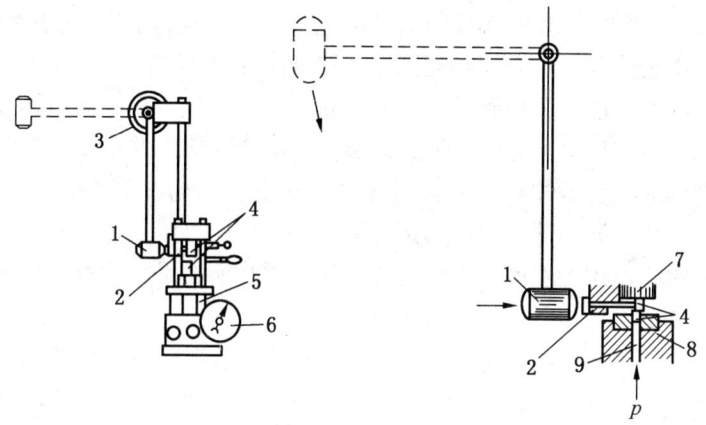

1—摆锤；2—击柱；3—角度标盘；4—上、下击柱；5—油压机；
6—压力表；7—顶板；8—导向套；9—柱塞

图 6-8 摩擦摆

3. 炸药的冲击波感度和殉爆距离

1) 冲击波感度

冲击波感度是指炸药在冲击波作用下发生爆炸的难易程度。炸药对冲击感度的试验方法常用隔板试验法。即利用不同的惰性材料，如空气、石蜡、有机玻璃、软钢、铝等作为冲击波衰减器（称作隔板），改变其厚度来调节冲击波的强度。试验时，采用直径为 41 mm，高为 50.8 mm，质量为 100 g 的特屈儿作为主爆药柱，当主爆药柱爆炸时所激起的冲击波经惰性介质隔板传入被动药包，并使之发生爆炸。经过一系列试验求出使被动药包发生爆炸频数为 50% 的隔板厚度，即为该炸药对冲击波感度的指标，其单位为 cm。

2) 殉爆距离

某处炸药爆炸时，通过在某种惰性介质中产生的冲击波，引起另一处炸药爆炸的现象称为殉爆。在炸药生产、储存和运输过程中，必须防止炸药发生殉爆，以确保安全。但在工程爆破中，则必须保证炮眼内相邻药卷完全殉爆，以防止产生半爆，降低爆破效率。

殉爆距离是指主爆药卷和从爆药卷被置于直径略大于药卷直径的半圆槽中，使两药卷的纵轴处于同一水平上且相距一段距离，当主爆药卷被 8 号雷管引爆后，所产生的空气冲击波足以使从爆药卷全爆的药卷间最大距离，单位为 cm，其试验原理如图 6-9 所示。

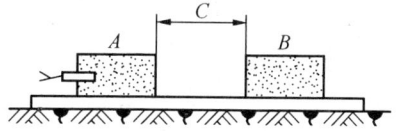

A—主爆药卷；B—从爆药卷；C—殉爆距离

图 6-9 炸药殉爆试验

4. 静电火花感度

炸药的静电火花感度是指炸药在静电火花作用下所发生爆炸的难易程度。炸药属于绝缘物质，比电阻在 1012 Ω/cm 以上，介电常数同一般绝缘材料差不多。绝缘物质相互摩擦时，会发生电子转移，使失电子物质带正电，获电子物质带负电。在炸药生产，以及在爆破地点利用装药器经管道输送进行装药时，炸药颗粒之间或炸药与其他绝缘体之间经常发生摩擦，同样也能产生静电，并形成很高的静电电压。例如，用压气把硝铵炸药通过软管吹入炮眼内时，由于炸药颗粒之间相互摩擦，可能产生电容相当于500 μF、电位达35 kV的静电。当静电电量或能量聚积到足够大时，就会放电产生电火花而引燃或引爆炸药。

高电压静电放电产生电火花时，形成高温高压的离子流，并集中大量能量，这种现象类似于爆炸，同样能在炸药中产生激发冲击波。因此，炸药在静电火花作用下发生的爆炸，既与热作用有关，又与冲击波的作用有关。

炸药对静电火花作用的感度，可用使炸药发生爆炸所需最小放电电能来表示，或用在一定放电电能条件下所发生的爆炸频数来表示。

防止静电事故，主要是防止静电产生，一旦产生要及时消除，使静电不至于产生过多积累。防止静电的主要措施：设备接地；增加工房湿度；在工作台或地面铺设导电橡胶；在炸药颗粒和容器壁上加入导电物质；使用压气装药时，应采用敷有良好导电层的抗静电聚乙烯软管作输药管等。

六、爆轰理论

爆破工程中通常都用雷管来起爆炸药，而雷管的作用仅在于激起它邻近局部炸药分子的爆炸，至于整个药包能否完全爆炸，则取决于炸药爆炸的稳定传播。在有关爆轰理论研究中，查普曼（Chapman）和朱格（Jouguet）于1905年及1917年根据热力学和流体学理论，分别提出了爆轰波的平面一维流体动力学理论，简称爆轰波的C-J理论。到了20世纪40年代由苏联的Zeldovich、美国的Von Neumann和德国的Doering各自独立提出了Z-N-D爆轰波模型，使C-J理论得到进一步的发展。爆轰波的C-J理论提出并论证了爆轰波稳定传播时所必须遵循的条件——C-J条件，从而揭示了爆轰波能够沿爆炸物稳定传播的物理本质，并由此建立了计算爆轰波的5个参数（爆轰压力、比体积或密度、质点速度、爆轰温度及爆速）的理论公式。

（一）介质中的波与冲击波

1. 波的基本概念

在外界作用下，介质物理参数（如速度、压力、密度）的局部变化叫做扰动。外界作用只引起介质状态参数发生微小变化的扰动叫做弱扰动。外界作用引起介质状态参数发生显著变化的扰动叫做强扰动。

在介质中，扰动自近而远地传播的现象称为波动现象。扰动在介质中的传播叫做波。扰动区和非扰动区之间的界面，通常叫做波阵面。波阵面的传播速度称为波速。按波阵面形状不同，波可分为平面波、柱面波和球面波等；按波内质点运动方向和传播方向之间的关系，波又可以分为横波和纵波两种，纵波即介质质点运动方向与波阵面平行，而横波是介质质点运动方向与波阵面垂直；按波的振幅的大小可分为声波、有限幅波和冲击波，有限幅波又可分为压缩波和稀疏波两种。

2. 声波

声波是介质中传播的弱扰动纵波，其传播速度称为声速。在这里不能把声波只理解为听觉范围内的波动，声波在研究波动现象时具有重要意义，它是介质的重要特性之一。

声波是介质的质点在其平衡位置上作往复式弹性振动所形成的，因此声波是典型的弱扰动。其具有以下性质：

（1）声波是压缩波和膨胀波交替的波，在传播过程中，介质状态参数的变化是微小的、逐渐的和连续的。

（2）介质的质点只在其平衡位置上振动，不发生位移，声波经过后，介质便又回复到它原来的位置。

（3）声波是无限振幅波，其波阵面上介质的状态参数变化无限小，即声波对介质的压缩极小。

（4）声速取决于介质的初始状态（压力、密度、温度），而与波的强度无关，因此波的轮廓形状在波的传播过程中不发生改变。

3. 压缩波与稀疏波

1）**压缩波**

介质受扰动后波阵面的压力和密度等参数都增加的波称为压缩波。

压缩波总是使介质质点流动向着波传播方向，即质点运动方向与波传播方向相同，并使介质的密度、压力增高，声速增加。其波的传播可用 xt 坐标系中的特征线表示，如图 6-10 所示。由此可见，后道压缩波的传播速度必然大于前道压缩波的传播速度。因此，由活塞运动迹线引出的特征线为一簇收拢的射线。

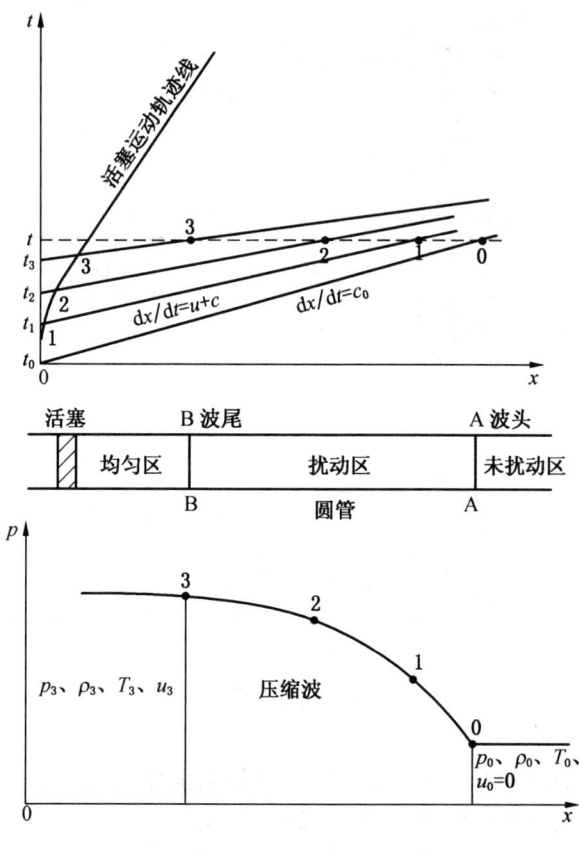

图 6-10　压缩波

介质中的压缩波就是由一系列微幅扰动的波叠加而成的，其波头沿第一道微幅波的特征线传播，波尾则是沿最后一道微幅波的特征线传播，从波头至波尾的区域称为扰动区。由以上可知压缩波有如下特征：

（1）介质运动方向同波的传播方向一致。
（2）在压缩波的作用下，被扰动的介质的体积减小，压力增大，密度增高。
（3）波尾的速度大于波头的速度。
（4）扰动区域内波速不同，故压缩波没有固定的波形。
（5）压缩波的振幅是突跃的、脉冲变化的。

2）稀疏波

介质受扰动后波阵面的压力和密度等参数都下降的波称为稀疏波。

稀疏波同压缩波正好相反，稀疏波通过后，介质的压力、密度下降，声速减小，故后一道波的波速必然小于前道波的波速，因此其特征线是一簇散开的射线，如图6-11所示。

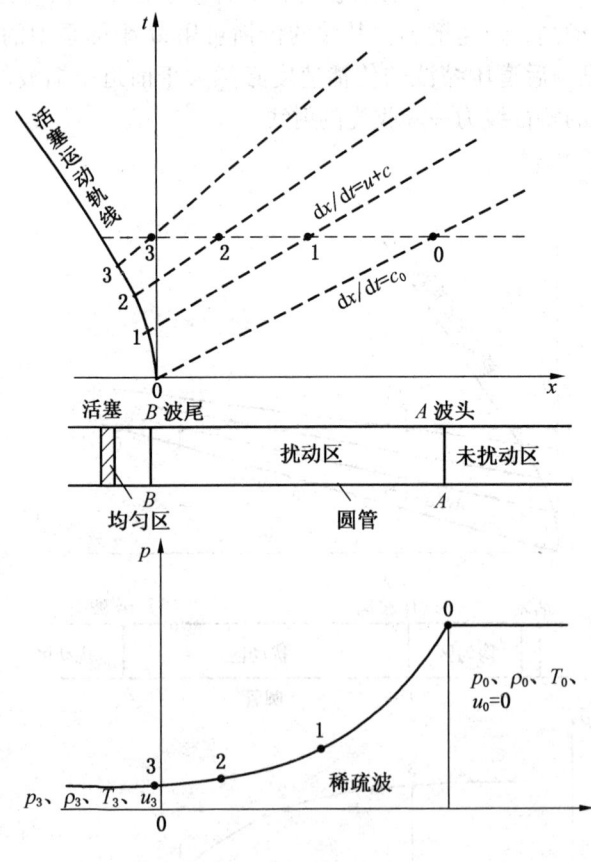

图6-11 稀疏波

一般在压缩波后面都伴有稀疏波，因为压缩波后面要产生一定的空间，形成负压区，正压区的气体会反过来补充负压区，故而要形成稀疏波。

4. 冲击波

冲击波是一种强烈的压缩波，其波阵面通过前后介质的状态参数变化不是微小量，而是一种突跃有限变化量。因此,冲击波的实质是一种状态突跃变化的传播。它的产生乃是一系列弱压缩波叠加的结果,即由量变到质变的过程。可以认为冲击波的波头是无限陡峭的,即将冲击波看做是状态参量不连续的间断面,波头通过时,介质状态将发生突跃变化。它的形成过程如图6-12所示。冲击波可用许多方法产生,如超声速运动物体的前方所产生的波,炸弹爆炸所产生的波等。

从上述分析可以得出冲击波有如下特性:

(1) 冲击波传播速度对未扰动介质而言是超声速的,对已扰动介质而言则是亚声速的。

(2) 冲击波波速与波的强度有关,波的强度越大,波速也越大。

(3) 冲击波具有陡峭的波头,其波阵面上的介质状态参数产生突跃变化。

(4) 在冲击波传播过程中,波阵面上的介质将产生质点运动,运动方向与波的传播方向相同,但其速度小于波速,因此在冲击波后伴随有稀疏波。

(5) 介质受冲击波压缩时,熵值增大,即内能增大,动能减小,所以随着冲击波在介质中传播,波的强度随之衰减,最终衰减为声波。

(6) 冲击波是一种脉冲波,不具有周期性。

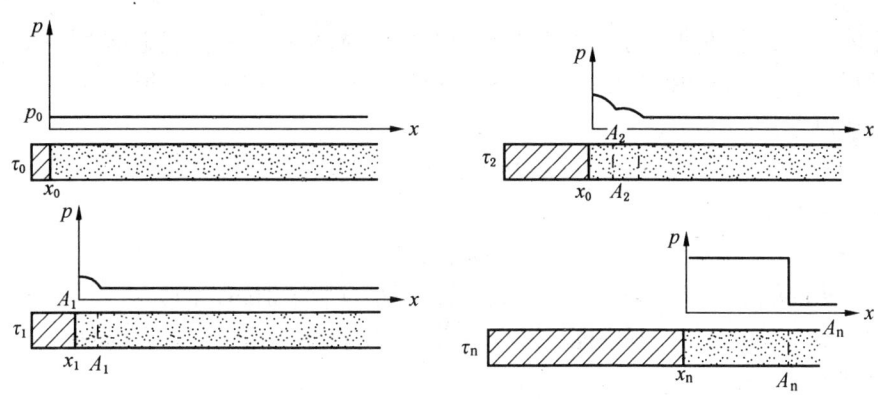

图6-12 冲击波的形成过程

(二) 炸药的爆轰过程

1. 爆轰波及其结构

以流体力学为基础的爆轰理论认为:炸药爆炸的化学反应是由冲击波的压缩而引起的,冲击波头后面紧跟有化学反应区,反应区释放出热量来支持冲击波的传播。也就是说,反应区放出的热量用来补充冲击波压缩中造成的能量损失,使冲击波不衰减地传播下去,这个过程就是爆轰过程。因此,爆轰波就是一种在炸药中传播并伴随有高速化学反应且保持一个恒定传播速度的强冲击波。也称为反应性冲击波或自持性冲击波。

爆轰波头结构的经典模型为20世纪40年代苏联和欧美的三位科学家分别独立提出的Z-N-D模型,如图6-13所示。

该模型中,将爆轰过程分成三个区段,即反应区与未扰动炸药的接合面右边为冲击波波头,左边大约一个分子自由程(10^{-7}m)为冲击波尾,这个区域为冲击波阵面;高速化

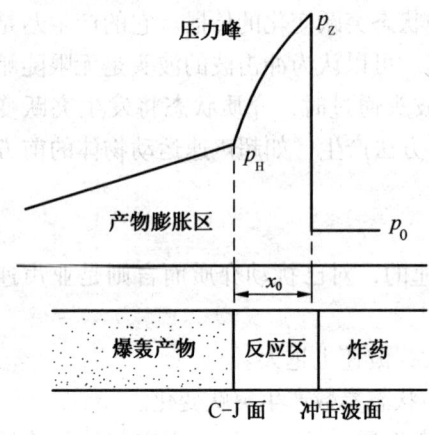

图 6-13 爆轰波的 Z-N-D 模型

学反应是从冲击波尾开始到 C-J 面结束，此区域为炸药爆炸反应区；C-J 面后为爆炸反应产物的膨胀区，亦即稀疏波区。炸药爆炸反应释放出的能量不断维持波阵面上参数的稳定，其余部分在膨胀区消耗掉，因而达到能量平衡，冲击波才能得以稳定速度向前传播。由此可见，爆轰波是在它后面跟着一个高速化学反应区的强冲击波，高速化学反应区结束的末端平面称为 C-J 面，冲击波阵面与紧附其后的化学反应区叫做爆轰波阵面。

爆轰波具有以下特点：

（1）爆轰波只存在于炸药的爆轰过程中，爆轰波的传播随着炸药爆轰的结束而终止。

（2）爆轰波阵面中的高速化学反应区，是爆轰得以稳定传播的基本保证。爆轰波阵面的宽度 x_0 最大为 $0.1 \sim 1.0\,\mathrm{cm}$。爆轰波参数通常是指 C-J 面上的状态参数。

（3）爆轰波具有稳定性，即波阵面上的参数及其宽度不随时间变化，直至爆轰终止。

2. 稳定爆轰条件

以流体动力学为基础，同样可以建立起爆轰波参数的关系式。假定爆轰波的传播过程是绝热过程，则爆轰波内的物质应符合质量守恒、动量守恒和能量守恒定律。

质量守恒方程：

$$\rho_0 D = \rho_H (D - u_H) \tag{6-35}$$

动量守恒方程：

$$p_H - p_0 = \rho_0 D u_H \tag{6-36}$$

冲击波头的能量方程和 C-J 面上的能量方程是有所区别的，因为在 C-J 面上的炸药以反应完毕变为爆轰产物，其内能已减少，有一部分已变成化学反应方程的热量，即爆热 Q_v，因此其能量方程为

$$E_H - E_0 = \frac{1}{2}(p_H + p_0)(v_0 - v_H) + Q_v \tag{6-37}$$

在冲击波头上，炸药尽管已受到冲击压缩，但尚未发生化学反应，没有热量的放出，故其能量方程为

$$E_z - E_0 = \frac{1}{2}(p_z + p_0)(v_0 - v_z) \tag{6-38}$$

式中　ρ_0——初始炸药密度；

ρ_H——反应区产物密度；

D——爆速；

u_H——爆炸生成气体流速度；

p_H——C-J 面上压力，即爆轰压力；

p_0——初始压力；

E_z、E_H、E_0——冲击波头、炸药爆轰时和爆轰前的能量；

v_0——炸药初始比体积；

v_H——爆轰波阵面上爆生气体的比体积;

v_z——冲击波头炸药的比体积;

Q_v——炸药的爆热。

式(6-37)和式(6-38)均叫做爆轰波雨果尼奥(Hugoniot)方程(也称 RH 方程)。该方程在 pv 坐标系中能画出两条雨果尼奥曲线,一条叫做冲击波雨果尼奥曲线(也称冲击波 RH 曲线)且通过 O 点,另一条叫做爆轰波雨果尼奥曲线(也称爆轰波 RH 曲线)但不通过 O 点。冲击波头状态参数(p_z,v_z)必须落在冲击波 RH 曲线上;反应结束时,爆轰产物的状态参数(p_H,v_H)必须落在爆轰波 RH 曲线上,而冲击波头和爆轰波头是以相同速度 D 传播,所以 p_z、v_z、p_H、v_H 还必须落在代表波速 D 的米海尔逊(也称波速线)直线上。因此,p_z、v_z、p_H、v_H 可由其对应的 RH 曲线和代表波速 D 的米海尔逊直线的交点确定,如图 6-14 所示。

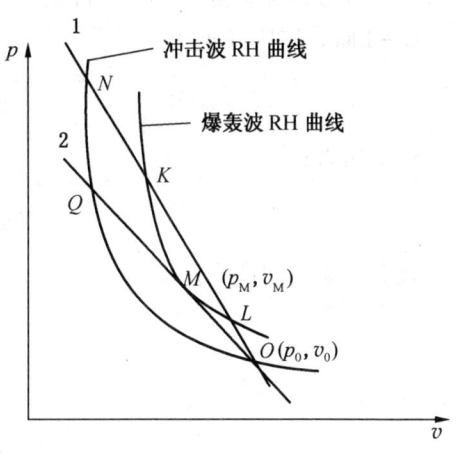

图 6-14 RH 曲线

通过 O 点可作无数条代表不同爆速的直线与两条 RH 曲线相交(图中只画出了两条直线 1、2)。直线 1 与爆轰波 RH 曲线交于 K、L 两点,与冲击波 RH 曲线交于 N 点。直线 2 与爆轰波 RH 曲线交于 M 点,与冲击波 RH 曲线交于 Q 点。则 D_{KL}、D_M 分别代表直线 1、2 的爆速。

当爆速为 D_{KL} 时,说明炸药在冲击波的作用下,其状态参数由 O 点跃迁至 N 点后,开始发生化学反应,随着反应的进行,爆轰状态参数沿直线 1 变化,反应结束时,产物状态可以是 K 点,也可以是 L 点,这说明反应终了时有两个爆速相对应,此时的爆轰波是不稳定的。当爆速为 D_M 时,说明炸药在冲击波的作用下,其状态参数由 O 点跃迁至 Q 点后,开始发生化学反应,随着反应的进行,爆轰状态参数沿直线 2 变化,反应结束时,产物状态只可以是 M 点,这说明此时对应的爆速只有一个且是最小的,爆轰波才能稳定传播。

通过上述分析,在所有通过 O 点的米海尔逊直线中,能代表稳定爆轰的只有一条,即与爆轰波 RH 曲线相切的米海尔逊直线,它代表的爆速是所有爆速中最小的。因此,炸药能稳定爆炸的条件是反应终了时爆轰产物的流速 u_H 和声速 c_H 之和必须等于爆速,即

$$u_H + c_H = D \tag{6-39}$$

该条件即为爆轰波的稳定传播条件,又称为 C-J 条件。

如果 $u_H + c_H > D$,此时爆速小,但是稀疏波的速度大,这样稀疏波就会侵入反应区,从而削弱了冲击波头的能量补充,爆速不能稳定,必然还要降低,直至爆轰波不能传播而拒爆;如果 $u_H + c_H < D$,此时稀疏波虽然不会侵入反应区,但是反应区释放出的能量不能传递到波头上,故冲击波的能量得不到补充,爆速也必然会降低,直至 $u_H + c_H = D$ 为止。因此,稳定爆炸条件必须满足 C-J 条件。

3. 爆轰参数的计算

炸药的安全使用、设计与理论研究等方面都需要计算炸药的爆轰参数。爆轰参数计算公式的推导也是根据上述三个守恒方程，并结合理想气体状态方程（气体炸药）$pV=nRT$ 或等熵条件（凝聚炸药）$PV^r=$ 常数，可得到炸药爆轰参数的计算公式。

C–J 面处的质点速度：

$$u_H = \frac{1}{r+1}D$$

爆轰压力：

$$p_H = \frac{1}{r+1}\rho_0 D^2$$

爆轰结束瞬间产物密度：

$$\rho_H = \frac{1+r}{r}\rho_0$$

爆速：

$$D = \sqrt{2(r^2-1)Q_v}$$

爆轰结束瞬间产物温度：

$$T_H = \frac{2r}{r+1}T_c$$

式中　　r——多方指数，通常取 3；
　　　　T_c——定容条件下的爆温。

其余符号含义同上。

简化计算：多方指数 r 受炸药爆轰产物的组成、炸药密度、爆轰参数等因素影响，目前还没有一个精确的计算公式，实际计算中，通常将 r 视为常数，$r=3$ 被认为是一个很好的近似。因此，炸药爆轰参数的计算可简化为

$$u_H = \frac{1}{4}D \tag{6-40}$$

$$p_H = \frac{1}{4}\rho_0 D^2 \tag{6-41}$$

$$\rho_H = \frac{4}{3}\rho_0 \tag{6-42}$$

$$D = 4\sqrt{Q_v} \tag{6-43}$$

$$T_H = \frac{3}{2}T_c \tag{6-44}$$

从上述公式可以得到下述规律：

（1）反应产物质点速度比爆速小，但随爆速的增大而增大。

（2）爆轰反应结束瞬间产物的压力取决于炸药的爆速和密度。

（3）爆轰刚结束时，产物的密度比原炸药的密度要大。

（4）爆轰结束瞬间的温度不是爆温，它比爆温高。爆温是假定爆轰产物在定容条件下加热升温，而 T_H 除此之外还包含爆轰产物体积被压缩时造成的温升，故较爆温为高。

进行上述计算时需要注意：

首先，由于爆轰产物状态方程的精确确定目前尚很困难，因此以上计算只是一种近似。爆速一般由实际测定或按经验式估算。

其次，按以上给出的公式计算出的爆轰参数，都是在一维轴向流动条件下的理想爆轰参数，反应区放出的热量全部用来支持爆轰波的传播，但在实际情况下，存在有径向流动，使爆轰波的有效能量利用区小于反应区，支持爆轰波传播的能量减少，从而降低爆速，也使爆轰参数相应降低。

最后，在这里要注意区分炸药的爆轰参数与炸药的热化学参数是不同的。爆轰参数如爆轰温、爆轰压等是指爆轰波头或 C-J 面上的温度和压力，而爆温是指炸药爆炸时放出的热量将爆炸产物加热到的最高温度，爆压是指炸药爆炸产物的压力，不能混淆。

七、冲击波计算模型

炸药在空气中爆炸时，瞬时（10^{-6} s 量级）转变为高温（10^3 K 量级）高压（10^{10} Pa 量级）的类似于气体的爆炸产物，由于空气的初始压力（10^5 Pa 量级）和密度都很低，于是爆炸产物急剧膨胀，导致压力和密度下降，在爆炸产物中形成稀疏波。同时，爆炸产物膨胀，强烈压缩空气，在空气中形成爆炸空气冲击波。对于半径为 r_0 的球形装药，爆炸后爆炸产物膨胀半径用 r 表示，随着爆炸产物的膨胀，压力下降得很快，当爆炸产物膨胀到空气的初始压力 p_0 时，由于惯性效应产生过度膨胀，直到惯性效应消失为止。此时，爆炸产物的平均压力低于空气的初始压力 p_0，爆炸产物的体积达到最大值。由于爆炸产物的压力低于空气的初始压力 p_0，空气反过来对爆炸产物进行压缩，使其压力不断回升。同样，由于惯性效应产生过度压缩，使爆炸产物的压力又稍大于 p_0，这样，重新开始膨胀和压缩，形成膨胀和压缩的脉动（振荡）过程，爆炸所引起的空气超压随时间的变化规律如图 6-15 所示。

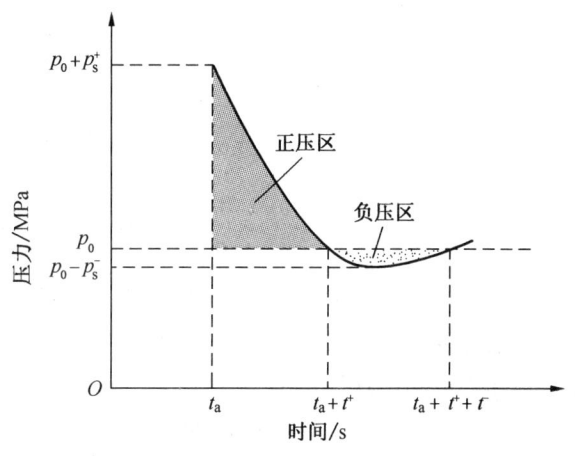

图 6-15 理想爆炸冲击波超压随时间变化曲线

图 6-15 所示为在距离爆心一定距离 R 处，压力随时间的变化关系，爆炸开始后，R 处的压力为环境压力 p_0，当时间到达 t_a 时，压力迅速上升到某一个峰值 $p_0 + p_s^+$，然后在总时间 $t_a + t^+$ 内，压力衰减到环境压力 p_0，由于过度膨胀压力还要继续下降，最后在总时间 $t_a + t^+ + t^-$ 时，爆炸冲击波的压力又回到了环境压力 p_0。p_s^+ 称为峰值超压，压力大于环境压力 p_0 的那部分时间历程称为持续时间的正相，压力小于环境压力 p_0 的那部分时间历程称为持续时间的负相，正负相的冲量是描述爆炸冲击波的重要参数。

在无限大理想气体中爆炸的冲击波参数，已由布罗德（H. L. Brode）用数值方法确定。他引入相对于大气（国际标准大气）值 p_0、ρ_0、c_{s0} 的无量纲参数 $\bar{p}$（压力）、$\bar{\rho}$（密

度)、$\vec{u}$(速度),这里 c_{z0} 是声速。径向距离 $R(R_0, t)$ 表示成无量纲形式:

$$\vec{\lambda} = \frac{R}{Q'}$$

$$\vec{\lambda}_0 = \frac{R_0}{Q'}$$

式中 R_0——拉格朗日距离,m;
Q'——能量与大气压之比,具有长度量纲。

$$Q'^3 = \frac{Q_w^*}{p_0} = \frac{4\pi}{p_0}\int_0^{R\Phi} \rho\left(E + \frac{u^2}{2}\right)R^2 dR - \frac{4\pi R_\Phi^3}{3(k-1)} \quad (6-45)$$

式中 Q_w^*——爆炸能量,J;
R_Φ——冲击波波阵面半径,m;
t——时间,s;
k——绝热指数。

式(6-45)中最后一项代表被冲击波波阵面扫过的气体在被冲击之前的内能。

引入无量纲时间 $\bar{t} = tc_{z0}/Q'$ 和无量纲黏度 $\vec{q}$ (以周围压力 p_0 为单位来量度),拉格朗日运动方程便有如下形式:

$$\frac{\partial\vec{\rho}}{\partial\bar{t}} = -\vec{\rho}\left[\frac{2\vec{u}}{\vec{\lambda}} + \frac{\partial\vec{u}}{\partial\xi}\left(\frac{\partial\vec{\lambda}}{\partial\xi}\right)^{-1}\right] \quad (\text{质量}) \quad (6-46)$$

$$\frac{\partial\vec{u}}{\partial\bar{t}} = -\frac{\vec{\lambda}^2}{k} \times \frac{\partial}{\partial\xi}(\vec{p}+\vec{q}) \quad (\text{动量}) \quad (6-47)$$

$$\frac{\partial\vec{p}}{\partial\bar{t}} = \frac{1}{\vec{\rho}} \times \frac{\partial\vec{\rho}}{\partial\bar{t}}[k\vec{p}+(k-1)\vec{q}] \quad (\text{能量}) \quad (6-48)$$

上三式中,$\vec{u} = \partial\vec{\lambda}/\partial\bar{t}$,$\xi = (R_0/Q')^3/3$ 是拉格朗日变量,式(6-50)中,理想气体的内能已借助于关系式 $\vec{E} = pp/p_0\rho_0(k-1)$ 引入,还借助于关于 $\vec{q}$ 的关系式引入了人工黏度,以作为避免出现冲击不连续性的手段。

$$\vec{q} = \frac{9k(k+1)}{4}\left(\frac{\vec{M}}{3\pi}\right)^2 \vec{q}(\Delta\xi)^2\left(\frac{\partial\vec{u}}{\partial\xi}\right)\left(\frac{\partial\vec{u}}{\partial\xi} - \left|\frac{\partial\vec{u}}{\partial\xi}\right|\right) \quad (6-49)$$

式中 $\Delta\xi$——网格尺寸;
$\vec{M}$——网格单元数目。

式(6-46)至式(6-48)可以用差分方程来代替:

$$\vec{u}_l^{n+\frac{1}{2}} = \vec{u}_l^{n-\frac{1}{2}} - \frac{\Delta\bar{t}(\vec{\lambda}_{ln})^2}{k(\Delta\xi)_{ln}}\left[\vec{p}_{l+\frac{1}{2n}} - \vec{p}_{l-\frac{1}{2n}} + \vec{q}_{i+\frac{1}{2n-\frac{1}{2}}} - \vec{q}_{l-\frac{1}{2n-\frac{1}{2}}}\right]$$

$$\vec{\lambda}_{ln+1} = \vec{\lambda}_{ln} + \vec{u}_{ln+\frac{1}{2}}\Delta\bar{t}; \vec{\rho}^{l-\frac{1}{2n+1}} = \vec{\rho}^{l-\frac{1}{2n}}\left(\frac{1-\psi'}{1+\psi'}\right) \quad (6-50)$$

式中,$$\psi' = \Delta\bar{t}'\left(\frac{2(\vec{u}_{ln+\frac{1}{2}} + \vec{u}_{l-1n+\frac{1}{2}})}{\vec{\lambda}_{ln+1} + \vec{\lambda}_{ln} + \vec{\lambda}_{l-1n+1} + \vec{\lambda}_{l-1n}} + \frac{\vec{u}_{ln+\frac{1}{2}} - \vec{u}_{l-1n+\frac{1}{2}}}{\vec{\lambda}_{ln+1} + \vec{\lambda}_{ln} - \vec{\lambda}_{l-1n+1} - \vec{\lambda}_{l-1n}}\right) \quad (6-51)$$

$$\vec{q}_{l-1/2n+\frac{1}{2}} = 9\frac{k(k+1)}{2}\left(\frac{\vec{M}}{3\pi}\right)^3 \vec{q}_{l-\frac{1}{2n+1}}[\vec{u}_{l-1n+\frac{1}{2}} - \vec{u}_{ln+\frac{1}{2}}]^2 \quad (6-52)$$

当 $\vec{u}_{l-1^n+\frac{1}{2}} > \vec{u}_{l^n+\frac{1}{2}}$ 时 $\vec{q}_{l-\frac{1}{2^n+\frac{1}{2}}} = 0$

当 $\vec{u}_{l-1^n+\frac{1}{2}} \leqslant \vec{u}_{l^n+\frac{1}{2}}$ 时

$$\vec{p}_{l-\frac{1}{2^{n+1}}} = \{\{[(k+1)/(k-1)]\vec{\rho}_{l-\frac{1}{2^{n+1}}} - \vec{\rho}_{l-\frac{1}{2^n}}\}\vec{p}_{l-\frac{1}{2^n}} + 2(\vec{\rho}_{l-\frac{1}{2^{n+1}}} - \vec{\rho}_{l-\frac{1}{2^n}})\vec{q}_{l-\frac{1}{2^n+\frac{1}{2}}}\}/$$
$$\{[(k+1)/(k-1)]\vec{\rho}_{l-\frac{1}{2^n}} - \vec{\rho}_{l-\frac{1}{2^{n+1}}}\} \tag{6-53}$$

上面这些方程对点源和等温球两个不同的初始条件在计算机上求解，下标 n 和 l 分别表示独立变量 ξ 和 $\bar{t}$ 的网格的总数，改写以后结果可以归纳如下。

冲击波阵面上的最大超压 Δp_Φ 可写为

$$\begin{cases} \Delta p_\Phi = \dfrac{6.7}{\vec{R}^3} + 1 & (\Delta p_\Phi \geqslant 10 \text{ kg/cm}^2) \\ \Delta p_\Phi = \dfrac{0.975}{\vec{R}} + \dfrac{1.455}{\vec{R}^2} + \dfrac{5.85}{\vec{R}^3} - 0.019 & (0.1 \text{ kg/cm}^2 \leqslant \Delta p_\Phi \leqslant 10 \text{ kg/cm}^2) \end{cases} \tag{6-54}$$

$$\vec{R} = \frac{R}{\sqrt[3]{W}} \tag{6-55}$$

$$\Delta p_\Phi = p_\Phi - p_0 \tag{6-56}$$

式中　R——爆炸中心距离考虑点的距离，m；

　　　W——炸药的质量，kg；

　　　$\vec{R}$——折合距离，m/kg$^{1/3}$；

　　　p_Φ——冲击波波阵面的压力；

　　　p_0——大气压。

式（6-54）适用于标准三硝基甲苯（梯恩梯）炸药。

为了便于比较，同时还列出了其他学者的研究结果。

Henrych（1979 年）建议空气中冲击波的峰值超压（MPa）的表达式为

$$p_{so} = \begin{cases} \dfrac{1.40717}{Z} + \dfrac{0.55397}{Z^2} - \dfrac{0.03572}{Z^3} + \dfrac{0.000625}{Z^4} & (0.05 \leqslant Z \leqslant 0.3) \\ \dfrac{0.61938}{Z} - \dfrac{0.03262}{Z^2} + \dfrac{0.21324}{Z^3} & (0.3 \leqslant Z \leqslant 1) \\ \dfrac{0.0662}{Z} + \dfrac{0.405}{Z^2} + \dfrac{0.3288}{Z^3} & (1 \leqslant Z \leqslant 10) \end{cases} \tag{6-57}$$

Mills（1987 年）介绍了高爆炸药冲击波峰值超压（MPa）的表达式为

$$p_{so} = \frac{0.108}{Z} - \frac{0.114}{Z^2} + \frac{1.772}{Z^3} \tag{6-58}$$

Crawford 和 Karagozian（1955 年）给出了求解峰值超压（MPa）的表达式为

$$\frac{p_{so}}{p_0} = \frac{40.4R^2 + 810}{\sqrt{9.77R^2(1+434R^2)(1-0.55R^2)}} \tag{6-59}$$

萨多夫斯基根据模型相似律理论建立公式，由试验确定系数，得到高爆炸药冲击峰值超压（MPa）的表达式为

$$p_{so} = \begin{cases} \dfrac{1.07}{Z^3} - 0.1 & (Z \leqslant 1) \\ \dfrac{0.076}{Z} + \dfrac{0.255}{Z^2} + \dfrac{0.65}{Z^3} & (1 < Z \leqslant 15) \end{cases} \tag{6-60}$$

关于爆炸冲击波峰值压力的经验公式，国内学者也给出了几种表达式。

有文献认为 TNT 球形装药在无限空气中爆炸时的冲击波峰值超压（MPa）的表达式为

$$p_{so} = \frac{0.084}{Z} + \frac{0.27}{Z^2} + \frac{0.7}{Z^3} \quad (6-61)$$

高爆炸药冲击波峰值超压（MPa）的表达式为

$$p_{so} = \begin{cases} \dfrac{1.059}{Z^{2.56}} - 0.051 & (0.1 \leqslant Z \leqslant 1) \\ \dfrac{1.008}{Z^{2.01}} & (1 < Z \leqslant 10) \end{cases} \quad (6-62)$$

上述的表达式基本上都是在试验的基础上修订系数得到的，而部分学者用解析方法对空气中爆炸时爆炸冲击波超压的变化规律进行了理论分析，引入超压传递的矢量速度函数，根据超压连续性变化条件得到了超压变化过程的基本方程，运用所得到的方程，给出了一维爆炸冲击波正相函数的一般形式，具体推导过程如下所述。

当炸药在空气中爆炸后，考虑距离爆心 r 处某一点的体积为 V_0 的邻域，并将超压 Δp 视为一物理场描述参数，在该体积内超压所引起的压力变化为 $\int \Delta p \mathrm{d}V$，这里积分取在整个体积 V_0 上。单位时间内，经过体积 V_0 的表面面元超压压力的累加量为 $\Delta pv\mathrm{d}S$，这里 v 为空气超压的传递速度，矢量 $\mathrm{d}S$ 的绝对值等于面元的面积，其方向为面元的法线方向，规定以面元的外法线方向为 $\mathrm{d}S$ 的正向。若超压自体积内向体积外传递，则 $\Delta pv\mathrm{d}S$ 为正；反之为负。于是，单位时间内经过体积 V_0 传递的超压压力的总和为 $\oint \Delta pv\mathrm{d}S$，这里取的积分是包围 V_0 的整个闭曲面。另一方面，从体积 V_0 中减少的超压压力和可以写为 $-\dfrac{\partial}{\partial t}\int \Delta p\mathrm{d}V$。根据单位时间内经过体积 V_0 传递的超压压力总和与从体积 V_0 中减少的超压压力和相等的条件，即超压变化的连续性条件，有

$$\frac{\partial}{\partial t}\int \Delta p \mathrm{d}V = \oint \Delta pv\mathrm{d}S \quad (6-63)$$

将面积分化为体积分，得

$$\int \left| \frac{\partial \Delta p}{\partial t} + \mathrm{div}(\Delta pv) \right| \mathrm{d}V = 0 \quad (6-64)$$

由于式（6-64）对任意体积均成立，故被积函数为零，即

$$\frac{\partial \Delta p}{\partial t} + \mathrm{div}(\Delta pv) = 0 \quad (6-65)$$

或

$$\frac{\partial \Delta p}{\partial t} + \Delta p \mathrm{div}(v) = -v\mathrm{grad}(\Delta p) \quad (6-66)$$

令 $f(r, t) = \mathrm{div}(v)/b$，$\varphi(r, t) = -v\mathrm{grad}(\Delta p)t^+/p_s^+$，于是有

$$\frac{\partial \Delta p}{\partial t} + bf(r,t)\Delta p = \frac{p_s^+ \varphi(r,t)}{t^+} \quad (6-67)$$

式中 r——距离爆心一定距离处某一点的位置矢量。

式（6-67）是爆炸冲击波变化规律的一个一般方程。当所研究的空间点 r 为常数时，超压函数只与时间相关，而与距离爆心的位置没有关系，于是式（6-69）可以变为

$$\frac{\mathrm{d}\Delta p}{\mathrm{d}t} + bf(t)\Delta p = \frac{p_s^+ \varphi(t)}{t^+} \tag{6-68}$$

式（6-68）为一阶线性非齐次方程的标准形式，所以该方程的通解为

$$\Delta p = \mathrm{e}^{-b\int f(t)\mathrm{d}t} \left| \frac{p_s^+}{t^+} \int \varphi(t) \mathrm{e}^{b\int f(t)\mathrm{d}t} \mathrm{d}t + C \right| \tag{6-69}$$

式（6-69）中 C 为积分常数，令 $C = p_s^+$，并进行坐标平移，得

$$\Delta p = p_s^+ \mathrm{e}^{-b\int f(t)\mathrm{d}t} \left| \frac{1}{t^+} \int \varphi(t) \mathrm{e}^{b\int f(t)\mathrm{d}t} \mathrm{d}t + 1 \right| \quad (0 \leqslant t \leqslant t^+) \tag{6-70}$$

超压函数与压力函数之间应满足如下关系：

$$p(t) = p_0 + \Delta p \tag{6-71}$$

则

$$p(t) = p_0 + p_s^+ \mathrm{e}^{-b\int f(t)\mathrm{d}t} \left| \frac{1}{t^+} \int \varphi(t) \mathrm{e}^{b\int f(t)\mathrm{d}t} \mathrm{d}t + 1 \right| \quad (0 \leqslant t \leqslant t^+) \tag{6-72}$$

式中 f——超压发展过程中的黏性系数；

φ——超压传递的驱动力。

下面讨论当 f 和 φ 取某些特定值时超压函数的衰减方程。

（1）当 $f=0$，$\varphi = -1$ 时，压力的线性衰减函数为

$$p(t) = p_0 + p_s^+ \left(1 - \frac{t}{t^+}\right) \quad (0 \leqslant t \leqslant t^+) \tag{6-73}$$

（2）当 $f = 1/t^+$，$\varphi = 0$ 时，压力的指数衰减函数为

$$p(t) = p_0 + p_s^+ \mathrm{e}^{-\frac{bt}{t^+}} \quad (0 \leqslant t \leqslant t^+) \tag{6-74}$$

（3）当 $f = 1/t^+$，$\varphi = -\exp(-bt/t^+)$ 时，压力的指数衰减函数为

$$p(t) = p_0 + p_s^+ \left(1 - \frac{t}{t^+}\right) \mathrm{e}^{-\frac{bt}{t^+}} \quad (0 \leqslant t \leqslant t^+) \tag{6-75}$$

（4）当 $f = (1 - 2mt/t^+)/t^+$，$\varphi = -\exp[-b(1-mt/t^+)/(t/t^+)]$ 时，压力的指数衰减函数为

$$p(t) = p_0 + p_s^+ \left(1 - \frac{t}{t^+}\right) \mathrm{e}^{-\frac{b\left(1 - \frac{mt}{t^+}\right)}{\frac{t}{t^+}}} \quad (0 \leqslant t \leqslant t^+) \tag{6-76}$$

（5）当 $f = (gh/t^+)/(1 + ht/t^+)^2$，$\varphi = -\exp\{-b[1 + g/(1 + ht/t^+)]\}$ 时，压力的指数衰减函数为

$$p(t) = p_0 + p_s^+ (1 - t/t^+) \mathrm{e}^{-b[1 + g/(1 + ht/t^+)]} \quad (0 \leqslant t \leqslant t^+) \tag{6-77}$$

其中，g 和 h 为常数，这一结果与 Brode 在 1955 年对点源产生的爆炸冲击波的研究提出的一个四参数拟合正相超压的时间历程模型具有完全一致的函数形式。

八、数值仿真算例

采用有限元方法试分析 75 g TNT 炸药在空气中爆炸后形成的爆炸流场。

1. 计算模型

药量为 75 g 的 TNT 正方形装药在空气中爆炸，坐标原点设在装药中心，爆炸系统关

于 xOy、yOz、zOx 平面对称。根据对称性，取装药爆炸时 1/8 的空气域作为数值模拟的计算模型，模型采用 cm-g-μs 单位制，其中炸药的边长为 1.8 cm，空气域的计算模型为长方体，边长分别为 150 cm、75 cm、75 cm，单点起爆，爆心为坐标原点。定义空气和炸药均为 Euler 单元，炸药单元采用边长为 0.45 cm 的正六面体，空气单元采用两种，一种是边长为 1.5 cm 的正六面体，另一种是边长为 0.45 cm 和 1.5 cm 的六面体，计算模型共划分为 289327 个单元，其中炸药单元 64 个，空气单元 289263 个，单元采用单点 ALE 算法。为了模拟出炸药在无限空间中爆炸的情况，对称面法向位移取 0，其余各面均设置成压力透射边界。计算模型如图 6-16 所示。

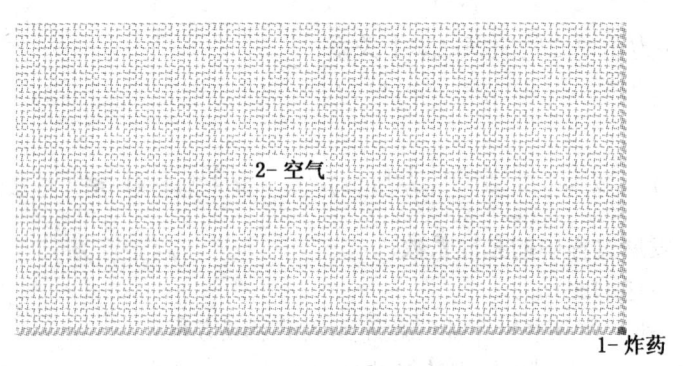

图 6-16　空爆有限元计算模型

2. 计算结果

图 6-17 和图 6-18 所示为不同时刻空气冲击波超压分布图和空间不同位置冲击波超压时程曲线图。通过这两个图可以看出：冲击波在 x、y、z 方向上基本呈球对称分布，随着爆心距离的增加，冲击波的峰值压力迅速衰减，超压作用时间明显增加。这些计算结果与爆炸冲击波在空气中的传播规律都是相符的。

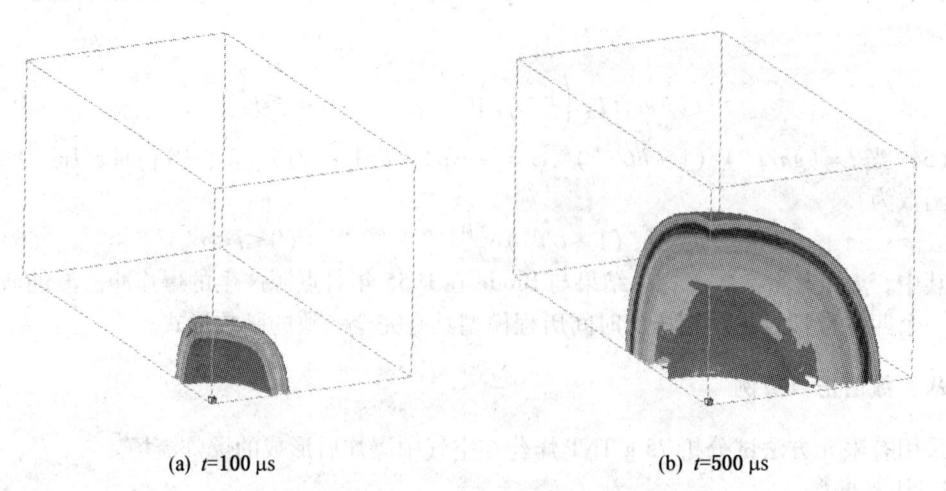

(a) $t=100$ μs　　　　　　　　　(b) $t=500$ μs

图 6-17　不同时刻冲击波超压的分布

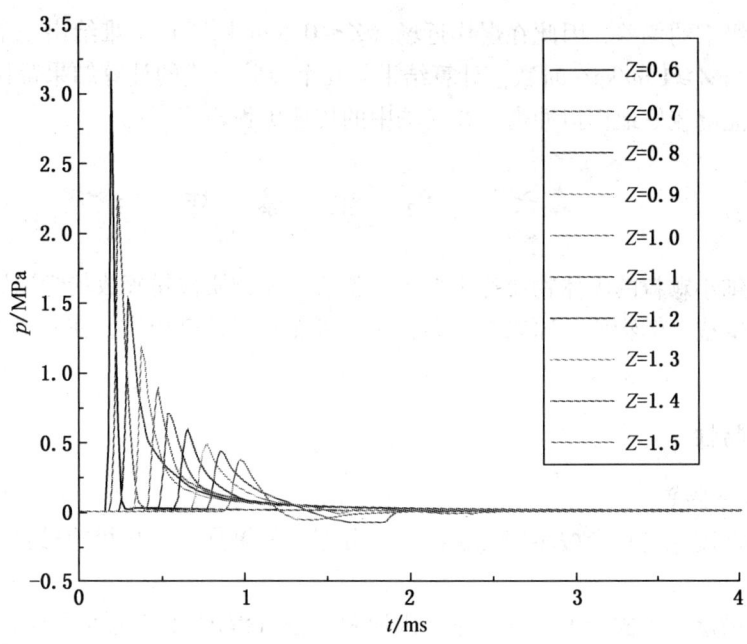

图 6-18 空间不同位置冲击波超压时程曲线

图 6-19 所示为 LS-DYNA 程序计算结果和几个经验公式计算结果的比较,可以看出,当 $Z \geqslant 1 \text{ m/kg}^{1/3}$ 时,各个公式的预测结果接近;当 $0.5 \text{ m/kg}^{1/3} \leqslant Z < 1 \text{ m/kg}^{1/3}$ 时,各个公式的预测结果开始产生偏差,其中萨多夫斯基公式预测的结果最大,而 Henrych 公式的预测结果则最小;当 $Z < 0.5 \text{ m/kg}^{1/3}$ 时,各个公式的预测结果偏差将进一步增大,有的

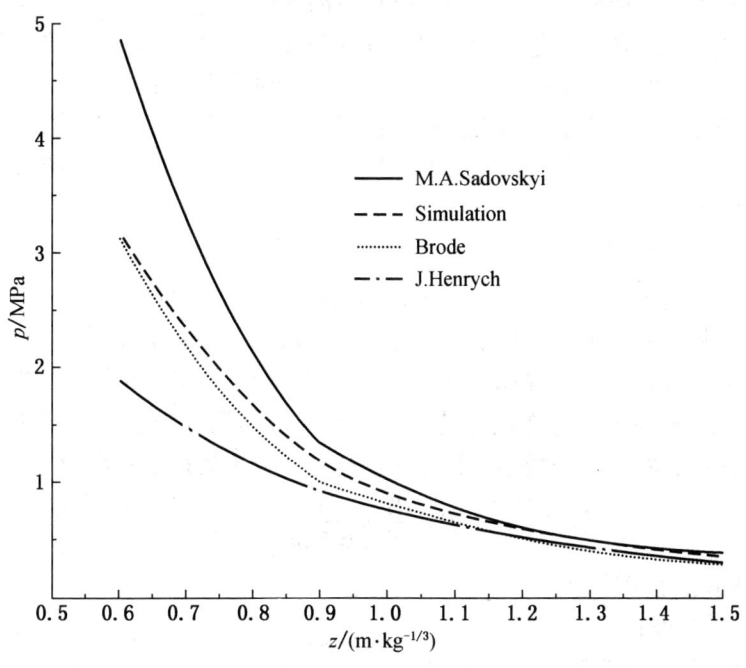

图 6-19 冲击波峰值超压在空间场的分布比较

甚至产生了量级上的偏差，因此在爆炸近场（$Z<0.5 \text{ m/kg}^{1/3}$）很难给出一个较为准确的计算公式，而当 $Z \geq 1 \text{ m/kg}^{1/3}$ 时数值计算结果与几个经验公式的计算结果都比较接近，这说明数值模拟能够较好地模拟冲击波在流场中的传播历程。

第六节 粉尘爆炸

被粉碎成细小颗粒的固体物质称为粉尘。整块固体物质被粉碎成粉尘以后，原来是非燃物质的可能变成可燃物质，原来是难燃物质的可能变成易燃物质，在一定条件甚至发生粉尘爆炸。

一、粉尘特性

1. 粉尘的分散度

粉尘的分散度就是粉尘按不同粒径的一种分布，如果其中小粒径的粉尘很多，那么粉尘分散度大。

粉尘的分散度不是固定不变的，它会因原料、空气湿度及空气运动速度不同而变化，也会随高度不同而不同，地面附近的分散度最小，距地面越高，粉尘分散度越大。

粉尘的分散度影响着粉尘火灾的危险性，分散度大的粉尘，表面积大，化学活性强，火灾危险性大。

2. 粉尘表面积

粉尘直径越小，一定质量的粉尘表面积就越大。

3. 粉尘的吸附性和活性

粉尘具有很大的表面积，所以粉尘具有很强的吸附性。

随着粉尘分散度的增加，使部分原来处于内部的粒子变成表面粒子，原来粒子之间的吸附力就遭到破坏，破坏这种力需要一定的能量，这个能量被储存在粉尘表面，称为表面能。

粉尘的分散度越大，表面能越大，粉尘的活性越高，化学反应就越快。表面积增大，会使粉尘与氧的接触面积增大，因此也会加快反应速度；表面积增大，还会使固体原有的导热能力下降，促使局部温度上升，这也有利于反应进行。

4. 悬浮粉尘的稳定性

粉尘悬浮在空气中同时受到两种作用，即重力作用与扩散作用。

重力作用使粉尘发生沉降，粉尘质量越大，在密度一定的条件下，也就是粉尘体积越大，重力作用越显著，这种过程称为沉积。另一方面粉尘又受到扩散作用的影响，扩散作用会使粉尘具有在空间均匀分布的趋势。粒子的扩散作用与粒子大小有关：粉尘粒子越大，扩散作用越小；粉尘粒子越小，扩散作用越大。粒子的扩散系数 D 为

$$D = \frac{RT}{N} \times \frac{1}{6\pi \eta r} \qquad (6-78)$$

式中　r——球形粒子半径；

η——介质黏度；

N——阿弗加德罗常数；

R——气体常数。

当粉尘粒子小到一定程度以后，扩散作用与重力作用平衡，粉尘就不会沉降了。

二、单个粉尘粒子的燃烧

煤粒燃烧过程大体可以分以下 4 个阶段。

1. 挥发分的燃烧

煤粒受热以后，内部的碳氢化合物会裂解挥发出来，主要是 CO、H_2、CH_4、C_2H_2…C_nH_m 等可燃气体，这些碳氢化合物遇周围空间的氧进行燃烧，其反应式如下：

$$CO + \frac{1}{2}O_2 \longrightarrow CO_2$$

$$C_nH_m + \left(n + \frac{m}{4}\right)O_2 \longrightarrow nCO_2 + \frac{m}{2}H_2O$$

2. 碳粒表面燃烧

煤逸出挥发分后剩下的固体物质是碳，它是多孔性结构，碳在气相氧化剂中是气、固两相燃烧。气相氧化剂扩散到碳的表面或孔隙内部，在那里与碳发生燃烧。

碳粒表面的主要燃烧反应：

$$C + O_2 \longrightarrow CO_2$$
$$2C + O_2 \longrightarrow 2CO$$
$$C + CO_2 \longrightarrow 2CO$$

3. 碳粒燃烧的空间反应

在碳粒表面除与氧反应可能生成二氧化碳、一氧化碳，二氧化碳与碳生成一氧化碳外，在空间还会有一氧化碳与氧反应生成二氧化碳，其反应式如下：

$$CO + \frac{1}{2}O_2 \longrightarrow CO_2 \tag{6-79}$$

整个煤粒的燃烧过程可以用图 6-20 表示。

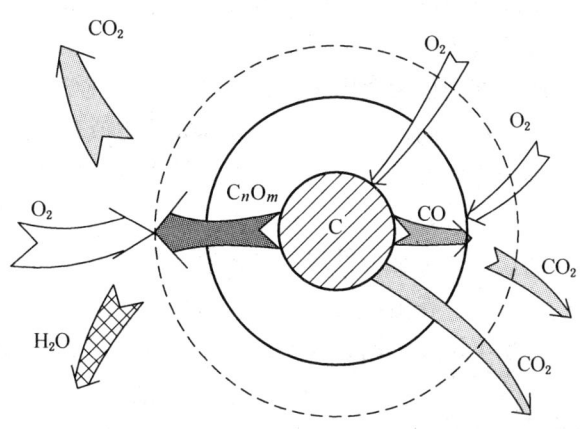

图 6-20 煤粒燃烧过程示意图

4. 碳粒燃烧中的内孔效应和覆盖层的影响

碳与氧化剂气体的气固两相反应，不但发生在碳粒外表面，而且发生在碳粒内孔表面。由于碳氢化合物的裂解挥发，碳粒内部会出现很多孔隙，这就极大地增加了反应表面，加快了燃烧速率，这种现象称为内孔效应，内孔效应在碳粒表面燃烧初期表现得很明显。在碳粒燃烧后期，燃烧速度下降。

碳燃烧时生成的 CO_2（或 CO）从碳粒表面脱附而放出，但残剩的固态灰分往往形成一层多孔的覆盖层，这层惰性覆盖层对氧的扩散构成了附加扩散阻力。因此，碳的燃烧速率会随时间增加而下降，从理论上分析，此时速率 W_s 为

$$W_s \propto \frac{1}{\sqrt{t}} \tag{6-80}$$

式中　t——时间。

三、粉尘爆炸影响因素

在分析和解决实际粉尘的爆炸问题时，要考虑如下几个主要方面的影响因素。

1. 粉尘的物理化学性质

含可燃挥发分越多的粉尘，爆炸的危险性越大，且其爆炸压力和升压速度越高。这是因为这类粉尘受热时释放出较多的可燃气体，大量的可燃气体与空气混合形成爆炸性的混合气，使得体系反应更加容易和猛烈。

燃烧热高的粉尘容易发生爆炸，而且爆炸的威力也大。氧化速度快的粉尘，容易发生爆炸，而且最大爆炸压力较大；容易带电的粉尘也容易爆炸。

2. 粉尘的粒度和浓度

粒度越小的粉尘，比表面积越大，在空气中的分散度越大且悬浮的时间越长，吸附氧的活性越强，氧化反应速度越快，越容易发生爆炸，即其最小点火能和爆炸浓度下限越小，而且最大爆炸压力和最大升压速度相应越大。

如果粉尘的粒度太大，就会因此失去爆炸性能。在大于爆炸临界粒径的粗粉尘中混入一定量的可爆细粉尘后，它就可能成为可爆混合物。

可燃粉尘必须在其浓度处于爆炸浓度极限范围内才能发生爆炸，其最易被点爆的浓度一般高于其完全燃烧化学计量浓度的 2~3 倍。

粉尘爆炸压力和升压速度的最大值出现在粉尘浓度高于化学计量浓度 2~3 倍时，但二者达到最大值的浓度不一定相同，而且出现最大爆炸压力或升压速度的粉尘浓度与粉尘最易被点爆时的浓度也不一样。但是，这两种浓度之间大致有如下关系：

$$CE_{min} = |C_{pmax} - (C_{(\frac{dP}{dt})max} - C_{pmax})| \tag{6-81}$$

式中　CE_{min}、C_{pmax}、$C_{(\frac{dP}{dt})max}$ ——出现最低最小点火能、最大爆炸压力和最大升压速度时的粉尘浓度。

在一定粒度条件下，粉尘浓度越高，其着火温度越低，但这种影响随着粒径的增大而逐渐减弱。

3. 可燃气体和惰性成分的含量

当可燃粉尘和空气的混合物中混入一定量的可燃气体时，粉尘的爆炸危险性显著增大，具体体现为最小点火能和爆炸下限降低，而最大爆炸压力和最大升压速度提高。

可燃粉尘/空气/可燃气体混合物中粉尘的爆炸下限和可燃气体浓度之间近似地存在如下关系：

$$C_{\mathrm{mdl}} = C_{\mathrm{dl}} \left(\frac{L_{\mathrm{GL}}}{L_{\mathrm{G}}} - 1 \right)^2 \tag{6-82}$$

式中　C_{mdl}、C_{dl}——混合物和空气中粉尘的爆炸下限；

　　　L_{G}、L_{GL}——混合物中可燃气体含量和可燃气体在空气中的爆炸下限。

当可燃粉尘和空气的混合物中混入一定量的惰性气体时，不但会缩小粉尘爆炸的浓度范围，而且会降低粉尘爆炸的压力及升压速度。

可燃粉尘中混入惰性粉尘也会使其爆炸性能削弱甚至丧失。

4. 粉尘的爆炸环境条件

可燃粉尘环境中的水分会削弱粉尘的爆炸性能。水分能黏结小颗粒粉尘，降低粉尘的分散度和缩短其飘浮时间；水分蒸发要吸收大量的热，阻止粉尘的燃烧化学反应；水蒸气占据空间，稀释环境中的氧浓度而降低了粉尘的燃烧速度。水分的这种削弱作用随着其含量增大而增强。

粉尘环境的温度和压力升高时，粉尘爆炸会向着危害性增加的方向变化。温度升高有助于挥发分释放，因此粉尘的最小点火能减小，而且当温度升高到一定值时，最小点火能几乎接近于零。该温度值就是悬浮粉尘的着火温度。

粉尘爆炸有一个低的压力极限，一般在环境压力低于几千帕时，粉尘不能发生爆炸。

5. 火源强度或点火方式

火源温度越高，与可燃粉尘/空气混合物的接触时间越长，或其能量越大，则粉尘越容易发生爆炸。火源较强时，粉尘的爆炸下限较低。

点火方式对粉尘的爆炸特性有较大的影响。

6. 容器的容积

同可燃气体爆炸一样，容积越大的容器中粉尘爆炸的时间越长，从爆炸开始到压力上升到最大值的时间也越大，粉尘爆炸的最大升压速度越小。大量的粉尘爆炸试验证明，如果容器容积不小于 0.04 m^3，"三次方定律"对粉尘爆炸也完全适用，即

$$\left(\frac{\mathrm{d}p}{\mathrm{d}t} \right)_{\max} V^{\frac{1}{3}} = K_{\mathrm{st}} = 常数 \tag{6-83}$$

除上述影响因素外，在实际条件下还会遇到其他一些影响因素，如粉尘/空气混合物的湍流度、粉尘颗粒的含水量、凝聚性及导热性等。

第七章 建筑防火

我国建筑防火有着悠久的历史。早在明代，嘉靖十三年（1534年）兴建的皇史宬就采用砖石结构，室内石台上放置包铜皮的樟木文件柜；嘉靖四十年建造的宁波天一阁，建在三面临水的湖边，并在阁前开凿储水池；我国徽州古建筑群也对我国建筑防火有着重要的影响，如徽州呈坎等地古民居，其大门包以水磨薄砖，木板楼层敷铺方砖，许多古民居建马头墙以阻隔木屋架外露，天井内遍设太平缸蓄水应急，建防火巷、石库门、石库窗以防火患，建更楼、水龙庙、民间消防队以抗御火患之灾……

为了更好地控制建筑火灾的发生，世界各国均根据国情制定各种建筑防火规范。我国已制定相关规范标准，对古建筑、地下建筑、汽车库及自动报警、自动灭火设备等也有专用的规范或规定。近几年，随着社会经济的发展，我国开始大规模地对原有的规范标准进行修订，应在学习中特别注意新旧规范标准的差异。

建筑物起火必须具备三个要素：①可燃物。如木质材料，可燃装修，家具衣物，窗帘地毯，以及生产、储存的易燃易爆物品等。②着火源。如烟头，火柴，厨房和锅炉房用火，电气设备事故的火花，以及雷击、地震灾害等都能形成着火源。③助燃物。氧及氯、溴等。因此，建筑防火的核心就是对三个要素进行有效控制。

第一节 建筑构件的耐火性能

建筑构件起火或受热会因受到结构破坏而失去稳定，造成建筑物倒塌和人员伤亡，因此建筑物必须具有一定的耐火能力。耐火极限（Fire resistance rating）是指在《建筑构件耐火试验方法》（GB/T 9978—2008）规定的标准耐火试验条件下，建筑构件、配件或结构从受火的作用时起，到失去稳定性、完整性或隔热性时止的这段时间，单位为h。并将在标准耐火试验条件下，承重或非承重建筑构件在一定时间内抵抗垮塌的能力，称为耐火稳定性。

我国防火设计中，构件的耐火极限是衡量建筑物耐火等级的主要指标，而承重构件的耐火极限是结构能否于火灾中保持稳定不倒塌的唯一保证。

根据《建筑设计防火规范》（GB 50016—2006）的相关规定将建筑构件按照其材料的燃烧特性分为不燃烧体（Non-combustible component）、难燃烧体（Difficult-combustible component）和燃烧体（Combustible component）三类。不燃烧体即用不燃烧性材料做成的构件，不燃烧性材料是指在空气中受到火烧或高温的作用时不起火、不微燃、不炭化的材料；难燃烧体即用难燃烧性材料做成的构件或用可燃烧性材料做成而用不燃烧性材料作保护层的构件，难燃烧性材料是指在空气中受到火烧或高温的作用时难起火，当火源移走后立即停止燃烧的材料；燃烧体即用可燃烧性材料做成的构件，可燃烧性材料是指在空气中受到火烧或高温的作用时立即起火或微燃，且火源移走后仍继续燃烧或微燃的材料。

一、建筑构件的耐火试验

随着建筑业及各种新型建筑材料的不断发展，人们对建筑构件的耐火性能越来越重视。耐火试验正是通过模拟真实火灾的方式来检测建筑构件耐火性能的一种试验方法。

对耐火构件经行耐火试验，研究构件的耐火极限，可以为正确制定和贯彻建筑防火法规提供依据，为提高建筑结构耐火性能和建筑物的耐火等级，降低防火投资，减小火灾损失提供技术措施，也与火灾烧损后的建筑结构加固工作直接相关。

标准耐火试验必须遵循升温条件、压力条件、加载条件、约束条件、受火条件和试件要求等。

1. 升温条件

图 7-1 所示为 ISO 834 标准升温曲线，该曲线最早由英国提出，后来成为国际上通用的标准耐火试验的升温条件。尽管在实际的火灾中，每一起火灾的时间—温度曲线是各不相同的，但为了对建筑构件进行耐火试验，进而对其耐火极限进行度量，必须人为规定一种能反映且能模拟一般火灾规律的标准温升条件，把它绘制成曲线就称为时间—温度标准曲线。

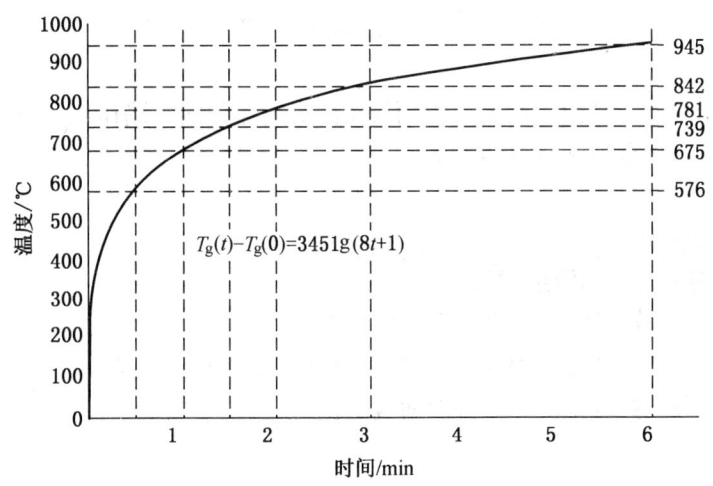

图 7-1　ISO 834 标准升温曲线

为了便于科学研究和制定相关的防火规范，各国都依据试验结果制定能代表本国建筑火灾发展一般规律的时间—温度标准曲线，尽管有细微差别，但是大体相似，世界各国的时间—温度标准曲线如图 7-2 所示。我国采用的是国际标准 ISO 834 规定的时间—温度标准曲线。

时间—温度标准曲线是指按特定的加温方法，在标准的实验室条件下，表示现场火灾发展情况的一条理想化了的试验曲线。该曲线已被国际标准化组织采纳，目的是为了对建筑构件的极限耐火时间有一个统一的检验标准。

时间—温度标准曲线是为了方便按统一方法进行试验，根据数据积累给出的火灾在爆炸后的一种理想状态下的时间与温度的关系曲线。

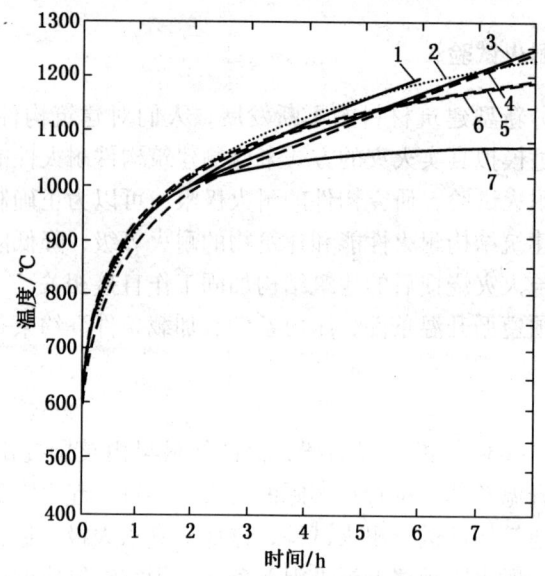

1—澳大利亚、英国、新西兰；2—比利时、丹麦、芬兰、法国、荷兰、挪威、瑞典；
3—加拿大、美国；4—苏联；5—意大利；6—瑞士；7—日本

图 7-2 世界各国的时间—温度标准曲线

耐火试验采用明火加热，使试件受到与实际火灾相似的火焰作用。为了模拟一般室内火灾的发展阶段，试验时炉内气体的温度为

$$T - T_0 = 345 \lg(8t + 1) \tag{7-1}$$

式中　t——升温时间，min；

　　　T——t 时刻的炉内温度，℃；

　　　T_0——炉内初始温度，一般在 5～40 ℃范围内。

在试验中，由于多种原因的影响，炉内温度完全按照式（7-1）升高是不可能的，会存在一定的误差。炉温偏离标准升温曲线的偏差 d 为

$$d = \frac{|A - B|}{B} \times 100\% \tag{7-2}$$

式中　A——实际平均炉温曲线下的面积；

　　　B——标准升温曲线下的面积；

　　　d——偏离标准升温曲线的偏差。

当 $t \leq 10$ min 时，要求 $d \leq 15\%$；当 10 min $< t \leq 30$ min 时，要求 $d \leq 10\%$；当 $t \geq 30$ min 时，要求 $d \leq 5\%$。

面积 A、B 的计算方法如下：试验开始 10 min 内，时间间隔小于 1 min；在 10～30 min 内，时间间隔小于 2 min；在 30 min 以后，时间间隔小于 5 min。在此时间间隔下，把各间隔内温度曲线下的面积相加即可求得面积 A、B。

2. 压力条件（正压操作）

（1）一般要求：

①保证沿炉内高度处每米的压力梯度值为 8 Pa。

②试验开始 5 min 后压力值为（15±5）Pa，10 min 后压力值为（17±3）Pa。

（2）垂直构件。试验炉运行时，应控制试件底面以下 100 mm 处的水平面或者检测梁时在吊顶水平底面以下 10 mm 处的炉内压力值为 20 Pa。

3. 加载条件

（1）荷载的量值。试验荷载>设计荷载>工作荷载。

（2）加载的形式。

①墙：垂直加载。

②楼板和屋面板：均布加载。

③梁：垂直加载在总长度的 1/8、3/8、5/8 及 7/8 处。

④柱：垂直加载。

4. 约束条件

反映构件实际使用中的情况。

5. 受火条件

（1）墙壁、隔板、门窗：一面受火。

（2）楼板、屋面板、吊顶：下面受火。

（3）横梁：两侧和底面共三面受火。

（4）柱子：所有垂直面受火。

6. 试件要求

（1）结构。试件的制作与安装应反映构件在实际中的使用情况。

（2）尺寸。应与实际尺寸相同，当构件尺寸大于试验炉所容纳尺寸时，应不得小于下述规定。

①墙：3 m（高）×3 m（宽）。

②梁：4 m 跨度。

③柱：3 m 高。

④楼板及屋面板：四面支承，4 m（长）×3 m（宽）。

二、耐火极限的判定条件

1. 失去稳定性

失去稳定性是指构件在试验过程中失去支持能力或抗变形能力。此条件主要针对的是承重构件。

（1）外观判断：如墙发生垮塌；梁板变形大于 $L/20$（L 为试件跨度）；柱发生垮塌或轴向变形（单位为 mm）大于 $h/100$ 或轴向压缩变形速度（单位为 mm/min）超过 $3h/1000$（h 为试件在试验炉内的受火高度）。

（2）受力主筋温度变化：16Mn 钢，510 ℃。

承重构件失去承载能力、失去抗变形能力的判定条件见表 7-1。

2. 失去完整性

分隔构件当其一面受火作用时，在试验过程中，构件出现穿透性裂缝，火焰穿过构件，使其背面可燃物起火（即出现穿火的孔隙），认为构件失去完整性。此条件主要针对的是楼板、门窗、隔墙、吊顶等。

表7-1 承重构件失去承载能力、失去抗变形能力的判定条件

名　称	失去承载能力	失去抗变形能力
墙	塌垮	
梁或板	塌垮	试件最大挠度超过 $L/20$（L 为试件跨度）
柱	塌垮	时间轴向压缩变形速度（单位为 mm/min）超过 $3h/1000$（h 为试件在试验炉内的受火高度）

3. 失去绝热性

适用于分隔构件，如墙、楼板等。

具备下列两个条件之一者即可认为构件失去绝热性：

(1) 试件背火面测温点平均温升达 140 ℃。

(2) 试件背火面测温点任一点温升达 180 ℃。

需要注意的是，对于以上判定条件在针对分隔构件、承重构件和具有兼具承重和分隔双重作用的构件来说，又各有不同：

对于分隔构件，如隔墙、吊顶、门、窗等，当构件失去完整性或绝热性时，构件达到耐火极限，换句话说，分隔构件是否达到耐火极限取决于完整性和绝热性两个因素。

对于承重构件，如梁、柱、屋架等本身不具备隔绝火焰的功能，主要作用是支持建筑物，因此失去稳定性是判定此类构件是否达到耐火极限的唯一条件。

对于承重分隔构件，如承重墙、楼板、屋面板等，此类构件既具有承重的功能，同时还能起到隔绝火焰作用，因此此类构件在试验中失去稳定性、完整性或绝热性即达到耐火极限。

三、影响建筑构件耐火性能的因素

稳定性、完整性和绝热性是构件耐火极限的三大判定条件，因此所有影响这三大性能的因素都会对构件的耐火极限产生影响。

1. 稳定性

凡影响构件高温承载力的因素都影响构件的稳定性。

(1) 构件材料的燃烧性能。材料的燃烧性能越好，构件的耐火性能就越差；反之，构件的耐火性能就越好。可燃材料构件由于本身发生燃烧，截面不断削弱，承载力不断降低。当构件自身承载力小于有效荷载作用下的内力时，构件破坏而失去稳定性。所以木材承重构件的稳定性总是比钢筋混凝土构件差。

(2) 有效荷载量值。所谓有效荷载是指试验时构件所承受的实际重力荷载。有效荷载大时，产生的内力大，构件失去承载力的时间短，所以耐火性差；反之，耐火性好。

(3) 钢材品种。不同的钢材，在温度作用下强度降低系数不同。普通低合金钢优于普通碳素钢，普通碳素钢优于冷加工钢，而高强钢丝最差。所以配置 16Mn 钢的构件稳定性较好，而预应力构件（多配冷拉钢筋或高强钢丝）最差。

(4) 实际材料强度。由于钢材和混凝土的强度受多种因素影响，是一随机变量。构件材料实际测定强度高者，耐火性好；反之，耐火性差。

(5) 截面形状与尺寸。矩形截面上热量为二维传导，温度较高，耐火性差；而圆形构件截面上为一维热传导，温度较低，耐火性较好。同为矩形截面，当截面周长与截面积之比大者，截面接受热量多，内部温度高，耐火性较差；反之，耐火性较好。矩形截面宽度小者，高温易于损伤内部材料，耐火性较差；反之，耐火性较好。截面尺寸越大，热量越不易传进内部，耐火性好；反之，耐火性较差。

(6) 配筋率。配筋率是钢筋混凝土构件中纵向受力（拉或压）钢筋的面积与构件的有效面积之比（轴心受压构件为全截面的面积）。受拉钢筋配筋率、受压钢筋配筋率分别计算。配筋率是影响构件受力特征的一个参数配筋率，是钢筋混凝土构件中纵向受力钢筋的面积与构件的有效面积之比（轴心受压构件为全截面的面积），配筋率是反映配筋数量的一个参数。由于钢材强度降低幅度大于混凝土，因此钢筋混凝土柱子配筋率越高，耐火性越差。

(7) 配筋方式。截面双层配筋或大直径钢筋配于中部，小直径钢筋配于角部，则内层或中部钢筋温度低，强度高，耐火性好；反之，耐火性差。

(8) 表面保护。当构件表面有非燃性保护层时，如抹灰、喷涂防火涂料等，构件温度低，耐火性好。

(9) 保护层厚度。当构件表面有非燃性保护层时，构件的保护层厚度越大，构件的耐火性能就越好。

(10) 受力状态。轴心受压柱耐火性优于小偏心受压柱，小偏心受压柱优于大偏心受压柱。究其原因是，钢材和混凝土在温度作用下强度降低系数不同。

(11) 支承条件和计算长度。连续梁或框架梁受火后会产生塑性变形内力重分布现象，所以耐火性大大地优于简支梁。柱子计算长度越大，纵向弯曲作用越明显，耐火性越差；反之，耐火性越好。

2. 完整性

根据试验结果，凡易发生爆裂、局部破坏穿洞、构件接缝等都可能影响试件的完整性。当构件混凝土含水量较大时，受火时易于发生爆裂，使构件局部穿透，失去完整性。当构件接缝，穿管密封处不严密，或填缝材料不耐火时，构件也易于在这些地方形成穿透性裂缝而失去完整性。

3. 绝热性

影响构件绝热性的因素主要有两个：材料的导温系数和构件厚度。材料导温系数越大，热量越易于传到背火面，所以绝热性差；反之，绝热性好。由于金属的导温系数比混凝土、砖大得多，所以当墙体或楼板有金属管道穿过时，热量会由管道传向背火面而导致失去绝热性。由于热量是逐层传导的，所以当构件厚度较大时，背火面达到某一温度的时间就长，绝热性则好。

四、建筑耐火构件的耐火极限要求

目前我国按建筑常用结构类型的耐火能力将建筑耐火等级划分为4级（高层建筑必须为一级或二级）。建筑的耐火能力取决于构件的耐火极限和燃烧性能，在不同耐火等级中对二者分别做了规定。

根据《建筑设计防火规范》（GB 50016—2006）的要求，其构件的燃烧性能和耐火极限不应低于表 7-2 中的规定（另有规定者除外），较之过去版本，增加了对楼梯间的墙、电梯井的墙、住宅单元之间的墙和住宅分户墙的燃烧性能及耐火极限的要求，对非承重墙提出了新的要求，将 4 个级别防火墙的耐火极限从 4.00 h 更改为 3.00 h，四级耐火等级建筑的楼板的燃烧性能更改为燃烧体等。

表 7-2 建筑物构件的燃烧性能和耐火极限　　　　　　　　　h

构件		耐火等级			
		一级	二级	三级	四级
墙	防火墙	不燃烧体 3.00	不燃烧体 3.00	不燃烧体 3.00	不燃烧体 3.00
	承重墙	不燃烧体 3.00	不燃烧体 2.50	不燃烧体 2.00	难燃烧体 0.50
	非承重外墙	不燃烧体 1.00	不燃烧体 1.00	不燃烧体 0.50	燃烧体
	楼梯间的墙 电梯井的墙 住宅单元之间的墙 住宅分户墙	不燃烧体 2.00	不燃烧体 2.00	不燃烧体 1.50	难燃烧体 0.50
	疏散走道两侧的隔墙	不燃烧体 1.00	不燃烧体 1.00	不燃烧体 0.50	难燃烧体 0.25
	房间隔墙	不燃烧体 0.75	不燃烧体 0.50	难燃烧体 0.50	难燃烧体 0.25
柱		不燃烧体 3.00	不燃烧体 2.50	不燃烧体 2.00	难燃烧体 0.50
梁		不燃烧体 2.00	不燃烧体 1.50	不燃烧体 1.00	难燃烧体 0.50
楼板		不燃烧体 1.50	不燃烧体 1.00	不燃烧体 0.50	燃烧体
屋顶承重构件		不燃烧体 1.50	不燃烧体 1.00	燃烧体	燃烧体
疏散楼梯		不燃烧体 1.50	不燃烧体 1.00	不燃烧体 0.50	燃烧体
吊顶(包括吊顶格栅)		不燃烧体 0.25	难燃烧体 0.25	难燃烧体 0.15	燃烧体

注：1. 除 GB 50016—2006 另有规定者外，以木柱承重且以不燃烧材料作为墙体的建筑物，其耐火等级应按四级确定。
　　2. 二级耐火等级的建筑物吊顶采用不燃烧体时，其耐火极限不限。
　　3. 在二级耐火等级的建筑中，面积不超过 100 m² 的房间隔墙，如执行本表的规定有困难时，可采用耐火极限不低于 0.30 h 的不燃烧体。
　　4. 一、二级耐火等级民用建筑疏散走道两侧的隔墙，按本表规定执行有困难时，可采用 0.75 h 不燃烧体。

二级耐火等级建筑，当房间隔墙采用难燃烧体时，其耐火极限应提高 0.25 h。

一、二级耐火等级建筑的上人平屋顶，其屋面板的耐火极限分别不应低于 1.50 h 和 1.00 h。

一、二级耐火等级建筑的屋面板应采用不燃烧材料，但其屋面防水层和绝热层可采用可燃材料。

二级耐火等级住宅的楼板采用预应力钢筋混凝土楼板时，该楼板的耐火极限不应低于 0.75 h。

三级耐火等级的下列建筑或部位的吊顶，应采用不燃烧体或耐火极限不低于 0.25 h 的难燃烧体。

（1）医院、疗养院、中小学校、老年人建筑及托儿所、幼儿园的儿童用房和儿童游乐厅等儿童活动场所。

（2）三层及三层以上建筑的门厅、走道。

五、提高构件耐火极限的措施

提高构件耐火极限的措施如下：
（1）处理好构件接缝构造，防止发生穿透性裂缝。
（2）使用热导率低的材料，或增大构件厚度以提高构件隔热性。
（3）使用非燃性材料。
（4）采用低合金钢，可能时减小柱偏心距。
（5）构件表面抹灰或喷涂防火材料等非燃烧材料保护层。
（6）增大保护层的厚度。
（7）加大构件截面，主要加大宽度，可采用 T 形、花篮形和十字形截面梁，改多跨简支梁为连续梁。
（8）降低构件配筋率。
（9）配置综合性能好，具有较高强度和良好的塑性、韧性的钢材料，把粗钢筋配于截面中部或构件内层，细钢筋配于角部或构件外层；梁采用相对较细、根数较多的钢筋，双排布置。
（10）柱子和连续梁可提高混凝土强度等级，其余承重构件可提高材料强度等级。
（11）改变构件支撑条件，增加多余约束，做成超静定形式。

第二节　建筑物耐火等级及耐火材料的选择

一、耐火等级的定义和作用

为了保证建筑物、人身和财产的安全，必须对建筑物采取必要的防火措施，使之具有一定的耐火性，从被动防护角度讲，尽量降低火灾发生后可能造成的损失，通常用耐火等级来表示建筑物所具有的耐火性。需要注意的是，一座建筑物的耐火等级不是由一两个构件的耐火性来决定的，而是由组成建筑物的所有构件的耐火性共同来决定的，即是由组成建筑物的墙、柱、梁、楼板等主要构件的燃烧性能和耐火极限来决定的。

耐火等级是衡量建筑物耐火程度的分级标准。规定建筑物的耐火等级是建筑设计防火技术措施中最基本的措施之一。火灾实例表明，建筑物的耐火等级越高，发生火灾的次数则越少，火灾时被火烧坏、倒塌的现象很少；反之，建筑的耐火等级越低，发生火灾的概率越大,火灾时往往容易被烧坏,造成局部或整体倒塌,火灾损失则越大。对于不同类型、不同性质的建筑物,提出不同的耐火等级要求,可做到既有利于消防安全,又有利于节约基本建设投资。

建筑物具有较高的耐火等级,可以起到以下几方面作用:

(1) 在建筑物发生火灾时,确保其在一定的时间内不破坏,不传播火灾,延缓和阻止火势的蔓延。

(2) 为人们安全疏散提供必要的疏散时间,保证建筑物内的人员安全脱险。

(3) 为消防人员扑救火灾创造条件。

(4) 为建筑物火灾后修复重新使用提供可能。

二、建筑物耐火等级的划分

正确确定建筑物的耐火等级,并相应限制其层数及防火墙间的最大允许占地面积,是防止发生火灾或一旦着火防止火势蔓延扩大的基本措施。

各类建筑由于使用性质、重要程度、规模大小、层数高低和火灾危险性存在差异,所要求的耐火程度应有所不同。

(一) 建筑物耐火等级的划分依据

1. 建筑物的重要程度

建筑物的重要程度是确定其耐火等级的重要因素。对于性质重要,功能、设备复杂,规模大,建筑标准高的建筑,如国家机关重要的办公楼、中心通信枢纽大楼、中心广播电视大楼、大型影剧院、礼堂、大型商场、重要的科研楼、藏书楼、档案楼、高级旅馆、高层工业和民用建筑、高架仓库等,其耐火等级应选定一、二级。由于这些建筑一旦发生火灾,往往经济损失大、人员伤亡大、政治影响大,因此要求其具有较高的耐火能力是完全必要的。

2. 建筑物的火灾危险性

建筑物的火灾危险性大小对选定其耐火等级影响很大,一般住宅的火灾危险性小,而使用人数多的大型公共建筑火灾危险性大,在耐火标准上就要区别对待。火灾危险性大的建筑应该具有相应的高的耐火等级。

3. 建筑物的高度

建筑物的高度越高,其功能越复杂,火灾时人员的疏散和火灾扑救越困难,损失也越大。由于高层建筑的特殊性,有必要对其采取一些特别严格的措施。《高层民用建筑设计防火规范》(GB 50045—1995)(2005年版)根据使用性质、火灾危险性、疏散和扑救难度等把高层建筑分为两类,要求一类建筑物的耐火等级应为一级,二类建筑物的耐火等级不应低于二级。

对高度较大的建筑物选定较高的耐火等级,提高其耐火能力,可以确保其在火灾条件下不发生倒塌破坏,给人员安全疏散和消防扑救创造有利条件。

4. 建筑物的火灾荷载

火灾荷载大的建筑物发生火灾后,火灾持续燃烧时间长,燃烧猛烈,火场温度高,对建筑构件的破坏作用大。为了保证火灾荷载较大建筑物在发生火灾时建筑结构构件的安全,应相应地提高这种建筑的耐火等级,使建筑构件具有较高的耐火极限。

(二) 一般民用建筑物耐火等级的分级标准

各类建筑由于使用性质、重要程度、规模大小、层数高低、火灾危险性存在差异，所要求的耐火程度应有所不同。

建筑物耐火等级是由组成建筑物的墙、柱、梁、楼板、屋顶承重构件和吊顶等主要建筑构件的燃烧性能和耐火极限决定的。我国建筑物的耐火等级是以楼板的耐火极限为标准确定的。这是因为楼板是最薄弱的承重构件，同时从传递力的角度看，楼板把自身所承受的荷载传递给梁，梁再传递给柱（或墙），柱（或墙）再传递给基础。楼板的坍塌意味着整个建筑物的破坏，因此可以说楼板的耐火性代表着整个建筑物的耐火性。按照我国建筑设计、施工及建筑结构的实际情况，并考虑到今后建筑的发展趋势，将建筑物的耐火等级划分为4个级别。根据《建筑设计防火规范》（GB 50016—2006）的要求。单、多层建筑物耐火等级的分级标准为：钢筋混凝土结构为一、二级；砖木结构为三级；以木柱、木屋架承重又以砖石等不燃烧体或难燃烧体材料为墙的建筑为四级。

（三）高层民用建筑的耐火等级

1. 高层民用建筑的划分

高层建筑，顾名思义就是超过一定高度和层数的多层建筑。高层建筑的起点高度或层数，各国规定不一，且多无绝对、严格的标准。在美国，24.6 m 或 7 层以上视为高层建筑；在日本，31 m 或 8 层及以上视为高层建筑；在英国，把等于或大于 24.3 m 的建筑视为高层建筑。我国自2005年起规定超过10层的住宅建筑和超过24 m 高的其他民用建筑为高层建筑。

中国《民用建筑设计通则》（GB 50352—2005）将住宅建筑依层数划分为：1～3层为低层住宅，4～6层为多层住宅，7～9层为中高层住宅，10层及10层以上为高层住宅。除住宅建筑之外的民用建筑高度不大于24 m 者为单层和多层建筑，大于24 m 者为高层建筑（不包括建筑高度大于24 m 的单层公共建筑）；建筑高度大于100 m 的民用建筑为超高层建筑。

在《高层建筑混凝土结构技术规程》（JGJ 3—2002）里规定：10层及10层以上或高度超过28 m 的钢筋混凝土结构称为高层建筑结构。当建筑高度超过100 m 时，称为超高层建筑。我国的房屋7层及以上住宅或高度超过16 m 以上的住宅就需要设置电梯，对10层以上的房屋就有提出特殊的防火要求的防火规范，因此我国的《民用建筑设计通则》（GB 50352—2005）、《高层民用建筑设计防火规范》（GB 50045—1995）将10层及10层以上的住宅建筑和高度超过24 m 的公共建筑和综合性建筑称为高层建筑。

建筑高度的计算：当为坡屋面时，应为建筑物室外设计地面到其檐口的高度；当为平屋面（包括有女儿墙的平屋面）时，应为建筑物室外设计地面到其屋面面层的高度；当同一座建筑物有多种屋面形式时，建筑高度应按上述方法分别计算后取其中最大值。局部突出屋顶的瞭望塔、冷却塔、水箱间、微波天线间或设施、电梯机房、排风和排烟机房、楼梯出口小间等，可不计入建筑高度内。

我国《高层民用建筑设计防火规范》（GB 50045—1995）（2005年版）规定，高层民用建筑系指10层及10层以上的居住建筑（包括首层设置商业服务网点的住宅），建筑高度超过24 m（不包含单层主体建筑超过24 m 的体育馆、会堂、剧院等）的公共建筑。

建筑高度为建筑物室外地面到其檐口或屋面面层的高度，屋顶上的瞭望塔、水箱间、电梯机房、排烟机房和楼梯出口小间等不计入建筑高度和层数内；住宅建筑的地下室、半地下室的顶板面高出室外地面不超过1.5 m 时，不计入层数内。

2. 高层建筑的火灾特点

在防火条件相同的情况下,高层建筑比低层建筑火灾危害性大,而且发生火灾后容易造成重大的损失和伤亡,其火灾特点主要有4个方面。

1) 火势蔓延快

高层建筑的楼梯间、电梯井、管道井、风道、电缆井等竖向井道多,如果防火分隔处理不好,由于烟囱效应的影响,火势会迅速蔓延,尤其是高级宾馆、综合楼和图书馆、办公楼等高层建筑,一般室内可燃物较多,一旦起火,燃烧猛烈,蔓延迅速。

水平方向上,火势可以通过门、窗、吊顶、走道、可燃隔墙等途径水平蔓延,也能通过横向的孔洞、管道、电缆桥架等较隐蔽的途径蔓延。火灾发展阶段火势水平蔓延的速度为 0.5~0.8 m/s;垂直方向上,高层建筑火势常常沿竖向管井和孔洞、共享空间、玻璃幕墙缝隙等垂直发展蔓延。这些部位易产生烟囱效应,加剧火势垂直蔓延速度。火灾发展阶段火势垂直蔓延的速度可达 3~5 m/s;突破蔓延,火势发展到一定程度会突破建筑外墙门窗向上层卷曲蔓延,火势突破外墙门窗时,能向上升腾、卷曲,甚至呈跳跃式向上蔓延。

另外一个重要的影响因素是火风压、烟囱效应、热对流、热辐射、爆燃、风力等会影响高层建筑火灾发展蔓延,增大高层建筑火灾发生后的疏散和扑救难度。

2) 疏散困难

高层建筑层数多,垂直距离长,要求疏散到地面或其他安全场所的时间长,一般情况下,建筑越高,楼层人数越多,疏散的时间越长;高层建筑内人员集中,发生火灾时,由于人员众多,心理紧张,疏散时容易出现拥挤堵塞情况,甚至发生踩踏事故,从而严重影响人员的疏散速度。发生火灾后火势和烟雾向上蔓延快;高层建筑发生火灾时,会产生大量烟雾,这些烟雾不仅浓度大,能见度低,而且流动扩散快,一幢 100 m 高的建筑物,30 s 左右烟雾即可窜到顶部,大范围充烟给人员疏散、逃生带来极大困难。

3) 扑救难度大。扑救高层建筑火灾需要的设施及装备技术要求高;由于楼层高,消防人员、装备到位慢,火场供水难度大,火场指挥员要实现战术意图常常很困难;火场供水难度大,我国高层建筑在设计消防给水能力时,由于受诸多因素的限制,难以考虑较大火灾的灭火用水需求,而高层建筑空间布局的复杂性,又使火场直接供水难度极大。

4) 功能复杂,起火因素多

高层建筑层数多,面积大,功能复杂多样,使用单位多,人员密集,流动性大,各项管理制度不容易落到实处,火灾隐患和漏洞容易出现;功能复杂,使用的电气设备多,配电线路多,用电荷载大。如管理不善,出现电器使用不当、违章用电、乱拉乱设电线、随意增加负荷等,常常会造成电线短路而引发火灾;功能多样,结构复杂,设计、施工难度大,稍有疏忽就会发生火灾。

综上所述,高层建筑的火灾危险性是十分严重的,一旦发生火灾损失将十分惨重。为了确保其消防安全,应在防火设计中采用先进的防火技术,消除和减少起火因素,一旦发生火灾,能够及时有效地进行扑救,减少损失。

3. 高层民用建筑耐火等级的划分

《高层民用建筑设计防火规范》(GB 50045—1995)(2005 年版)将居住建筑和公共建筑两大类高层建筑根据其使用性质、火灾危险性、疏散和扑救难度等分为一类和二类,具体分类见表 7-3。

表7-3 建筑分类

名称	一类	二类
居住建筑	19层及19层以上的住宅	10~18层的住宅
公共建筑	1. 医院 2. 高级旅馆 3. 建筑高度超过50 m或24 m以上部分的任一楼层的建筑面积超1000 m^2 的商业楼、展览楼、综合楼、电信楼、财贸金融楼 4. 建筑高度超过50 m或24 m以上部分的任一楼层的建筑面积超1500 m^2 的商住楼 5. 中央级和省级（含计划单列市）广播电视楼 6. 网局级和省级（含计划单列市）电力调度楼 7. 省级（含计划单列市）邮政楼、防灾指挥调度楼 8. 藏书超过100万册的图书馆、书库 9. 重要的办公楼、科研楼、档案楼 10. 建筑高度超过50 m的教学楼和普通的旅馆、办公楼、科研楼、档案楼等	1. 除一类建筑以外的商业楼、展览楼、综合楼、电信楼、财贸金融楼、商住楼、图书馆、书库 2. 省级以下的邮政楼、防灾指挥调度楼、广播电视楼、电力调度楼 3. 建筑高度不超过50 m的教学楼和普通的旅馆、办公楼、科研楼、档案楼等

4. 高层民用建筑耐火等级

根据高层民用建筑防火安全的需要和高层建筑结构的现实情况，《高层民用建筑设计防火规范》（GB 50045—1995）（2005年版）将高层民用建筑的耐火等级分为两级，见表7-4。

表7-4 高层民用建筑构件的燃烧性能和耐火极限

构 件		耐 火 等 级	
		一级	二级
墙	防火墙	不燃烧体 3.00	不燃烧体 3.00
	承重埔，楼梯间的墙，电梯井的墙和住宅单元之间的墙、住宅分户墙	不燃烧体 2.00	不燃烧体 2.00
	非承重外墙、疏散走道两侧的隔墙	不燃烧体 1.00	不燃烧体 1.00
	房间隔墙	不燃烧体 0.75	不燃烧体 0.50
柱		不燃烧体 3.00	不燃烧体 2.50
梁		不燃烧体 2.00	不燃烧体 1.50
楼板、疏散楼梯、屋顶永重构件		不燃烧体 1.50	不燃烧体 1.00
吊顶		不燃烧体 0.25	不燃烧体 0.25

注：1. 一类高层建筑的耐火等级应为一级，二类高层建筑的耐火等级不应低于二级。裙房的耐火等级不应低于二级，高层建筑地下室的耐火等级应为一级。
2. 二级耐火等级的高层建筑中，面积不超过100 m^2 的房间隔墙，可采用耐火极限不低于0.50 h的难燃烧体或耐火极限不低于0.30 h的不燃烧体。
3. 二级耐火等级高等建筑的裙房。当屋顶不上人时，屋顶的承重构件可采用耐火极限不低于0.50 h的不燃烧体。
4. 高层建筑内存放可燃物的平均质量超过200 kg/m^2 的房间，当不设自动灭火系统时，柱、梁、楼板和墙的耐火极限应该按上表的耐火极限基础上提高0.50 h。

在选定了建筑物的耐火等级后，必须保证建筑物的所有构件均满足该耐火等级对构件耐火极限和燃烧性能的要求。

（四）厂房（仓库）的耐火等级

厂房（仓库）中储存的特殊物品如化工原料、农药、化肥、医药用品等，具有不同程度的爆炸、易燃、助燃、毒性、腐蚀等危险特性。在储存过程中，不仅接触火源、热源、雨淋、水浸时会发生爆炸、燃烧，甚至在受到较为剧烈的震动、撞击、摩擦，以及接触性质相抵触的物品时，也会引起爆炸、燃烧，从而导致人身伤亡和重大财产损失。

1. 厂房（仓库）火灾的特点

（1）可燃物多，火灾危险性大。

（2）耐火等级低、火灾蔓延快。大型仓库一般是租用过去的旧厂房改建而成的，耐火等级低，建筑空间大，储存物资多，火灾时燃烧猛、蔓延快，加之原先并没有按照仓储用途来设计，擅自改装、搭建，进一步降低了仓库的耐火等级。

（3）综合使用，使火灾危险性加大。厂房（仓库）一般与商场相邻，采用销售、仓储与生产、办公用房合建而成。防火安全间距不满足要求，使火灾危险性进一步增大。

（4）人员密集，疏散困难。

（5）建筑形式多样，扑救困难。

2. 厂房（仓库）火灾危险性分类

生产的火灾危险性应根据生产中使用或产生的物质性质及其数量等因素分为甲、乙、丙、丁、戊五类，并应符合表7-5的规定。

同一座厂房或厂房的任一防火分区内有不同火灾危险性生产时，该厂房或防火分区内

表7-5 生产的火灾危险性分类（针对厂房）

生产类别	火灾危险性特征	
	项别	使用或生产下列物质的生产
甲	1	闪点小于28℃的液体
	2	爆炸下限小于10%的气体
	3	常温下能自行分解或在空气中氧化能导致迅速自燃或爆炸的物质
	4	常温下受到水或空气中水蒸气的作用，能产生可燃气体并引起燃烧或爆炸的物质
	5	遇酸、受热、撞击、摩擦、催化，以及遇有机物或硫黄等易燃的无机物，极易引起燃烧或爆炸的强氧化剂
	6	受撞击、摩擦或氧化剂、有机物接触时能引起燃烧或爆炸的物质
	7	在密闭设备内操作温度大于或等于物质本身自燃点的生产
乙	1	闪点大于或等于28℃，但小于60℃的液体
	2	爆炸下限大于或等于10%的气体
	3	不属于甲类的氧化剂
	4	不属于甲类的化学易燃危险固体
	5	助燃气体
	6	能与空气形成爆炸型混合物的浮游状态的粉尘、纤维、闪点大于或等于60℃的液体雾滴

表7-5（续）

生产类别	项别	火灾危险性特征 使用或生产下列物质的生产
丙	1	闪点大于或等于60℃的液体
丙	2	可燃固体
丁	1	对不燃烧物质进行加工，并在高温或熔化状态下经常产生强辐射热、火花或火焰的生产
丁	2	利用气体、液体、固体作为燃料或将气体、液体进行燃烧作其他用的各种生产
丁	3	常温下使用或加工难燃烧物质的生产
戊		常温下使用或加工不燃烧物质的生产

的生产火灾危险性分类应按火灾危险性较大的部分确定。当符合下述条件之一时，可按火灾危险性较小的部分确定：

（1）火灾危险性较大的生产部分占本层或本防火分区面积的比例小于5%，或丁、戊类厂房内的油漆工段小于10%，且发生火灾事故时不足以蔓延到其他部位，或火灾危险性较大的生产部分采取了有效的防火措施。

（2）丁、戊类厂房内的油漆工段，当采用封闭喷漆工艺，封闭喷漆空间内保持负压，油漆工段设置可燃气体自动报警系统或自动抑爆系统，且油漆工段占其所在防火分区面积的比例小于或等于20%。

（3）储存物品的火灾危险性应根据储存物品的性质和储存物品中的可燃物数量等因素，分为甲、乙、丙、丁、戊五类，并应符合表7-6的规定。

（4）同一座仓库或仓库的任一防火分区内储存不同火灾危险性物品时，该仓库或防

表7-6 储存物品的火灾危险性分类（针对仓库）

仓库类别	项别	储存物品的火灾危险性特征
甲	1	闪点小于28℃的液体
甲	2	爆炸下限小于10%的气体，以及受到水或空气中水蒸气的作用能产生爆炸下限小于10%气体的固体物质
甲	3	常温下能自行分解或在空气中氧化能导致迅速自燃或爆炸的物质
甲	4	常温下受到水或空气中水蒸气的作用，能产生可燃气体并引起燃烧或爆炸的物质
甲	5	遇酸、受热、撞击、摩擦，以及遇有机物或硫黄等易燃的无机物，极易引起燃烧或爆炸的强氧化剂
甲	6	受撞击、摩擦或氧化剂、有机物接触时能引起燃烧或爆炸的物质
乙	1	闪点大于或等于28℃，但小于60℃的液体
乙	2	爆炸下限大于或等于10%的气体
乙	3	不属于甲类的氧化剂
乙	4	不属于甲类的化学易燃危险固体
乙	5	助燃气体
乙	6	常温下与空气接触能缓慢氧化，积热不散引起自燃的物品

表7-6（续）

仓库类别	项别	储存物品的火灾危险性特征
丙	1	闪点大于或等于60℃的液体
丙	2	可燃固体
丁		难燃烧物品
戊		不燃烧物品

火分区的火灾危险性应按其中火灾危险性最大的类别确定。

（5）丁、戊类储存物品的可燃包装重量大于物品本身重量1/4的仓库，其火灾危险性应按丙类确定。

3. 厂房（仓库）的耐火等级与构件的耐火极限

（1）厂房（仓库）的耐火等级可分为一、二、三、四级。其构件的燃烧性能和耐火极限除本规范另有规定者外，不应低于表7-7的规定。

（2）甲、乙类厂房和甲、乙、丙类仓库中的防火墙，其耐火极限应按表7-7的规定

表7-7 厂房（仓库）建筑构件的燃烧性能和耐火极限　　　　　　　　h

构件		耐火等级			
		一级	二级	三级	四级
墙	防火墙	不燃烧体 3.00	不燃烧体 3.00	不燃烧体 3.00	不燃烧体 3.00
墙	承重墙	不燃烧体 3.00	不燃烧体 2.50	不燃烧体 2.00	难燃烧体 0.50
墙	楼梯间和电梯井的墙	不燃烧体 2.00	不燃烧体 2.00	不燃烧体 1.50	难燃烧体 0.50
墙	疏散走道两侧的隔墙	不燃烧体 1.00	不燃烧体 1.00	不燃烧体 0.50	难燃烧体 0.25
墙	非承重墙	不燃烧体 0.75	不燃烧体 0.50	难燃烧体 0.50	难燃烧体 0.25
墙	房间隔墙	不燃烧体 0.75	不燃烧体 0.50	难燃烧体 0.50	难燃烧体 0.25
柱		不燃烧体 3.00	不燃烧体 2.50	不燃烧体 2.00	难燃烧体 0.50
梁		不燃烧体 2.00	不燃烧体 1.50	不燃烧体 1.00	难燃烧体 0.50
楼板		不燃烧体 1.50	不燃烧体 1.00	不燃烧体 0.75	难燃烧体 0.50
屋顶承重构件		不燃烧体 1.50	不燃烧体 1.00	难燃烧体 0.50	燃烧体
疏散楼梯		不燃烧体 1.50	不燃烧体 1.00	不燃烧体 0.75	燃烧体
吊顶（包括吊顶格栅）		不燃烧体 0.25	难燃烧体 0.25	难燃烧体 0.15	燃烧体

注：二级耐火等级建筑的吊顶采用不燃烧体时，其耐火极限不限。

提高 1.00 h。

（3）一、二级耐火等级的单层厂房（仓库）的柱，其耐火极限可按表7-7的规定降低0.50 h。

（4）设置自动灭火系统的单层丙类厂房，以及丁、戊类厂房（仓库）二级耐火等级建筑的梁、柱可采用无防火保护的金属结构，其中能受到甲、乙、丙类液体或可燃气体火焰影响的部位，应采取外包敷不燃材料或其他防火隔热保护措施。

（5）一、二级耐火等级建筑的非承重外墙应符合下列规定：

①除甲、乙类仓库和高层仓库外，当非承重外墙采用不燃烧体时，其耐火极限不应低于0.25 h；当采用难燃烧体时，不应低于0.50 h。

②4层及4层以下的丁、戊类地上厂房（仓库），当非承重外墙采用不燃烧体时，其耐火极限不限；当非承重外墙采用难燃烧体的轻质复合墙体时，其表面材料应为不燃材料、内填充材料的燃烧性能不应低于B2级。B1、B2级材料应符合现行国家标准《建筑材料燃烧性能分级方法》（GB 8624—1997）的有关要求。

（6）二级耐火等级厂房（仓库）中的房间隔墙，当采用难燃烧体时，其耐火极限应提高0.25 h。

（7）二级耐火等级的多层厂房或多层仓库中的楼板，当采用预应力和预制钢筋混凝土楼板时，其耐火极限不应低于0.75 h。

（8）一、二级耐火等级厂房（仓库）的上人平屋顶，其屋面板的耐火极限分别不应低于1.50 h和1.00 h。

一级耐火等级的单层、多层厂房（仓库）中采用自动喷水灭火系统进行全保护时，其屋顶承重构件的耐火极限不应低于1.00 h。

二级耐火等级厂房的屋顶承重构件可采用无保护层的金属构件，其中能受到甲、乙、丙类液体火焰影响的部位应采取防火隔热保护措施。

（9）一、二级耐火等级厂房（仓库）的屋面板应采用不燃烧材料，但其屋面防水层和绝热层可采用可燃材料；当丁、戊类厂房（仓库）不超过4层时，其屋面可采用难燃烧体的轻质复合屋面板，但该板材的表面材料应为不燃烧材料，内填充材料的燃烧性能不应低于B2级。

（10）除以上规定外，以木柱承重且以不燃烧材料作为墙体的厂房（仓库），其耐火等级应按四级确定。

（11）预制钢筋混凝土构件的节点外露部位，应采取防火保护措施，且该节点的耐火极限不应低于相应构件的规定。

第三节 防火分区和防烟分区

一、防火分区的概述

1. 防火分区的定义与分类

防火分区（Fire compartment）是指在建筑内部采用防火墙、耐火楼板及其他防火分隔设施分隔而成，能在一定时间内防止火灾向同一建筑的其余部分蔓延的局部空间。在建筑物内采用划分防火分区这一措施，可以在建筑物发生火灾时，有效地将火势控制在一定的范围内,减少火灾损失,同时可以为人员安全疏散、消防扑救提供有利条件。

建筑物发生火灾后,燃烧产生的对流热、辐射热和传导热会使火灾迅速蔓延到周围区域,最终导致整个建筑物起火,会产生巨大的人身伤害和财产损失。因此,在建筑设计中合理地进行防火分区,不仅能有效控制火势的蔓延以利于人员的疏散和扑火灭灾,还可以减少火灾造成的损失,保护国家和人民财产安全。

防火分区,按照防止火灾向防火分区以外扩大蔓延的功能可分为两类:一类是竖向防火分区,用以防止多层或高层建筑物层与层之间在竖向上发生火灾蔓延;另一类是水平防火分区,用以防止火灾在水平方向上扩大蔓延。竖向防火分区是指上下层分别用耐火极限不低于1.50 h或1.00 h的楼板或窗间墙(上下窗之间的距离不小于1.2 m的墙)等构件将各楼层在竖向上分隔出的防火区域,它可以阻止火灾在楼层的竖向上蔓延。水平防火分区是指在同一水平面内,利用防火分隔物(防火墙或防火门、防火卷帘)将建筑平面分为若干防火分区或防火单元,目的是防治火灾在水平方向上扩大蔓延。

防火分区应用防火墙分隔。如确有困难时,可采用防火卷帘加冷却水幕或闭式喷水系统,或采用防火分隔水幕分隔。可以防止多层或高层建筑的层与层之间发生竖向火灾蔓延。

2. 防火分区的划分原则

对于建筑防火分区的划分,从消防角度和建筑的功能美观等角度看标准是不同的。如果从消防角度去认识,那么防火分区原则上应当越小越好;但从建筑的使用功能、建筑的美观要求及建筑的经济性等方面考虑,则希望防火分区的面积能够大些。因此,划分防火分区除必须满足防火规范中规定的面积及构造要求外,尚应满足以下原则:

(1)作避难通道使用的楼梯间、前室,以及某些有避难功能的走廊,必须受到安全保护,保证其不受火灾的侵害,并时刻保持畅通无阻。

(2)发生火灾危险性大、火灾燃烧时间长的部分应与其他部分分隔开。如饭店的厨房与餐厅部分,由于厨房有明火作业,火灾发生的危险性大,故两者间应考虑作为两个不同的防火分区处理。

(3)高层建筑的各种竖井如电缆井、管道井、垃圾井等,其本身应是独立的防火单元,以保证井道外部火灾不得传入井道内部,井道内部火灾也不得传到井道外部。

(4)有特殊防火要求的建筑,如医院的特殊重点病房、贵重设备和物品的储存间,在正常的防火分区内还应设置更小的防火单元。

(5)高层建筑在垂直方向应以每个楼层为单元划分防火分区。

(6)所有的建筑地下室,在垂直方向应以每个楼层为单元划分防火分区。

(7)为扑救火灾而设置的消防通道,其本身应受到良好的防火保护。

(8)设置有自动喷水设备的防火分区,其允许面积可以适当扩大。

(9)使用不同灭火方式的房间应加以分隔,如配电房、自动发动机房等。当采用二氧化碳或卤代烷灭火剂时,由于这些灭火剂毒性大,应分割为封闭单元,以便释放灭火剂后能密封起来防止毒性气体扩散伤人。此外,不能用水灭火的化学物品的使用与储存间应单独分隔开。

二、防火分区的分隔设施

防火分隔物是指能在一定时间内阻止火势蔓延,且能把建筑内部空间分隔成若干较小防火空间的物体。常用防火分隔物有防火墙、防火门、防火卷帘、防火水幕带、防火阀和排烟防火阀等。防火分隔设施可以防止火势由外部向内部或由内部向外部，或在内部之间蔓延，为扑救火灾创造良好条件。

防火分隔设施可以分为两类：一类是固定式的，如普通的砖墙、楼板、防火墙、防火悬墙及防火墙带等；另一类是可以开启和关闭的，如防火门、防火窗、防火卷帘、防火吊顶及防火幕等。防火分区之间应采用防火墙进行分隔，如设置防火墙有困难时，可采用防火水幕带或防火卷帘进行分隔。

（一）防火墙

防火墙是防火分区的主要建筑构件，是由不燃烧材料构成的，为减小或避免建筑、结构、设备遭受热辐射危害和防止火灾蔓延，设置的竖向分隔体或直接设置在建筑物基础上或钢筋混凝土框架上具有耐火性的墙，是用在建筑物平面上划分防火分区的结构，将大的建筑物划分为较小的单元。通常防火墙有内防火墙、外防火墙和室外独立墙三种类型。防火墙是建筑中采用最多的防火分隔设施，是水平防火分区的分隔首选。

根据在建筑平面上的关系，防火墙可分为横向防火墙（与建筑物长轴方向垂直的）和纵向防火墙（与建筑物长轴方向一致的）。根据防火墙在建筑中的位置，防火墙可分为内墙防火墙和外墙防火墙。内墙防火墙是划分防火分区的内部隔墙，能阻止火势在建筑物内部蔓延；外墙防火墙是两幢建筑间因防火间距不够而设置的无门窗（或设有防火门、窗）的外墙，外墙防火墙和室外独立设置的防火墙既可以阻止火势由建筑物内部向外部蔓延，又可以阻止火势由建筑物外部向内蔓延。防火墙应由不燃材料构成。

根据《高层建筑设计防火规范》（GB 50045—1995）（2005年版）要求，防火墙的设置应满足以下要求：

（1）防火墙应直接设置在建筑物的基础或钢筋混凝土框架、梁等承重结构上，轻质防火墙体可不受此限。

（2）防火墙应从楼地面基层隔断至顶板底面基层。当屋顶承重结构和屋面板的耐火极限低于0.50 h，高层厂房（仓库）屋面板的耐火极限低于1.00 h时，防火墙应高出不燃烧体屋面0.4 m以上，高出燃烧体或难燃烧体屋面0.5 m以上。其他情况时，防火墙可不高出屋面，但应砌至屋面结构层的底面。

（3）防火墙不宜设在U形、L形等高层建筑的内转角处。当设在转角附近时，内转角两侧墙上的门、窗、洞口之间最近边缘的水平距离不应小于4.00 m；当相邻一侧装有固定乙级防火窗时，距离可不限。

（4）紧靠防火墙两侧的门、窗、洞口之间最近边缘的水平距离不应小于2.00 m；当水平间距小于2.00 m时，应设置固定乙级防火门、窗。

（5）防火墙横截面中心线距天窗端面的水平距离小于4.0 m，且天窗端面为燃烧体时，应采取防止火势蔓延的措施。

（6）当建筑物的外墙为难燃烧体时，防火墙应凸出墙的外表面0.4 m以上，且在防火墙两侧的外墙应为宽度不小于2.0 m的不燃烧体，其耐火极限不应低于该外墙的耐火极限。

（7）当建筑物的外墙为不燃烧体时，防火墙可不凸出墙的外表面。紧靠防火墙两侧的门、窗洞口之间最近边缘的水平距离不应小于2.0 m；但装有固定窗扇或火灾时可自动关闭的乙级防火窗时，该距离可不限。

(8) 防火墙内不应设置排气道。

(9) 防火墙上不应开设门、窗、洞口，当必须开设时，应设置能自行关闭的甲级防火门、窗。

(10) 输送可燃气体和甲、乙、丙类液体的管道，严禁穿过防火墙。其他管道不宜穿过防火墙，当必须穿过时，应采用不燃烧材料将其周围的空隙填塞密实。穿过防火墙处的管道保温材料，应采用不燃烧材料。

(11) 防火墙的构造应使防火墙任意一侧的屋架、梁、楼板等受到火灾的影响而破坏时，不致使防火墙倒塌。

(二) 防火窗

防火窗是一种采用钢窗框、钢窗扇及防火玻璃（防火夹丝玻璃或防火复合玻璃）制成的能隔离或阻止火势蔓延的窗。它具有一般窗的功效，更具有隔火、隔烟的特殊功能。

现行标准《防火窗》（GB 16809—2008），代替了《钢质防火窗》（GB 16809—1997），将防火窗的类别由过去的甲、乙、丙三类改为隔热性（A）和非隔热性（C）两类，且增加了耐火等级的分级方法。

按照安装方法的不同可分为固定防火窗和活动防火窗两种。固定防火窗的窗扇不能开启，平时可以起到采光、遮挡风雨的作用，发生火灾时能起到隔火、隔热、阻烟的功能。活动防火窗的窗扇可以开启，发生火灾时可以自动关闭。为了使防火窗的窗扇能够开启和关闭自如，应安装自动和手动两种开关装置。

(三) 防火门

防火门除具有一般门的功效外，还具有能保证一定时限的耐火、防烟、隔火等特殊的功能，通常用于建筑物的防火分区及重要防火部位，能在一定程度上阻止火灾的蔓延，并能确保人员的疏散。

1. 防火门分级

目前最新的防火门标准是《防火门》（GB 12955—2008），替代了《钢质防火门通用技术条件》（GB 12955—1991）、《木质防火门通用技术条件》（GB 14101—1993）。《防火门》（GB 12955—2008）从国际标准中引入了部分隔热防火门和非隔热防火门的概念和要求，对防火门的分类由原来仅按隔热防火门分类，改为按隔热防火门（A类）、部分隔热防火门（B类）和非隔热防火门（C类）进行分类；同时，将甲级防火门耐火极限、乙级防火门耐火极限、丙级防火门耐火极限分别由原来的 1.2 h、0.9 h、0.6 h 调整为 1.5 h、1.0 h、0.5 h。

A 类防火门又称为隔热防火门，在规定的时间内能同时满足耐火隔热性和耐火完整性要求，耐火等级分别为 0.5 h（丙级）、1.0 h（乙级）、1.5 h（甲级）、2.0 h、3.0 h。

B 类防火门又称为部分隔热防火门，其耐火隔热性要求为 0.5 h，耐火完整性等级分别为 1.0 h、1.5 h、2.0 h、3.0 h。

C 类防火门又称为非隔热防火门，对其耐火隔热性没有要求，在规定的耐火时间内仅满足耐火完整性的要求，耐火完整性等级分别为 1.0 h、1.5 h、2.0 h、3.0 h。

通常甲级防火门用于防火分区中，作为水平防火分区的分隔设施；乙级防火门用于疏散楼梯间的分隔；丙级防火门用于管道井等的检修门上。防火门按其所用的材料有木质防火门、钢质防火门和复合材料防火门三类，按开启方式分有平开式防火门和推拉式防火门两类。

常见的防火门有单扇钢质防火门、双扇钢质防火门、单扇木质防火门和双扇木质防火门等。其中，木质防火门代号为 MFM；钢质防火门代号为 GFM；钢木质防火门代号为 GMFM；其他材质防火门代号为 ＊＊FM（＊＊代表其他材质的具体表述大写拼音字母）；单扇防火门代号为 1；双扇防火门代号为 2；多扇防火门（含有两个以上门扇的防火门）代号为门扇数量，用数字表示。具体对于防火门的各类代号请参阅《防火门》（GB 12955—2008）。

2. 防火门设置的一般要求

防火门的选用一定要根据建筑物的使用性质、火灾的危险性、防火分区的划分等因素来确定，应遵循以下要求：

（1）防火门是一种活动的防火阻隔物，不仅要求其具备较高的耐火极限，还应满足启闭性能好、密闭性能好的特点。对于民用建筑还应保证其美观、质轻等特点。

（2）为了保证防火门能在火灾时自动关闭，通常采用自动关门装置，如弹簧自动关门装置，以及与火灾探测器联动、由防灾中心遥控操纵的自动关闭防火门。

（3）设置在防火墙上的防火门宜做成自动兼手动的平开门或推拉门，并且关门后能从门的任何一侧用手开启，亦可在门上设置便于通行的小门。用于疏散通道的防火门，宜做成带闭门器的防火门，开启方向应与疏散方向一致，以便紧急疏散后门能自动关闭，防止火灾的蔓延。

（4）通常防火墙上的防火门必须采用甲级防火门，且在防火门上方不再开设门、窗、洞口。

（5）地下室、半地下室楼梯间防火墙上的门洞，也应采用甲级防火门。

（6）对于附设在高层民用建筑或裙房内的设备室、通风机房、空调机房等，应采用具有一定耐火极限的隔墙，用于与其他部位隔开，隔墙的门应采用甲级防火门。

（7）疏散楼梯间的防火门应选用耐火极限不小于 0.9 h 的乙级防火门；消防电梯前室的门、防烟楼梯间和通向前室的门、高层建筑封闭楼梯间的门均应选用乙级防火门，并应向疏散方向开启；与中庭相通的过厅、通道等，应设乙级防火门或耐火极限大于 3 h 的防火卷帘。

（8）电缆井、管道井、排烟道、排气道、垃圾道等竖向管道井井壁上的检查门应采用丙级防火门。

（9）设在高层建筑内的自动灭火系统的设备室、通风机房、空调机房，应采用甲级防火门与其他部位隔开。

（10）地下室内存放可燃物平均质量超过 30 kg/m^2 的房间隔墙，其耐火极限不应低于 2.00 h，房间的门应采用甲级防火门。

（11）防火门应为向疏散方向开启的平开门，并在关闭后应能从任何一侧手动开启。用于疏散的走道、楼梯间和前室的防火门，应具有自行关闭的功能。双扇防火门和多扇防火门，还应具有按顺序关闭的功能。常开的防火门，当发生火灾时，应具有自行关闭和信号反馈的功能。

（12）设在变形缝处附近的防火门，应设在楼层数较多的一侧，且门开启后不应跨越变形缝。

(13) 垃圾斗宜设在垃圾道前室内，该前室应采用丙级防火门。

（四）防火卷帘

防火卷帘是一种不占空间、关闭严密、开启方便的较现代化的防火分隔物，它具有可以实现自动控制，可以与报警系统联动的优点。防火卷帘与一般卷帘在性能要求上存在的根本区别是，防火卷帘具备必要的非燃烧性能、耐火极限及防烟性能。

1. 防火卷帘的分类和构造

防火卷帘门分为普通型防火卷帘门和复合型防火卷帘门。普通型防火卷帘门是用单层钢质帘板配以导轨、卷门和控制机构等组成的具有防火性能的门。复合型防火卷帘门是在双层钢质帘板中间夹入耐火材料制成的。

根据《防火卷帘》（GB 14102—2005）可以将防火卷帘按照耐风压强度分为50（耐风压强度为490 Pa）、80（耐风压强度为784 Pa）、120（耐风压强度为1177 Pa），按防火卷帘的启闭方式分为垂直卷帘、侧向卷帘和水平卷帘，按照耐火极限可以分为钢质防火卷帘，钢质防火、防烟卷帘，无机纤维复合防火卷帘，无机纤维复合防火、防烟卷帘，以及特级防火卷帘五类，具体的分类见表7-8。

表7-8 防火卷帘按耐火极限分类表

名 称	名称符号	代 号	耐火极限/h	帘面漏烟量/$(m^3 \cdot m^{-2} \cdot min^{-1})$
钢质防火卷帘	GFJ	F2	≥2.00	
		F3	≥3.00	
钢质防火、防烟卷帘	GFYJ	FY2	≥2.00	≤0.2
		FY3	≥3.00	
无机纤维复合防火卷帘	WFJ	F2	≥2.00	
		F3	≥3.00	
无机纤维复合防火、防烟卷帘	WFYJ	FY2	≥2.00	≤0.2
		FY3	≥3.00	
特级防火卷帘	TFJ	TF3	≥3.00	≤0.2

防火卷帘门可安装在外墙门洞上，亦可安装在内墙门洞上。

防火卷帘门如同时要求具有防烟性能，则有普通型防火、防烟卷帘门和复合性防火、防烟卷帘门。这时不仅防火性能应满足要求，而且卷帘门的隔烟性能也要满足要求。

2. 防火卷帘的选用

对于公共建筑中不便设置防火墙或防火分隔墙的地方，最好使用防火卷帘，以便把大厅分隔成较小的防火分区。在穿堂式建筑物内，可在房间的开口处设置上下开启或横向开启的卷帘。在多跨的大厅内，可将卷帘固定在梁底下，以柱为轴线，形成一道临时性的防火分隔。

3. 防火卷帘的设置要求

（1）防火卷帘门所用材料的性能要符合材料标准和防火的要求。

（2）防火卷帘门要安装牢固，启闭灵活。应设置限位开关，门帘运行至上下限时，能自动停止。门帘下限至距地面1.2 m时，应有延时装置，以保证人员通过。

（3）防火卷帘门应同时具有电动和手动两种功能，并尽可能与火灾报警系统联动。所装配的操纵装置都应有明显的标志，便于人员准确迅速地操作使用。

（4）防火卷帘门安装后，不允许有影响防火的孔和缝隙存在。

（5）在设置防火墙确有困难的场所，可采用防火卷帘作防火分区分隔。当采用包括背火面温升作耐火极限判定条件的防火卷帘时，其耐火极限不低于3.00 h；当采用不包括背火面温升作耐火极限判定条件的防火卷帘时，其卷帘两侧应设独立的闭式自动喷水系统保护，系统喷水延续时间不应小于3.00 h。

（6）设在疏散走道上的防火卷帘应在卷帘的两侧设置启闭装置，并应具有自动、手动和机械控制的功能。

（五）防火水幕

在某些需要设置防火墙或其他防火分隔物而无法设置的情况下，可采用防火水幕进行分隔，防火水幕也可以起防火墙的作用。一般设置要求水幕喷头的排列不小于三排，防火水幕形成的水幕宽度不宜小于6 m；同时，设有防火水幕的部位的上部与下部，不应有可燃或难燃的结构和设备。

三、建筑的防火分区

从防火的角度看，防火分区划分得越小，越有利于保证建筑物的防火安全。但如果划分得过小，势必会影响建筑物的使用功能，这样做显然是行不通的。防火分区面积大小的确定应考虑建筑物的使用性质、重要性、火灾危险性、建筑物高度、消防扑救能力及火灾蔓延的速度等因素。因此，我国对于多层民用建筑、高层民用建筑、工业建筑的防火分区其划定的标准各有不同。

1. 多层民用建筑的防火分区

我国现行《建筑设计防火规范》（GB 50016—2006）对多层民用建筑防火分区的面积做了如下规定，见表7-9。

在划分防火分区面积时还应注意以下几点：

（1）根据《建筑设计防火规范》（GB 50016—2006）的要求，民用建筑的耐火等级、最多允许层数和防火分区最大允许建筑面积见表7-9。

表7-9 民用建筑的耐火等级、最多允许层数和防火分区最大允许建筑面积

耐火等级	最多允许层数/层	防火分区每层最大允许建筑面积/m²	说　　明
一、二级	9	2500	1. 体育馆、剧院的观众厅，展览建筑的展厅其防火分区最大允许建筑面积可适当放宽 2. 托儿所、幼儿园的儿童用房及儿童游乐厅等儿童活动场所不应超过3层或设置在4层及4层以上或地下、半地下建筑（室）内

表 7-9（续）

耐火等级	最多允许层数/层	防火分区每层最大允许建筑面积/m²	说　　明
三级	5	1200	1. 托儿所、幼儿园的儿童用房及儿童游乐厅等儿童活动场所和医院、疗养院的住院部分不应超过2层或设在3层及3层以上或地下、半地下建筑（室）内 2. 商店、学校、电影院、剧场、礼堂、食堂、菜市场不应超过2层或设置在3层及3层以上楼层
四级	2	600	学校、食堂、菜市场、托儿所、幼儿园、医院等不应设置在2层
地下、半地下建筑（室）		500	—

注：1. 建筑内设置自动灭火系统时，该防火分区的最大允许建筑面积可按本表的规定增加1.0倍。局部设置时，增加面积可按该局部面积的1.0倍计算。
　　2. 当住宅建筑构件的耐火极限和燃烧性能符合现行国家标准《住宅建筑规范》（GB 50368—2005）的规定时，其最多允许层数执行该标准的规定。

（2）当多层建筑物内设置自动扶梯、敞开楼梯等上下层相连通的开口时，其防火分区面积应按上下层相连通的面积叠加计算；当其建筑面积之和大于表7-9的规定时，应划分防火分区。

（3）防火分区之间应采用防火墙分隔。当采用防火墙确有困难时，可采用防火卷帘等防火分隔设施分隔。

2. 高层民用建筑的防火分区

高层建筑防火分区的划分是非常重要的。一般来说，高层建筑高度大、功能多、人员集中、可燃物多，一旦发生火灾，火势蔓延迅速，烟气迅速扩散，可导致巨大的损失。减少这种情况发生的最有效的办法就是划分防火分区，且应采用防火墙等分隔设施。每个防火分区最大允许建筑面积不应超过表7-10的规定。

（1）高层建筑内应采用防火墙等划分防火分区，每个防火分区最大允许建筑面积不应超过表7-10的规定。

（2）高层建筑内的商业营业厅、展览厅等，当设有火灾自动报警系统和自动灭火系

表 7-10　每个防火分区的最大允许建筑面积　　　　　　　　m²

建筑类别	每个防火分区的最大允许建筑面积
一类建筑	1000
二类建筑	1500
地下室	500

注：1. 设有自动灭火系统的防火分区，其最大允许建筑面积可按上表增加1.00倍；当局部设置自动灭火系统时，增加面积可按局部面积的1.00倍计算。
　　2. 一类建筑的电信楼，其防火分区最大允许建筑面积可按上表增加50%。

统,且采用不燃烧或难燃烧材料装修时,地上部分防火分区的最大允许建筑面积为4000 m^2,地下部分防火分区的最大允许建筑面积为2000 m^2。

(3) 当高层建筑与其裙房之间设有防火墙等防火分隔设施时,其裙房的防火分区最大允许建筑面积不应大于2500 m^2;当设有自动喷水灭火系统时,防火分区最大允许建筑面积可增加1.00倍。

(4) 高层建筑内设有上下层相连通的走廊、敞开楼梯、自动扶梯、传送带等开口部位时,应按上下连通层作为一个防火分区,其最大允许建筑面积之和不应超过表7-10的规定。当上下开口部位设有耐火极限大于3.00 h的防火卷帘或水幕等分隔设施时,其面积可不叠加计算。

(5) 高层建筑中庭防火分区面积应按上下层连通的面积叠加计算,当超过一个防火分区面积时,应符合下列规定:

①房间与中庭回廊相通的门、窗,应设自行关闭的乙级防火门、窗。

②与中庭相通的过厅、通道等,应设乙级防火门或耐火极限大于3.00 h的防火卷帘分隔。

③中庭每层回廊应设有自动喷水灭火系统。

④中庭每层回廊应设火灾自动报警系统。

3. 工业建筑的防火分区

在这里工业建筑主要是指厂房和仓库。

(1) 对于厂房的防火分区,应根据其生产的火灾危险性类别、厂房的层数和厂房的耐火等级确定防火分区的面积。火灾危险性类别是按生产或使用过程中物质的火灾危险性进行分类的,共分为甲、乙、丙、丁、戊5个类别。甲类厂房火灾危险性最大,乙类厂房火灾危险性次之,戊类厂房火灾危险性最小。

各类厂房的防火分区面积大小见表7-11。

表7-11 厂房的耐火等级、层数和建筑面积

生产类别	耐火等级	最多允许层数	防火区最大允许建筑面积/m^2			
			单层厂房	多层厂房	高层厂房	地下、半地下厂房,厂房的地下室、半地下室
甲	一级	除生产必须采用多层者外,宜采用单层	4000	3000	—	—
	二级		3000	2000	—	—
乙	一级	不限	5000	4000	2000	—
	二级	6层	4000	3000	1500	—
丙	一级	不限	不限	6000	3000	500
	二级	不限	8000	4000	2000	500
	三级	2层	3000	2000	—	—
丁	一、二级	不限	不限	不限	4000	1000
	三级	3层	4000	2000	—	—
	四级	1层	1000	—	—	—

表 7-11（续）

生产类别	耐火等级	最多允许层数	防火区最大允许建筑面积/m²			
			单层厂房	多层厂房	高层厂房	地下、半地下厂房，厂房的地下室、半地下室
戊	一、二级	不限	不限	不限	6000	1000
	三级	3 层	5000	3000	—	—
	四级	1 层	1500	—	—	—

注：1. 防火分区之间应采用防火墙分隔。除甲类厂房外的一、二级耐火等级单层厂房，当其防火分区的建筑面积大于本表规定，且设置防火墙确有困难时，可采用防火卷帘或防火分隔水幕分隔。采用防火卷帘时应符合相关规定；采用防火分隔水幕时，应符合现行国家标准《自动喷水灭火系统设计规范》GB 50084 的有关规定。
2. 除麻纺厂房外，一级耐火等级的多层纺织厂房和二级耐火等级的单层、多层纺织厂房，其每个防火分区的最大允许建筑面积可按本表的规定增加 0.5 倍，但厂房内的原棉开包、清花车间均应采用防火墙分隔。
3. 一、二级耐火等级的单层、多层造纸生产联合厂房，其每个防火分区的最大允许建筑面积可按本表的规定增加 1.5 倍。一、二级耐火等级的湿式造纸联合厂房，当纸机烘缸罩内设置自动灭火系统，完成工段设置有效灭火设施保护时，其每个防火分区的最大允许建筑面积可按工艺要求确定。
4. 一、二级耐火等级的谷物筒仓工作塔，当每层工作人数不超过 2 人时，其层数不限。
5. 一、二级耐火等级卷烟生产联合厂房内的原料、备料及成组配方、制丝、储丝和卷接包、辅料周转、成品暂存、二氧化碳膨胀烟丝等生产用房应划分独立的防火分隔单元，当工艺条件许可时，应采用防火墙进行分隔。其中制丝、储丝和卷接包车间可划分为一个防火分区，且每个防火分区的最大允许建筑面积可按工艺要求确定。但制丝、储丝及卷接包车间之间应采用耐火极限不低于 2.00 h 的墙体和 1.00 h 的楼板进行分隔。厂房内各水平和竖向分隔间的开口应采取防止火灾蔓延的措施。
6. 本表中"—"表示不允许。

厂房内设置自动灭火系统时，每个防火分区的最大允许建筑面积可按表 7-11 的规定增加 1.0 倍。当丁、戊类的地上厂房内设置自动灭火系统时，每个防火分区的最大允许建筑面积不限。

厂房内局部设置自动灭火系统时，其防火分区增加面积可按该局部面积的 1.0 倍计算。

（2）仓库及其每个防火分区的最大允许建筑面积应符合表 7-12 的要求。

仓库内设置自动灭火系统时，每座仓库最大允许占地面积和每个防火分区最大允许建筑面积可按表 7-13 的规定增加 1.0 倍。

表 7-12　仓库的耐火等级、层数和建筑面积

储存物品类别		仓库的耐火等级	最多允许层数	防火区最大允许建筑面积/m²						
				单层厂房		多层厂房		高层仓库		地下、半地下仓库或仓库的地下室、半地下室
				每座库房	防火分区	每座库房	防火分区	每座库房	防火分区	防火分区
甲	3、4 项	一级	1 层	180	60	—				
	1、2、5、6 项	一、二级	1 层	750	250					

表 7-12（续）

储存物品类别		仓库的耐火等级	最多允许层数	防火区最大允许建筑面积/m²						
				单层厂房		多层厂房		高层仓库		地下、半地下仓库或仓库的地下室、半地下室
				每座库房	防火分区	每座库房	防火分区	每座库房	防火分区	防火分区
乙	1、3、4项	一、二级	3层	2000	500	900	300	—	—	—
	2、5、6项	三级	1层	500	250	—	—	—	—	—
丙	1项	一、二级	5层	2800	1000	2800	700	—	—	—
	2项	三级	1层	900	400	—	—	—	—	—
丁		一、二级	不限	不限	3000	不限	1500	4800	1200	500
		三级	3层	3000	1000	1500	500	—	—	—
		四级	1层	2100	700	—	—	—	—	—
戊		一、二级	不限	不限	不限	不限	2000	6000	1500	1000
		三级	3层	3000	1000	2100	700	—	—	—
		四级	1层	2100	700	—	—	—	—	—

注：1. 仓库中的防火分区之间必须采用防火墙分隔。
2. 石油库内桶装油品仓库应按现行国家标准《石油库设计规范》GB 50074 执行。
3. 一、二级耐火等级的煤均化库，每个防火分区的最大允许建筑面积不应大于 12000 m²。
4. 独立建造的硝酸铵仓库、电石仓库、聚乙烯等高分子制品仓库、尿素仓库、配煤仓库、造纸厂的独立成品仓库以及车站、码头、机场内的中转仓库，当建筑的耐火等级不低于二级时，每座仓库的最大允许占地面积和每个防火分区的最大允许建筑面积可按本表的规定增加 1.0 倍。
5. 一、二级耐火等级粮食平房仓的最大允许占地面积不应大于 12000 m²，每个防火分区的最大允许建筑面积不应大于 3000 m²；三级耐火等级粮食平房仓的最大允许占地面积不应大于 3000 m²，每个防火分区的最大允许建筑面积不应大于 1000 m²。
6. 一、二级耐火等级冷库的最大允许占地面积和防火分区的最大允许建筑面积，应按现行国家标准《冷库设计规范》（GB 50072—2001）的有关规定执行。
7. 酒精度为 50%（v/v）以上的白酒仓库不宜超过 3 层。
8. 本表中"—"表示不允许。

四、防烟分区

防烟分区（Smoke bay）是在建筑内部屋顶或顶板、吊顶下采用具有挡烟功能的构配件进行分隔所形成的，具有一定蓄烟能力的空间。

在火灾燃烧猛烈阶段，一座 100 m 高的建筑，在没有任何防火材料阻挡的情况下，烟气顺管井扩散至顶层只需 30 s。火灾的危害主要表现为火灾烟气的危害，火灾烟气的危害性主要有毒害性、减光性和恐怖性。火灾烟气的危害性可概括为对人们生理上的危害和心理上的危害两方面，烟气的毒害性和减光性是生理上的危害，而恐怖性则是心理上的危害，火灾发生后因缺氧和烟气侵害而造成的人员伤亡可达到火灾死亡人数的 50%~80%，而防烟分区可以在一定时间内使火场上产生的高温烟气不致随意扩散，并进而加以排除，因此建筑防烟分区对于建筑防火有着非常重要的意义。

（一）防烟分区的设置原则

设置防烟分区的目的是为了有利于建筑物内人员安全疏散与有组织排烟，使烟气聚积于设定空间，通过排烟设施将烟气排至室外。防烟分区范围是指以屋顶挡烟隔板、挡烟垂壁或从顶棚向下突出不小于500 mm的梁为界，从地板到屋顶或吊顶之间的规定空间。

防烟分区较防火分区而言，在建筑消防设计中往往容易忽视，事实上，防烟分区是烟气控制的基础手段，是为有利于建筑物内人员安全疏散和有组织排烟而采取的技术措施，主要依靠采用挡烟垂壁（帘）、挡烟梁（墙）等形式来实现。设置防烟分区应遵循下列原则：

（1）防烟分区不应跨越防火分区。

（2）每个防烟分区的建筑面积不宜超过规范要求，《高层民用建筑设计防火规范》（GB 50045—1995）（2005年版）规定是500 m²。

（3）通常应按楼层划分防烟分区。

（4）特殊用途的场所应单独划分防烟分区。

（5）设置排烟设施的走道、净高不超过6.00 m的房间，应采用挡烟垂壁、隔墙或从顶棚下突出不小于0.50 m的梁划分防烟分区。

（二）防烟分区的划分方法

设置防烟分区时，如果面积过大，会使烟气波及面积扩大，增加受灾面，不利安全疏散和扑救；如果面积过小，不仅影响使用，还会提高工程造价。因此合理地划分防烟分区非常重要，常见的防烟分区划分方法有以下三种。

1. 按用途划分

建筑物是由具有各种不同使用功能的建筑空间构成的，国外常把高层建筑的各部分划分为居住或办公用房、疏散通道、楼梯、电梯及其前室、停车库等防烟分区。但按此种方法划分防烟分区时，应注意对通风空调管道、电气配管、给排水管道等穿墙和楼板处，应按照《建筑设计防火规范》《高层民用建筑设计防火规范》等相关规范要求使用不燃烧材料填塞密实。

在某些条件下，疏散走道也应单独划分防烟分区。此时，面向走道的房间与走道之间的分隔门应是防火门，因为普通门容易被火烧毁难以阻挡烟气扩散，将使房间和走道连成一体。

2. 按面积划分

在建筑物内按面积将其划分为若干个基准防烟分区，对于高层民用建筑，当每层建筑面积超过500 m²时，应按每个烟气控制区不超过500 m²的原则将其划分成若干个防烟分区，这些防烟分区在各个楼层一般形状相同、尺寸相同、用途相同。每个楼层的防烟分区可采用同一套防排烟设施。当所有防烟分区共用一套排烟设备时，排烟风机的容量应按最大防烟分区的面积计算。

3. 按楼层划分

防烟分区划分时除了可以按照功能用途和面积作为划分标准还可以分别按楼层划分防烟分区。一般防烟分区不跨越楼层，特殊情况下可跨越但最多不宜超过3层。在现代高层建筑中，底层部分和高层部分的用途往往不同，如高层旅馆建筑，底层多布置餐厅、接待室、商店等房间，主体高层多为客房。火灾统计资料表明，底层发生火灾的概率大，高层主体发生火灾的概率小，因此应尽可能按照房间的不同用途沿垂直方向按楼层划分防烟分区，防火墙的排烟管道上应设排烟防火阀，并与排烟风机联动。

第四节 安全疏散

安全疏散是建筑防火的一个重要组成部分。建筑物发生火灾时，为了避免建筑物内部人员因火烧、烟气中毒和房屋倒塌而受到伤害，保证内部人员能尽快疏散撤离，使消防人员能尽快进入火场进行扑救，尽量减少火灾发生后的人员伤亡，安全疏散设计就尤为重要。安全疏散设计的主要任务就是设定作为疏散和避难所使用的空间，争取疏散行动与避难的时间，确保人员伤亡和财产损失最小。

通常情况下，为保证安全地撤离危险区域，我国相关的建筑防火规划要求建筑物应设置必要的疏散设施，如太平门、疏散楼梯、天桥、逃生孔及疏散保护区域等。应事先制定疏散计划，研究疏散方案和疏散路线，如撤离时途经的门、走道、楼梯等；确定建筑物内某点至安全出口的时间和距离，计算疏散流量和全部人员撤出危险区域的疏散时间，保证走道和楼梯等的通行能力，且规定有最小净宽。

一、火灾时人的心理与行为

火灾时人的心理与行为研究始于20世纪80年代，当时英国、美国、日本等国先后开始对高层建筑火灾的人员疏散过程研究，研究方法一直侧重于对火灾幸存者的灾后调查及疏散设施的检测等，目的是找出火灾发生时人在逃生时的心理过程及其对行为的影响。

20世纪80年代中期以后，人在火灾中的行为研究开始进入计算机模拟研究阶段，相继开发出了EVACNET模型、元胞自动机模型和RISK ASSESSMENT模型，这些模型的计算结果对于改进人员疏散设计具有重要的参考价值。

二、安全疏散路线、通道

1. 安全疏散路线

合理的安全疏散路线即火灾时紧急疏散的路线越来越安全。换句话说应该做到人们从着火房间或部位，跑到公共走道，再由公共走道到达疏散楼梯间，然后由疏散楼梯间到室外或其他安全处，一步比一步安全。因此，在布置疏散路线时，要力求简捷，便于寻找、辨认，疏散楼梯位置要明显。疏散路线应选择离安全出口、疏散楼梯最近的路线，一般是沿疏散指示标志所指的方向疏散。一般靠近楼梯间布置疏散楼梯是较为有利的，火灾时人的本能倾向性会使人群将经常使用的电梯作为逃生的通道，靠近电梯设置疏散楼梯有利于迅速疏散人员，给消防员扑救火灾提供了宝贵的时间。

2. 安全疏散通道

对于有火灾危险性的任何场所都必须保证至少有一条能够使全部人员安全疏散的通道。疏散通道必须具有足以使建筑物内人员疏散出去的容量、尺寸和形状，同时必须保证疏散中的安全，在疏散过程中不受到火灾烟气、火和其他危险的干扰，同时必须保证安全疏散通道的畅通，不得堵塞。

3. 安全避难场所

避难层是超高层建筑中专供发生火灾时人员临时避难使用的楼层。如果作为避难使用的只有几个房间，则这几个房间成为避难间。我国建筑设计防火规范要求建筑高度超过100 m的公共建筑应设置避难层或避难间。避难层常见为敞开式避难层、半敞开式避难层、封闭式避难层。原则上避难场所应设在建筑物公共空间，即外面的自由空间中是最好的，但建筑物尤其是高层建筑物内人员所需的安全疏散时间远小于火灾扩展时间，此时建筑物内部避难场所的合理设置非常重要。常见的避难场所或安全区域有封闭楼梯间和防烟楼梯间、消防电梯、屋顶直升飞机停机坪、建筑中火灾楼层下面两层以下的楼层、高层建筑或超高层建筑中为安全避难特设的避难层、避难间等。

三、安全疏散设施

常见的安全疏散设施包括安全出口、疏散楼梯、疏散走道、消防电梯、事故广播、防排烟设施、屋顶直升飞机停机坪、事故照明和安全指示标志等。

（一）安全出口

建筑物内发生火灾时，为了减少损失，需要把建筑物内的人员和物资尽快撤到安全区域，这就是火灾时的安全疏散，凡是符合安全疏散要求的门、楼梯、走道等都称为安全出口。如建筑物的外门，着火楼层梯间的门，防火墙上所设的防火门，经过走道或楼梯能通向室外的门等都是安全出口。

直通室外的安全出口的上方，应设宽度不小于1 m的防护挑檐。

1. 安全出口布置的原则

布置安全出口要遵守双向疏散的原则，即建筑物内常有人员停留在任意地点，均宜保持有两个方向的疏散路线，使疏散的安全性得到充分的保证。

2. 安全出口的数量

安全出口数量的多少，对保证人身安全和物资疏散极为重要。但是，从经济角度出发，安全出口也不是设得越多越好。一般来说，每个防火分区安全出口的数量不得少于两个。不过对于人员较少或面积较小的防火分区，以及消防队能从外部进行扑救的范围，由于其失火率相对较低，疏散与扑救较为便利，因此也可以适当放宽，不完全强调设两个安全出口，具体规定如下：

（1）公共建筑或厂房、仓库的安全出口不应少于两个。剧院、礼堂、电影院、体育馆的观众厅及候车室、商场、展览馆等人员密集的公共场所，则必须根据容纳的人数确定，且在开放时能保证使用。

（2）地下室、半地下室每个防火分区的安全出口不应少于两个，而且每个防火分区必须有一个直通室外的安全出口。

（3）凡符合下列情况的，可只设一个安全出口：①甲类厂房，每层面积不超过100 m^2且同一时间的生产人数不超过10人者；乙类厂房，每层面积不超过150 m^2且同一时间的生产人数不超过10人者；丙类厂房，每层面积不超过250 m^2且同一时间的生产人数不超过20人者；丁、戊类厂房，每层面积不超过400 m^2且同一时间的生产人数不超过30人者。②地下室、半地下室的面积不超过50 m^2，且人数不超过10人者。③除托儿所、幼儿园外，建筑面积小于或等于200 m^2且人数不超过50人的单层公共建筑。④除医院、疗养院、老年人建筑及托儿所、幼儿园的儿童用房和儿童游乐厅等儿童活动场所等外，符合表7-13规定的公共建筑。⑤塔式住宅，9层及9层以下，每层不超过6户，建筑面积不超过400 m² 者；10~18层，每层不超过8户，建筑面积不超过500 m²，且设有一座防烟楼梯和消防电梯的。⑥仓库的占地面积不超过300 m² 者，库房的地下室、半下室面积不超过100 m² 者。

表7-13 公共建筑可设置一个安全出口的条件

耐火等级	最多层数/层	每层最大建筑面积/m²	人数/人
一、二级	3	500	第二层和第三层的人数之和不超过100
三级	3	200	第二层和第三层的人数之和不超过50
四级	2	200	第二层人数不超过30

（二）疏散门

简而言之，疏散门就是设在建筑物紧急避难出口处快速打开的门。其基本技术要求如下：

（1）民用建筑和厂房的疏散门应向疏散方向开启。除甲、乙类生产房间外，人数不超过60人的房间且每樘门的平均疏散人数不超过30人时，其门的开启方向不限。

（2）民用建筑及厂房的疏散用门应采用平开门，不应采用推拉门、卷帘门、转门。

（3）仓库的疏散用门应为向疏散方向开启的平开门，首层靠墙的外侧可设推拉门或卷帘门，但甲、乙类仓库不应采用推拉门或卷帘门。

（4）人员密集的公共场所观众厅的入场门和太平门不应设置门槛，门内外1.4 m范围内不应设置踏步。

（三）疏散楼梯

1. 疏散楼梯的种类和适用范围

疏散楼梯包括普通楼梯、封闭楼梯、防烟楼梯及室外疏散楼梯等4种。

疏散楼梯（室外疏散楼梯除外）均应做成楼梯间，围成楼梯间的墙皆应是耐火极限不低于2.50 h的非燃烧体。楼梯的耐火极限为1~1.5 h。

（1）普通楼梯间。适用于11层及11层以下的单元式住宅，建筑高度在24 m以下的丁、戊类厂房，单、多层各类建筑。

（2）封闭楼梯间。适用于12~18层的单元式住宅，10层以下通廊式住宅，医院、疗养院的病房楼，设有空调系统的多层旅馆，超过5层的公共建筑，高度不超过32 m的二类高层建筑，甲、乙、丙类厂房和高度在32 m以下的高层厂房。

（3）防烟楼梯间。适用于高度超过32 m且每层人数超过10人的高层厂房，塔式住宅，一类高层建筑，高度超过32 m的二类高层建筑，11层以上的通廊式住宅。

（4）室外疏散楼梯。适用于各类建筑。

2. 封闭楼梯间的技术要求

（1）封闭楼梯间应靠外墙设置，能直接进行天然采光和自然通风，以利于排除楼梯间的烟气。

（2）封闭楼梯间要设置耐火的墙和乙级防火门，将楼梯与走道隔开。防火门应有自动关闭措施，并应向疏散方向开启。有条件的还可以把楼梯间适当加长，设置两道防火门而形成门斗（面积可以小于楼梯前室的要求），这样能提高楼梯间防护能力，给疏散以回旋的余地。

（3）封闭楼梯间的底层如紧接主要出口，设计时，为了使交通路线明确及丰富门厅的处理，常将楼梯敞开于大厅之中。这时可对门厅作扩大的封闭处理，采用乙级防火门或其他防火措施，将门厅与走道、过厅等分隔开，门厅内还应尽量做到内装修的非燃化。

3. 防烟楼梯间的技术要求

（1）防烟楼梯间的入口处要设置楼梯前室或凹廊、阳台等，起缓冲疏散人流冲击的作用。楼梯前室的公共建筑面积不小于 6 m^2，居住建筑面积不小于 4.5 m^2；是与消防电梯合用的前室的居住建筑面积不小于 6 m^2，公共建筑面积不小于 10 m^2。

（2）防烟楼梯前室内要设置防排烟装置。防止火灾烟气进入楼梯前室，并将进入楼梯间的烟迅速排出去，以保证人员安全。

（3）设在防烟楼梯前室和楼梯间的门应该是乙级防火门，并应向人流疏散的方向开启。

4. 室外疏散楼梯的技术要求

当在建筑物内设置疏散楼梯不能满足要求时，可设室外疏散楼梯作为辅助楼梯。

（1）为了保障人员的顺利疏散，室外楼梯净宽度应不小于 90 cm，楼梯栏杆扶手的高度应不小于 1.1 m，楼梯的倾斜度不大于 45°。

（2）为了保证楼梯的安全使用，室外疏散楼梯不得采用无防火保护的金属梯，应采用钢筋混凝土等非燃烧材料制作，耐火极限不得低于 1.00～1.50 h。

（3）为了防止室内火灾的烟火烧烤室外疏散楼梯，在距楼梯至少 2 m 范围的墙面上，除开设疏散用的门洞外，不能再开设其他门窗洞口。

（4）建筑物内通向室外疏散楼梯的门应该是乙级防火门，并向疏散方向开启。

5. 公共建筑物的室内疏散楼梯设置要求

下列公共建筑的室内疏散楼梯应采用封闭楼梯间（包括首层扩大封闭楼梯间）或室外疏散楼梯：

（1）医院、疗养院的病房楼。
（2）旅馆。
（3）超过 2 层的商店等人员密集的公共建筑。
（4）设置有歌舞娱乐放映游艺场所且建筑层数超过 2 层的建筑。
（5）超过 5 层的其他公共建筑。

（四）消防电梯

高层建筑发生火灾时，要求消防队员迅速到达起火部位，扑灭火灾和救援遇难人员，如果消防队员从楼梯登高则体力消耗很大，难以有效地进行灭火战斗，而且还要受到疏散人流的冲击，因此设置消防电梯，有利于队员迅速登高，而且消防电梯前室还是消防队员进行灭火战斗的立足点和救治遇难人员的临时场所。

1. 消防电梯的应用场合

下列建筑物应设消防电梯：

(1) 建筑高度超过 32 m 的高层厂房和仓库。
(2) 一类公共建筑。
(3) 塔式住宅。
(4) 12 层及 12 层以上的单元式住宅和通廊式住宅。
(5) 高度超过 32 m 的其他二类公共建筑。

2. 消防电梯的技术要求

(1) 消防电梯必须设置前室。前室的居住建筑面积不应小于 4.5 m^2，公共建筑面积不应小于 6 m^2。前室与走道之间应设乙级防火门或具有停滞功能的防火卷帘，还应设有消防专用电话、专用操纵按钮和事故照明。在前室门外走道上应该设置消火栓和紧急用插座。

(2) 消防电梯间前室宜靠外墙设置，在首层应设直通室外的出口或经过长度不超过 30 m 的通道向室外。

(3) 消防电梯的井壁、机房隔墙的耐火极限应不低于 2 h，井道顶部要有排烟措施。

(4) 消防电梯应有备用电源，使之不受火灾时断电的影响。

(5) 消防电梯前室门口宜设挡水设施，井底应有排除积水的设施。

(6) 由于火灾并非经常发生，所以平时应将消防电梯与服务电梯兼用，但必须满足消防电梯的要求。另外，在控制系统中要设置转换装置，以便在发生火灾时能迅速改变使用条件。

（五）疏散走道

从建筑物着火部位到安全出口的这段路线称为疏散走道，也就是指建筑物内的走廊或过道。从防火的角度看，对疏散走道的要求如下：

(1) 疏散走道的吊顶应为耐火极限不低于 0.25 h 的不燃装修材料。

(2) 疏散走道不宜过长，应该能使人员在有限的时间内到达安全出口，在疏散走道内应该有防排烟措施。

(3) 疏散走道应宽敞明亮，尽量减少转折。疏散走道上的门应该是防火门，在门两侧 1.4 m 范围内不要设台阶，并不能有门槛，以防人员拥挤时跌倒。

(4) 疏散走道内应有疏散指示标志和事故照明。

(5) 疏散走道在防火分区处应设置甲级常开防火门。

（六）火灾事故照明和疏散指示标志

建筑物发生火灾时，正常电源往往被切断，为了便于人员在夜间或浓烟中疏散，需要在建筑物中安装事故照明和疏散指示标志。

1. 设置火灾事故照明和疏散指示标志的场合

(1) 体育馆、影剧院、展览馆、多功能礼堂、商业建筑、医院病房楼等公共建筑。

(2) 高层民用建筑。

(3) 乙、丙类的高厂房。

2. 事故照明和疏散指示标志的安装部位

(1) 封闭楼梯间、防烟楼梯间及其前室，消防电梯及其前室。

(2) 消防控制室、配电室、消防水泵室、自备发电机房。

(3) 观众厅、展览厅、多功能厅、餐厅、商场营业厅、地下室等人员密集的场所。

3. 事故照明和疏散指示标志的安装要求

（1）安装在疏散走道、疏散门、太平门和居住建筑内长度超过 20 m 的内走道的墙面上、顶棚上、门顶部、转角处。

（2）安装高度距本楼层地面 1.5～1.8 m 处。

（3）安装在非燃烧材料或难燃烧材料上，并应有玻璃或其他非燃烧材料制成的透明保护罩。

（4）事故照明和疏散指示标志应有备用电源，并有一定的光照度。

（七）火灾事故广播

在安装有事故照明和疏散指示标志的场所，应同时安装事故广播系统。以便在紧急情况下同时有声光效应，使人员尽快有秩序地疏散。

事故广播系统可与火灾报警系统联动，并按现行国家标准《火灾自动报警系统设计规范》（GB 50116—1998）的有关规定设置。

（八）避难层

避难层是超高层建筑中专供发生火灾时人员临时避难使用的楼层。如果作为避难使用的只有几个房间，则这几个房间成为避难间。避难层可分为敞开式避难层、半敞开式避难层、封闭式避难层。建筑高度超过 100 m 的公共建筑应设置避难层（间），并应符合下列规定：

（1）避难层的设置，自高层建筑首层至第一个避难层或两个避难层之间，不宜超过 15 层。

（2）通向避难层的防烟楼梯应在避难层分隔、同层错位或上下层断开，但人员均必须经避难层方能上下。

（3）避难层的净面积应能满足设计避难人员避难的要求，并宜按 5 人/m^2 计算。

（4）避难层兼作设备层，但设备管道宜集中布置。

（5）避难层应设消防电梯出口。

（6）避难层应设消防专线电话，并应设有消火栓和消防卷盘。

（7）封闭式避难层应设独立的防烟设施。

（8）避难层应设有应急广播和应急照明，其供电时间不应小于 1 h，照度不应低于 1 lx。

（九）屋顶直升飞机停机坪

建筑高度超过 100 m，且标准层建筑面积超过 1000 m^2 的公共建筑。宜设置屋顶直升飞机停机坪或直升飞机救助的设施，并应符合下列规定：

（1）起降区的大小主要取决于可能接受的最大机种的全长。为了保证直升飞机的安全起降，起降区的长、宽应为最大机种全长的 1.5～2.0 倍。在此范围内，不得设有高出屋顶的塔楼、烟囱、金属天线及航标灯杆等障碍物。

（2）屋顶停机坪要有明显标志，其四周要设边界标志，还需设有灯光标志。

（3）屋顶直升飞机停机坪要设置等待区，等待区要能容纳一定数量的避难人员，在其周围设安全围栏，等待区与疏散楼梯间顶层有直接联系，出入口不少于两个，以利于人员集结。

（4）直升飞机停机坪须配备灭火抢险的工具和固定灭火设施。

四、安全疏散时间与距离

(一) 安全疏散时间

安全疏散时间是指需要疏散的人员自疏散开始到疏散结束所需要的时间,是疏散开始时间与疏散行动时间之和。

疏散开始时间是指自火灾发生到楼内人员开始疏散为止的时间。当发现起火时,只靠火灾警报,人们不会立即开始疏散,一般是先查看情况是否属实。若是小范围起火,人们会立即去救火,涉及整个建筑物的疏散活动的决定很难在短时间内作出,因此疏散开始时间包含着相当不确定的因素。

疏散行动时间受建筑物中疏散设施的形式、布局、人员密集程度等的限制。

疏散时间分为可用安全疏散时间和所需安全疏散时间。可用安全疏散时间(Available Safety Egress Time, ASET)是指火灾发展到对人构成危险所需的时间,所需安全疏散时间(Required Safety Egress Time, RSET)则是指人员疏散到达安全区域所需要的时间,最理想的情况是整个疏散过程的可用安全疏散时间大于所需安全疏散时间,这需要依靠消防安全教育、消防演习、应急预案等多个环节实现。

(二) 安全疏散距离

安全疏散距离是指建筑物内最远处到外部出口或楼梯最大允许距离。安全疏散距离主要包括两方面的要求:一是房间内任意一点到该房间直接通向疏散走道的疏散门的距离,二是直接通向疏散走道的房间疏散门至最近安全出口的距离。

1. 房间内任意一点到该房间直接通向疏散走道的疏散门的距离

若房间面积过大,则有可能造成集中的人员过多。火灾发生时,人群易集中在房间有限的出口处,这使得疏散时间延长,甚至造成人员伤亡事故。因此,为了保证房间内的人员能够顺利而迅速地疏散到门口,再经走道疏散到安全区,一般规定从房间内最远点到房门的距离不要超过 15 m。如达不到这个要求,要增设房间或户门。一般来说,商场营业厅、影剧院、多功能厅、大会议室等聚集的人员多,通常安全出口总宽度能满足要求,但出口数量较少,这样的设计也是很不安全的,因此对于这类面积大、人员集中的房间,从房间最远点到安全出口的距离应控制在 25 m 以内,每个安全出口距离也应控制在 25 m 以内,这样均匀地、分散地设置一些数量和宽度适当的出口,有利于安全疏散。

2. 直接通向疏散走道的房间疏散门至最近安全出口的距离

在允许疏散时间内,人员通过走道迅速疏散,从房门到安全出口的疏散距离以透过烟雾能看到安全出口或疏散标志为依据。

疏散距离的确定受一些因素的影响会发生变化,如建筑物内人员的密集程度、人员的情况、烟气的影响、人员对疏散路线的熟悉程度等。人员的情况主要是针对人员行走困难或慢的情况,如普通医院中的病房楼、妇产医院、儿童医院等,这类建筑的安全疏散距离应短些。烟气对人的视力有影响,据资料表明,人在烟雾中通过的极限距离为 30 m 左右。因此,在通常情况下,从房门到安全出口的安全距离不宜大于 30 m。

3. 民用建筑安全疏散距离的基本要求

1) 疏散长度要求

(1) 直接通向疏散走道的房间疏散门至最近安全出口的距离应符合表 7 - 14 的规定。

（2）直接通向疏散走道的房间疏散门至最近非封闭楼梯间的距离：当房间位于两个楼梯间之间时，应按表7-14的规定减少5.0 m；当房间位于袋形走道两侧或尽端时，应按表7-14的规定减少2.0 m。

（3）楼梯间的首层应设置直通室外的安全出口或在首层采用扩大封闭楼梯间。当层数不超过4层时，可将直通室外的安全出口设置在离楼梯间小于或等于15.0 m处。

（4）房间内任意一点到该房间直接通向疏散走道的疏散门的距离，不应大于表7-14中规定的袋形走道两侧或尽端的疏散门至安全出口的最大距离。

表7-14 直接通向疏散走道的房间疏散门至最近安全出口的最大距离　　　　m

名　称	位于两个安全出口之间的疏散门			位于袋形走道两侧或尽端的疏散门		
	耐 火 等 级			耐 火 等 级		
	一、二级	三级	四级	一、二级	三级	四级
托儿所、幼儿园	25.0	20.0	—	20.0	15.0	—
医院、疗养院	35.0	30.0	—	20.0	15.0	—
学校	35.0	30.0	—	22.0	20.0	—
其他民用建筑	40.0	35.0	25.0	22.0	20.0	15.0
建筑内的观众厅、展览厅、多功能厅、餐厅、营业厅和阅览室等，其室内任意一点至最近安全出口的直线距离不宜大于30.0 m						

注：1. 敞开式外廊建筑的房间疏散门至安全出口的最大距离可按本表增加5.0 m。
　　2. 建筑物内全部设置自动喷水灭火系统时，其安全疏散距离可按本表规定增加25%。
　　3. 房间内任意一点到该房间直接通向疏散走道的疏散门的距离计算：住宅应为最远房间内任意一点到户门的距离，跃层式住宅内的户内楼梯的距离可按其梯段总长度的水平投影尺寸计算。

2）疏散宽度要求

（1）疏散走道、安全出口、疏散楼梯及房间疏散门宽度要求：除另有规定者外，建筑中的疏散走道、安全出口、疏散楼梯及房间疏散门的各自总宽度应经计算确定。

（2）安全出口、房间疏散门的净宽度不应小于0.9 m，疏散走道和疏散楼梯的净宽度不应小于1.1 m；不超过6层的单元式住宅，当疏散楼梯的一边设置栏杆时，最小净宽度不宜小于1.0 m。

（3）人员密集的公共场所、观众厅的疏散门不应设置门槛，其净宽度不应小于1.4 m，且紧靠门口内外各1.4 m范围内不应设置踏步。

（4）人员密集的公共场所的室外疏散小巷的净宽度不应小于3.0 m，并应直接通向宽敞地带。

（5）剧院、电影院、礼堂、体育馆等人员密集场所的疏散走道、疏散楼梯、疏散门、安全出口的各自总宽度，应根据其通过人数和疏散净宽度指标计算确定，并应符合下列规定。

①观众厅内疏散走道的净宽度应按每100人不小于0.6 m的净宽度计算，且不应小于1.0 m；边走道的净宽度不宜小于0.8 m。

在布置疏散走道时，横走道之间的座位排数不宜超过20排；纵走道之间的座位数——

剧院、电影院、礼堂等每排不宜超过 22 个,体育馆每排不宜超过 26 个;前后排座椅的排距不小于 0.9m 时,可增加 1.0 倍,但不得超过 50 个;仅一侧有纵走道时,座位数应减少一半。

②剧院、电影院、礼堂等场所供观众疏散的所有内门、外门、楼梯和走道的各自总宽度,应按表 7-15 的规定计算确定。

③体育馆供观众疏散的所有内门、外门、楼梯和走道的各自总宽度,应按表 7-16 的规定计算确定。

④有等场需要的入场门不应作为观众厅的疏散门。

表 7-15 剧院、电影院、礼堂等场所每 100 人所需最小疏散净宽度

观众厅座位数/座			≤2500	≤1200
耐火等级			一、二级	三级
疏散部位/m	门和走道	平坡地面	0.65	0.85
		阶梯地面	0.75	1.00
	楼梯		0.75	1.00

表 7-16 体育馆每 100 人所需最小疏散净宽度

观众厅座位数档次/座			3000~5000	5001~10000	10001~20000
疏散部位/m	门和走道	平坡地面	0.43	0.37	32
		阶梯地面	0.50	0.43	0.37
	楼梯		0.50	0.43	0.37

注:表中较大座位数档次按规定计算的疏散总宽度,不应小于相邻较小座位数档次按其最多座位数计算的疏散总宽度。

(6)学校、商店、办公楼、候车(船)室、民航候机厅、展览厅、歌舞娱乐放映游艺场所等民用建筑中的疏散走道、安全出口、疏散楼梯以及房间疏散门的各自总宽度,应按下列规定经计算确定:

①每层疏散走道、安全出口、疏散楼梯以及房间疏散门的每 100 人净宽度不应小于表 7-17 的规定;当每层人数不等时,疏散楼梯的总宽度可分层计算,地上建筑中下层楼梯的总宽度应按其上层人数最多一层的人数计算;地下建筑中上层楼梯的总宽度应按其下层人数最多一层的人数计算。

②当人员密集的厅、室以及歌舞娱乐放映游艺场所设置在地下或半地下时,其疏散走道、安全出口、疏散楼梯以及房间疏散门的各自总宽度,应按其通过人数每 100 人不小于 1.0m 计算确定。

③首层外门的总宽度应按该层或该层以上人数最多的一层人数计算确定,不供楼上人员疏散的外门,可按本层人数计算确定。

④录像厅、放映厅的疏散人数应按该场所的建筑面积 1.0 人/m^2 计算确定,其他歌舞娱乐放映游艺场所的疏散人数应按该场所的建筑面积 0.5 人/m^2 计算确定。

⑤商店的疏散人数应按每层营业厅建筑面积乘以面积折算值和疏散人数换算系数计

算。地上商店的面积折算值宜为50%~70%，地下商店的面积折算值不应小于70%。疏散人数的换算系数可按表7-18确定。

表7-17 疏散走道、安全出口、疏散楼梯和房间疏散门每100人的净宽度　　m

楼层位置	耐火等级		
	一、二级	三级	四级
地上一、二层	0.65	0.75	1.00
地上三层	0.75	1.00	—
地上四层及四层以上各层	1.00	1.25	—
与地面出入口地面的高差不超过10 m的地下建筑	0.75	—	—
与地面出入口地面的高差超过10 m的地下建筑	1.00	—	—

表7-18 商店营业厅内的疏散人数换算系数　　人/m²

楼层位置	地下二层	地下一层、地上第一、二层	地上第三层	地上第四层及四层以上各层
换算系数	0.80	0.85	0.77	0.60

（7）人员密集的公共建筑不宜在窗口、阳台等部位设置金属栅栏，当必须设置时，应有从内部易于开启的装置。窗口、阳台等部位宜设置辅助疏散逃生设施。

第五节　灭火装置及其配置

灭火器的种类很多，按其移动方式可分为手提式和推车式，按驱动灭火剂的动力来源可分为储气瓶式、储压式和化学反应式，按所充装的灭火剂又可分为泡沫、干粉、卤代烷、二氧化碳、酸碱及清水等。

一、常见灭火器的适用范围及使用方法

（一）化学泡沫灭火器

1. 适用范围

化学泡沫灭火器适用于扑救一般B类火灾，如油制品、油脂等火灾，也可适用于扑救A类火灾，但不能扑救B类火灾中的水溶性可燃、易燃液体的火灾，如醇、酯、醚、酮等物质火灾，也不能扑救带电设备及C类、D类及E类火灾。

2. 使用方法

对于手提式泡沫灭火器可手提筒体上部的提环，迅速奔赴火场。这时应注意不得使灭火器过分倾斜，更不可横拿或颠倒，以免两种药剂混合而提前喷出。当距离着火点10 m左右时，即可将筒体颠倒过来，一只手紧握提环，另一只手扶住筒体的底圈，将射流对准燃烧物。在扑救可燃液体火灾时，如已呈流淌状燃烧，则将泡沫由近而远喷射，使泡沫完全覆盖在燃烧液面上；如在容器内燃烧，应将泡沫射向容器的内壁，使泡沫沿着内壁流

淌,逐步覆盖着火液面。切忌直接对准液面喷射,以免由于射流的冲击,反而将燃烧的液体冲散或冲出容器,扩大燃烧范围。在扑救固体物质火灾时,应将射流对准燃烧最猛烈处。灭火时随着有效喷射距离的缩短,使用者应逐渐向燃烧区靠近,并始终将泡沫喷在燃烧物上,直到扑灭。使用时,灭火器应始终保持倒置状态,否则会中断喷射。

推车式泡沫灭火器一般由两人操作,先将灭火器迅速推拉到火场,在距离着火点 10 m 左右处停下,由一人施放喷射软管后,双手紧握喷枪并对准燃烧处;另一个则先逆时针方向转动手轮,将螺杆升到最高位置,使瓶盖开足,然后将筒体向后倾倒,使拉杆触地,并将阀门手柄旋转 90°,即可喷射泡沫进行灭火。如阀门装在喷枪处,则由负责操作喷枪者打开阀门。灭火方法与手提式泡沫灭火器基本相同,由于该种灭火器的喷射距离远,连续喷射时间长,因而可充分发挥其优势,用来扑救较大面积的储槽或油罐车等处的初起火灾。

3. 维护与保养

泡沫灭火器存放应选择干燥、阴凉、通风并取用方便之处,不可靠近高温或可能受到曝晒的地方,以防止碳酸分解而失效;冬季要采取防冻措施,以防止冻结;并应经常擦除灰尘,疏通喷嘴,使之保持通畅。

(二) 空气泡沫灭火器

1. 适用范围

空气泡沫灭火器的适用范围基本上与化学泡沫灭火器相同。但抗溶泡沫灭火器还能扑救水溶性易燃、可燃液体的火灾,如醇、醚、酮等溶剂燃烧的初起火灾。

2. 使用方法

使用时可手提或肩扛迅速奔到火场,在距燃烧物 6 m 左右时,拔出保险销,一手握住开启压把,另一手紧握喷枪,用力捏紧开启压把,打开密封或刺穿储气瓶密封片,空气泡沫即可从喷枪口喷出。灭火方法与手提式化学泡沫灭火器相同。但空气泡沫灭火器使用时,应使灭火器始终保持直立状态,切勿标志颠倒或横卧使用,否则会中断喷射。同时应一直紧握开启压把,不能松手,否则也会中断喷射。

(三) 酸碱灭火器

1. 适应范围

酸碱灭火器适用于扑救 A 类物质燃烧的初起火灾,如木、织物、纸张等燃烧的火灾。它不能用于扑救 B 类物质燃烧的火灾,也不能用于扑救 C 类可燃性气体或 D 类轻金属火灾。同时也不能用于 E 类火灾的扑救。

2. 使用方法

使用时应手提筒体上部提环,迅速奔到着火地点。绝不能将灭火器扛在背上,也不能过分倾斜,以防两种药液混合而提前喷射。在距离燃烧物 6 m 左右时,即可将灭火器颠倒过来,并摇晃几次,使两种药液加快混合;一只手握住提环,另一只手抓住筒体下的底圈将喷出的射流对准燃烧最猛烈处喷射。同时随着喷射距离的缩减,使用人应向燃烧处推进。

(四) 二氧化碳灭火器

二氧化碳灭火剂是一种具有 100 多年历史的灭火剂,价格低廉,获取、制备容易,其主要依靠窒息作用和部分冷却作用灭火。二氧化碳具有较高的密度,约为空气的 1.5 倍。

在常压下，液态的二氧化碳会立即汽化，一般 1 kg 的液态二氧化碳可产生约 0.5 m³ 的气体。因而灭火时，二氧化碳气体可以排除空气而包围在燃烧物体的表面或分布于较密闭的空间中，降低可燃物周围或防护空间内的氧气浓度，产生窒息作用而灭火。另外，二氧化碳从储存容器中喷出时，会由液体迅速汽化成气体，而从周围吸收部分热量，起到冷却的作用。

1. 适用范围

具有流动性好、喷射率高、不腐蚀容器和不易变质等优良性能，用来扑灭图书、档案、贵重设备、精密仪器、600 V 以下电气设备及油类的初起火灾。适用于扑救一般 B 类火灾，如油制品、油脂等火灾，也可适用于 A 类火灾，但不能扑救 B 类火灾中的水溶性可燃、易燃液体的火灾，如醇、酯、醚、酮等物质火灾，也不能扑救 C 类、D 类及 E 类火灾。

2. 使用方法

（1）对于手提式二氧化碳灭火器，灭火时只要将灭火器提到或扛到火场，在距燃烧物 5 m 左右时，放下灭火器拔出保险销，一手握住喇叭筒根部的手柄，另一只手紧握启闭阀的压把。对没有喷射软管的二氧化碳灭火器，应把喇叭筒往上板 70°~90°。使用时，不能直接用手抓住喇叭筒外壁或金属连线管，防止手被冻伤。灭火时，当可燃液体呈流淌状燃烧时，使用者将二氧化碳灭火剂的喷流由近而远向火焰喷射。如果可燃液体在容器内燃烧时，使用者应将喇叭筒提起。从容器的一侧上部向燃烧的容器中喷射。但不能将二氧化碳射流直接冲击可燃液面，以防止将可燃液体冲出容器而扩大火势，造成灭火困难。

（2）推车式二氧化碳灭火器一般由两人操作，使用时两人一起将灭火器推或拉到燃烧处，在离燃烧物 10 m 左右时停下，一人快速取下喇叭筒并展开喷射软管后，握住喇叭筒根部的手柄，另一人快速按逆时针方向旋动手轮，并开到最大位置。灭火方法与手提式的方法一样。其原理是让可燃物的温度迅速降低，并与空气隔离。

二氧化碳灭火器的优势在于灭火时不会因留下任何痕迹使物品损坏，因此可以用来扑灭书籍、档案、贵重设备和精密仪器等。但在室外使用过程中应选择在上风方向喷射，并且手要放在钢瓶的木柄上，以防止冻伤；在室内窄小空间使用的，灭火后操作者应迅速离开，以防窒息。

（五）干粉灭火器

1. 适用范围

手提式碳酸氢钠干粉灭火器适用于易燃、可燃液体、气体，以及带电设备的初起火灾；磷酸铵盐干粉灭火器除可用于上述几类火灾外，还可扑救固体类物质的初起火灾。但都不能扑救金属燃烧火灾。

推车式干粉灭火器主要适用于扑救易燃液体、可燃气体和电气设备的初起火灾。推车式干粉灭火器移动方便，操作简单，灭火效果好。

2. 使用方法

（1）对于手提式干粉灭火器，灭火时，可手提或肩扛灭火器快速奔赴火场，在距燃烧处 5 m 左右时，放下灭火器。如在室外，应选择在上风方向喷射。使用的干粉灭火器若是外挂式储压式的，操作者应一手紧握喷枪，另一手提起储气瓶上的开启提环。如果储气瓶的开启是手轮式的，则向逆时针方向旋开，并旋到最高位置，随即提起灭火器。当干粉喷出后,迅速对准火焰的根部扫射。使用的干粉灭火器若是内置式储气瓶或者是储压式储气瓶的,操作者应先将开启把上的保险销拔下,然后握住喷射软管前端喷嘴部,另一只手将开启压把压下,打开灭火器进行灭火。有喷射软管的灭火器或储压式灭火器在使用时,一手应始终压下压把,不能放开,否则会中断喷射。

干粉灭火器扑救可燃、易燃液体火灾时,应对准火焰要部扫射,如果被扑救的液体火灾呈流淌燃烧,应对准火焰根部由近而远,并左右扫射,直至把火焰全部扑灭。如果可燃液体在容器内燃烧,使用者应对准火焰根部左右晃动扫射,使喷射出的干粉流覆盖整个容器开口表面;当火焰被赶出容器时,使用者仍应继续喷射,直至将火焰全部扑灭。在扑救容器内可燃液体火灾时,应注意不能将喷嘴直接对准液面喷射,防止喷流的冲击力使可燃液体溅出而扩大火势,造成灭火困难。如果当可燃液体在金属容器中燃烧时间过长,容器的壁温已高于扑救可燃液体的自燃点,此时极易造成灭火后再复燃的现象,若与泡沫类灭火器联用,则灭火效果更佳。

使用磷酸铵盐干粉灭火器扑救固体可燃物火灾时,应对准燃烧最猛烈处喷射,并上下、左右扫射。如条件许可,使用者可提着灭火器沿着燃烧物的四周边走边喷,使干粉灭火剂均匀地喷在燃烧物的表面,直至将火焰全部扑灭。

(2)对于推车式干粉灭火器来说,灭火时把灭火器拉或推到现场,用右手抓着喷粉枪,左手顺势展开喷粉胶管,直至平直,不能弯折或打圈,接着除掉铅封,拔出保险销,用手掌使劲按下供气阀门,再左手把持喷粉枪管托,右手把持枪把用手指扳动喷粉开关,对准火焰喷射,不断靠前左右摆动喷粉枪,使干粉笼罩住燃烧区,直至把火扑灭为止。

(六)1211灭火器

1211灭火器利用装在筒内的氮气压力将1211灭火剂喷射出灭火,它属于储压式一类,1211是二氟一氯一溴甲烷的代号,分子式为CF_2ClBr,它是我国目前生产和使用最广的一种卤代烷灭火剂,以液态罐装在钢瓶高内。1211灭火剂是一种低沸点的液化气体,具有灭火效率高、毒性低、腐蚀性小、久储不变质、灭火后不留痕迹、不污染被保护物、绝缘性能好等优点。

1. 适用范围

1211灭火器主要适用于扑救易燃、可燃液体、气体,以及带电设备的初起火灾;扑救精密仪器、仪表、贵重的物资、珍贵文物、图书档案等初起火灾;扑救飞机、船舶、车辆、油库、宾馆等场所固体物质的表面初起火灾。

2. 使用方法

(1)手提式1211灭火器使用时,应将手提灭火器的提把或肩扛灭火器带到火场。在距燃烧处5 m左右时,放下灭火器,先拔出保险销,一手握住开启把,另一手握在喷射软管前端的喷嘴处。如灭火器无喷射软管,可一手握住开启压把,另一手扶住灭火器底部的底圈部分。先将喷嘴对准燃烧处,用力握紧开启压把,使灭火器喷射。当被扑救可燃烧液体呈现流淌状燃烧时,使用者应对准火焰根部由近而远并左右扫射,向前快速推进,直至火焰全部扑灭。如果可燃液体在容器中燃烧,应对准火焰左右晃动扫射,当火焰被赶出容器时,喷射流跟着火焰扫射,直至把火焰全部扑灭。但应注意不能将喷流直接喷射在燃烧液面上,防止灭火剂的冲力将可燃液体冲出容器而扩大火势,造成灭火困难。如果扑救可燃性固体物质的初起火灾,则将喷流对准燃烧最猛烈处喷射,当火焰被扑灭后,应及时采取措施，不让其复燃。1211灭火器使用时不能颠倒，也不能横卧，否则灭火剂不会喷出。另外在室外使用时，应选择在上风方向喷射；在窄小的室内灭火时，灭火后操作者应迅速撤离，因1211灭火剂也有一定的毒性，以防对人体的伤害。

（2）推车式1211灭火器在使用时一般由两人操作，先将灭火器推或拉到火场，在距燃烧处10 m左右时停下，一人快速放开喷射软管，紧握喷枪，对准燃烧处，另一人则快速打开灭火器阀门。灭火方法与手提式1211灭火器相同。

二、灭火器的选择与配置

根据我国《建筑灭火器配置设计规范》（GB 50140—2005）的相关规定，建筑灭火器的选择、设置和配置应当满足以下要求。

1. 灭火器的选择

选择灭火器时应考虑下列因素：

（1）灭火器配置场所的火灾种类。
（2）灭火器配置场所的危险等级。
（3）灭火器的灭火效能和通用性。
（4）灭火剂对保护物品的污损程度。
（5）灭火器设置点的环境温度。
（6）使用灭火器人员的体能。

2. 灭火器类型选择的基本原则

（1）A类火灾场所应选择水型灭火器、磷酸铵盐干粉灭火器、泡沫灭火器或卤代烷灭火器。

（2）B类火灾场所应选择泡沫灭火器、碳酸氢钠干粉灭火器、磷酸铵盐干粉灭火器、二氧化碳灭火器、灭B类火灾的水型灭火器或卤代烷灭火器。极性溶剂的B类火灾场所应选择灭B类火灾的抗溶性灭火器。

（3）C类火灾场所应选择磷酸铵盐干粉灭火器、碳酸氢钠干粉灭火器、二氧化碳灭火器或卤代烷灭火器。

（4）D类火灾场所应选择扑灭金属火灾的专用灭火器。

（5）E类火灾场所应选择磷酸铵盐干粉灭火器、碳酸氢钠干粉灭火器、卤代烷灭火器或二氧化碳灭火器，但不得选用装有金属喇叭喷筒的二氧化碳灭火器。

（6）非必要场所不应配置卤代烷灭火器。必要场所可配置卤代灭火器。

（7）在同一灭火器配置场所，宜选用相同类型和操作方法的灭火器。当同一灭火器配置场所存在不同火灾种类时，应选用通用型灭火器。

（8）在同一灭火器配置场所，当选用两种或两种以上类型灭火器时，应采用灭火剂相容的灭火器。

三、灭火器的设置

1. 灭火器设置的一般原则

（1）灭火器应设置在位置明显和便于取用的地点，且不得影响安全疏散。
（2）对有视线障碍的灭火器设置点，应设置指示其位置的发光标志。

（3）灭火器的摆放应稳固，其铭牌应朝外。手提式灭火器宜设置在灭火器箱内或挂钩、托架上，其顶部离地面高度不应大于1.50 m，底部离地面高度不宜小于0.08 m。灭火器箱不得上锁。

（4）灭火器不宜设置在潮湿或强腐蚀性的地点，当必须设置时，应有相应的保护措施。

（5）灭火器设置在室外时，应有相应的保护措施。

（6）灭火器不得设置在超出其使用温度范围的地点。

2. 灭火器的保护距离

（1）设置在A类火灾场所的灭火器，其最大保护距离应符合表7-19的规定。

表7-19　A类火灾场所的灭火器最大保护距离　　　　　　　　　　　m

危险等级	灭火器形式	
	手提式灭火器	推车式灭火器
严重危险级	15	30
中危险级	20	40
轻危险级	25	50

（2）设置在B、C类火灾场所的灭火器，其最大保护距离应符合表7-20的规定。

表7-20　B、C类火灾场所的灭火器最大保护距离　　　　　　　　　m

危险等级	灭火器形式	
	手提式灭火器	推车式灭火器
严重危险级	9	18
中危险级	12	24
轻危险级	15	30

（3）D类火灾场所的灭火器，其最大保护距离应根据具体情况研究确定。

（4）E类火灾场所的灭火器，其最大保护距离不应低于该场所内A类火灾或B类火灾的规定。

四、灭火器的配置

1. 灭火器配置的一般规定

（1）一个计算单元内配置的灭火器数量不得少于2具。

（2）每个设置点的灭火器数量不宜多于5具。

（3）当住宅楼每层的公共部位建筑面积超过100 m^2 时，应配置1具1A的手提式灭火器；每增加100 m^2 时，增配1具1A的手提式灭火器。

2. 灭火器的最低配置基准

（1）A类火灾场所灭火器的最低配置基准应符合表7-21的规定。

表7-21 A类火灾场所灭火器的最低配置基准

危险等级	严重危险级	中危险级	轻危险级
单具灭火器最小配置灭火级别	3A	2A	1A
单位灭火级别最大保护半径/(m²·A⁻¹)	50	75	100

（2）B、C类火灾场所灭火器的最低配置基准应符合表7-22的规定。

表7-22 B、C类火灾场所灭火器的最低配置基准

危险等级	严重危险级	中危险级	轻危险级
单具灭火器最小配置灭火级别	89B	55B	21B
单位灭火级别最大保护半径/(m²·B⁻¹)	0.5	1.0	1.5

（3）D类火灾场所的灭火器最低配置基准应根据金属的种类、物态及其特性等研究确定。

（4）E类火灾场所的灭火器最低配置基准不应低于该场所内A类（或B类）火灾的规定。

五、灭火器的设计计算

1. 灭火器配置的设计计算程序

（1）确定各灭火器配置场所的火灾种类和危险等级。
（2）划分计算单元，计算各计算单元的保护面积。
（3）计算各计算单元的最小需配灭火级别。
（4）确定各计算单元中的灭火器设置点的位置和数量。
（5）计算每个灭火器设置点的最小需配灭火级别。
（6）确定每个设置点灭火器的类型、规格与数量。
（7）确定每具灭火器的设置方式和要求。
（8）在工程设计图上用灭火器图例和文字标明灭火器的型号、数量与设置位置。

2. 灭火器配置场所的计算单元

灭火器配置的设计与计算应按计算单元进行。灭火器配置设计的计算单元应按下列规定划分：

（1）当一个楼层或一个水平防火分区内各场所的危险等级和火灾种类相同时，可将其作为一个计算单元。
（2）当一个楼层或一个水平防火分区内各场所的危险等级和火灾种类不相同时，应将其分别作为不同的计算单元。

(3) 同一计算单元不得跨越防火分区和楼层。

3. 灭火器保护面积的计算

原则上应按建筑场所的净使用面积进行计算,但鉴于其计算太过烦琐,实际计算起来很不方便,所以在建筑工程中简化为按建筑面积计算灭火器配置场所的保护面积。在可燃物露天堆垛,甲、乙、丙类液体储罐,以及可燃气体储罐等应按堆垛、储罐占地面积计算,不能按使用面积来进行配置计算;否则,就不合理、不经济。

计算单元保护面积的确定应符合下列规定:

(1) 建筑物应按其建筑面积确定。

(2) 可燃物露天堆场,甲、乙、丙类液体储罐区,可燃气体储罐区应按堆垛、储罐的占地面积确定。

4. 灭火器配置场所所需灭火级别

要求每个灭火器设置点实配灭火器的灭火级别和数量不得小于最小需配灭火级别和数量的计算值。

灭火器配置场所所需灭火级别为

$$Q = K\frac{S}{U}$$

式中　Q——灭火器配置场所所需灭火级别,A 或 B;

　　　S——灭火器配置场所的保护面积,m^2;

　　　U——A 类火灾或 B 类火灾的灭火器配置场所相应危险等级的灭火器配置基准,m^2/A 或 m^2/B;

　　　K——修正系数,见表 7-23。

表 7-23　修正系数 K 取值表

计算单元	修正系数 K
未设室内消火栓系统和灭火系统	1.0
设有室内消火栓系统	0.9
设有灭火系统	0.7
设有室内消火栓系统和灭火系统	0.5
可燃物露天堆场 甲、乙、丙类液体储罐区 可燃气体储罐区	0.3

歌舞娱乐放映游艺场所、网吧、商场、寺庙及地下场所等的计算单元的最小需配灭火级别为

$$Q = 1.3K\frac{S}{U}$$

计算单元中每个灭火器设置点的最小需配灭火级别为

$$Q_e = \frac{Q}{N}$$

式中　Q_e——计算单元中每个灭火器设置点的最小需配灭火级别；
　　　N——计算单元中的灭火器设置点数，个。

【例 7-1】某一严重危险级的 A 类配置场所，长为 50 m，宽为 20 m，室内有消火栓系统，试求该配置场所所需的灭火级别；假设中选定 4 个灭火器设置点，试求每一个设置点的灭火级别；如果配置单具灭火级别为 3 A 的 MF/ABC5 型手提式干粉（磷酸铵盐）灭火器，应该如何设置？

解　根据灭火器配置场所所需灭火级别为 $Q = K\dfrac{S}{U}$，

已知 $S = 50 \times 20 = 1000 \text{ m}^2$，$U = 50 \text{ m}^2/\text{A}$，$K = 0.9$，则：

$$Q = K\frac{S}{U} = 0.9 \times \frac{1000}{50} = 18 \text{ A}$$

计算得到 $Q = 18$ A 即为该配置场所所需的灭火级别。

如有 4 个设置点，每一个设置点的灭火级别为：

$$Q_e \geq \frac{Q}{N} = \frac{18}{4} = 4.5 \text{ A}$$

因为一个计算单元内配置的灭火器数量不得少于 2 具，每个设置点的灭火器数量不宜多于 5 具，且由表 7-21 知严重危险级 A 类火灾场所单具灭火器最小配置灭火级别为 3 A。

因此，本设计可在每一个设置点配置 2 具 MF/ABC5 手提式干粉（磷酸铵盐）灭火器，灭火级别 6 A，单元内配置灭火器总数为 8 具（大于 2 具），每个设置点配置灭火器数为 2 具（小于 5 具），符合规范。

第八章 电气防火防爆

电能的使用大大推动了社会生产力的发展。目前，各种各样的电气设备或装置已遍及人们生产、生活的各个场所。但是由电气设备或线路引发的火灾爆炸事故也在火灾和爆炸事故中占有相当大的比例。据统计，近年来电气火灾已经成为火灾事故最主要的引火源。电气火灾和爆炸事故除可能造成人身伤亡和设备毁坏外，还可能造成较大范围内或长时间的停电，严重影响生产和人们的生活。

第一节 电气火灾与爆炸的引发原因

电气线路、电动机、油浸电力变压器、开关设备、电灯和电热设备等不同的电气设备，由于其结构、运行各有特点，火灾与爆炸的危险性和原因也各不相同。但总的来看，除设备缺陷、安装不当等设计和施工方面的原因外，在运行中，电流的热量和电流的火花或电弧是引起火灾与爆炸事故的直接原因。

一、电气设备和导体过热

引起电气设备和导体过度发热的不正常运行情况大体上有短路、过负荷、接触不良、铁芯发热及散热不良 5 种。

1. 短路

发生短路时，线路中电流增加为正常时的几倍甚至几十倍，而产生的热量又和电流的平方成正比，使温度急剧上升，大大超过允许范围。如果达到可燃物的自燃点，即引起燃烧，从而可导致火灾。

短路的主要原因如下：

（1）绝缘老化变质，或受到高温、潮湿或腐蚀的作用而失去绝缘能力。

（2）绝缘导线直接缠绕、钩挂在铁钉或铁丝上时，或把铁丝缠绕、钩挂在绝缘导线上时，由于磨损和铁锈腐蚀使绝缘层破坏。

（3）由于雷击等过电压的作用，绝缘层遭到击穿。

（4）选用设备的额定电压太低，不符合工作电压的要求使绝缘层被击穿而短路。

（5）设备安装不当或工作疏忽，使电气设备绝缘层受到机械损伤。

（6）在安装和检修工作中，由于接线和操作的错误而造成短路。

（7）管理不严或维修不及时，使污物聚积、小动物钻入跨接等引起短路。

2. 过负荷

电流通过导线，其发热温度在不超过 65 ℃ 时，导线上允许连续通过的电流称为安全电流。超过安全载流量时叫做导线过负荷，即过载。过负荷的原因如下：

（1）设计、选用线路或设备不合理，以致在额定负载下出现过热。

（2）使用不合理，即线路或设备的负载超过额定值（如接入过多的用电设备），或者连接使用时间过长，超过线路或设备的设计能力，造成过热。

（3）设备故障运行（如三相电动机缺一相运行或三相变压器不对称运行）造成过热。

（4）电动机过负荷。

3. 接触不良

在电源线的连接处、电源与开关、保护装置和较大电气设备连接的地方等。由于接触不良而使这个部位的局部电阻过大，叫做接触电阻过大。接触部分是电路中的薄弱环节，是发生过热的一个重点部位。

接触不良的原因如下：

（1）不可拆卸的接头连接不牢、焊接不良，或接头处混有杂质。

（2）可拆卸的接头连接不紧密或由于震动而松动。

（3）接头处没有足够的压力，或接触表面脏污、不光滑（如刀开关触头、接触器触头、插式熔断器触头、插销触头、灯泡与灯座的接触头等）。

（4）铜铝接头，由于铜和铝的电性不同，接头处易因电解作用而腐蚀。

（5）电刷的滑动接触处没有足够的压力，或接触表面脏污、不光滑等。

以上原因均可使接触电阻加大而导致接头过热。

4. 铁芯发热

变压器、电动机等设备的铁芯，如果铁芯的绝缘层损坏或长时间过电压，涡流损耗和磁滞损耗将增加过热。

5. 散热不良

各种电气设备在设计和安装时都考虑有一定的散热或通风措施。如果这些措施受到破坏，即造成设备过热。

二、电火花和电弧

电火花是电极间的击穿放电现象。一般电火花的温度都很高，特别是电弧，温度可达3000～6000℃。因此电火花和电弧不但能引起可燃物的燃烧，而且能使金属熔化、飞溅，构成危险的火花源。在有爆炸危险的场所，电火花和电弧更是十分危险的因素。

电火花包括工作火花和事故火花两类。

工作火花是指电气设备正常工作时或正常操作过程中产生的火花。它常产生于直流电机电刷与整流子滑动接触处，交流电机电刷与滑环滑动接触处，开关或接触器开合时，插销拔出或插入时。

事故火花是线路或设备发生故障时出现的火花。常出现在发生短路或接地时，绝缘层损坏时，导线连接松脱时，保险丝熔断时，过电压时，工作中出现误操作时。

此外，机械性质的火花有电动机转子和定子发生摩擦或风扇与其他部件相碰的火花，还有灯泡破碎时炽热灯丝出现的火花等。

应当指出，电气设备本身事故一般不会出现爆炸事故。但在以下场合可能引起空间爆炸：周围空间有爆炸性混合物，在危险温度或电火花作用下引起的空间爆炸；充油设备（如多油断路器、电力变压器、电力电容器和充油套管）的绝缘油在电弧作用下分解和汽化，喷出大量油雾和可燃气体引起空间爆炸；发电机氢冷装置漏气、酸性蓄电池排出氢气等都会形成爆炸性混合物引起空间爆炸。

第二节 电气线路的防火防爆

电气线路是用来输送电能的,其特点是距离长、分支多,且经常会接触可燃物质,是预防电气火灾中需要重点考虑的方面。按照所用材料的种类,导线可分为铜芯线和铝芯线两类。由于铝的来源广,价格便宜,根据国家"以铝代铜"的政策,在一般场合下尽量使用铝芯线。但在火灾爆炸危险较大的环境中,移动设备和控制设备中及重要建筑内,为了提高导线的载流能力,并便于敷设,则多用铜芯线。

按照有无绝缘保护层,导线可分为裸导线和绝缘导线。裸导线外部没任何保护层,主要供室外架空线使用。绝缘导线的外部有橡胶或塑料绝缘保护层,其型号很多。用橡皮绝缘的导线有 BX、BLX、BBX、BBLX 等型号,用塑料绝缘的导线有 BV、BLV、BVV、BLVV 等型号。

现结合电气线路,分析其短路、过载与接触不良的特点。

一、导线短路

电气线路大体可分为室外架空线路和室内布线两类,它们发生短路的特点有所不同。

1. 室外架空线路

室外架空线路通常使用裸导线。这种线路发生短路的原因主要包括:导线安装高度低,在搬运较高大的物体时,不慎碰到导线;线路上的绝缘子或其支架发生破损造成两根或两根以上导线相碰;在强风吹拂下导线摆动造成两线相碰;线路附近的树枝摆动导致两根或两根以上导线相碰;其他事故引起的电杆倒塌等。

对于室外架空线路,电杆的间距过大、导线间距过小或布线过松,都容易在外力作用下碰在一起造成短路。可根据导线的强度确定间距的大小和布线松紧。架空配电线路不得跨越易燃易爆物品仓库、有爆炸危险的场所、可燃液体储罐、可燃和氧化性气体储罐及易燃材料堆场等。当架空配电线路与这些有着火爆炸危险的设施接近时,必须保持不小于电杆高度 1.5 倍的间距,以防止发生倒杆断线事故时电线甩出或导线松弛风吹碰撞产生火花、电弧,以致引起爆炸或着火。同时,这样也可防止上述区域着火后烧断架空线路。

2. 室内布线

室内布线通常使用绝缘导线。这种导线发生短路的原因主要包括:绝缘强度、绝缘性能不符合规定要求;在线路电压突然升高或雷击电压作用下而将绝缘层击穿;受高温、潮湿、腐蚀作用而使绝缘性能降低;由于使用时间过长致使绝缘层老化、受损,以致线芯裸露等。此外,乱拉电线、接电操作不慎等也容易造成短路。

对于室内布线,最重要的是保证导线具有符合电源电压要求的绝缘性。电源电压为 380 V 的应采用额定电压为 500 V 的绝缘导线,电源电压为 220 V 的应采用额定电压为 250 V 的绝缘导线。在特殊场所还应采用专用的特殊绝缘导线。例如:在潮湿场所,应采用有保护层的绝缘导线;在有腐蚀性气体的场所,应采用铅皮线、管子线(钢管涂耐酸漆)、硬塑料管线;在高温场所,应采用以瓷管、云母等作为绝缘层的耐燃线;在用可燃材料装修的场所,导线应用金属管或阻燃塑料管保护;经常移动的电气设备,应采用软线或软电缆。

在供电系统的设计、运行中，应当设法消除可能引起短路的各种因素。同时，为了减轻短路的严重后果，防止故障扩大，就需计算短路电流，选择合理的保护装置。定期检查导线的绝缘性是保证火灾安全的重要措施，导线的绝缘强度通常使用兆欧表进行检测。

二、导线过负荷

1. 导线的载流量

导线的安全载流量是由电流通过导线时的温度升高至某一限度来决定的，如橡胶绝缘导线的最高温度为65℃，塑料绝缘导线的最高允许工作温度为70℃。当导线的负载电流和额定电流相等时，电流通过导线在单位时间内发出的热量恰好等于导线单位时间内向外传出去的热量，导线处于热平衡状态，如果电流继续增大，平衡就会破坏。温度过高，将会加速导线绝缘层的老化。若电流再增大，温度的升高还会达到导线绝缘材料的着火点，进而发生燃烧。因此导线应当在低于安全载流量状态下工作。

导线的安全载流量一般用试验方法来测定。表8-1所列为几种绝缘导线明敷时的安全载流量。

表8-1　几种绝缘导线明敷时的安全载流量　　　　　　　　　　　　　A

导线截面积/mm²	BLX、BLXF型铝芯橡皮绝缘导线				BX、BXF型铝芯橡皮绝缘导线				BLV型铝芯塑料绝缘导线				BV、BVR型铜芯塑料绝缘导线			
	25℃	30℃	35℃	40℃	25℃	30℃	35℃	40℃	25℃	30℃	35℃	40℃	25℃	30℃	35℃	40℃
1	—	—	—	—	21	19	18	16	—	—	—	—	19	17	16	15
1.5	—	—	—	—	27	25	23	21	18	16	15	14	24	22	20	18
2.5	27	25	23	21	26	32	30	27	23	21	21	19	32	29	27	25
4	35	32	30	27	45	42	38	35	32	29	27	25	42	39	36	33
6	45	42	38	335	58	54	50	45	42	39	36	33	55	51	47	43
10	65	60	56	51	85	79	73	67	59	55	51	46	75	70	64	59
16	85	79	73	67	110	102	95	87	80	74	69	63	105	98	90	83
25	110	102	95	87	145	135	125	114	105	98	90	83	138	129	119	109
35	138	129	119	109	180	168	155	142	130	121	112	102	170	158	147	134
50	175	163	151	138	230	215	198	181	165	154	142	130	215	201	185	170
70	220	206	190	174	285	266	246	225	205	191	177	162	265	247	229	209
95	265	247	229	209	345	322	298	272	250	233	216	197	325	303	281	251
120	310	289	268	245	400	374	346	316	285	266	246	225	375	350	324	296
150	360	336	311	284	470	439	406	371	325	303	281	257	430	402	371	340
185	420	392	363	332	540	504	467	427	380	355	328	300	490	458	423	387
240	510	476	441	403	660	617	570	522	—	—	—	—	—	—	—	—

2. 导线过负荷的预防措施

导线过负荷主要是导线截面积选用过小或负载过大造成的，解决过负荷主要应从搞好电路设计入手，要合理规划配电网络，合理调节负载分布，作出相关区域的负荷曲线。实际上无论是哪种电气设备或哪个用户，其用电负荷都不是恒定的，这是因为电气设备的工作状态有轻有重，或时通时断，其负荷经常发生变化。所以，在线路上设计或新改建线路时要留出足够余量，同时不允许在建好的线路上接入过多的负载。

三、接触电阻过大

1. 接触电阻过大的原因

电气线路是存在多处连接的，如果接头接触不良，将会造成电流通过的导线截面减小，使该处的局部电阻过大，于是接触处出现局部过热。导线与导线之间或导线与电气设备之间的连接不牢是另一种经常遇到的情况，在长期的热作用或震动作用下较松的连接点往往会越来越松。另外，不同金属（如铜和铝）接触时可发生电化学腐蚀，使连接处形成氧化层，相当于使该处的电阻增大。

2. 接触电阻过大的预防措施

加强导线与导线或导线与电气设备的连接的牢固程度是解决接触电阻过大的主要途径。对于闸刀类活动连接，所用的连接材料应具有很强的弹性以保证压紧；对于固定连接，要保证导线充分拧紧，大截面导线的连接可用焊接或压接，铜与铝导线相接时宜采用铜铝过渡接头。

及时发现连接处的过热现象也是避免事故的重要方面。在实际工作中可使用辐射测温仪、红外热成像仪等对重要的电气线路进行定期检测，对异常发热的部位尽早进行修理，以消除危险隐患。

第三节 常用电气设备的防火技术

电气设备的种类很多，常用设备可以归纳为照明设备、电动设备、电热设备及电气控制设备等。

一、照明设备

照明设备是一种将电能转化为光能的电气设备，常用的有白炽灯、日光灯和卤钨灯。

白炽灯的灯丝一般为钨丝，其电阻较大。当电流通过灯丝时，电能变为热能，使灯丝达到白炽程度而发光。表8-2所列为白炽灯在散热良好时的表面温度。实际输入白炽灯的电能大部分转化为热能，只有10%左右的能量转化为光能，因此不是一种高效的发光装置。

表8-2 白炽灯在散热良好时的表面温度

灯泡功率/W	灯泡表面温度/℃	灯泡功率/W	灯泡表面温度/℃
40	56~63	100	170~216
60	137~180	150	148~228
75	136~194	200	154~296

日光灯由灯管、镇流器和启辉器组成。在启辉器的诱导下，灯管内发出强电子流，冲击管内的气体，产生紫外线。而紫外线又激发管壁上的荧光粉，发出类似日光的光线。镇流器由硅钢片铁芯及绕在铁芯上的电感线圈等组成，工作时可以发出大量热，安装不当很容易引起周围的物品着火。

碘钨灯的发光原理和白炽灯泡相同，当电流通过灯丝时使钨丝加热成白炽体而发光。不过其管内充有碘或者碘化氢，在高温下碘和灯丝蒸发出来的钨可连续发生化合分解反应，从而大大提高了发光效率。碘钨灯体积小，只有同功率普通灯泡体积的1%，同时其功率大，从而使其灯座温度较高，可达500～800 ℃，这种灯的耐震性也较差。

照明灯具的火灾危险性。照明灯具表面温度高，尤其是白炽灯和碘钨灯，容易烤着临近的可燃物，因此其与可燃物之间的距离不应小于50 cm。可燃粉尘、可燃纤维积落在灯泡上，往往会被烤燃起火，因此应当根据使用环境选择灯具。在存储可燃物资的库房内如确需照明时，可采用60 W以下的灯泡，且应配有玻璃纺护罩。

卤钨灯管附近所用的导线，应采用以玻璃丝、瓷管等为绝缘材料的耐热线，且不应直接使用具有延燃性的绝缘导线，以免灯管的高温破坏导线的绝缘层引起短路。

为了防止日光灯镇流器过热引起可燃物着火，不准将镇流器直接固定在可燃天花板、柜台、展览橱窗内，且应加强通风散热；镇流器还必须与灯管的电压、容量匹配。

二、电动设备

电动设备是一种将电能转换为机械能的电气设备，最常用的是电动机。电动机的种类很多，按电源性质分为直流电动机、交流电动机、交/直流两用电动机。每种电动机都包括定子和转子两个基本部分，定子由硅钢片铁芯、绕组、机座外壳、通风槽组成，转子由硅钢片转子铁芯、转子绕组、风扇组成。

1. 电动机烧毁的原因

绕组的绝缘层受到破坏引起短路是造成电动机损坏的主要原因，小的硬物落入机体内、检修或安装不慎都会碰坏绝缘层；线圈受潮也可导致绝缘能力下降。

电动机异常发热也会损毁绕组。超负荷运行，三相电动机的"缺相"运行，以及由于轴承磨损或缺少润滑油造成的机轴转动不灵均会造成电动机发热起火。此外，纤维粉尘吸入电动机、通风槽被堵、定子与转子间的摩擦火花等可能引起周围可燃物的燃烧。

2. 预防电动机起火的主要方法

首先应根据使用环境的特点选择相应的电动机。电动机的功率应略大于被拖动的机械设备的功率，防止超负荷运行。同时应考虑防潮、防腐蚀、防尘等。

若电动机启动时的电流很大，则会导致绕组快速发热。因此在短时间内电动机的启动次数不宜过多，一般不超过5次，发热状态下的启动不得超过2次。

对电动机要做好保养工作。对转轴、轴承等要勤加润滑油，磨损严重的轴承要及时更换，以保持运转灵活。暂时不用的电动机应放在干燥、清洁的场所。重新使用前，要测量其绝缘电阻，如低于标准阻值，不能投入使用。

电动机要远离可燃物，其底座不能用可燃材料制作。及时清扫落在电动机上的可燃飞絮、可燃粉尘等。

三、电热设备

电热设备的作用是将电能转变为热能,工业中常用的设备有电炉、电热烘干箱、电取暖器、电熨斗及电烙铁等。电热设备是利用电流通过各种电热丝产生的高温、电磁感应而形成的涡流、微波所产生的高温来加热或烘干物品的。电热设备的功率通常都较大,设备表面温度较高,有些设备还是敞开式的,因此具有较大的火灾危险性。表8-3所列为各种电热设备的表面温度。

表8-3 各种电热设备的表面温度

设备名称	通电时间/min	表面参考温度/℃
400 W 敞开式电炉	10	230~250
800 W 敞开式电炉	长时间使用	600~800
密封式电烘箱	长时间使用	300~400
1000 W 辐射式电炉	30	170~200
360 W 电熨斗	20	205~320
360 W 电熨斗	长时间使用	400
电烙铁	长时间使用	300~400

1. 电热设备起火的原因

电热设备导致火灾主要有以下情况:

(1) 导线选择不当或更换比原功率大的电热丝,导致设备过负荷。

(2) 电热设备的绝缘材料长时间受高温影响,老化破裂造成短路。

(3) 电热设备安装或放置不当,导致其引燃了周围的可燃物。

(4) 加热温度过高或时间过长引燃了周围的可燃物。

2. 电热设备防火的基本措施

(1) 为了防止电热器过负荷,选用的导线必须具有足够的截面积,满足安全载流量的要求;工业用电热器应单独拉线,且导线应较粗。

(2) 电炉、电熨斗等必须与可燃物质保持较远距离,其底座应为不燃材料。

(3) 在可产生可燃气体、蒸气、粉尘或飞絮的场所不得使用敞开式电热器。

此外,电热器通电使用时一定要有专人看管。如果发生临时停电,应及时将电源切断,并将加热的物品移走,以防恢复送电时电热器过热发生危险。

四、电气控制设备

电气控制设备是用来接通、切断电源或保护其他电气设备的设备。最常见的低压控制设备有电气开关和断路器。

1. 电气开关

电气开关是用来接通和切断电源的,其形式很多,但均包括活动触头、固定触头和开关体三个基本部分。通过活动触头与固定触头的接触与分离,实现对电源连通与断开的控制。开关引发火灾主要有以下情形：

（1）开关的载流量过小，使用中过度发热，引燃相邻的可燃物。

（2）开关的活动触点与固定触点接触不良或触头与连接件连接松动，再加上氧化，造成接触电阻过大，以致过度发热引起火灾。

（3）开关动作产生火花或电弧，引燃周围的可燃物。

为了预防开关火灾，应当将开关设在固定的开关箱内，并应加箱盖。木质开关箱的内表面应敷以白铁皮，以防起火时火焰蔓延。开关的额定电流和额定电压均应和实际使用情况相匹配，一般开关的容量应适当大于在使用时可能遇到的最大载流量。开关箱应设在干燥处，在有火灾、爆炸或化学腐蚀危险的房间，应把开关安装在室外或合适的地方，否则应采用相应形式的开关，如在有爆炸危险的场所采用隔爆型开关。在中性线接地的系统中，单极开关必须接在火线上，否则开关虽断开，但电气设备仍带电。另外，应当经常检查开关的使用状况，紧固松动的接头，消除灰尘或污物，对于烧蚀严重的触点，应及时修理或更换。

2. 断路器

在电气线路上安装断路器对于防止事故扩大具有重要保护作用。在普通的生产、生活场所中使用的断路器主要有熔断器和空气断路开关。

在通常使用的闸刀开关一般都有熔断器。熔断器由熔体和安装熔体的绝缘部件组成，熔体用低熔点的锡铅合金制成。当电路中发生短路时，流经熔体的电流超过其额定电流，致使其温度升高，发生熔断，从而切断电路。

熔断器引起火灾的原因主要包括：

（1）熔体过载，使熔断器过热，以致破坏其绝缘层，引燃周围可燃物。

（2）未按额定电流选择熔体，最常见的是所用熔体的允许电流过大，以致电气设备短路或发生故障时熔断器不起作用，导致事故扩大。

（3）大截面熔体爆断时，熔化的高温金属颗粒溅落到附近可燃物上以致引发火灾。

在低压供电系统中，熔断器应装在各级配电线路的电源端。例如，在建筑物电源的进线、线路分支和导线截面改变的地方应当安装熔断器，以使每段线路都能得到可靠的保护。

选用合适的熔体是防止熔断器火灾的关键。熔体的额定熔断电流应与被保护的设备相适应，熔断电流不能过大，以保证其在事故时及时熔断，不允许擅自使用铜丝、铁丝等充当熔体使用。

为了避免熔体熔断时溅出的高温颗粒引燃周围可燃物，熔断器宜装在具有火灾危险厂房的外边，否则应加密封外壳，并应远离可燃物体。

空气断路开关是一种较为先进的断路器，除能够可靠地连通与切断电路外，还具有短路、过负荷和欠压保护功能，其消弧功能也较好。

空气断路开关主要由触头系统、脱扣保护系统、灭弧系统和操作系统组成。触头用于连通电路，其中的活动触点与脱扣系统连接。当线路发生短路时，电流增大，相应的电磁铁发挥作用，进而使脱扣机构动作切断电路。对于其他故障也分别设计了相应的断路方式。空气断路开关装有操作手柄，可用于正常情况下的通断电路和故障后重新连通电路使用。

预防空气断路开关引发火灾，主要应注意其脱扣系统的整定电流与导线的安全允许载流量的配合，两者之比应小于4.5。

第四节　电气火灾爆炸危险场所

爆炸危险场所是指能够形成爆炸性混合物或爆炸性混合物能够侵入的场所。如煤矿矿井、化工车间、油库、加油站及液化石油气供应站等。这些场所需要绝对禁止火源，但却不能完全禁止用电。不过应当根据物质及场所的爆炸危险分类，选择适用的防爆电气设备。

一、爆炸性物质的划分

（一）爆炸性物质的分类

爆炸性物质是指能与空气形成混合物并在一定条件下能发生爆炸的物质。所谓爆炸性混合物是指在大气条件下，气体、蒸气、薄雾、粉尘或纤维以一定比例与空气混合，一经点燃，燃爆能在整个范围内传播的混合物。按环境条件和危险物质的状态，爆炸性物质分为三类：

(1) 第Ⅰ类——矿井甲烷气体。
(2) 第Ⅱ类——爆炸性气体混合物、蒸气和薄雾。
(3) 第Ⅲ类——爆炸生粉尘、纤维。

（二）爆炸性物质的分组与分级

1. 按引燃温度分组

爆炸性混合物按《可燃液体和气体引燃温度试验方法》（GB 5332—2007）规定的方法试验，发生引燃时的最低温度称为引燃温度。爆炸性气体、蒸气、薄雾按引燃温度分为6组，见表8-4。爆炸性粉尘、纤维按引燃温度分为3组，见表8-5。

表8-4　爆炸性气体、蒸气、薄雾按引燃温度分组　　　　℃

组　别	T_1	T_2	T_3	T_4	T_5	T_6
引燃温度	$T>450$	$450 \geqslant T>300$	$300 \geqslant T>200$	$200 \geqslant T>135$	$135 \geqslant T>100$	$100 \geqslant T>85$

表8-5　爆炸性粉尘、纤维按引燃温度分组　　　　℃

组　别	T_{11}	T_{12}	T_{13}
引燃温度	$T>270$	$270 \geqslant T>200$	$200 \geqslant T>150$

2. 按最大试验安全间隙分级

最大试验安全间隙（MESG）是指在标准试验条件下，设备壳内所有浓度的被试验气体（或蒸气）与空气的混合物点燃后，通过25 mm长的接合面均不能点燃壳外的爆炸性气体混合物的外壳与内腔之间的最大间隙。最大试验安全间隙的大小反映了爆炸性气体的传爆能力，间隙越小，表明传爆能力越强。爆炸性气体、蒸气、薄雾按最大试验安全间隙分级见表8-6。

表 8-6　爆炸性气体、蒸气、薄雾按最大试验安全间隙分级　　mm

级别	I	ⅡA	ⅡB	ⅡB
最大试验安全间隙 MESG	MESG = 1.14	1.14 > MESG ≥ 0.9	0.9 > MESG > 0.5	MESG ≤ 0.5

3. 按最小点燃电流比分级

最小点燃电流（MIC）是指在温度为 20~40℃，压力为 0.1 MPa，直流电压为 24 V，电感为 95 mH 的试验条件下，采用标准火花发生器对空气电感组成的直流电路进行 3000 次火花试验，能够点燃最易点燃的可燃混合物的最小电流。最大试验安全间隙与最小点燃电流比在分级上的关系只是近似相等，最小点燃电流比（MICR）为各种易燃物质的最小点燃电流值与实验室甲烷的最小点燃电流值之比。爆炸性气体、蒸气、薄雾按最小点燃电流比分级见表 8-7。

表 8-7　爆炸性气体、蒸气、薄雾按最小点燃电流比分级　　mm

级别	I	ⅡA	ⅡB	ⅡB
最小点燃电流比 MICR	MICR = 1.0	1.0 > MICR ≥ 0.8	0.8 > MICR ≥ 0.45	MICR < 0.45

按最大试验安全间隙与按最小点燃电流比分级近似相等。一般爆炸性气体的分级与分组见表 8-8。

表 8-8　爆炸性气体的分级与分组举例

级别	最大实验安全间隙 MESG/mm	最小点燃电流比 MICR	组别与引燃温度/℃					
			T_1	T_2	T_3	T_4	T_5	T_6
			T > 450	450 ≥ T > 300	300 ≥ T > 200	200 ≥ T > 135	135 ≥ T > 100	100 ≥ T > 85
I	MESG = 1.14	MICR = 1.0	甲烷					
ⅡA	1.14 > MESG ≥ 0.9	1.0 > MICR > 0.8	乙烷、丙烷、丙酮、苯乙烯、氯乙烯、氨苯、氨、甲醇、一氧化碳、乙酸乙酯、乙酸、丙烯腈	丁烷、乙醇、丙烯、丁醇、乙酸丁酯、乙酸戊酯、乙酸酐	戊烷、己烷、庚烷、癸烷、辛烷、汽油、硫化氢、环己烷	乙醚、乙醛		亚硝酸乙酯
ⅡB	0.9 > MESG > 0.5	0.8 ≥ MICR ≥ 0.45	二甲醚、民用煤气、环丙烷	环氧乙烷、环氧丙烷、丁二烯、乙烯	二甲醚、异戊二烯			
ⅡC	MESG ≤ 0.5	MICR < 0.45	水煤气、氢、焦炉煤气	乙炔			二氧化碳	硝酸乙酯

爆炸性粉尘、纤维按其导电性和爆炸性分为ⅢA级和ⅢB级。其分级与分组见表8-9。

表8-9 爆炸性粉尘、纤维的分级与分组举例

级 别	粉尘物质	组别与引燃温度/℃		
		T_{11}	T_{12}	T_{13}
		$T>270$	$270 \geq T>200$	$200 \geq T>140$
ⅢA	非导电性可燃纤维	木棉纤维、烟草纤维、纸纤维、亚硫酸盐纤维素、人造短纤维、亚麻秸粉	木质纤维	
	非导电性爆炸性粉尘	小麦粉、玉米淀粉、砂糖粉、橡胶、染料、聚乙烯、苯酚树脂	可可子粉、筛米糖	
ⅢB	导电爆炸性粉尘	镁、铝、青铜、锌、钛焦炭、炭黑	铝（含油）、铁、煤	
	火、炸药粉尘		黑火药、TNT	硝化棉、吸收药、黑索金、特屈儿、泰安

二、爆炸和火灾危险场所的区域分类

爆炸和火灾危险区域类别及分区方法应按国家标准《爆炸和火灾危险环境电气装置设计规范》（GB 50058—1992）执行。该标准根据特定场所中易燃易爆物质的生产、储存、运输和使用过程中出现的物理与化学现象的不同，分为爆炸性气体环境危险区域、爆炸性粉尘危险区域和火灾危险区域。

按照爆炸性气体混合物存在或出现的频率、持续时间及危险程度，将爆炸性气体混合物的区域划分为三个等级。0区是指在正常情况下，爆炸性气体混合物连续地、短时间频繁地出现或长时间存在的场所；1区是指在正常情况下，爆炸性气体混合物有可能出现的场所；2区是指在正常情况下，爆炸性气体混合物不可能出现，仅在不正常情况下偶尔短时间出现的场所。

按照爆炸性粉尘或可燃纤维与空气的混合物的出现频率或时间长短，将粉尘危险混合物区域场所划分为两个等级。10区指在正常情况下，爆炸性粉尘或可燃纤维与空气的混合物，可能连续地、短时间频繁地出现或长时间存在的场所；11区是指爆炸性粉尘或可燃纤维与空气的混合物仅在不正常情况下偶尔短时间出现的场所。

火灾危险区域只分一类，但根据区域内火灾事故发生的可能性和后果、危险程度及物质状态，将其分为三个不同危险程度的区域。爆炸和火灾危险区域类别及区域等级见表8-10。

表8-10中提到的区域划分时所依据的正常情况是指设备的正常启动、停止、运行和维修；不正常情况是指有可能发生设备故障或误操作。划分爆炸危险区域还要考虑场所的

通风、爆炸物质的爆炸极限、密度、气味，以及仪器检测等因素。对于火灾危险区域的划分，应当综合考虑可燃物的性质、数量与分布情况，不应只要有可燃物就划分火灾危险区域。

表8-10 爆炸和火灾危险区域类别及区域等级

爆炸性危险场所类别	区域	划 分 原 则
爆炸性气体、可燃蒸气与空气混合形成爆炸性气体混合物的场所	0区	爆炸性气体混合物，连续地、短时间内频繁地出现或长时间存在的场所
	1区	正常情况下，可能出现爆炸性气体混合物的场所
	2区	正常情况下，爆炸性气体混合物不能出现，仅在不正常情况下偶尔短时间出现的场所
爆炸性粉尘和可燃纤维与空气混合形成爆炸性混合物的场所	10区	在正常情况下，爆炸性粉尘或可燃性纤维与空气的混合物，可能连续地、短时间频繁地出现或长时间存在的场所
	11区	在正常情况下，爆炸性粉尘或可燃性纤维与空气的混合物不能出现，仅在不正常情况下偶尔短时间出现的场所
火灾危险区域	21区	具有闪点高于环境温度的可燃液体，在数量和配置上能引起火灾危险的环境
	22区	具有悬浮状、堆积状的可燃性粉尘或可燃纤维，虽不可能形成爆炸混合物，但在数量和配置上能引起火灾危险的环境
	23区	具有固体状可燃物质，在数量上能引起火灾危险的环境

三、爆炸和火灾危险环境中的电气设备选用

在具有爆炸和火灾危险的场所，正确选用电气设备对保证安全生产具有十分重要的作用。特别是对防爆电气的选择应当给予充分重视。

1. 爆炸性气体环境的防爆电气设备的形式及标志

根据电气设备产生火花、电弧和危险温度的特点，为防止其点燃爆炸性气体混合气而采取的措施不同分为下列形式。

（1）隔爆型（标志为d）。这种设备具有隔爆外壳，该外壳能承受内部爆炸性气体混合物的爆炸压力并能阻止内部的爆炸向外壳周围的爆炸性混合物传播。适用于爆炸危险场所的任何地点。多用于强电技术，如电动机、变压器、开关等。

（2）增安型（标志为e）。这种设备在正常运行条件下不会产生电弧、火花，也不会产生足以点燃爆炸性混合物的高温。在结构上采取种种措施来提高安全程度，以避免在正常和认可的过载条件下产生电弧、火花和高温。

（3）本质安全型（标志为i）。该类设备采用国际电工委员会IEC76-3火花试验装置，在正常工作或规定的故障状态下产生的电火花的热效应均不能点燃爆炸性气体混合物。这种设备按使用场合和安全程度分为ia和ib两个等级。

ia级设备：在正常工作、1个故障点和2个故障点时均不能点燃爆炸性气体混合物。

ib级设备：在正常工作和1个故障点时不能点燃爆炸性气体混合物。

正常工作和故障状态是用安全系数来衡量的。安全系数是电路最小引爆电流（或电压）与其电路的电流（或电压）的比值，用K表示。正常工作时$K=2.0$，1个故障时$K=1.5$，2个故障时$K=1.0$。

（4）正压型（标志为p）。这种设备的外壳可以保持内部保护气体，即新鲜空气或惰性气体的压力高于周围爆炸性环境的压力，从而阻止外部的爆炸性气体混合物进入设备内部外壳。

（5）充油型（标志为o）。这种设备将全部或部分部件浸在油内，使设备不能点燃油面以上的或外壳外的爆炸性混合物，如高压油开关即属此类。

（6）充砂型（标志为q）。这种设备在外壳内充填砂粒材料，使其在一定使用条件下壳内产生的电弧、传播的火焰、外壳壁或砂粒表面的过热均不能点燃周围爆炸性混合物。

（7）无火花型（标志为n）。这种设备在正常运行条件下不会点燃周围爆炸性气体混合物，且一般不会发生有点燃作用的故障。设备的正常运行即是指不应产生电弧或火花（包括滑动触头），设备的热表面或灼热点也不应超过相应温度组别的最高温度。

（8）浇封型（标志为m）。这种设备是将可能产生引起混合气爆炸的火花、电弧或危险温度的电气部件浇封在某些浇封剂中，从而避免电路上引燃源的产生，并阻止爆炸性气体混合物的侵入。

（9）气密型（标志为h）。这种设备采用气密外壳，从而使环境中的爆炸性气体混合物不能进入设备内部。气密外壳可采用熔化、挤压或胶粘的方法密封，故这种外壳多半是不可拆卸的。

（10）特殊型（标志为s）。这种设备是指在结构上不属于上述任何一种，而采取其他特殊防爆措施的电气设备，如填充石英砂型的设备。

为了规范防爆电气设备的设计、制造，便于检验和维修，我国已制定了相应的国家标准。防爆电气设备的标志由"Ex"引导，然后依次标出形式、类别、级别和温度组别等符号，其组成方式如图8-1所示。

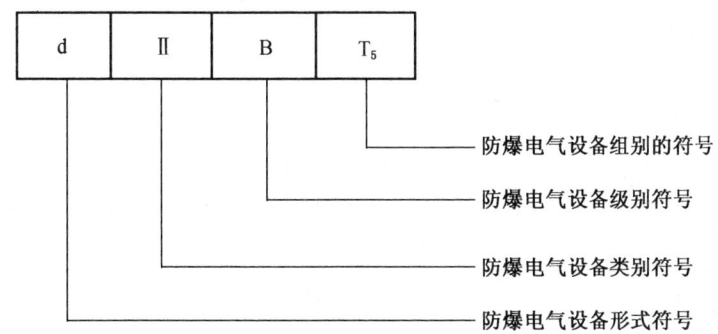

图8-1 防爆电气设备标志的组成

例如，ExdⅡBT5表示该防爆电气设备为隔爆型，适于可生成爆炸性气体的工厂使用，级别为B级，适应的温度为T_5组。

2. 爆炸性气体环境防爆电气设备的选型

对于特定的爆炸危险环境，选用防爆电气设备应考虑以下方面：

（1）防爆电气设备类型必须与爆炸危险场所的区域相适应。例如，用于0区的防爆电气设备只能是 ia 级的本质安全型和专门为0区设计的特殊型设备，而不能使用隔爆型、增安型的电气设备。

（2）电气设备的防爆性能必须与爆炸危险物质的危险性相适应。例如，使用乙烯的场所必须选 dⅡBT$_2$ 设备，而不能选用 dⅡAT$_2$ 设备；使用汽油的场所应选 dⅡAT$_3$ 设备或 eⅡBT$_3$ 设备，而不能选用 dⅡAT$_2$ 设备或 eⅡBT$_2$ 设备。

（3）若场所内同时使用两种以上的爆炸性危险物质，设备的防爆性能应满足危险程度较高的物质的要求。例如，某场所内同时使用乙炔、丙烷两种气体，那么选用的防爆电气设备应满足乙炔的安全要求。

（4）防爆电气设备应与环境条件相适应。电气设备所在的环境条件可能存在很大不同，如雨雪、低温、高温、腐蚀性气体、烟雾等，因此在电气设备的防爆结构上应有所不同。如移动式防爆电气设备不应采用防爆充油型。

（5）经济合理。要根据场所的使用性质和经营情况选用能保证安全的设备，不要随意提高设备的防护等级，以免造成浪费。

表 8-11　爆炸性气体环境电气设备防爆类型选型

爆炸危险性区域	适用的防护形式	
	电气设备类型	符　号
0区	本质安全型（ia）	ia
	其他特别为0区设计的电气设备	s
1区	适用于0区的防护设备	
	隔爆型	d
	增安型	e
	本质安全型（ib）	ib
	充油型	o
	正压型	p
	充砂型	q
	其他特别为1区的电气设备	s
2区	适用于0区或1区的防护设备	
	无火花型	n

3. 爆炸性粉尘环境下电气设备选择

在进行爆炸性粉尘环境的电力设计时，宜将电气设备和线路，特别是运行时能发生火花的电气设备，布置在爆炸性粉尘环境以外。当必须设在爆炸性粉尘环境内时，应布置在爆炸危险性较小的地点，且应使用粉尘防爆型设备。爆炸性粉尘环境内的电气设备和线路，应符合周围环境内化学的、机械的、热的、霉菌及风沙等不同环境条件对电气设备的要求。

限制电气外壳的最高表面温度是防止粉尘爆炸的重要措施。在爆炸性粉尘环境内，电气设备最高允许表面温度应符合表8-12的规定。

表8-12　电气设备最高允许表面温度　　　　　　　　　　　℃

引燃温度组别	无过负荷的设备	有过负荷的设备
T11	215	195
T12	160	145
T13	120	110

这类设备主要采用尘密结构（标志为DT）或防尘结构（标志为DP）外壳来限制粉尘进入设备中，从而避免设备运行时产生的引燃源与粉尘接触。

除爆炸性非导电粉尘和可燃纤维的11区环境采用防尘结构的粉尘防爆电气设备外，爆炸性粉尘环境10区及其他爆炸性粉尘环境11区均采用尘密结构的粉尘防爆电气设备，并按照粉尘的不同引燃温度选择不同引燃温度组别的电气设备。

4. 火灾危险区域电气设备选择

对于火灾危险区域，选用的电气设备应符合环境条件（化学、机械、热、霉菌和风沙）的要求，正常运行时有火花和外壳表面温度较高的电气设备，应远离可燃物质，且不宜使用电热器具，必须使用时，应将其安装在非燃材料底板上。

应根据火灾危险区域的等级和使用条件，按表8-13选择相应的电气设备的形式。

表8-13　电气设备防护结构选型

电气设备		火灾危险区域		
		21区	22区	23区
电机	固定安装	IP44	IP54	IP21
	移动式、携带式	IP45		IP54
电器和仪表	固定安装	充油型、IP54、IP44	IP54	IP44
	移动式、携带式	IP54		IP44
照明灯具	固定安装	IP2X	IP5X	IP2X
	移动式、携带式	IP5X		
配电装置				
接线盒				

注：1. 在火灾危险环境21区内固定安装的正常运行时有滑环等火花部件的电机，不宜采用IP44型结构。

2. 在火灾危险环境23区内固定安装的正常运行时有滑环等火花部件的电机，不宜采用IP21型结构，而应采用IP44型结构。

3. 在火灾危险环境21区内固定安装的正常运行时有火花部件的电器和仪表，不宜采用IP44型结构。

4. 移动式和携带式照明灯具的玻璃罩，应有金属网保护。

5. 表中防护等级的标志应符合现行国家标准《外壳防护等级的分类》的规定。

第九章 灭火技术

目前世界上已知的灭火剂和灭火技术，按灭火机理均可分为物理灭火或化学灭火两种类型。

物理灭火机理类灭火技术主要包括水、水系、二氧化碳、惰性气体及泡沫灭火技术等。该类灭火技术主要特点是采用窒息的物理方式灭火。有的灭火剂如水、泡沫及二氧化碳等灭火剂，除具有窒息燃烧的作用外，还具有可降温作用。该类灭火技术的优点是对环境影响小，有的灭火技术如水基本不影响和污染环境，但伴随的缺陷是灭火效率低，灭火速度慢，对防护区技术要求高等。

化学灭火机理类灭火技术包括 ABC 干粉、热气溶胶、哈龙及七氟丙烷等灭火技术。该类灭火技术灭火机理是利用灭火剂参与化学反应切断火的燃烧链的方式灭火，因此具有灭火速度快，灭火效率高等优点，但与此同时巨大的缺陷是对环境影响较大。如哈龙灭火剂对大气臭氧层有强烈的破坏作用；七氟丙烷灭火剂在火灾现场裂解出的氢氟酸对保护物及人体有强烈的酸蚀作用，是强致癌物质。

下面将对目前使用广泛的水及水系灭火技术、气体灭火技术、气溶胶灭火技术、泡沫灭火技术、干粉灭火技术进行逐一介绍，并针对当前比较热门的研究领域，包括超细水雾灭火技术、高倍数泡沫灭火技术和超细干粉灭火技术的适用范围、研究背景、优缺点等进行说明。

第一节 灭火的基本原理与分类

按照燃烧原理，一切灭火方法的原理都是将灭火剂直接喷射到燃烧的物体上或者将灭火剂喷洒在火源附近的物质上，使其不因火焰热辐射作用而形成新的火点。同时，一切灭火措施都是为了破坏已经产生的燃烧条件或使燃烧反应的游离基消失，采用各种措施阻断燃烧链式反应。下面分别介绍主动防火方法和被动灭火方法。

一、主动防火方法

1. 控制可燃物
（1）控制可燃物的数量。
（2）防止可燃液体、气体通道、容器设备渗漏。
（3）防止相互作用。
2. 隔绝空气
（1）放在密闭容器内保护。
（2）异常危险的生产采用氮气或惰性气体保护。
3. 消除点火源
（1）对明火进行隔离。

（2）防止撞击、摩擦产生火花。
（3）消除静电火灾。
（4）防止雷击火花。
（5）防止高温表面点火源。
（6）防止电气火源。
（7）有爆炸危险的厂房采用遮阳措施。

二、被动灭火方法

被动灭火方法有冷却灭火法、隔离灭火法、窒息灭火法和抑制灭火法。其中窒息灭火法、冷却灭火法、隔离灭火法就其使用的灭火剂（或方法）来说，在灭火过程中不参与燃烧过程的化学反应，通过降低燃烧混合物温度，稀释氧气，隔离可燃物，从而达到灭火的效果，属于物理灭火方法。而抑制灭火法是使灭火剂参与燃烧反应，通过在燃烧过程中抑制火焰中的自由基连锁反应达到抑制燃烧的目的，使燃烧反应停止。如使用1211（二氟一氯一溴甲烷）、1202（二氟二溴甲烷）、1301（三氟一溴甲烷）等灭火剂进行抑制灭火时，一定要将灭火剂准确地喷射在燃烧区内，使灭火药剂参与燃烧反应中去；否则，将起不到抑制反应的作用。

1. 冷却灭火法

冷却灭火法的原理是将灭火剂直接喷射到燃烧的物体上，以降低燃烧的温度于燃点之下，使燃烧停止。或者将灭火剂喷洒在火源附近的物质上，使其不因火焰热辐射作用而形成新的火点。冷却灭火法是灭火的一种主要方法，常用水和二氧化碳作灭火剂冷却降温灭火。灭火剂在灭火过程中不参与燃烧过程中的化学反应。这种方法属于物理灭火方法。

2. 隔离灭火法

隔离灭火法是将正在燃烧的物质和周围未燃烧的可燃物质隔离或移开，中断可燃物质的供给，使燃烧因缺少可燃物而停止。具体方法如下：

（1）把火源附近的可燃、易燃、易爆和助燃物品搬走。
（2）关闭可燃气体、液体管道的阀门，以减少和阻止可燃物质进入燃烧区。
（3）设法阻拦流散的易燃、可燃液体。
（4）拆除与火源相毗连的易燃建筑物，形成防止火势蔓延的空间地带。

3. 窒息灭火法

窒息灭火法是阻止空气流入燃烧区或用不燃烧区或用不燃物质冲淡空气，使燃烧物得不到足够的氧气而熄灭的灭火方法。

具体方法如下：

（1）用沙土、水泥、湿麻袋、湿棉被等不燃或难燃物质覆盖燃烧物。
（2）喷洒雾状水、干粉、泡沫等灭火剂覆盖燃烧物。
（3）用水蒸气或氮气、二氧化碳等惰性气体灌注发生火灾的容器、设备。
（4）密闭起火建筑、设备和孔洞。
（5）把不燃的气体或不燃的液体（如二氧化碳、氮气、四氯化碳等）喷洒到燃烧物区域内或燃烧物上。

4. 抑制灭火法

抑制灭火法也称化学中断法，就是使灭火剂参与到燃烧反应历程中，使燃烧过程中产生的游离基消失，从而形成稳定分子或低活性游离基，使燃烧反应停止，属于一种化学灭火方法。

第二节　水及水系灭火技术

水是最常用的灭火剂，它可以单独用于灭火，也可以与其他不同的化学添加剂组成混合液使用。消防用水可以取之于人工水源，如消火栓、人工消防水池，也可以取之于天然水源，如地表水或地下水，由于水取用的便利性和经济性，故水灭火技术是被广泛使用的灭火技术。

一、水的灭火作用机理

1. 冷却作用

水的热容量和汽化热很大。水喷洒到火源处，使水温升高并汽化，就会大量吸收燃烧物的热量，降低火区温度，使燃烧反应速度降低，最终停止燃烧。一般情况下冷却作用是水的主要灭火作用。

2. 对氧气的稀释作用

水在火区汽化，产生大量水蒸气，降低了火区的氧气浓度。当空气中的水蒸气体积浓度达到35%时，燃烧就会停止。

3. 水流冲击作用

从水枪喷射出的水流具有速度快、冲击力大的特点，可以冲散燃烧物，使可燃物相互分离，使火势减弱。快速的水流带动空气扰动，使火焰不稳定，或者冲断火焰，使之熄灭。

4. 对可燃液体的稀释作用

在扑灭水溶性可燃液体火灾时，水与可燃液体混合后，可燃液体的浓度下降，液体的蒸发速度降低，液面上可燃蒸气的浓度下降，火势减弱，直至停止。

二、水灭火技术

（一）直流水灭火技术

直流水灭火技术是采用直流水枪喷出的密集水流的直流水作为灭火介质。直流水射程远，冲击力强，是水灭火的最常用方式。

直流水灭火技术主要用于扑灭固体火灾（A类火灾），也可以用来扑灭闪点在120℃以上、常温下呈半凝固状态的重油火灾，以及石油和天然气井喷火灾。

直流水灭火技术不适宜扑救的火灾类型包括：

（1）"遇水燃烧物质"的火灾。

（2）电气火灾。

（3）轻于水且不溶于水的可燃液体火灾。

（4）储存大量浓硫酸、浓硝酸、浓盐酸等场所的火灾，以免强大的水流使酸飞溅，流出后遇可燃物质,引起爆炸或酸溅到人身上,导致人员伤亡。

(5) 高温状态下的化工设备,防止遇冷水后骤冷引起形变或爆裂。

(6) 有可燃粉尘聚积的厂房和车间的火灾,以免高速水流把沉积粉尘扬起,引起粉尘爆炸。

(7) 某些特殊化学物品火灾,如磷化铝、硒化镉等遇水会产生有毒或腐蚀性的气体。

(二) 开花水灭火技术

由开花水枪喷出的滴状水流称为开花水。开花水灭火技术即使用开花水作为灭火介质的技术措施。开花水水滴直径一般大于 100 μm。对于直流水不能扑救的有可燃粉尘聚积的厂房和车间火灾,最好用开花水流灭火。

在紧急情况下,必须带电扑灭电气火灾时,要保持一定的安全距离。对于 380 kV 以内的电气设备,如果使用 16 mm 口径的水枪,安全距离为 16 m。

(三) 细水雾灭火技术

细水雾灭火技术是由芬兰、美国、加拿大等少数发达国家开发的灭火技术。1997 年,由美国开发和工程部分、细水雾灭火系统制造商、保险公司、法律机构及客户代表组成了细水雾灭火系统 NFPA 技术委员会,提出了设计、安装及标准化的相关文件,并正式出版了《细水雾系统标准》NFPA750。我国 20 世纪 90 年代末开始进行细水雾灭火技术的研究开发和试验工作,目前已经研制生产了多种细水雾灭火产品。

根据美国 96 版 NFPA750 标准,所谓"细水雾",是指在最小设计工作压力下、距喷嘴 1 m 处的平面上,测得水雾最粗部分的水微粒直径 Dv0.99 不大于 1000 μm。细水雾灭火技术是利用水雾喷头在一定水压下将水流分解成细小水雾滴进行灭火或防护冷却的一种固定式灭火技术,是在自动喷水灭火技术的基础上发展起来的,具有无环境污染(不会损耗臭氧层或产生温室效应)、灭火迅速、耗水量低、对防护对象破坏性小等特点,在哈龙灭火剂被淘汰需求替代品的大背景下,细水雾灭火技术得到重视。

1. 细水雾灭火系统的分类

根据系统的压力、灭火剂在管道中的流相、应用方式、系统的形成及安装方式等,细水雾灭火系统分成以下几类:

(1) 按照系统压力大小分为中高压细水雾灭火系统($p>3.45$ MPa)和低压细水雾灭火系统($p<1.21$ MPa)。

(2) 按照灭火剂在管道中的流相分为单相细水雾灭火系统(管道中只有水流)和两相细水雾灭火系统,两相细水雾灭火系统又依据增压气体和水混合方式分为气水同管和气水异管两种。

(3) 按照系统应用方式分为全沉没细水雾灭火系统、局部应用细水雾灭火系统和区域应用细水雾灭火系统三种。其中,全沉没细水雾灭火技术用于保护有限空间内的特定部分,局部应用细水雾灭火技术用于保护封闭、敞开、半敞开空间内的具体部位,区域应用细水雾灭火技术用于保护有限封闭空间。

2. 细水雾分级

按水雾中水微粒的大小,细水雾分为 3 级:

第 1 级细水雾为 Dv0.1 = 100 μ 同 Dv0.9 = 200 μ 连线的左侧部分,这些代表最细的水雾。

第 2 级细水雾，是第 1 级细水雾的界限与 Dv0.1 = 200 μ 同 Dv0.9 = 400 μ 连线之间的部分。这种细水雾可由高压喷嘴、双流喷嘴或许多冲撞式喷嘴产生。由于有较大的水微粒存在，相对于 1 级细水雾，2 级细水雾更容易产生较大的流量。

第 3 级细水雾为 Dv0.9 大于 400 μ，或者第 2 级细水雾分界线右侧至 Dv0.99 = 1000 μ 之间的部分。这种细水雾主要由中压、小孔喷淋头、各种冲击式喷嘴等产生。

3. 细水雾灭火系统的灭火机理

细水雾灭火技术主要是物理方法灭火，主要是利用细水雾的冷却、窒息和隔绝热辐射三个作用进行灭火。

1) 气相冷却作用

细水雾的雾滴一般情况下 Dv0.90 小于 400 μm，比表面积较一般水喷雾大，在火场中能完全蒸发，可吸收大量的热，使燃烧变得缓慢。

2) 窒息作用

细水雾喷进火场后，迅速蒸发形成蒸汽，体积急剧膨胀，排除空气，在燃烧区或燃烧物四周形成屏障，阻止新鲜空气的进入，使燃烧区氧气浓度降低，使火焰窒息。

3) 阻隔辐射热作用

细水雾蒸发后，蒸汽迅速将燃烧物火焰、烟羽流笼罩，对火焰的辐射具有良好的阻隔作用，能够有效抑制辐射热引燃四周其他物品，达到防止火焰蔓延的效果。

（四）水蒸气灭火技术

水蒸气灭火技术是利用水的水蒸气形态作为灭火剂，水蒸气的灭火作用是使火场的氧气量减少，达到阻碍燃烧的目的，同时还能够形成气幕以隔绝火焰与空气。水蒸气灭火技术常用在油类和气体火灾，其中扑灭气体火灾效果最好，常见应用于容积在 500 m^3 以下的密闭厂房的全淹没式窒息灭火和煤气管道泄漏造成的火灾等。

一般情况下，空气中水蒸气浓度越大，灭火的效果也越好。当空气中水蒸气浓度达到 35% 时就可以有效灭火，当空气中水蒸气浓度达到 65% 就可使燃烧的物质熄灭。

三、水系灭火技术

水系灭火技术是运用水系灭火剂进行灭火的技术措施。水系灭火剂（water based extinguishing agent）是由水、渗透剂、阻燃剂及其他添加剂组成，一般以液滴或以液滴和泡沫混合的形式灭火的液体灭火剂，美国称之为灭火用水添加剂（water additive agent for fire fighting），日本与我国一致也称为水系灭火剂。水系灭火剂通过添加添加剂来改变水的性能，从而提高了水的灭火能力，减少了水的用量，扩大了水的灭火范围。水系灭火技术以其灭火效率高、环保型、经济合理等的优点已经得到了业内的重视和认可。《水系灭火剂通用技术条件》（GB 17835—1999）中将水系灭火剂分为强化水灭火剂、湿润水灭火剂、抗冻水灭火剂、增稠水灭火剂、减阻水灭火剂、浓缩型水系灭火剂、非浓缩型水系灭火剂、发泡型水系灭火剂和非发泡型水系灭火剂。新标准《水系灭火剂》（GB/T 17835—2008）替代《水系灭火剂通用技术条件》（GB 17835—1999），将水系灭火剂分为抗醇性水系灭火剂和非抗醇性水系灭火剂两大类。其中，抗醇性水系灭火剂（alcohol resistant water based extinguishing agent）适用于扑灭 A 类火灾和 B 类火灾（水溶性和非水溶性液体燃料）的水系灭火剂，非抗醇性水系灭火剂（non - alcohol resistant water based extinguishing agent）适用于扑灭 A 类火灾或 A、B 类火灾（非水溶性液体燃料）的水系灭火剂。

（一）水系灭火技术的灭火机理

水系灭火剂是一种由增稠剂、稳定剂、阻燃剂、发泡剂等多种成分组成的灭火剂。水系灭火剂的灭火机理如下：在灭火过程中，当水系灭火剂在燃烧物表面流散的同时析出液体冷却其表面，并在燃烧物表面上形成一层水膜与泡沫层共同封闭燃烧物表面，隔绝空气，形成隔热屏障，吸收热量后的液体汽化并稀释燃烧物表面上空气的含氧量，对燃烧物体产生窒息作用，阻止了燃烧的继续；同时，该灭火剂与燃烧物质发生化学反应，形成聚合物质，该聚合物质能有效地抑制或降低燃烧自由基的产生，破坏燃烧链，阻止燃烧。由于该水系灭火剂具有物理灭火与化学灭火的双重作用，即冷却与覆盖，同时也具有破坏燃烧链的作用。因此，该水系灭火剂与传统灭火剂相比，其灭火效率有着不可比拟的明显优势，并具有广谱灭火作用，即可以扑灭 A、B、C、E 类火灾。该灭火剂还有消烟和隔热等性能。

（二）几种常见水系灭火剂简介

1. 强化水灭火剂

强化水灭火剂是在水中添加某些盐类和渗透剂等物质，从而提高水的灭火效果的灭火剂。常见用于添加的盐类强化水灭火剂有碳酸钾、碳酸氢钾、碳酸钠和碳酸氢钠等。

2. 润湿水灭火剂

润湿水灭火剂是指在水中添加表面活性剂，降低水的表面张力，提高水的湿润、渗透能力的灭火剂。润湿水灭火剂的研究较多，主要用于扑救不易润湿的物质的火灾。

3. 抗冻水灭火剂

抗冻水灭火剂是由于我国北方冬天气温较低，为了防止水结冰，应在水中加入防冻剂，提高水的耐寒性而制成的灭火剂。

4. 减阻水灭火剂

减阻水灭火剂是在水中加入微量的高分子聚合物可以改变水的流体动力学性能，降低流动阻力，使水射流更加密集，以增加射程。

5. 增稠水灭火剂

增稠水灭火剂是在水中加入增稠性添加剂，可使水的黏度增加，显著提高水在物体表面的黏附性能，在物体表面形成黏液覆盖层，既可减少水的流失，提高灭火的速度，又可有效地防止水的流失对财产和环境的二次破坏。

6. SD 系列强力灭火剂

SD 系列强力灭火剂是天津消防研究所研制的一种新型水系灭火剂，主要适用于扑救 A 类火灾，由 70%～75% 的水、15%～20% 的混合盐（降低其凝固点）、3%～5% 的助剂、1%～2% 的润湿剂（提高灭火剂在可燃物中的渗透性）和 0.5%～2% 的增稠剂（提高黏附性）组成。

（三）水系灭火剂的优缺点

水系灭火方法具有灭火效果好，经济合理，对环境无污染等优点，但水系灭火剂对金属容器的腐蚀值得注意。为了保证水系灭火剂的储存稳定性和减少容器的锈蚀，可以在金属容器的内壁涂上保护材料层（如塑料）或在水中添加抗蚀剂来抑制腐蚀。

第三节 气体灭火技术

气体灭火技术的研究使用始于19世纪末期。初期气体灭火被用于电气设备火灾的扑救，因为其具有释放后对保护设备无污染、无损害等优点，后经过不断发展，进入大规模的研究试用阶段。

众多气体灭火技术中，由于二氧化碳的来源较广，利用隔绝空气后的窒息作用可成功抑制火灾，因此早期的气体灭火技术主要采用二氧化碳作为灭火介质。

此后随着气体灭火技术研究开发的不断深入，卤代烷1211、1301灭火剂以其优良的灭火性能迅速统治了整个气体灭火领域。后来，人们逐渐发现释放后的卤代烷灭火剂与大气层的臭氧发生反应，致使臭氧层出现空洞，使生存环境恶化，后各国逐渐淘汰卤代烷灭火剂，促使人们不断研究以寻求新的环保气体替代，下面简单介绍几种常见的气体灭火技术。

一、IG-01氩气灭火技术

氩气（Ar）又称IG-01。它由100%的惰性气体氩气组成，氩气是人类很熟悉的一种惰性气体，其密度是空气密度的1.38倍，特别适用于固体深位火灾，可以维持灭火浓度相当长一段时间，达到抑制火灾复燃的作用。

1. 适用范围

IG-01全淹没系统适用于扑救A、B、C和E类火灾，尤其对固体深位火灾效果非常理想。

2. 灭火机理

IG-01氩气灭火技术的灭火原理是窒息法。即使用氩气将燃烧区中的氧气替换或驱散，将物质燃烧所需的氧气降到可燃浓度以下，以熄灭燃烧。

3. 优点

氩气是从大气中分离出来的，因为它的惰性，即使在火灾造成的高温高压下也不参与任何化学反映；它不导电，无色、无味、无毒，对环境和人体没有任何不良影响；氩气以气态储存，喷放时可以清楚地看到紧急出口，便于人员疏散；氩气价格低廉，且应用广泛，再填充方便。

4. 缺点

氩气的灭火浓度高，且其以气态形式储存，造成储存瓶组多，装置庞大，给储存和使用造成不便。

二、IG-100氮气灭火技术

氮气（N_2）又称IG-100，它由100%的氮气组成，其密度接近于空气密度。氮气（IG-100）灭火系统是一种洁净气体灭火系统，其气源供给方式主要有高压无缝钢瓶储气和工业管网常年保证气压气量两种。工业管网常年保证气压气量的方式主要应用于因工业要求已有氮气管网的钢铁、化工等企业。目前氮气（IG-100）气体灭火系统的设计在国内尚无国家标准及行业标准可循，湖南省颁布了一个地方标准《氮气（IG-100）灭火系统设计规范》（DB43/T 481—2009）以规范氮气（IG-100）气体灭火系统的设计工作。

1. 适用范围

（1）氮气（IG-100）灭火技术可用于扑救下列火灾：

①电气火灾。

②固体表面火灾。

③液体火灾。

④灭火前能切断气源的气体火灾。

（2）氮气（IG-100）灭火技术不适用于扑救下列火灾：

①硝化纤维、硝酸钠等氧化剂或含氧化剂的化学制品火灾。

②钾、镁、钠、钛、锆、铀等活泼金属火灾。

③氢化钠、氢化钾等金属氢化物火灾。

④过氧化氢、联胺等能自行分解的化学物质火灾。

⑤可燃固体物质的深位火灾。

2. 灭火机理

灭火主要靠窒息法，灭火剂可以稀释燃烧区内氧气，以达到窒息灭火的目的。

3. 优点

氮气是从大气中分离出来的，属惰性气体，且在空气中含量较大，提取方面经济合理；无色、无味、无毒，对环境和人体没有任何不良影响。

4. 缺点

由于由纯氮气组成，在灭火过程中有可能参加反应。

5. 注意事项

（1）防护区内的疏散通道及出口，应设应急照明与疏散指示标志。防护区内应设火灾声报警器，必要时，可增设闪光报警器。防护区的入口处应设火灾声报警器、光报警器和灭火剂喷放指示灯，以及氮气（IG-100）防火或灭火系统的永久性标志牌。灭火剂喷放指示灯信号应保持到防护区通风换气后以手动方式解除。

（2）防护区的门应向疏散方向开启，并能自行关闭；用于疏散的门必须能从防护区内打开。因生产需要的常开式防火门，应设置具有自行关闭和信号反馈功能的电控释放器。

（3）灭火后的防护区应通风换气，地下防护区和无窗或设固定窗扇的地上防护区，应设置机械排风装置，排风口宜设在防护区的下部并应直通室外。通信机房、电子计算机房等场所的通风换气次数应不少于每小时5次。

三、IC-55氮气氩气灭火技术

IG-55由50%的氮气和50%的氩气混合而成。其密度大于空气密度。

1. 适用范围

IG-55氮气氩气灭火技术可用于扑灭可燃固体的表面火灾，甲、乙、丙类液体火灾或可熔化的固体火灾，灭火前能切断气源的可燃气体火灾，以及带电设备火灾。适用于计算机机房、信息网络机房、空调机房、发电机室、电气室、UPS室、电子电机实验室、档案资料室、美术馆、珠宝古董店及展示间等场所或设备的消防保护。

2. 灭火机理

IG-55氮气氩气灭火技术的灭火机理与IG-01氩气灭火技术和IG-100氮气灭火技术的灭火机理相同,都是靠稀释燃烧区内氧气达到窒息灭火目的的。

3. 优点

氮气和氩气都是从大气中分离出来的惰性气体,都是空气分离的产物,提取方面经济合理;无色、无味、无毒,对环境和人体没有任何不良影响。

4. 缺点

由于含有氮气,在灭火过程中有可能参加反应。

四、FM-200七氟丙烷类灭火技术

七氟丙烷又称FM-200或HFC-227ea,是HFC的一种。七氟丙烷在灭火过程中会分解出氢氟酸,其酸气的生成量是哈龙1301的8~10倍。七氟丙烷在常温下呈气态,无色、无味,不导电,无腐蚀,无环保限制,大气存留期较短。七氟丙烷气体灭火系统采用全淹没灭火方式对防护区进行保护(即向防护区喷放一定浓度的七氟丙烷气体,并使其均匀地充满整个防护区)。七氟丙烷气体灭火剂在常温下可加压液体,在常温常压下能全部挥发。七氟丙烷的无毒性反应(NOAEL)浓度为9%,有毒性反应(LOAEL)浓度为10.5%,七氟丙烷的设计浓度一般小于10%,对人体安全。

1. 适用范围

FM-200七氟丙烷灭火器可用于扑救可燃固体的表面火灾、可熔固体火灾、可燃液体及灭火前能切断气源的可燃气体火灾,还可扑救带电设备火灾。

2. 灭火机理

FM-200七氟丙烷类灭火技术的灭火机理是在高温下通过灭火剂的热分解产生含氟的自由基,与燃烧反应过程中产生支链反应的H^+、OH^-、O^{2-}活性自由基发生气相作用,从而抑制燃烧过程中化学反应来实施灭火,属于灭火方法中的抑制法。

3. 优点

灭火速度快,充装较方便。

4. 缺点

输送距离短;七氟丙烷在灭火过程中的高温条件下裂解有剧毒物氢氟酸产生,散发着刺鼻的气味,有一定的腐蚀性,对保护物及人体有强烈的酸蚀作用,是强致癌物质;七氟丙烷以液态储存,喷放过程中迅速汽化会产生大量的"白雾",在一定程度上影响了内部人员的安全疏散;七氟丙烷药剂费用高昂,维护保养费较高。

五、IG-541烟烙尽灭火技术

烟烙尽又称IG-541,"烟烙尽"这三个字,实际上是该灭火系统的英文注册商标名称INERGEN的中文译名,而英文注册商标名称INERGEN则是由惰性(INERT)和氮气(NITROGEN)两个英文名称缩写而成的,这一中文译名也形象地表示了该灭火系统所能达到的功效。

作为灭火介质的烟烙尽气体,不同于以往使用的卤代烷灭火剂和目前其他一些卤代烷替代药剂,因为它不是一种化学合成药剂,而只是由几种特定的惰性气体经过简单的物理方式混合而成。它是氮气、氩气和二氧化碳以52:40:8的体积比例混合而成的一种灭火

剂。它的三个组成成分均为无色、无味、无毒，不导电的气体，均是大气基本成分，其密度近似于空气的密度，由于含有二氧化碳和氮气，所以这两种气体在灭火过程中有可能参加反应。

IG-541的无毒性反应（NOAEL）浓度为43%，有毒性反应（LOAEL）浓度为52%，IG-541的设计浓度一般小于40%，对人体安全。

1. 适用范围

广泛应用于地铁车站中的计算机房、广播通信机房、电气设备房等重要设备用房灭火场所，同时也可应用于油类仓库、图书馆及文物档案库等其他场所。

2. 灭火机理

IC-541烟烙尽灭火技术的灭火机理与IG-01氩气灭火技术、IG-100氮气灭火技术和IG-55氮气氩气灭火技术的灭火机理相同，都是靠稀释燃烧区内氧气，达到窒息灭火目的的。

3. 优点

（1）无色、无味，不导电，无腐蚀，无环保限制，在灭火过程无任何分解物。

烟烙尽气体灭火系统实际上就是一种惰性气体灭火系统，因此在国内也有将其称之为惰性气体灭火系统的。但由于烟烙尽气体特殊的成分配比，又使其性能大大超越了传统意义上的惰性气体，而且在某些方面也大大优于其他一些卤代烷灭火系统替代产品。

（2）物理方式灭火（冷却灭火、窒熄灭火），不产生化学分解物，对设备无腐蚀作用。对人体无害，适用于有人活动的场所。

（3）灭火过程洁净，灭火后不留痕迹，灭火效果优良。

（4）IG-541混合气体喷放后其能见度较好，便于人员撤离现场。

4. 缺点

随着灭火浓度的增大，保护区内的二氧化碳的含量接近于4%时有可能对人体造成危害；罐装需特殊设备，在国内只有部分大城市可以罐装。

六、二氧化碳灭火技术

二氧化碳（CO_2）是地球大气成分之一，在常温常压下是一种无色、无味，不导电，化学性质呈中性，无腐蚀的气体。二氧化碳灭火技术较为成熟，在哈龙被禁止后又重新被人类所认识，发挥其潜能。

1. 适用范围

二氧化碳灭火技术适用于固体火灾，液体火灾，或可融化的固体火灾，以及可切断气源的气体火灾和电气火灾。

2. 灭火机理

二氧化碳灭火技术的核心是依靠窒息和冷却达到使火灾熄灭的目的。二氧化碳密度约为空气的1.5倍，在常压下，液态的二氧化碳会立即汽化，灭火时，二氧化碳气体可以排除空气而包围在燃烧物体的表面或分布于较密闭的空间中，降低可燃物周围或防护空间内的氧浓度，产生窒息作用而灭火；同时二氧化碳从储存容器中喷出时，会由液体迅速汽化成气体而从周围吸引部分热量，起到冷却的作用。

3. 优点

二氧化碳可液化储存，储存使用方便。

4. 缺点

二氧化碳的浓度达到10%时在几分钟内就会使人丧失意识甚至死亡，这一浓度远低于其34%的最小设计浓度；由于液态二氧化碳的迅速汽化，与人体接触时，会造成皮肤灼伤；二氧化碳以液态储存，喷放过程中迅速汽化会产生大量的"白雾"，在一定程度上影响了内部人员的安全疏散。

七、卤代烷类灭火技术

卤代烷类灭火剂采用的主要是1211灭火剂和少量1301灭火剂。由于卤代烷类灭火剂有破坏大气臭氧层的作用，根据《蒙特利尔议定书》等国际公约我国于2005年停止生产1211灭火剂，于2010年停止生产1301灭火剂。卤代烷类灭火技术将逐步被淘汰，本书在此不再赘述。

第四节 气溶胶灭火技术

气溶胶灭火技术是在军用烟火技术的基础上发展起来的新型灭火技术，是由我国首先提出的。气溶胶灭火剂是一种由氧化剂、还原剂、燃烧速度控制剂和黏合剂组成的固体混合物，是近几十年发展起来的一种新型灭火剂。

一、气溶胶分类

气溶胶按形成的方式可分为高温技术气溶胶（通常称热气溶胶）和非高温技术气溶胶（通常称冷气溶胶）。

热气溶胶灭火技术是将固体燃料混合剂通过自身燃烧反应，产生足够浓度的悬浮固体颗粒和惰性气体，释放于着火空间，抑制火焰燃烧，并且使火焰熄灭。烟雾灭火技术就属于热气溶胶技术范畴。

冷气溶胶灭火技术通过压力使容器内的超细干粉经喷头喷出，使其悬浮于着火空间，使火焰熄灭。实际上，细水雾灭火技术也是一种冷气溶胶灭火技术，细水雾灭火技术在前文已经介绍，故在此不再赘述。

热气溶胶灭火剂的释放经过了燃烧反应，燃烧产物中同时存在固体与气体，其中大部分为氮气、二氧化碳和水蒸气，固体颗粒是钾、锶的氧化物。释放产物冷却、凝聚时生成极为细小的微粒，微粒的直径一般小于$0.1~\mu m$。这些极为细小的微粒可以高效吸收与中和火焰中的燃烧自由基，从而达到化学抑制灭火作用。而气体分散固体颗粒形成的气溶胶，可以长时间悬浮在空间中，并能绕过障碍物，散布到各个角落，以一种全淹没的方式高效灭火。

简单来说，气溶胶灭火剂是一种可悬浮于空气中的纳米级干粉微粒，是烟火技术和纳米技术发展的产物。

二、气溶胶灭火技术的起源和发展

20世纪60年代第一代气溶胶灭火产品诞生，称为烟雾灭火系统，将细小的固体颗粒、水蒸气、氮气、二氧化碳灭火气体形成的气溶胶物质用作灭火剂,主要用于石油化工产品储罐灭火装置上。

20世纪90年代中期,北京理工大学研发出第二代气溶胶灭火产品,称为K型气溶胶。以硝酸钾作为气溶胶发生剂的主要氧化剂,由于喷发后的产物极易与空气中的水结合形成一种黏稠状的导电物质,对电子设备有很大的损坏性。

第三代气溶胶(S型气溶胶)主要由锶盐作主氧化剂,和第二代钾盐气溶胶(K型气溶胶)不同,锶离子不吸湿,不会形成导电溶液,不会对电气设备造成损坏。S型气溶胶灭火装置中的固态灭火剂通过电启动,其自身发生氧化还原反应形成大量凝集型灭火气溶胶,其成分主要是氮气、少量二氧化碳、金属盐固体微粒等。

2004年6月4日,公安部颁布了《热气溶胶灭火装置》(GA 499.1)行业标准,使中国成为世界上第一个系统地将气溶胶按成分分类,并采用军标方式对各项指标进行检验的国家。该标准将气溶胶灭火装置分成两类:第一类是K型气溶胶,指充装含有30%以上的硝酸钾的气溶胶发生剂的灭火装置。即上述钾盐类气溶胶,亦即第二代气溶胶。第二类是S型气溶胶,指充装含有35%~50%的硝酸锶,同时含有10%~20%的硝酸钾的气溶胶发生剂的灭火装置。即上述锶盐类气溶胶,亦即第三代气溶胶。

三、S型气溶胶灭火机理

1. 冷却机理

金属盐微粒在高温下吸收大量的热,出现热熔、气化等物理吸热过程,火焰温度被降低,进而辐射到可燃烧物燃烧面,用于气化可燃物分子和将已气化的可燃烧分子裂解成自由基的热量就会减少,燃烧反应速度得到一定抑制。

2. 抑制机理

(1)气相化学抑制。在热作用下,灭火气溶胶中分解的气化金属离子或失去电子的阳离子可与燃烧中的活性基团发生亲和反应,反复大量消耗活性基团,减少燃烧自由基。

(2)固相化学抑制。灭火气溶胶中的微粒粒径很小(10^{-9}~10^{-6} m),具有很大的表面积和表面能,可吸附燃烧中的活性基团,并发生化学作用,大量消耗活性基团,减少燃烧自由基。

3. 稀释机理

灭火气溶胶中的氮气、二氧化碳可降低燃烧中氧气的浓度,但其速度是缓慢的,灭火作用远远小于吸热降温、化学抑制。

四、气溶胶灭火技术的适用范围及注意事项

气溶胶灭火剂相对洁净,但由于使用过程会有降尘产生,故对于一些有超净要求的场所和空间如制药车间、芯片加工场所、医疗间的灭火要慎用;对于无超净要求的场所,只要气溶胶灭火剂中沉降的少量微粒的化学性质对设备及环境无害(如S型气溶胶灭火剂),均可采用气溶胶灭火。

精密仪器场所发生火灾时是否能使用气溶胶灭火技术主要取决于气溶胶沉降物的性质和仪器的要求,在各项要求能够得到满足的情况下是可以采用的。

第五节 泡沫灭火技术

一、泡沫灭火技术的概念

泡沫灭火技术是指利用水的冷却作用和泡沫层隔绝空气的窒息作用达到灭火目的的技术。泡沫是由液体的薄膜包裹气体而成的小气泡群。用水作为泡沫液膜的气体可以是空气或二氧化碳。

二、泡沫灭火剂的分类

按照用水作为泡沫液膜的气体种类可分为化学泡沫灭火技术和空气泡沫（机械泡沫）灭火技术，由空气构成的泡沫叫空气机械泡沫或空气泡沫，由二氧化碳构成的泡沫叫化学泡沫。空气泡沫灭火剂可分为普通蛋白泡沫灭火剂及氟蛋白泡沫灭火剂等。

普通蛋白泡沫是在水解蛋白和稳泡剂的水溶液中用发泡机械鼓入空气，并猛烈搅拌使之相互混合而形成充满空气的微小稠密的膜状泡泡群。

氟蛋白泡沫弥补了普通蛋白泡沫流动性较差、易被油类污染等缺点。氟蛋白泡沫有较好的灭火性能。氟蛋白泡沫的另一个特点是能与干粉配合扑灭烃类液体火灾。

对于醇、酮、醚等水溶性有机溶剂，如果使用普通蛋白泡沫灭火剂，则泡沫膜中的水分会被水溶性溶剂吸收而消灭掉。针对水溶性可燃液体对泡沫具有破坏作用的特点，研制出了抗溶性泡沫灭火剂。这种灭火剂是在普通蛋白泡沫中添加有机酸金属络合盐而制成的，有机酸络合盐与泡沫中的水接触时，会析出有机酸金属皂，在泡沫壁上形成连续的固体薄膜，该薄膜能有效地防止水溶性有机溶剂吸收水分，从而保护了泡沫，使泡沫能持久地覆盖在溶剂表面上，因而其灭火效果较好。但不宜扑救如乙醛（沸点 20.2 ℃）等沸点很低的水溶性有机溶剂。

三、泡沫灭火技术的灭火机理

泡沫的灭火机理是利用水的冷却作用和泡沫层隔绝空气的窒息作用。燃烧物表面形成的泡沫覆盖层，可使燃烧物表面与空气隔绝，由于泡沫层封闭了燃烧物表面，可以遮断火焰的热辐射，阻止燃烧物本身和附近可燃物质的蒸发；泡沫析出的液体可对燃烧表面进行冷却，而且泡沫受热蒸发产生的水蒸气能降低氧气的浓度。这类灭火剂对可燃性液体的火灾最适用，是油田、炼油厂、石油化工、发电厂、油库及其他企业单位油罐区的重要灭火剂，也用于普通火灾扑救。

四、泡沫灭火技术的适用范围

（1）适用于 B 类火灾（主要）及固体 A 类火灾。
（2）抗溶泡沫灭火器还可以扑救水溶性易燃、可燃液体火灾。
（3）不适用于带电设备火灾和 C 类气体火灾、D 类金属火灾和 E 类带电火灾。

此类灭火器是通过筒体内酸性溶液与碱性溶液混合发生化学反应，将生成的泡沫压出喷嘴，喷射出去进行灭火的。泡沫灭火器内有两个容器，分别盛放两种液体，即硫酸铝和碳酸氢钠溶液，分别放置在内筒和外筒，内筒内为 $Al_2(SO_4)_3$，外筒内为 $NaHCO_3$，两种溶液互不接触，不发生任何化学反应（平时千万不能碰倒泡沫灭火器）。当需要泡沫灭火器时，把灭火器倒立，两种溶液混合在一起，就会产生大量的二氧化碳气体：

$$Al_2(SO_4)_3 + 6NaHCO_3 = 3Na_2SO_4 + 2Al(OH)_3\downarrow + 6CO_2\uparrow$$

除上述两种反应物外，灭火器中还加入了一些发泡剂。打开开关，大量二氧化碳及泡沫从灭火器中喷出，并黏附在燃烧物品上，使燃着的物质与空气隔离，并降低温度，从而达到灭火的目的。由于泡沫灭火器喷出的泡沫中含有大量水分，因此不如二氧化碳液体灭火器的灭火效果好。二氧化碳液体灭火器灭火后不污染物质，不留痕迹。

五、高倍数泡沫灭火技术

在泡沫灭火系统中，根据相关国际国内标准规定，发泡倍数小于或等于 20 倍的称为低倍数，20～200 倍的称为中倍数，201～1000 倍的称为高倍数。高倍数泡沫与中倍数泡沫、低倍数泡沫相比具有用水量少、发泡倍数高（201～1000 倍）、灭火速度快、灭火能力强、灭火速度快等优点，对于较大空间火灾的扑救更能显示出它的优势；另外，由于泡沫液用量很少，因此灭火的成本大大降低。

高倍数泡沫灭火技术替代低倍数泡沫灭火技术是目前的发展趋势。高倍数泡沫的应用范围远比低倍数泡沫广泛得多。高倍数泡沫是一种机械空气泡沫，它是将水和高倍数泡沫灭火剂通过一定的方式按设定的容积比例均匀混合，然后利用发生器鼓入大量空气发泡而成的。

而低倍数泡沫则与此不同，它主要靠泡沫覆盖着火对象表面，将空气隔绝而灭火，且伴有水渍损失，所以它对于液化烃的流淌火灾和地下工程、船舶、贵重仪器设备及物品的灭火是无能为力的。

高倍数泡沫灭火技术已被各工业发达国家应用到石油化工、冶金、地下工程、大型仓库和贵重仪器库房等场所。尤其在近些年来，高倍数泡沫灭火技术多次在油罐区、液化烃罐区、地下油库、汽车库、油轮、冷库等场所扑救失控性大火起到决定性作用。

1. 高倍数泡沫灭火技术的优点

（1）发泡量大。高倍数泡沫灭火技术尽管存在高倍数泡沫的热稳定性稍差，泡沫易遭火焰破坏和受室外自然风的影响等不利因素，但单位时间内泡沫生成量远远大于泡沫破坏量，综合起来还是可以迅速充满燃烧空间，将火焰扑灭。

（2）易于输送。高倍数泡沫密度小，流动性好，因而在产生泡沫的气流作用下，通过泡沫输送带（筒）或有利地形，可以把泡沫输送到一定高度、一定深度或较远的地方去灭火。

（3）隔热作用好。利用高倍泡沫灭火技术灭火时，隔热作用体现在两个方面：一方面是大量的泡沫将燃烧物与空气隔绝；另一方面是无毒的泡沫会淹没火场中处于火焰威胁下的人员和设备，将其与燃烧物隔开，免于火焰热辐射的伤害。

（4）水渍损失小，易于清除。高倍数泡沫中水的含量为 1～5 kg/m³，比低倍数泡沫少得多，因而灭火后的水渍损失小，残留于火场中的水量少，便于迅速消除。人工清除时可用排风扇、开花水枪等人力直接消泡，也可利用自然通风进行自然消泡。

（5）经济合理。由于高倍数泡沫灭火剂发泡量大，故扑救火灾时泡沫液用量很少，因此灭火的成本大大降低。

2. 高倍数泡沫灭火机理

（1）隔绝法。大量的高倍数泡沫以密集状态封闭了火灾区域，阻止新鲜空气流入，将可燃物与空气隔离，达到将火灾熄灭的目的。

（2）窒息法。火焰的辐射热使到达其表面的高倍数泡沫中的水分蒸发为水蒸气，水蒸气在蒸发过程中会大量吸收火场的燃烧热量，同时使蒸气与空气混合体中的含氧量降低到7.5%左右，从而实现窒息的目的。

（3）冷却法。燃烧物附近的高倍数泡沫破裂后的水溶液汇集滴落到该物炽热的表面上，因这种水溶液的表面张力相当低，使它对燃烧物的冷却深度远远超过同等体积水的作用，把温度降低到自燃点或闪点以下，不再放出维持燃烧的气体或蒸气，从而达到灭火的目的。

通常情况下，应用高倍数泡沫灭火技术灭火时上述三种灭火机理是相互交叠或同时产生作用的。

3. 高倍数泡沫的适用范围

高倍数泡沫主要适用于扑救 A 类火灾和 B 类火灾中的非水溶性液体火灾。

（1）A 类火灾。如木材、纸张、橡胶、塑料、纺织品等。

（2）B 类火灾中的非水溶性液体火灾。如汽油、煤油、柴油、苯、石油等。

（3）储有封闭的带电设备的场所火灾。

（4）控制液化石油气、液化天然气的流淌火灾。

第六节　干粉灭火技术

干粉灭火技术是目前使用最普遍的灭火技术之一。干粉灭火剂是用于灭火的干燥且易于流动的微细粉末，由具有灭火效能的无机盐和少量的添加剂经干燥、粉碎、混合而成的微细固体粉末组成。

一、干粉灭火剂的分类

除扑救金属火灾的专用干粉化学灭火剂外，干粉灭火器一般分为碳酸氢钠干粉灭火器和磷酸铵盐干粉灭火器两种。碳酸氢钠干粉灭火器又叫 BC 类干粉灭火器，用于扑救液体、气体火灾；磷酸铵盐干粉灭火器又叫 ABC 类干粉灭火器，用于扑救固体、液体、气体火灾，应用范围较广。除此之外，还有钾盐干粉灭火剂、磷酸二氢铵干粉灭火剂、磷酸氢二铵干粉灭火剂、磷酸干粉灭火剂和氨基干粉灭火剂等。

二、干粉灭火技术灭火机理

干粉灭火剂主要通过在加压气体作用下喷出的粉雾与火焰接触、混合时发生的物理、化学作用灭火。

1. 化学抑制机理

超细干粉灭火组分中的微细颗粒是燃烧反应的不活性物质，当其进入燃烧区与火焰混合时，可以同时捕获燃烧自由基。火焰中的燃烧自由基在超细干粉灭火组分的作用下，结合不活泼的水蒸气及其他不活性体，与燃烧过程中燃料所产生的自由基或活性基团发生化学抑制和负催化作用，使燃烧的链反应中断而灭火。

2. 隔绝窒息机理

干粉的粉末落于灼热的燃烧物表面接触时，发生化学反应，部分反应物质在固体燃烧物的表面在高温作用下溶化形成一层玻璃状覆盖层，从而隔绝氧气，进而窒息灭火。

3. 稀释机理

灭火时分解产生的二氧化碳、水蒸气等对燃烧区内的氧气浓度又有稀释作用，从而达到窒息使火焰熄灭的目的。

4. 冷却机理

干粉灭火剂的粉雾与火焰接触、混合时，可以降低残存火焰对燃烧表面的热辐射，并能吸收火焰的部分热量，对可燃物进行冷却。

三、干粉灭火技术的适用范围

干粉灭火技术主要适用于扑救易燃液体、可燃气体和电气设备的初起火灾，常用于加油站、汽车库、实验室、变配电室、煤气站、液化气站、油库、船舶、车辆、工矿企业及公共建筑等场所。

四、超细干粉灭火技术

超细干粉灭火剂是哈龙替代的最新研究成果，是纳米技术应用于消防灭火剂领域的最新技术成果。

超细干粉灭火剂采用化学灭火与物理灭火两种灭火机理相结合，吸取了目前在用灭火剂的优点，克服了其固有的缺陷。灭火剂采用不同于现有灭火剂的最新灭火组分，应用世界最先进的加工工艺，使其环保性能、灭火性能、使用性能各项指标均处于国内领先水平，其灭火性能处于世界先进水平。

1. 超细干粉灭火剂的特点

（1）绿色环保。超细干粉灭火剂对大气臭氧层耗减潜能值（ODP）为零，温室效应潜能值（GWP）为零，无毒、无害，对人体无刺激，对保护物无腐蚀。

（2）灭火效率高。超细干粉灭火剂的灭火速率是水的40倍，是热气溶胶灭火剂的20倍，是混合气体灭火剂的6倍。灭火效率是水的30倍，是热气溶胶灭火剂的2倍，是哈龙灭火剂的2~3倍，是七氟丙烷灭火剂的4~8倍，是混合气体灭火剂的12~16倍，是普通干粉灭火剂的6~10倍。

（3）应用范围广。超细干粉灭火剂可在封闭的空间全沉没灭火，也可在开放的场所大面积局部应用灭火，具有全沉没全方位灭火的优点。灭火剂的活动性、电绝缘性等指标优良，可充装通常使用的手提式灭火器、固定灭火装置（无管网灭火系统）、有管网灭火系统、森林灭火弹等，广泛应用于国防军事和民用设施，用以扑救A类、B类、C类火灾和E类火灾。

众所周知，作为化学灭火剂，其粒径与其灭火效率成反比例关系，即粒度越小，灭火效率越高。超细干粉灭火剂，由于受加工技术及成本的制约，目前均匀粒径已可做到小于或等于5 μm，其灭火速率、灭火效率已很优良。假如将超细干粉的粒径加工至更细，以至于达到纳米级,用于解决在运用过程中的一系列技术性题目,其灭火效率将提高几十倍甚至上百倍。

2. 超细干粉灭火技术的灭火机理

超细干粉灭火技术的灭火机理与干粉灭火技术相似,主要依靠对有焰燃烧的抑制(负催化),对表面燃烧的窒息,对热辐射的遮隔,以及对燃烧区内氧气的稀释作用来实现灭火的目的。

超细干粉灭火剂对大气臭氧层耗减潜能值(ODP)为零,对温室效应潜能值(GWP)为零,无毒、无害,对人体皮肤无刺激,对保护物无腐蚀。该灭火剂既适用于封闭的空间全淹没灭火,也适用于局部保护应用高效率扑灭火灾。其灭火速率是哈龙(卤代烷)灭火剂的2.5倍,是二氧化碳灭火剂的4倍,是泡沫灭火剂的20倍,是水的40倍。其灭火效率是哈龙灭火剂的2~3倍,是二氧化碳灭火剂的12倍,是普通ABC干粉灭火剂的6~10倍。超细干粉灭火剂可充装于普通使用的灭火器、灭火装置及管网灭火系统,广泛应用于仓库、飞机库、导弹发射场、生产车间、液化气站、加油站、配电站、发电机房、电缆隧道、电缆沟井、文物资料库、档案库及写字楼等多种场合,可用以扑救A类(固体)火灾、B类(液体)火灾、C类(气体)火灾及E类火灾。

第十章 物理爆炸预防与控制

第一节 物 理 爆 炸

工业生产中，爆炸事故时有发生。与其他事故不同，爆炸事故的发生往往非常突然，使人猝不及防，可在瞬间夺去人的生命，并能造成设备的巨大破坏。特别是随着生产的发展，高压、高温、低温技术得到越来越广泛的应用；设备容量越来越大，一旦发生爆炸事故，对人员造成的伤害和财产损失往往非常巨大。

爆炸事故的分类有很多种，如果按爆炸前后物质发生的变化来划分，有物理爆炸、化学爆炸及核子爆炸等。在物理爆炸中，蒸气爆炸是一种特殊的爆炸形式，它不同于一般的因压力过高而引起的容器爆炸，更有别于属于化学爆炸的蒸气云爆炸等。

蒸气爆炸的特点是相发生变化，可能发生蒸气爆炸的物质有过热水，有毒物质液氯、液氨，以及易燃物质液化石油气等。它造成的后果往往十分严重，受到人们越来越多的重视。然而，近年来蒸气爆炸概念的不一致，在国内外均造成一些混乱：一是称谓在国内不统一，蒸气爆炸的英文名称是 Boiling Liquid Expanding Vapor Explosion，西方国家常简称为 BLEVE；在日本称为蒸气爆炸；而在我国有的叫蒸气爆炸，有的称"沸腾液体扩展为蒸气爆炸"，叫法尚不统一。二是蒸气爆炸的定义有差异，这也是最重要的，一种看法是把它看做是由液相急剧汽化而引起的一类爆炸的总称，另一种观点则认为它是一种火灾模式。鉴于此，下面就蒸气爆炸的含义、分类、发生机制及事故预防等进行探讨。

一、蒸气爆炸的由来

蒸气爆炸（BLEVE）的研究始于 1957 年。1957 年美国保险业的三名工作人员对一起由甲醛和苯酚制取酚醛树脂的反应器爆炸事故进行了仔细调查，但是没有发现燃烧爆炸的痕迹。研究结果表明，其原因是反应器内的介质主要是水，它处于加压过热状态，而且反应器气相部分的器壁发生了裂口，这使反应器内压力急剧下降，造成反应器内的水骤然汽化和体积膨胀，从而导致反应器爆炸。在当时已了解到蒸汽锅炉也有类似事故发生，进一步的研究还发现液化天然气即使在不加热的情况下，也会发生类似的现象。为了与其他的爆炸加以区别，将它称之为 BLEVE。认为这是一种物理爆炸，爆炸能量来自沸腾液体和蒸气的膨胀。

1969 年前后，美国连续发生了液化气槽车脱轨引起的大爆炸，脱轨后泄漏的气体燃起大火，液化气槽车受热产生破裂，最后引起大爆炸。这时常出现大火球并伴随有巨大的爆炸声，但从事故发生后的现场看，这种爆炸不同于一般的物理爆炸和化学爆炸，特别是容器破坏的情况相当特殊。于是引起了人们的注意，一些人根据这种爆炸产生一个巨大火球的现象，便将蒸气爆炸（BLEVE）定义为一种火灾模式。我国一些科技人员在分析火灾、爆炸模型时，也持有这种看法。

在蒸气爆炸的研究上，日本学者做了大量的工作，尤其是在水蒸气爆炸的研究方面。水在容器中被加热，在100 ℃时成为沸腾状态。如果容器内壁光滑，将水缓慢加热，完全除去溶于其中的空气，在常压下，水温有可能升至100 ℃以上，此时水处于不稳定的过热状态，有急剧沸腾发生突沸的危险。如果有大量的水处于过热状态，当瞬时发生沸腾时，压力急剧上升，就会因相变而出现爆炸现象，这就是所谓的水蒸气爆炸。北川、小木曾、高木等人曾经做过如下实验：在直径为30 cm、高为22 cm、容积约为15 L 的铁制竖式圆筒容器内加入约5 L 的水，上盖板处设置铝制爆破板。当水温升至100 ℃以上后，爆破板被顶破，发生了水蒸气爆炸。实验结果表明，爆破片破裂后压力降低，但在约5 ms 后，压力再度上升，其数值达数倍于以前蒸汽压的最高压力。

类似于水过热而引起的爆炸现象，在其他液体中都可能发生。这种爆炸现象是由液相向气相急剧的相变而引起的，因而在爆炸过程中完全不需要火源。不管过热液体是可燃的还是不可燃的，都有可能发生这种爆炸。这种以过热液体蒸发为基础的爆炸现象，在日本一般称之为蒸气爆炸。

二、蒸气爆炸的定义

综上所述，蒸气爆炸的基础是过热液体急剧汽化。如过热液体为水，则形成水蒸气爆炸或锅炉爆炸；如过热液体为氯气、氨气等有毒物质，则爆炸后会造成人员中毒和环境污染；如过热液体为易燃的液化石油气等，爆炸后可能形成火球并伴随有爆炸声。因此，蒸气爆炸（BLEVE）不应单单看做是一种火灾模式，所有以过热液体蒸发为特征而形成的爆炸均应看做是蒸气爆炸。

按照 BLEVE 字面的翻译，可以称之为"沸腾液体扩展为蒸气爆炸"，但过于烦琐。为此建议其名称可简化为"蒸气爆炸"，这一方面可与日本的称谓一致，另外也与其他的爆炸名称如粉尘爆炸、蒸气云爆炸等有相同的体例。

三、蒸气爆炸的分类

蒸气爆炸可从不同的角度加以分类。

如果以过热液体的种类来划分，蒸气爆炸主要可以分为三种：过热液体为水，则可引发因炽热的熔融金属与水接触，产生大量水蒸气的爆炸事故，或者蒸汽锅炉由过热水引发的锅炉爆炸；过热液体为氯气、氨气等有毒液化气体，则爆炸后，有毒物质的急剧散发将会导致人员中毒和污染环境；过热液体为液化石油气之类的易燃液体，则可能引起以火球为特征的火灾灾害，或易燃液体急剧汽化后弥漫于空气中形成爆炸性混合物导致蒸气云爆炸。

如果根据过热液体形成的过程来划分，蒸气爆炸大致可分为两种：传热型蒸气爆炸和平衡破坏型蒸气爆炸。传热型蒸气爆炸是热从高温物体向与之接触的低温液体快速传热，液体瞬间转变成过热状态，造成蒸气爆炸；平衡破坏型蒸气爆炸是指在密闭容器中，在高压下保持蒸气压平衡的液体，由于容器破坏而引起高压蒸气泄漏，器内压力急剧减少，液体因而处于过热状态，导致发生蒸气爆炸。

第二节　水蒸气爆炸和锅炉爆炸

炽热的熔融金属、电石及赤热的焦炭等与水接触，瞬间生成大量的水蒸气，体积急剧膨胀引起的爆炸事故称之为水蒸气爆炸。

水蒸气爆炸不产生火焰，但破坏力很大，有时也能形成冲击波。国内外都曾发生过一些水蒸气爆炸事故。它可能发生在冶炼、铸造、锻造、电炉等工作场所。据日本较早的资料统计，钢铁工业和有色金属工业的水蒸气爆炸事故较多，约占30%以上，化学工业的电炉也容易发生水蒸气爆炸。

一、事故案例

加拿大魁北克铸造工厂在将4 t钢水（约1500 ℃）装入电炉内时，约有45 kg的钢水漏出掉入水中，从而引发了水蒸气爆炸，导致1人死亡、多人受伤。

1970年4月23日晚，日本富山县特种金属冶炼厂将从炼镍电炉排出的熔融矿渣运到处理场。在进行注水粉碎作业时，开始矿渣流出缓慢，但后来流速变快，大量熔融的矿渣流至地面积水处，引起水蒸气爆炸。这次爆炸造成35人受伤，周围500 m范围内建筑物的玻璃遭到破坏，甚至在20 km远的高冈市也能听到爆炸声。

1982年8月16日，我国武钢炼铁厂发生了水蒸气爆炸，死亡14人，直接经济损失达90余万元。这是由于操作者误将装有76 t铁水的重罐当做空罐吊运，由于超负荷50多吨，吊车吊起后，重罐迅速下坠，罐底坠到罐坑边缘，罐体猛然倾斜，铁水外溢流入坑内，与坑内积水相遇立即引起爆炸。

二、发生机制

关于水蒸气爆炸的发生机制，最初的看法是由于水分解生成氢气，氢气与氧气反应而引起爆炸。但是，铁和水的反应是吸热反应，在常温下铁和水不会发生反应，必须在非常高的温度下才能进行。

$$2Fe + 3H_2O = Fe_2O_3 + 3H_2 - 35.13 \text{ kJ} \tag{10-1}$$

在高温下，若温度达不到1600 ℃，水不能分解为氢气和氧气，即使在2400 ℃条件下，也仅仅有5.9%的水能够分解。

以铝为例，温度达到1600 ℃时，铝和水反应生成氢气，温度为1200 ℃以下时，铝和水反应不会生成氢气。但是，760 ℃的熔融铝和水接触，只要条件适当就会引发爆炸。

通过上述分析，水蒸气爆炸不可能是由水分解而引起的，它是因为水和高温熔融物接触，使水处于过热状态，或者是快速的热传递而引起激烈的沸腾，最终导致了"物理爆炸"。

水蒸气爆炸时有大量蒸气生成，这是热量由高温物体向低温物体快速传递的结果。简单的两种液体之间的热传递方程

$$Q = hA\Delta T \tag{10-2}$$

式中　Q——传热速度，J/s；
　　　h——传热系数，W/(m²·K)；

A——两种液体的接触面积，m^2；

ΔT——两种液体的温度差，K。

由式（10-2）可知，欲增大 Q，必须增大 h、A、ΔT。然而，ΔT 过大时则会形成膜沸腾使 h 变得很小。另外，即使是把 h 看做是沸腾曲线中 Q 的最大值，因为爆炸是在数毫秒内产生的，所以其值也不大。所以使 Q 增大的主要途径是增大 A，即增加两种液体的接触面积。为此，这两种液体必定是以微粒化的形式混合。关于熔融金属微粒化的若干试验证实了这一推断。

三、预防对策

水蒸气爆炸是以相变为基础引发的爆炸，它既不需要着火源，也不需要可燃物，因此预防水蒸气爆炸的措施与一般的化学爆炸迥然不同，它的基本对策是防止水和高热物体接触，现分述如下。

1. 防止水进入炉内

不让水有进入高温炉内的机会，这对防止水蒸气爆炸是至关重要的。投入炉内的原料往往含有一定的水分，电极的冷却水也可能进入炉内。此外，炉壁修理完毕后，炉内壁未经干燥便开始熔融作业；发生火灾时，消防作业中也可能有水溅入炉内等情况，都可能引起水蒸气爆炸事故。

2. 作业台的干燥

进行高温作业的工作台必须干燥。操作场所应设在湿度小的地方，为了防止地下水冒出和雨水浸入，应使基础牢固。特别是在高温作业的地方，必须改变那种认为用水浸润的一些地方会更安全的错误看法。

3. 高温废弃物的处理

高温废弃物必须堆弃在干燥的地方。高温熔融物堆弃于雨水积聚的地方，或者将高温废弃物投入水沟、水槽中都是非常危险的。相反，为了使其尽快冷却而洒些水，是安全的。

4. 注水破碎设备的安全设计

对高温物注水使其急剧冷却而破碎的作业，需作特别考虑。例如，往高温炉渣及熔融物中注水来进行冷却破碎时，因为要用到水，所以产生水蒸气爆炸的概率较高。在这种情况下，不应将高温物体投入水中，而应切记要设计不让高热物外流的注水设备。同时还应考虑注水场所排水良好，切勿让水积存。

第三节　低温液化气蒸气爆炸

天然气是一种洁净、方便、高效的优质燃料，也是重要的化工原料，天然气工业因而得到迅速的发展。根据 BP 公司的 2012 年世界能源年鉴，2011 年中国天然气消费量为 1307 亿立方米，较 2010 年增长 21.5%。预计 2030 年以前，天然气将是全球增长最快的化石能源。

天然气中主要成分是甲烷，液化后的天然气体积缩小到气态时的 1/600，因此常常将其液化加以运送，迄今为止这是跨地区远洋储运的唯一有效手段。1959 年，"甲烷先锋"

号液化天然气油轮首次将 5000 m³ LNG 由美国运至英国；1965 年，法国的"儒凡·尔纳"号首次安全运送了 25000 m³ LNG。经过 60 多年来的发展，液化天然气（LNG）在世界天然气贸易中独树一帜。

运送液化天然气的油轮一旦发生泄漏，液化天然气势必将流至海洋的水面上，有可能导致低温液化气蒸气爆炸。随着液化天然气工业的迅速发展，通过油轮运送液化天然气的量势必增大，这使得对低温液化气蒸气爆炸进行深入的研究成为十分迫切的课题。

一、低温液化气体蒸气爆炸的研究

1969 年，美国宾夕法尼亚州匹兹堡市矿务局研究所受美国海岸警卫队的委托，对液化天然气流到海面时各种可能的危险性进行了试验。通过试验，伯吉尔（Burgess）等人的研究报告首次提出：低温液化气流至水面上时，假若两者的温度差达到一定的范围，低温液化气将激烈地沸腾并伴随有巨大的声响、喷出水雾，类似于蒸气爆炸。他们在研究流至水面上的液化天然气蒸发速度、扩散状况及扩散区域大小时发生了两次爆炸。一次是 120 kg 液化天然气自池内流出约 1/8 s 后发生了爆炸，这次爆炸未出现火焰，但伴随有巨大声响，衬有玻璃的水槽和投入液化天然气用的杜瓦瓶均遭到破坏。另一次是在小规模试验时发生的，液化天然气流出 2 s 后，即发生了爆炸。但由于在多次试验中仅在个别情况下发生爆炸，事故重现性差，故对爆炸现象未作详细的研究。

后来，壳牌管道公司研究所对低温液化气与水接触引发爆炸的问题进行了较多的研究，其结果类同于伯吉尔等人的结论。1950 年美国石油学会（API）储罐委员会在试验中废弃处理 8 加仑（约 30 L）的液化天然气时，观测到伴随有巨大响声的飞溅现象。东京气体株式会社进行了液化天然气流入水面的重复性爆炸试验，甲烷含量高的液化天然气没有发生爆炸；然而，高沸点成分多的液化天然气一流至水面就发生了爆炸。壳牌管道公司还对液化天然气以外的低温度液化气做了研究，进行了数种低温液化气流至加热的水面上的试验，证实异丁烷、丙烷、丙烯等会发生蒸气爆炸。

日本的浦野等对丙烯和另外的液化气进行了试验，试验条件、步骤及现象介绍如下：将 500 g -42 ℃ 的液化丙烯流入 45~78 ℃ 的水槽中，液化丙烯与水的温差 ΔT 为 87~120 ℃。

当水温低于 48 ℃时，流至水面的液化丙烯冒着白烟慢慢地蒸发，流出 10 s 后白烟消失。

当水温高于 49 ℃时，液化丙烯刚流至水面，便立即发生了蒸气爆炸，伴随着巨大的响声水雾高高地溅起。即使是同一试验条件，也有时不发生蒸气爆炸。液化丙烯与水的温差不同，发生蒸气爆炸的概率不同。

在不发生蒸气爆炸的情况下，发出"乒乓"的小声，伴随着白烟蒸发，经过 40~50 s 白烟消失，这种现象称之为"跳动"。

根据影像记录仪的记录，最为激烈爆炸时水雾的喷溅形状如图 10-1 所示。图 10-1 中，ΔT 为 99 ℃，流出 0.70 s 后水雾高度达到最大，然后消失。

水温每升高 1 ℃，在各温度条件下进行 5 次以上的试验，以便根据试验次数和爆炸发生次数确定发生爆炸的概率。图 10-2 所示为不同温度时爆炸发生的概率。

最容易发生爆炸的温度差为 99 ℃、101 ℃ 及 103 ℃，在上述 3 种温差的条件下分别进行了 5 次试验，发生爆炸的概率为 80%。

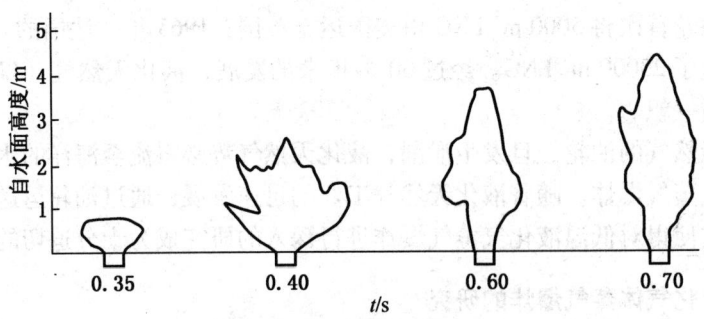

图 10-1 水雾的喷溅形状

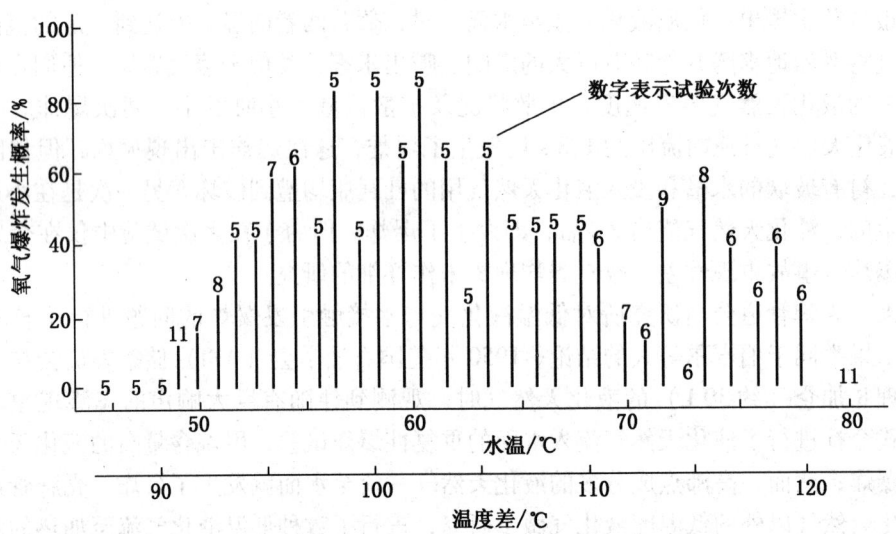

图 10-2 蒸气爆炸发生概率与温度的关系

另外，波特豪斯（Porteous）和顿德（Reid）也以同样的方法，对轻质碳氢化合物及其混合物的蒸气爆炸发生的条件进行了研究，研究结果见表 10-1。另外，碳氢化合物混合物发生蒸气爆炸时的压力较高，最高爆炸压力的测定结果为 10 kg/cm^2。

表 10-1 液化气流至水面上的现象   ℃

液化气	高温液体	温度范围	结　果
乙烷	水	278～313	沸腾、生成冰
	氨—水	271～297	沸腾、不生成冰
	甲醇	264～305	激烈沸腾
		306～331	轻微爆炸（100%）
	甲醇—水	276～295	沸腾
		296～304	爆炸（100%）
		308～319	跳动

表 10-1（续） ℃

液化气	高温液体	温度范围	结　果
丙烷	水	319~325	沸腾、生成冰
		326~334	爆炸（85%）
		335~356	跳动或爆炸
	乙二醇	317~358	沸腾
异丁烷	乙二醇—水	370~373	激烈沸腾
		374~379	爆炸（100%）
		381~388	脱沸腾
（正）丁烷	水	363~372	沸腾、跳动
	乙二醇	368~386	激烈沸腾
		387~398	爆炸（80%）
		399~402	跳动
丙烯	水	303~312	沸腾、生成冰
		313~316	跳动
		317~346	爆炸（100%）
		347~363	脱沸腾
异丁烯	乙二醇	376~378	激烈沸腾
		379~408	爆炸（100%）

二、蒸气爆炸机制

最初，液化天然气蒸气爆炸假说的观点不一：有的认为可能是由于结冰使液化天然气被密闭起来，有的认为可能是由于甲烷水合物的生成热使液化天然气被加热等。然而，试验结果否定了这些假说。

低温液化气与水接触引起蒸气爆炸时，低温液化气与水属于液—液接触，几乎没有形成沸腾的生成核，它是在液化气沸点以上超过极限过热温度，在瞬间突然沸腾而引起（均质生成核的）蒸气爆炸。

根据试验结果可知，各种低温液化气及混合物与水等高温液体接触发生蒸气爆炸的必要条件如下：

（1）爆炸发生之际，液—液接触是发生爆炸的必要条件，即不具有膜沸腾的条件。

（2）与低温液化气接触的水等高温液体的温度必须高于一定值（使之处于迁移沸腾区域）。

（3）液—液接触后至爆炸的时间滞后为几毫秒至几百毫秒，然而爆炸时间在 5 ms 以下。

（4）发生蒸气爆炸的概率取决于低温液化气的种类及组成。

（5）高温液体的温度超过某一临界温度时，发生蒸气爆炸的概率反而会下降。

（6）高温液体的界面温度低于凝固点而产生凝固时，难以发生爆炸。碳氢化合物的爆炸范围如下：

$$1.0 < \frac{T_w}{T_1} < 1.10 \qquad (10-3)$$

式中　T_1——极限过热温度，K；

　　　T_w——水温，K。

或者说，常压下碳氢化合物的极限过热温度为临界温度 T_c 的 89%～98%：

$$0.89 < \frac{T_w}{T_c} < 0.98 \qquad (10-4)$$

在这个范围之下，水温低难以形成均质生成核；在这个范围之上，由于形成膜沸腾而使液体与液体之间难以接触。

近来研究发现的一个重要现象如下：液化天然气与水的温差大，流至水面不致引起爆炸；但是，如果液化天然气快速落至水面则导致激烈的爆炸。由于液化甲烷、液化乙烷与水的温度差大而形成膜沸腾，缓慢流出时不会产生蒸气爆炸；但是，如果将它们抛洒至水面，则不会形成气膜而形成液—液接触，这时就发生爆炸。

另外，液化天然气含有高沸点的杂质时，流至水面后，随着时间的推移，组成发生变化，沸腾状态由膜沸腾转变为迁移沸膜，因此导致激烈的沸腾，从而形成液—液接触导致蒸气爆炸。

实际上，液化天然气连续地流至水面约 1 h 会发生激烈的蒸气爆炸，这是因为液化天然气在水面上被浓缩而形成含有多种高沸点混合物的缘故。

三、预防对策

虽然还未发生低温液化气体爆炸造成的灾害事故，但从试验结果知道，这种爆炸产生的压力在空气中很弱，而在水中却很强，能使盛水的容器破损。至于产生蒸气爆炸的条件，虽然还不完全清楚，但由上述可知温差在 100 ℃ 以上的液—液接触具备了蒸气爆炸的可能性，所以防止出现这种情况是很有必要的。

第四节　压力液化气体蒸气爆炸

压力液化气体蒸气爆炸是指盛装着压力液化气体的密闭容器发生破裂后，液化气体急剧蒸发所引起的爆炸。它与锅炉爆炸一样是在有压力的条件下发生的，也属于平衡破坏型蒸气爆炸。

与锅炉爆炸不同的是压力液化气体常常是可燃气体（如丙烷、丁烷等），或者是有毒气体（如氯气、氨气等）。在蒸气爆炸发生后，泄漏出大量的可燃气体或有毒气体，造成二次灾害，后果极为严重。特别是随着生产的发展，液化丙烷、液氯、液氨的用量日益扩大，安全地储存和运输这类物质，避免发生蒸气爆炸及伴随而来的二次灾害，已经成为人们普通关注的课题。

一、事故案例及统计分析

墨西哥液化石油气爆炸。1984 年 11 月 19 日，墨西哥城郊的液化气供应中心站发生一连串爆炸，站内的54座液化气储罐几乎全部爆炸起火，涉及范围达300～400 m。这次事故死亡人数达500人，4000多人受伤，另有900多人失踪，经济损失达5000万美元。

供应站原有6座球形储罐，火灾发生后，其中4座随着巨响相继爆炸，其余2座也发生倾斜，储罐顶部喷出烈焰。紧接着邻近的筒形储罐也接连爆炸，有的筒形罐似火箭般腾空飞出，将建筑物撞得粉碎。

据推断，这次事故先是液化气管道发生泄漏引起爆炸和燃烧，接着处于大火中的液化气储罐发生蒸气爆炸。

温州电化厂液氯钢瓶爆炸。1979年9月7日13时55分，浙江温州电化厂液氯工段1个容积为415 L、充装量为0.5 t的液氯钢瓶发生了猛烈爆炸。爆炸气瓶的碎片撞击到附近的液氯钢瓶上，加上爆炸时产生的冲击波，又导致4个液氯钢瓶爆炸，5个液氯钢瓶被击穿，另有13个液氯钢瓶受损。爆炸时，随着巨响产生冲天气浪，高达40余米。强大的气浪将414 m^{2}钢筋混凝土结构的液氯工段厂房全部摧毁。爆炸后泄漏液氯10.2 t，氯气扩散后涉及面积达7.35 km^2。这次事故造成59人死亡，779人住院治疗。直接经济损失达63万元。

分析表明，发生事故的直接原因是液氯钢瓶在使用中倒灌了石蜡（或氯化石蜡），灌装液氯时未认真检查，充装液氯后液氯与石蜡（或氯化石蜡）激烈反应，压力和温度的升高使液氯钢瓶破裂并随之引发了蒸气爆炸。

亳州化肥厂汽车槽车液氨储罐爆炸。1987年6月22日14日05分，安徽阜阳地州亳州化肥厂装有液氯的储罐汽车在行驶到仉邱区港集乡时，液氯储罐尾部向外冒白色烟雾，接着"轰"的一声巨响，液氨储罐发生爆炸。重77.4 kg的储罐后封头飞出64.4 m，直径为0.8 m、长为3 m、重达770 kg的罐体挣断4根由8号钢丝制成的固定绳向前冲去，摧毁驾驶室后又冲出95.7 m。泄漏出的液氨气化扩散后使多人中毒，约200棵树和约700 m^{2}的农作物均被毁。这次事故泄放液氨0.79 t，共造成10人死亡，49人重伤。

分析表明，该液氨储罐制造质量低劣。储罐的纵、环焊缝均未开坡口，所有的焊缝均未焊透，10 mm厚的钢板熔合平均深度为4 mm，X光拍片检查结果表明，全部不合格。爆炸前罐体上已出现多处裂纹，有的裂纹距外表面仅1 mm。而且该储罐是由一台固定式容器自行改装的。液氨灌装时没有称重和记录。估计是过量充装后，行至途中受阳光照射，温度上升后使压力增高，再加上设备本身存在缺陷，使储罐破裂，破裂后液氨的骤然汽化而发生蒸气爆炸。

国内外曾经发生了许多蒸气爆炸事故，有些事故的后果是十分严重的。在化工、石化生产中，平衡破坏型蒸气爆炸居多。资料搜集了1926—1987年发生的66例国内外平衡破坏型重大蒸气爆炸事故，表10-2和表10-3分别从不同角度进行了分析。

表10-2 国内外主要平衡破坏型蒸气爆炸事故统计表

原因	起数（按物料分）/起		合计	死亡人数/人	每次事故死亡人数/(人·起$^{-1}$)
	有机物	无机物			
火灾（加热）（Ⅰ类）	20（烷类15，其他5）	3	23	756	32.87
机械碰撞（Ⅱ类）	8（烷类5，其他3）	4（氨气3，氯气1）	12	109	9.08

表 10-2（续）

原因	起数（按物料分）/起			死亡人数/人	每次事故死亡人数/(人·起$^{-1}$)
	有机物	无机物	合计		
设备缺陷（Ⅲ类）	3（烷类1，其他2）	4（氨气3，其他1）	7	37	5.29
过量充装（Ⅳ类）	5（烷类1，其他4）	5（氯气4）	10	594	59.40
反应失控（Ⅴ类）	8（烷类2，其他6）	6（氨气1，氯气4，其他1）	14	125	8.93
合计	44	22	66	1621	24.56

注：其他Ⅳ类每次事故都有人员伤亡。

表 10-3 国内外平衡破坏型蒸气爆炸事故按物质分类统计表

物质	起数/起	死亡人数/人	起数（按物质分类）	每起事故死亡人数/人
氨气	8	52	Ⅱ类（3起）、Ⅲ类（3起）、Ⅴ类（1起）	7.34
氯气	9	198	Ⅱ类（1起）、Ⅳ类（4起）、Ⅴ类（4起）	22
丙烷	14	625	Ⅰ类（10起）、Ⅱ类（4起）	44.64
丁烷	4	21	Ⅰ类（2起）、Ⅱ类（1起）	5.25
其他	31	725	Ⅰ类、Ⅱ类、Ⅲ类、Ⅳ类、Ⅴ类	20.71
合计	66	1621		

对于19世纪90年代世界上最为严重事故分析的资料认为：液化石油气的储存区和运输槽车最容易发生事故，在45起事故中就有10多起事故发生了蒸气爆炸。

由表10-2和表10-3可以看出：

（1）蒸气爆炸中，有机物占爆炸事故总数的2/3，在蒸气爆炸中占主要地位。无机物占爆炸事故总数的1/3。

（2）有机物中烷类占一半多，是主要研究防范对象。

（3）无机物中氯气、氨气占有绝对多数，所以在无机物中可以氯气、氨气作为代表性物质进行研究。

（4）从事故原因看，丙烷、丁烷等主要以Ⅰ、Ⅱ类原因为主。虽然氯气、氨气发生蒸气爆炸的原因较多，但是没有属于Ⅰ类的，这说明，氯气、氨气生产中，其他几种原因可能性较大。

二、发生机制

使处于稳定状态下的液体过热有两种办法：一是在压力一定时进行加热，如使熔融物与水接触便属于此法；二是在温度一定时使压力降低，在加压条件下处于气液平衡的液体，使其气相压力降低到大气压时，就能成为过热状态。

后者的原理被用来测定液体的过热临界温度。在U形玻璃管内注入液体，在加压下将其放入恒温槽内，并使温度保持一定。然后连续抽气使其压力降至大气压。这时液体的温度上升，直至沸腾达到临界过热温度T'_1。表10-4所列为T'_1的测定值和将T'_1除以临界温度T_c的值（此值与范德瓦尔斯导出的T'_1/T_c值完全一致）。据此，便可从物质的临界温度来推算出其过热临界温度。

表 10-4 临界过热温度的 (T'_t) 测定值

物质名称	T'_t/K	T'_t/T_i	物质名称	T'_t/K	T'_t/T_i
甲烷	269	0.881	丙二烯	346.2	0.881
乙烷	269	0.881	乙二烯	356.8	0.887
丙烷	326	0.882	1—丁烯	371.0	0.884
丁烷	378	0.890	cis—2—丁烯	385.4	0.885
戊烷	420.8	0.896	tris—2—丁烯	379.6	0.886
己烷	457.2	0.901	2—甲基丙烯	369.6	0.884
庚烷	487.2	0.902	1,3—丁二烯	377.2	0.888
辛烷	513	0.902	1—十一烯	417.2	0.898
壬烷	538.4	0.906	1—辛烯	510.2	0.901
十烷	558.2	0.904	环十一烷	451.4	0.892
2—甲基丙烷	361	0.884	氯甲烷	366.2	0.880
2,2—异丙基丙烷	386.6	0.891	1,1—异氟乙烷	343.6	0.889
2—甲基丁烷	412.2	0.895	氯乙烷	374.0	0.867
2,3—异甲基丁烷	446.2	0.893	氟乙烷	290.0	0.885
2,2,4—异甲基戊烷	488.4	0.898	乙基氯	399.2	0.867
环丙烷	350.6	0.882	甲基氯	446.2	0.832
环戊烷	457.0	0.893	甲醇	459.2	0.896
环己烷	492.8	0.890	乙醇	462.6	0.896
环辛烷	560.6	—	丙酮	447.2	0.879
甲基环戊烷	476.0	0.894	二硫化碳	441.2	0.803
甲基环己烷	510.4	0.892	二氧化碳	323.2	0.750
苯	498.4	0.887	苯胺	535.2	0.766
1,3—异甲基苯	508.2	0.824	异乙二醚	420.2	0.901
丙烯	325.6	0.882			

如果容器内液体加压平衡时的温度为 t，那么在大气压下，即使平衡开始移动，其过热状态在温度 t 时也能存在，与过热温度与压力降低的方法或速度无关。

这样，在容器内加压处于气—液平衡的液体，当其压力降低到大气压时，便成为准稳态的过热液体，这在理论上是可能的。但是实际上加压罐的破裂，或罐内液体流出所产生的灾害，多是由于一种激烈汽化的快速蒸发，而并不产生爆炸式的沸腾。同时，在试验中观测蒸气爆炸时，快速地或缓慢地降低压力都不产生爆炸式的沸腾。其原因是，容器中的液体和固体容器接触时，核沸腾存在的概率较高、准稳态的过程缩短。从事故案例还可以看出，即使在极短时间内锅炉的压力下降，也能产生准稳状的过热水，因此这应作为蒸气爆炸的一个重要原因予以充分考虑。

这样一来，蒸气爆炸产生的条件并不是简单地由压力降低的速度来决定的，因其还要受到液体的纯度、容器的材质及粗糙程度等的影响。

过热液体由于沸腾转化为蒸气的比例为

$$\frac{q}{Q} = \frac{HT_1 - HT_2}{L} \qquad (10-5)$$

式中　$\frac{q}{Q}$——闪蒸率；

　　　　q——液体气体量，kg；

　　　　Q——总液体量，kg；

　　　　HT_1——液体在加压后的热焓，kJ/kg；

　　　　HT_2——液体在大气压下的热焓，kJ/kg；

　　　　L——蒸发热，kJ/kg。

北川彻三对几种有代表性的液体，估算了蒸气体积增加的倍率，其前提条件是在 3 MPa 下处于气—液平衡状态，然后压力急剧下降至 0.1 MPa，结果见表 10-5。结果表明当产生的蒸气压力为 0.1 MPa、温度下降至沸点时，蒸气的体积为液体的好几百倍，该数值就是把前面已谈到的闪蒸率的质量比表示为容积比。

表 10-5　各种液体的蒸气爆炸常数

液体名称	分子量 M	相对密度 d	比热 C/($J·g^{-1}·K^{-1}$)	蒸发热 q/($kJ·mol^{-1}$)	沸点 Q/℃	蒸气压 3 MPa 时的液温/℃	临界温度 t_c/℃	蒸气爆炸的体积倍率（V/v）
液氨	17	0.62	4.60	23.4	-33	69	132.3	240
液化丙烷	44	0.58	2.47	18.8	-45	79	96.8	180
液化氯气	71	1.44	0.96	20.5	-34	82	144.0	150
液化丁烷	58	0.60	2.30	21.3	-0.5	141	152.0	200
氧乙烯	44	0.90	1.84	25.5	11	150	192.0	210
氢氰酸	27	0.70	—	25.1	26	154	183.5	200~370
1,2—环氧丙烷	58	0.83	2.13	21.8	34	182	215.3	300
乙醚	74	0.72	2.26	26.4	35	183	194.0	230
乙醇	46	0.79	2.51	38.5	78	203	243.0	190
水	18	1.00	4.18	40.6	100	235	374.2	420
苯	78	0.88	1.76	31.8	80	230	289.0	240
n—环己烷	86	0.66	2.22	28.9	69	>t_c	234.7	—

对于在压力下储存可燃液体的容器，一旦容器破损而产生泄漏，单就闪蒸率来看，便像表 10-5 所示能产生大量蒸气，扩散到周围环境中时，则造成二次爆炸灾害的危险就大。

一般来说，发生蒸气爆炸的必要条件如下：

（1）容器内的液体量要大。

（2）液体的温度和其常压沸点间的温差要大。

（3）容器的气相部分产生足够大的裂缝，或充满高压液体的容器产生裂缝，导致容器内压力急速下降。

三、蒸气爆炸的原因分析

综上分析,平衡破坏型蒸气爆炸发生的直接原因是容器出现了较大裂缝,使过热液体骤然蒸发。因此,容器较大裂缝的出现可看做是一个先决条件。能够导致容器出现较大裂缝的原因也就成为蒸气爆炸产生的原因。现根据以往的事故和理论研究蒸气爆炸发生的主要原因。

（一）暴露于火中引起的蒸气爆炸

经分析较多蒸气爆炸事故的原因是"火",盛装液体的容器周围是火焰,热量传入容器后使器内液体沸腾产生高压。如果该容器设置了安全阀,则当容器内压力达到安全阀设定压力时安全阀将会开启。假若安全阀泄压面积足够大而且设定压力又足够小,则所有的液体会自容器泄出,不会发生事故。然而在实际上,安全阀的设定压力较高,而且由于容器暴露于火中,受高温影响容器材质的抗拉强度急剧下降,使容器不能承受安全阀的设定压力,这样一来即使安全阀开启快速排气,容器也会开裂并继而引发蒸气爆炸。盛装丁烷、环氧乙烷、丙烷和氯乙烯等物料的容器都因暴露于火中发生过蒸气爆炸。

一个测定从外部火源向汽车油罐热传递的试验表明：不隔热的 $130\ m^3$ 的汽车油罐在大火中暴露约 25 min 后,尽管通过一设定压力为 1.86 MPa（表压）的安全阀持续排放,还是发生了蒸气爆炸。

（二）机械碰撞引起蒸气爆炸

机械碰撞使容器遭受损坏,从而引发蒸气爆炸。实际上,机械碰撞的危险主要来自于槽车的脱轨倾覆、运行中槽车的碰撞及周围物件（如吊车等）对容器的撞击等。其中槽车脱轨是一个主要原因。从过去的事故来看,机械碰撞引起的蒸气爆炸所涉及的物质有氨气、氯气、丙烷、丁烷等。

（三）设备缺陷引起的蒸气爆炸

除设备材质的因素外,焊缝常常是容器的薄弱环节。此外,在使用过程中由于腐蚀等原因引起的器壁变薄也是容器强度下降的一个主要因素。各种设备缺陷使容器承压能力下降,就可能出现较大裂缝并最终导致发生蒸气爆炸。

1968 年 8 月 21 日 12 时,比利时一化工厂的液氨汽车槽车在卸料作业中发生了爆炸。槽车是容量为 $38\ m^3$ 的卧式圆筒形储槽,直径 2 m,长约 11 m,板厚 7.5 mm,由 4 只圆筒和 2 个封头焊接而成。事后调查表明,在各圆筒的焊接接头处,晶间腐蚀形成裂缝已达板厚的 2/3。结果,由于这种裂缝的扩大,槽内约 19 t 的液氨产生了蒸气爆炸。槽体第三、四节圆筒接头处的两条焊缝被切断,槽壳体被切成圆环；其后半部固定在管道上,前半部和牵引车在一起像火箭似的飞出,猛撞在前方 26 m 处的砖墙上并将砖墙撞破。

（四）过量充装引发蒸气爆炸

过量充装引发的蒸气爆炸事故为数不少。1952 年民主德国发生了一起因过量充装而引起的液氯罐的蒸气爆炸事故,摧毁了所在的厂房并致 7 人死亡,还有几次液氯罐极为迅速地破裂并引起蒸气爆炸事故也是因为过量充装而导致的。因过量充装引发蒸气爆炸的物料还包括丁二烯、丁烷、二氧化碳及乙醚等。

1978 年西班牙发生的液化丙烯槽车爆炸事故的原因就是过量充装。按规定充装量为 85%,而当时装料为 100%,装满液体丙烯的槽车在行驶途中受太阳直射,温度逐渐上升，由于液体的膨胀导致外壳发生破裂、平衡丧失而引起蒸气爆炸。

液氯、液氨等液化气体的过量充装会引起容器内压异常上升。经实验测定和理论计算，满的液化气、液氯、液氨钢瓶，温度升高1℃，瓶内压力增加10~20个大气压（1 atm = 101.325 kPa）。这样，如果充装过量或满液，遇到阳光照射或其他情况使温度升高时，爆炸就难以避免。表10-6所列为0℃时满液的液氯钢瓶在不同温度下的压力值。

表10-6 0℃时满液的液氯钢瓶在不同温度下的压力值

液氯温度/℃	0	5	10	15	20	25	30	35	40
瓶压/MPa	0.27	7.1	13.1	18.4	24.0	27.5	32.5	35.6	37.3

（五）失控反应引起的蒸气爆炸

容器中混入的杂质若能与内盛液体发生不可控反应，则会因反应使容器内压力升高，使容器破裂引发蒸气爆炸。如果容器的气相中混入杂质，并能与蒸气激烈反应而发生爆炸，也会使容器遭受破坏而引发蒸气爆炸。因此失控反应可分为气相反应失控和液相反应失控两种。

1. 气相反应失控

如果容器内混入的杂质能与容器内蒸气形成爆炸性混合物，则会因容器内的爆炸使容器破裂；或者容器内蒸气在特定条件下与容器发生反应使容器出现裂缝，均可导致蒸气爆炸。容器内物料化学性质活泼时，这种危险性就大大增强。

氯气的化学性质很活泼。氯气与氢气形成的混合气体能发生激烈的爆炸，氯气干燥塔爆炸事故的主要原因就是氢气进入了氯气系统。氯气和氨气即使在低温下也能发生激烈的化学反应，浓度较高时立即产生爆炸性反应。这都是容器破裂的原因。

盛装液氯的容器一般是碳钢。潮湿的氯气会对钢材产生强烈的腐蚀，干燥的氯气在常温下几乎对钢材没有腐蚀，但是在230~260℃或更高的温度条件下，氯气可与钢产生激烈的燃烧反应。1979年11月10日，加拿大安大略省的多伦多发生一起火车货车脱轨事故。4个装有丙烷的槽车发生了爆炸，形成长时间的大火，1个装有液氯的槽车发生泄漏。事故分析表明：液氯槽车顶部受外部火的加热后温度升高，顶部钢材与氯气产生激烈的燃烧反应，反应生成物氯化铁（熔点282℃，沸点315℃）汽化，形成容器的裂口，而后导致槽内液氯的急剧蒸发而形成爆炸。

2. 液相失控反应

容器内的液体与杂质产生的激烈放热反应，会使容器在高压下发生破裂。杂质混入容器的途径以物质倒流居多，已发生多起因物质倒流而引起的蒸气爆炸。液体物质的化学性质越活泼，这种危险性就越大。

氯气极易与一些物质反应而引起温度、压力的急剧增加。氯气与有机化合物的反应是放热反应，有机化合物混入容器后则会因氯化铁的触媒作用、过量的氯气及反应热的蓄积而进行一系列的氯化反应，造成容器破坏。

氯气与氯化石蜡的反应机理尚需进一步探讨。但与此有关的重大事故却时有发生：1961年南美巴西烃加工厂石蜡氯化系统中，由于半成品氯化石蜡倒灌入反应釜前的缓冲器中,与钢瓶出来的氯气接触而发生猛烈爆炸;1974年我国四平联合化工厂曾因氯化石蜡灌入钢瓶发生爆炸;1976年上海皮革化工厂发生过类似的事故;1979年9月7日温州电化厂液氯钢瓶爆炸事故也是氯化石蜡倒灌入液氯钢瓶引起的。也曾发生过氯气与硅酮油反应造成的事故,试验表明,氯与硅酮油加热到180℃会发生猛烈的爆炸。

三氯化氮呈黄色油状,当受到震动、撞击、摩擦时极易分解爆炸,它可能在液氯中积聚并引起爆炸。

液氨与卤族元素、强酸能发生激烈的反应,液氨和汞接触能生成爆炸性物质。这类物质混入液氨储罐也有可能引发蒸气爆炸。

盛装丙烯醛、氯丁二烯、环氧乙烷及光气等物料的容器都曾发生过因反应失控引发的蒸气爆炸。

四、蒸气爆炸事故的严重度

蒸气爆炸事故的严重度包括两部分:蒸气爆炸本身造成的后果及二次灾害事故造成的后果。二次灾害事故主要是指蒸气爆炸发生后,其内部介质泄漏后造成的事故:如果介质为液化石油气等易燃物,则往往在发生蒸气爆炸的同时伴随着巨大火球的产生而形成火灾;如果介质内的可燃物在蒸气爆炸时未被点燃,则泄漏后与空气形成爆炸性混合气体,一旦遇到火源就会发生蒸气云爆炸;如果介质有毒,则泄漏扩散后的毒气将会导致人员中毒和污染环境。

有些情况下,二次灾害的后果更为严重。鉴于上述的火球灾害、蒸气云爆炸及毒物泄漏扩散已有专著论述,故本书只讨论蒸气爆炸本身的严重度(以下称蒸气爆炸事故的严重度)。蒸气爆炸事故严重度的估算方法是先求出蒸气爆炸时的TNT当量,TNT当量(W_{TNT})确定后就可按通常的方法估算其爆炸威力及造成的后果。

为了计算发生蒸气爆炸时所释放出的能量,应先计算压力降至大气压时液体瞬时蒸发的闪蒸系数(f),再计算闪蒸量及该闪蒸量的液化气在容器压力状态下的体积,求出总体积(V^*),然后再求出TNT当量。

$$f = C_p \frac{T_S - T_b}{H_v} \tag{10-6}$$

式中　　f——闪蒸系数;
　　　　C_p——定压比热,J/(kg·℃);
　　　　T_S——液化气操作温度,℃;
　　　　T_b——液化气沸点,℃;
　　　　H_v——蒸发潜热,J/kg。

$$V^* = V_V + V_L \frac{f D_{LO}}{D_{VT}} \tag{10-7}$$

式中　　V^*——总体积,m³;
　　　　V_V——蒸气空间体积,m³;
　　　　V_L——容器内液体体积,m³;
　　　　f——闪蒸系数;
　　　　D_{LO}——液体密度,kg/m³;

D_{VT}——与容器破裂时的压力和温度相对应的饱和蒸气的密度，kg/m³。

$$W_{TNT} = \frac{0.024pV^*}{K-1}\left[1-\left(\frac{1}{p}\right)^{\frac{K-1}{K}}\right] \tag{10-8}$$

式中　W_{TNT}——TNT 当量，kg；
　　　　p——容器破裂时的绝对压力，Pa；
　　　　K——常数 1.4。

五、预防对策

压力液化气体爆炸事故的预防措施与锅炉爆炸类似，就是尽力设法使高压密闭的外壳不产生裂缝之类的开口，主要包括：

(1) 保持容器的耐压强度。在锅炉或液化气储罐这样一些耐压容器的制造中，必须消除焊接等工作上的缺陷；进而在使用中注意防止由于腐蚀等原因引起器壁变薄，以保持容器的强度。

(2) 防止容器因外力而引起破坏。装载液化气的汽车槽车、火车罐车或货轮，由于碰撞、触礁等外加载荷使槽车产生损伤时，如果裂口足够大，便会立即发生蒸气爆炸；即使裂口很小，如果泄漏气体的火焰使槽车加热，也能发生蒸气爆炸。

因此，应极力避免运输时发生交通事故。此外，也必须充分考虑一旦发生交通事故如何防止槽车破坏的措施。

(3) 防止因火灾引起加热。由罐容器裂开处漏出的气体产生的火焰，往往使罐本身或附近的其他罐加热，有时被加热罐的安全阀开启，泄放出气体产生的火焰又加热其他的罐，由于内压上升和强度降低，罐体产生裂口，造成蒸气爆炸。

在这种情况下，如果在罐的表面浇水冷却，使遭受火焰烘烤的罐外壳温度不升高，那么就有可能防止罐的破坏和蒸气爆炸。

(4) 防止反应失控。

(5) 避免过量充装。

(6) 点火源的管理。加强点火源的管理，既可以防止发生火灾而加热液化气罐，又能防止蒸气爆炸后泄漏扩散的可燃气体与空气的混合物发生爆炸。

第五节　锅　炉　爆　炸

锅炉的功能主要是产生水蒸气，其内部储存有高压水蒸气。锅炉在运行中承受高温高压，由于腐蚀、疲劳、过热等原因而使锅炉的耐压强度下降，会引起锅炉破裂。锅炉破裂往往并不只是简单地造成水蒸气或热水泄漏事故，它还可以导致更为严重的事故——破裂后水蒸气急剧蒸发、锅炉发生激烈的爆炸。本节所谓的锅炉爆炸即是指这种现象。

一、事故案例及分析

1948 年，日本东京一座直径为 0.74 m、高为 1.13 m，使用压力为 4×10^5 Pa 的小型立式锅炉发生爆炸。其结果是 180 kg 重的筒体中央部分与炉体分离，朝着与地面成 70°角的方向飞去，落到离安装地点大约 50 m 远的地方。

1972年2月21日12时20分左右,"协照丸"货轮在港口停泊。船尾机房的辅助锅炉发生猛烈的蒸气爆炸,船体在船尾部被切断,12时24分左右船体沉没。14名船员中12人死亡,2人重伤。辅助锅炉直径为3.8 m,封头之间长度为2.2 m。据估计是由于水位下降,火管等露出水面。封头局部受到异常过热,靠船尾的接近热水面的封头发生开裂并逐渐形成了大的裂缝,高压水蒸气喷出而引起爆炸。炉筒和前封头的接合部剥离,炉筒带着后封头一起飞向船尾方向。

1978年10月13日,湖北大同湖农场一台连续运行时间仅18个月的KZL4-1.27型锅炉,在工作压力为1.1 MPa的情况下突然发生爆炸,锅炉从后管板上部扳边处撕开。27 t重的锅炉本体向前冲出十余米远,156 m² 的锅炉房全部摧毁,邻近厂房和设备也受到不同程度的损坏,造成1人死亡、4人受伤,经济损失达4.4万元。经检查,爆炸因锅炉后管板扳边弯曲处上方撕开而发生,破口长1.71 m。

1980年,重庆綦江化肥厂一台卧式烟管废热锅炉发生爆炸,造成1人死亡、2人重伤、3人轻伤,经济损失达50.3万元。锅炉正在上水时发生爆炸。爆炸后锅炉壳体飞离原处13.3 m,炉管主体飞离23 m,上部某集汽包的半块飞出205 m,另外半块飞出330 m,集汽包顶盖封头飞出235 m,主蒸汽阀飞出1000余米。检查后发现,锅筒沿上部连续开口处的轴线方向撕裂。

上述几个事故并不是在超压下发生的。如果破裂只是限于筒体或火管的一部分,应该仅仅发生泄漏水蒸气或热水事故,不至于发生炉体大爆炸。对此,日本学者斋藤和芳贺针对前述的1948年的爆炸事故进行了计算分析。一般来讲,在某种压力下存在的饱和水,如果绝热膨胀到常压时,对外所做的功为

$$U_w = [(i_1 - i_2) - (S_1 - S_2)T_2] M_w \times 427 \qquad (10-9)$$

式中　U_w——筒体中每千克水放出的能量,kg·m;

　　i_1、S_1——在某压力下每千克饱和水的焓和熵;

　　i_2、S_2——大气压下100 ℃每千克饱和水的焓和熵;

　　T_2——100 ℃的绝对温度;

　　M_w——罐内水的质量,kg。

热功当量为427 kg·m/kcal。

实际上,爆炸时锅炉的使用压力为 4×10^5 Pa,因此 $i_1=152.6$ kJ/kg,$i_2=100$ kJ/kg,$S_1=0.446$ kJ/(kg·K),$S_2=0.3115$ kJ/(kg·K),$T_2=373$ K,$M_w=183$ kg,代入式(10-9)计算可得 $U_w=190\times10^3$ kg·m。

如果再加上该压力下水蒸气绝热膨胀的功,则总能量为 $U_w=221\times10^3$ kg·m。

另外,假设爆炸后飞出的筒体对地面的角度为 $\theta=70°$,飞出的水平距离 $D=50$ m,则初始速度 V 为

$$V = \sqrt{\frac{Dg}{\sin 2\theta}} \qquad (10-10)$$

式中　g——重力加速度,9.8 m/s²。

由式(10-10)可算出初始速度 $V=27.6$ m/s。考虑到空气阻力,筒体初始速度可取为30 m/s,则筒体的动能 W 为

$$W = \frac{1}{2} g M_B V^2 \qquad (10-11)$$

式中 M_B——筒体质量。

设 $M_B = 180$ kg，经计算得 $W = 8.26 \times 10^3$ kg·m。

二、实验研究及发生机制

日本学者北川和小木曽对 1972 年"协照丸"货轮上发生的锅炉爆炸事故进行了模拟实验。他们采用 25 L 的卧式圆筒形容器进行实验，当水温达到 173 ℃，蒸气压达到 8.7 kg/cm² 时，设置在罐内水面附近的破裂板破裂，发生了激烈的蒸气爆炸，支撑筒体的钢材变弯，筒体急速后退，猛撞在防护墙上。由于冲击，压力计及其他测量器件破损。以前的实验研究，曾经给出了当水温范围为 110 ~ 155 ℃，蒸气压范围为 1.46 ~ 5.50 kg/cm² 时，由蒸气爆炸而产生的最高压力（p）的计算公式：

$$\log p = 1.43 \times 10^{-2} \Delta T + \log 2 \qquad (10-12)$$

式中 p——最高压力，10^5 Pa；

ΔT——水的常压沸点和水温之差，℃。

现利用式（10-12）对这次事故产生的最高压力进行计算：假设锅炉最初破坏时的蒸气压力为 10.5×10^5 Pa，此时相应的水温为 181 ℃，$\Delta T = 81$ ℃，于是得到最高压力 $p = 31.7 \times 10^5$ Pa。

根据实验还得知，蒸气爆炸的最高压力因破裂板的开口面积和罐内水的表面积之比不同而有差别。如果这一比值在 1/125 以下，便不会发生蒸气爆炸。这也就是为什么锅炉上的安全阀在超压排气时不会发生蒸气爆炸的道理。

实验还证实，破裂部位越靠近罐内水面，破裂时压力降低的传递越快，蒸气爆炸就越猛烈。

根据有关的实验研究和分析可以得出：锅炉爆炸的直接原因是由于腐蚀、疲劳或材质缺陷等使锅炉受压部件的强度降低后产生了裂口。大量的饱和水和饱和水蒸气向裂口急速喷出后，由于喷出速度迅猛，锅炉内的大量饱和水产生水击现象，使裂口扩大。锅炉内的饱和水和饱和水蒸气的压力瞬间降为大气压，大量的饱和水及饱和水蒸气迅速汽化膨胀。由表 10-7 可以看出，饱和水的膨胀倍数可达 200 ~ 300 倍，随着压力的增加可高达 400 倍。而饱和水蒸气也要膨胀几十倍，最终导致了锅炉爆炸的发生。

表 10-7 饱和水及饱和水蒸气膨胀倍数

压力/MPa	0.9	4.5	8.0	1.10	1.60
饱和水	201	349	391	406	408
饱和水蒸气	6.9	30.0	53.7	74.2	117

三、预防对策

综上所述，锅炉爆炸时首先是产生了破裂口，一旦破裂，过热状态下饱和水的迅速汽化是在瞬间完成的，因此，制止饱和水的迅速汽化是极其困难的。为了防范锅炉爆炸事故的发生，最重要的是要防止出现裂口，所以预防对策也是基于这点来考虑的。

（1）锅炉结构应合理：主要包括要保证锅炉受压元件的强度，要符合国家有关标准；尽量减少复合集力或应力集中（如遵守焊缝上不得开胀接管口等规定）；应保证正常的水循环。

（2）正确选用锅炉用钢材：由于锅炉运行条件比较恶劣，钢材选择尤为重要，要符合国家有关规定。前述的1978年湖北省大同湖农场锅炉爆炸事故，爆炸原因虽属疲劳断裂，但钢材选择有误，也是一个重要原因。按规定锅筒应采用16Mn钢板，经化验，实际上用的却是16MnCu钢板。不适当的钢板加速了锅炉失效速度。

（3）提高使用及管理水平：近几年我国锅炉事故原因分析表明：75%以上事故原因是使用及管理不当，因此要提高使用及管理水平。主要包括加强培训，以提高其业务素质和责任心；建立健全各项规章制度；加强水处理工作，保证锅炉用水质量；坚持定期检验制度等。

第十一章 火灾爆炸监测监控

第一节 燃爆气体传感器

液化气、天然气、煤制气等燃气作为清洁能源的普及应用使由燃气泄漏引发的爆炸、中毒和火灾事故也越来越多。对于此类事故的防治应防患于未然，严格贯彻执行我国"安全第一、预防为主、综合治理"的安全生产工作方针，严防燃气泄漏，在燃气泄漏的情况下能及时发现并报警，以迅速采取措施防止火灾、爆炸事故的发生。用来检测燃气泄漏的装置即燃气报警器。

燃气报警器可分为可燃气体检漏仪（简称"检漏仪"）、可燃气体报警控制器（简称"控制器"）、可燃气体探测器（简称"探测器"）、家用可燃气体报警器（简称"报警器"）四大系列产品。

检漏仪的体积较小，可随身携带或手持，主要应用于燃气管理的查漏与巡线。若有燃气泄漏，检漏仪便会发出声光报警，以防止爆炸等恶性事故的发生。有的仪器还可同时数字显示气体浓度，以便检测人员及时掌握燃气泄漏情况。

控制器+探测器可在防爆现场长期监测气体的浓度。探测器安装在防爆现场，控制器壁挂在值班室等有人值守的地方，二者采用屏蔽电缆线连接。当在现场的探测器探测到燃气泄漏之后，通过屏蔽电缆线将信号传到控制器，控制器在发出声光报警的同时，可通过安全联锁系统启动排风装置或切断气源，以避免事故的发生。此种仪器广泛应用于液化气站、汽车加气站、锅炉房等工业场所。

报警器为居民家庭用的燃气报警器，一般安装在厨房，遇燃气泄漏时，报警器可发出声光报警，或同时伴有数字显示，同时联动外部设备。有的报警器可与相关控制设备联动，在报警的同时自动开启排风扇将燃气排出室外，或自动关闭燃气阀门阻止燃气继续泄漏。

以上报警器的核心均为气体传感器，俗称"电子鼻"，它可以感知所处环境可燃气体的浓度，并将其转化为电信号，当周围空气中燃气浓度达到报警设定值时，会触发燃气报警器发出声光报警信号，有的还可显示燃气浓度或启动外部联运设备（如排风扇、电磁阀等）。

气敏传感器的种类很多，主要有金属氧化物半导体式、接触燃烧式、热传导式、团体电解式、伽伐尼电池式、光干涉式及红外线吸收式等。目前工厂和家庭中最常用的气敏传感器有半导体式和接触燃烧式。

一、半导体气敏传感器

半导体气敏传感器主要用于检测低浓度的可燃性气体和毒性气体，如 CO、H_2S、NO_x、Cl_2 及 CH_4 等碳氢系气体，其测量范围为几 ppm 至几千 ppm。

半导体气敏传感器的分类方法很多：按照使用的基本材料可分为 SnO_2 系、ZnO 系、Fe_2O_3 系等，按照被检测气体对象可分为氧敏器件、酒敏器件、氢敏器件等，按制作方法和结构形式可分为烧结型、薄膜型、厚膜型等，按工作原理还可分为电阻型、非电阻型。

由于半导体气敏传感器具有灵敏度高、响应时间和恢复时间快、使用寿命长、价格低等特点，所以是目前应用最广泛的一类气敏传感器。

（一）工作原理

半导体气敏元件在被测气体与半导体表面接触时，其电学特性（如电导率）发生变化，利用此变化便可检测特定气体的成分或气体的浓度。半导体气敏元件的工作原理比较复杂，涉及化学吸附和化学反应等。这里仅介绍其基本工作原理。

气敏元件工作时需加热到 200～400 ℃，其目的是加速气体的吸附、脱附过程，提高元件的灵敏度和反应速度，同时烧去附着在探测部分的油雾、尘埃等污物，起到清洗作用，另外控制不同的加热温度还可以增强对被测气体的选择性。

当气敏元件被加热到稳定状态后，被测气体接触气敏元件表面而被吸附，吸附分子首先在元件表面自由地扩散（物理吸附）失去其运动能量，其中的一部分分子蒸发，残留分子产生热分解而固定在吸附处。这时，如果器件的功函数小于吸附分子的电子亲和力，则吸附分子将从器件夺取电子而变成负离子吸附。具有负离子吸附倾向的气体有 O_2 和 NO_x，称之为氧化型气体。如果器件的功函数大于吸附分子的离解能，吸附分子将向器件释放出电子而成为正离子吸附。具有这种正离子吸附倾向的气体有 H_2、CO、碳氢化合物和酒类等，称之为还原性气体。

当氧化性气体吸附到 N 型半导体上，还原性气体吸附到 P 型半导体时，将使载流子减小，电阻增大；相反，当还原性气体吸附到 N 型半导体上，氧化性气体吸附到 P 型半导体上时，将使载流子增多，电阻下降。这种阻值变化情况如图 11-1 所示。通过对电阻值变化的测量，便可测出可燃气体浓度。

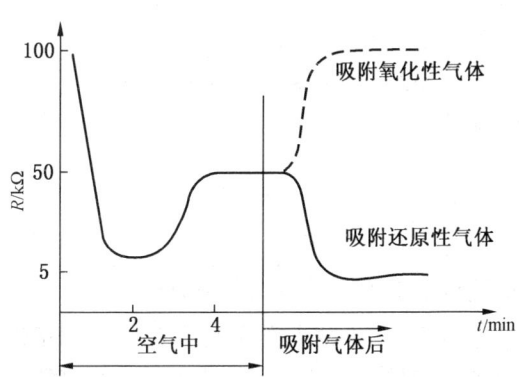

图 11-1 N 型（SnO_2）气敏元件电阻与吸附气体的关系

当气敏传感器通电后，气敏元件的电阻值会急剧下降，过一段时间后又逐步上升到一稳定值。这一段时间为 2～10 min，称为初始稳定状态。达到初始稳定状态的时间及输出稳定的电阻值，除与元件本身有关外，还与元件所处的环境条件有关。达到初始稳定状态后，才能用于气体检测。由于半导体气敏传感器是以被测气体和半导体表面或基体间的可逆反应为基础的,所以能够反复使用。

(二) 半导体气敏传感器的结构

从制造工艺上可将半导体气敏元件分为烧结型、薄膜型、厚膜型三种。烧结型是目前应用最广泛、最成熟的气敏元件,主要包括 SnO_2、ZnO 和 Fe_2O_3 等。SnO_2 烧结型是世界上生产量最大、应用最广泛的气敏器件,主要用于检测还原性气体、可燃性气体和液体蒸气,在器件工作时需加热到 300 ℃左右。按加热方式不同,SnO_2 烧结型分为直热式和旁热式两种结构。

1. 直热式 SnO_2 气敏器件

直热式 SnO_2 气敏器件的结构如图 11-2a 所示,器件管芯由 SnO_2 基体材料、加热丝、测量丝三部分组成。加热丝和测量丝都直接埋在 SnO_2 材料内。工作时,加热丝通电加热,测量丝用于测量器件阻值。

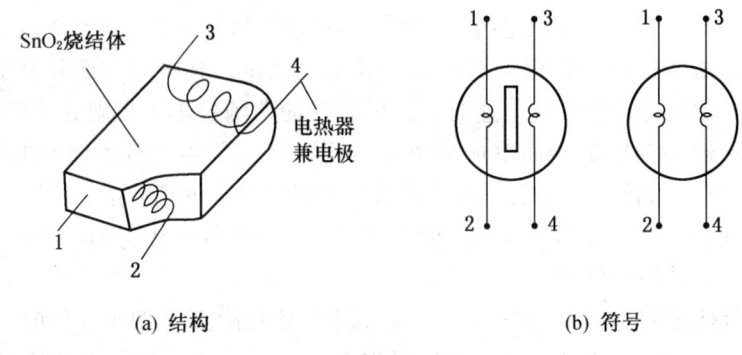

图 11-2 直热式 SnO_2 气敏器件的结构和符号

直热式 SnO_2 气敏器件的优点是制备工艺简单、成本低、功耗小,可以在高回路电压下使用,可制备价格低廉的可燃气体泄漏报警器;缺点是热容量小,易受环境气流的影响,测量回路与加热回路没有隔离,互相影响等。除早期产品采用这种结构形式外,现已很少使用,我国的 QN 型和 MQ 型气敏器件,以及日本的费加罗 TGS109 型气敏器件就是这种结构。

2. 旁热式 SnO_2 气敏器件

旁热式 SnO_2 气敏器件的结构如图 11-3a 所示,其管芯增加了一个陶瓷管,在管内放进高阻加热丝,管外涂梳状金电极作测量极,在金电极外涂 SnO_2 材料。

与直热式 SnO_2 气敏器件相比,旁热式 SnO_2 气敏器件的测量极与加热丝是分开的,避免了测量回路与加热回路之间的相互影响;器件热容量也相对较大,更易于抵御环境对器件加热温度的影响并保持 SnO_2 材料结构的稳定。所以旁热式 SnO_2 气敏器件的稳定性和可靠性与直热式 SnO_2 气敏器件相比有了较大的改进。我国的 MQ-31 型、QM-N5 型气敏器件,以及日本的费加罗 TGS812 型、TGS813 型气敏器件等均采用这种结构。

烧结型 SnO_2 气敏器件在被测气体浓度较低的情况下测量灵敏度较高,器件电阻变化明显,而在被测气体浓度较高的情况下,器件电阻趋于稳定值。因此,此类器件更适合于检测低浓度微量气体,常用于可燃气体检漏和定限报警。

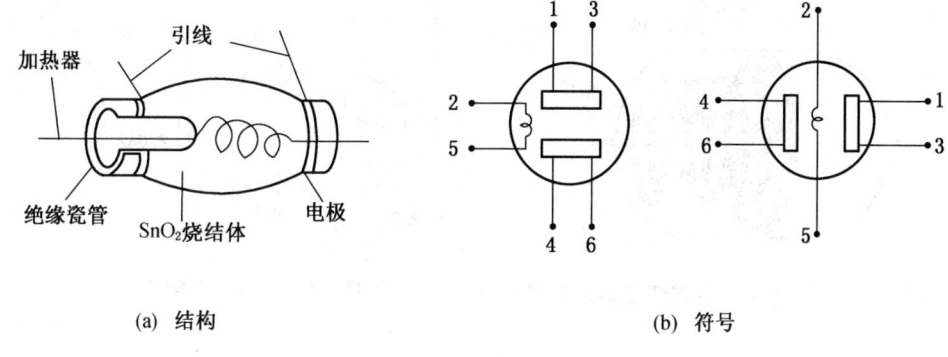

(a) 结构　　　　　　　　　　(b) 符号

图 11-3　旁热式 SnO_2 气敏器件的结构和符号

Fe_2O_3 系气敏器件也是常用可燃性气体检测传感器，其结构与 SnO_2 气敏器件一样，也是烧结体，外加防爆罩。此系列器件包括 $\gamma - Fe_2O_3$ 和 $\alpha - Fe_2O_3$ 两种气敏器件。$\gamma - Fe_2O_3$ 气敏器件对丙烷和异丁烷等气体有较高的灵敏度，但对甲烷的敏感性较弱，所以主要用于以丙烷和异丁烷成分为主的液化石油气的检测。$\alpha - Fe_2O_3$ 气敏器件对甲烷有很高的灵敏度，对水蒸气和乙醇不敏感，主要用于对天然气、煤矿瓦斯等以甲烷为主要成分的可燃性气体的检测，也常用于家庭燃气报警器。

二、接触燃烧式气敏传感器

接触燃烧式气敏传感器主要用于可燃性气体的检测，其测量范围为几 ppm 至爆炸下限浓度。这类传感器适用于石油化工厂、造船厂、矿井及隧道等场合，用来检测碳氢化合物及石油类可燃性气体。

接触燃烧式气敏传感器是利用测量由于燃烧作用而产生的燃烧热来检测可燃性气体的一种气体传感器。

检测元件是由 $\phi 0.05$ mm 的铂丝线圈、氧化铝或氧化铝与氧化硅组成的涂覆层，以及涂覆层外表上敷的铂、钯等贵金属催化层组成的。其结构如图 11-4 所示。

在进行气体检测时，对铂丝线圈通入电流，使检测元件保持高温（300~400 ℃），此时，若与可燃性气体接触，就会在贵金属催化层上发生燃烧现象，使传感器温度上升，铂丝电阻增大，通过测量铂丝电阻的变化就可以测出可燃性气体的浓度。这里，铂丝线圈既起加热作用，又起检测电阻变化的作用。这种传感器在实际应用中一般再增加一个补偿元件，用于补偿环境温度、电源电压等变化所引起的偏差，其结构与检测元件基本相同，只是没有催化层。测量电路一般采用电桥电路，如图 11-5 所示。当空气中有一定浓度的可燃气体时，传感器由于燃烧，温度上升，阻值增大，使电桥失去平衡，有电压输出，起到检测作用。

这种传感器有两种封装形式，一种是将检测元件与补偿元件封装在一个双层不锈钢防爆网内，另一种是检测元件与补偿元件分开封装，如图 11-6 所示。

接触燃烧式气敏传感器与半导体气敏传感器相比具有如下优点：

（1）传感器输出信号与各种可燃性气体或蒸气的浓度成正比，具有良好的线性关系，如图 11-7 所示。因此，可以作为定量检测元件。

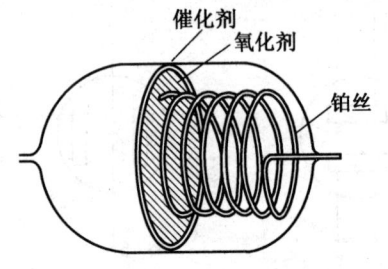
图 11-4 接触燃烧式气敏传感器的结构

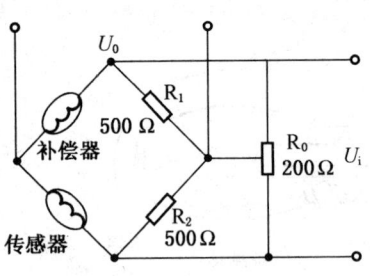
图 11-5 电桥测量电路

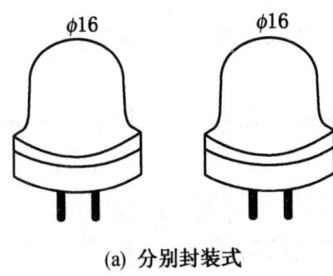
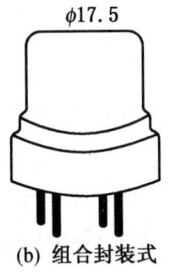

(a) 分别封装式　　(b) 组合封装式

图 11-6 传感器封装形式

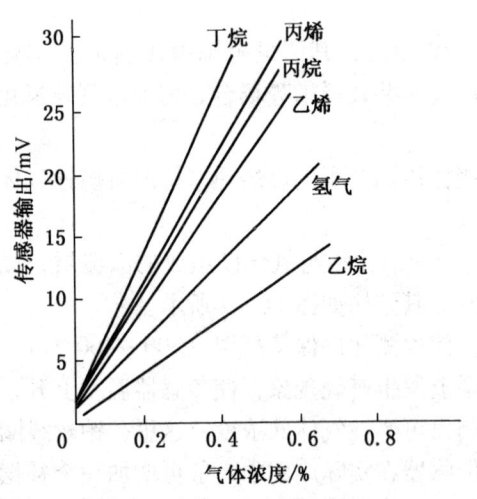

图 11-7 接触燃烧式气敏传感器的
灵敏度特性

(2) 由于大多数可燃性气体（除乙炔、氢气、二硫化碳外）临界燃烧热（mQ）即摩尔燃烧热（Q）与爆炸下限浓度（m）的乘积大体上是一个常数，也就是说，传感器接触燃烧产生的电压输出 V 与可燃性气体的种类几乎无关，这样，与之配套的二次仪表的设计制作可简单化。

(3) 与半导体气敏传感器不同，这种传感器不受环境湿度的影响。这一特性使得它的应用范围更加广阔。

接触燃烧式传感器的缺点是响应速度稍慢，灵敏度比较低，信号处理需高倍数放大电路；催化层活性高，易与硫、氯等元素化合而失去催化作用，出现"中毒"现象，不宜用于含有二氧化硫等有害气体的环境。

图 11-8 所示为可燃性气体泄漏报警电路。图中，传感器型号为 UL-267 或 UL-248，A_1 和 G_1 组成稳压电源，调整 R_{w1} 可输出 1.75 V 电压电源，调节 R_{w2} 使在洁净空气中电桥输出为零，A_2 接成增益为 1 的差动放大器，A_3 接成同相放大器，调节 R_{w3} 可获不同放大倍数，A_4 接成比较器，调节 R_{w4} 可设置不同浓度的报警阈值，比较器输出接 G_2，G_2 为集电极开路，可接入蜂鸣器或 LED 显示等。

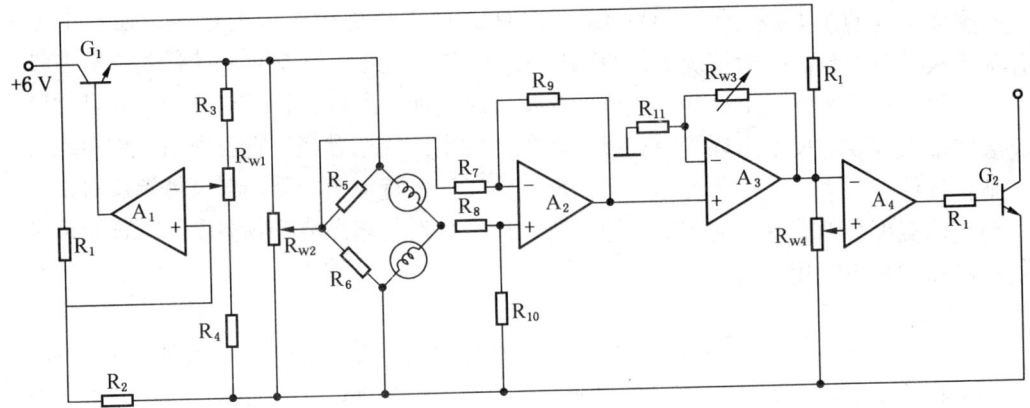

图 11-8　可燃性气体泄漏报警电路

第二节　火灾探测与报警系统

一、火灾探测理论基础

火灾是由失控的燃烧引发的灾害。在燃烧过程中，会产生火焰、燃烧音、燃烧产物和大量的热。火灾探测就是通过对火焰、燃烧音、燃烧产物、热等物理特征的监测来判断是否有火灾发生的。

（一）火灾现象的物理特征

1. 火焰

火灾中燃烧火焰的温度通常为 900~1400 ℃。火灾燃烧时除氧化反应所形成的燃烧产物外，还会产生大量炽热微粒。由于这些炽热微粒的存在，使火焰发射出肉眼可见的光线，称之为发光火焰或有焰火焰。发光火焰通常会表现出光谱、辐射、形状和闪烁等物理特征。这些以光速传播的物理特性使远距离火灾监测（如卫星监测和飞机巡测等）成为可能。

2. 燃烧音

燃烧过程中产生的高温会加热周围空气，使之膨胀，形成压力声波，其频率仅在数赫兹左右，这就是燃烧音。其传播速度为声速。

所有物质燃烧都会产生这种超低频率声音，且在这个频带范围内，日常杂音很少，所以，对其进行监测可以在很大程度上避免环境噪声对探测器所造成的干扰。试验表明，燃烧时在可听域及超声域也会产生声波。但在可听域频带内，由于日常杂音的存在使燃烧产生的声波不易被准确判断；而在超声域，虽然日常杂音极少存在，但并不是所有的燃烧都会产生超声波，因此若以超声波进行火灾探测，则有可能产生漏报警。

3. 燃烧产物

燃烧产物即烟气，由气态产物和固态产物组成，其运动速度较慢，仅为每秒数米到数十米。

1) 气态燃烧产物

气态燃烧产物的主要成分为 H_2O、CO 和 CO_2。由于环境中湿度的影响，通常不把 H_2O 作为火灾探测参数。一般情况下，CO 和 CO_2 在空气中的含量极低，只有燃烧发生时才会大量产生，从而使空气中这两种气体的含量急剧增加。所以，针对这两种气体进行监测，将会在很大程度上反映出环境中有燃烧现象的发生。气态燃烧产物表现出三种形式的物理特征：气体特征谱、气体浓度和气体温度。由于气体特征谱的强弱与气体温度有很大关系，而气体温度会随着气体的扩散迅速下降，所以针对气态燃烧产物温度和气体特征谱的火灾探测技术并不常用。

2）固态高温产物

固态高温产物来源于可燃物中的杂质，以及高温状态下可燃物热裂解所形成的物质。其形式为炽热微小颗粒，粒径从 0.025～100 μm 不等，温度则可从数百摄氏度一直到千摄氏度以上。高温状态中的微粒通常本身带有静电荷，可吸收光线或散射光线，可阻挡或吸收离子，以及具有高温等物理特征。

火灾中的烟即为微粒群的集合，其带有的热量可驱动烟并使之形成自然对流。烟在流动过程中与周围空气不断地进行热交换，因此温度逐渐下降；同时还与周围空气不断进行着质量的相互扩散，从而浓度逐渐降低。

（二）火灾探测

1. 火灾探测技术

火灾探测技术的实质是利用传感元件感受火灾中的物理特征，并将其转换为电信号，通过对信号的处理作出是否发生火灾的判断。

根据火灾的物理特征，人们已经利用数十种物理量转换效应作为火灾探测原理，并研制开发出相应的火灾探测器，见表 11-1。这些火灾探测器可分为气敏型、感温型、感烟型、感光型和感声型五大类型。针对这些物理特征而构成的具体探测技术，又可形成 8 个种类（图 11-9）。

表 11-1 火灾探测原理及探测技术实质

现象	火灾										
类型	质量流							能量流			
物理表现	可燃气体、燃烧气体、烟颗粒、气溶胶							火焰		燃烧音	
监测对象	气体浓度	气体及烟雾温度		电荷	光效应		离子效应	辐射光强	辐射光谱	声波	
探测原理	气电效应	热胀冷缩	相变效应	热电效应	电荷电流	减光效应	光散射效应	离子电流	热电效应	光电效应	压电效应	电磁效应
技术分类	气敏型	感温型			感烟型				感光型		感声型	
探测器类型	可燃气体型	燃烧气体型	气膜型空气管	双金属熔丝型	半导体热电偶	静电型	光电型	光束型	图像型	离子型	红外型	紫外型	图像型	次声型	超声型
探测实质	还原气体	CO、CO_2	温度及其变化			电荷微粒	微粒				高温发光		压力波动	
误报因素举例	钢铁生产环境	—	环境温度改变			高湿度环境	灰尘、水蒸气				电焊、太阳光、高温体		电风扇、空调	

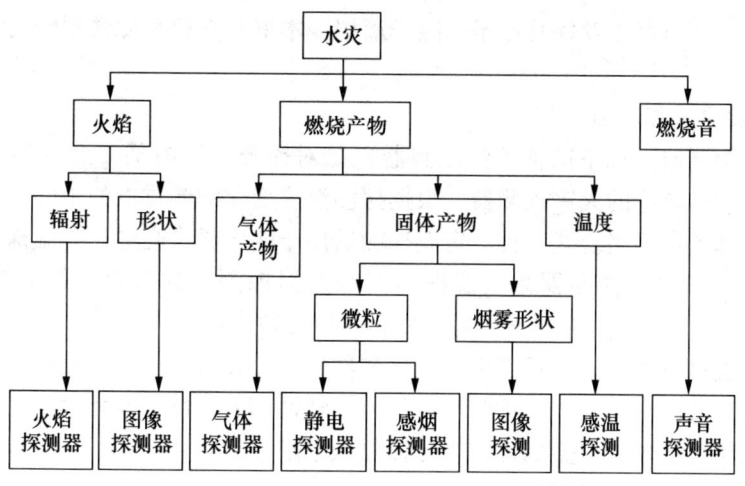

图 11-9 对应于火灾现象的火灾探测器种类

2. 火灾探测算法

火灾探测原理和相应的传感技术解决了火灾现象中表现出来的物理特征参量的测量问题,根据测量结果是否给出火灾报警还需要火灾探测算法的参与,即利用火灾探测算法来确定物理参量测量值是否达到报警值。火灾探测算法可归纳为阈值法和过程法。

1) 阈值法

阈值法是一种最简便且使用最为普遍的火灾探测算法。此方法是预先设定一个(或若干个)判断阈值,一旦检测到所探测的火灾物理信号超过判断阈值,就发出火灾报警。确定判断阈值的基本原则之一是在探测器的工作过程中,必须能够滤除偶尔出现的干扰信号,同时又不会漏掉真正的火灾信号。为避免受到环境中相关物理因素的影响(如积累的污染物对感烟探测器的影响,气温变化对感温探测器等的影响),目前火灾探测器的判断阈值不再设计为恒定值,而是采用浮动型判断阈值,即通过对影响探测器的环境中的物理因素的变化(通常是缓慢变化)进行自动识别及跟踪,随时调整判断阈值的大小,以保证探测器具有稳定的灵敏度。

2) 过程法

过程法是近年来随着计算机技术的发展而发展起来的一种火灾探测算法。在火灾发生发展过程中,各个物理特征参量也表现出一定的发展规律,利用传感器将现场监测到的物理量信号传送给计算机,计算机将这种信号变化历程与事先储存的、由模拟实验得到的实际火灾信号变化历程进行比较,然后作出是否有火灾发生的判断并决定是否给出火灾报警信号。

二、火灾探测器

根据不同的火灾燃烧现象研制的火灾探测器主要有感温火灾探测器、感烟火灾探测器及感光火灾探测器三种。另外还有复合火灾探测器,如感温感光型、感温感烟型等。

任何一种探测器都不是万能的,都有一定的环境适应性,也就是有一定的使用局限性。要想有效地发挥各种火灾探测器的作用,就要掌握各种火灾探测器的探测原理,以及它的适用场所,才能真正发挥其作用。限于篇幅,本书只介绍几种常用的火灾探测器的原理及其功能。

(一) 感温火灾探测器

感温火灾探测器(以下简称感温探测器)是对探测区域内某一点或某一连续线路周围的温度参数敏感响应的火灾探测器。根据探测温度变化的侧重点的不同,感温探测器分为定温、差温和差定温组合式三种。定温探测器用于响应异常高温,差温探测器用于响应异常升温速率,差定温探测器是定温探测器与差温探测器的组合。根据探测温度方式(点或线)的特点,感温探测器又分为点型和线型两种形式。

探测器对温度参数的敏感程度由组成探测器的核心元件——热敏元件决定。热敏元件由对温度变化敏感的材料制成,这些材料的物理特性随着温度的变化会发生显著变化。如易熔合金、酒精玻璃球、双金属片、半导体热敏电阻等。

常用的感温探测器有以下5种。

1. 双金属片定温探测器

双金属片定温探测器由热膨胀系数不同的双金属片和固定触点组成。当环境温度升高时,双金属片由于两种金属的热膨胀系数不同而发生弯曲;当达到一定温度时,双金属片上的触点与固定触点闭合,输出报警信号。

2. 易熔金属定温探测器

易熔金属定温探测器在吸热罩的中间焊有一小块低熔点合金(熔点为70~90℃)与拉杆连接,拉杆上端一定距离处有一弹性触片及固定触点,正常监视状态它们互相不接触。如遇火灾,当温度升至标定值时,低熔点合金熔化,拉杆借助弹簧弹起,使触片与固定触点接触而发出报警信号。该探测器结构简单、牢固可靠、误动作少。

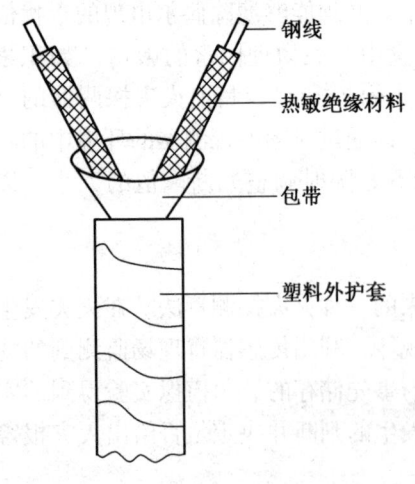

图 11 - 10 热敏电缆结构图

3. 缆式线型定温探测器

缆式线型定温探测器的敏感元件是一条热敏电缆,电缆由两根包着热敏绝缘材料且相互绞对的弹性钢线、包带及塑料外护套组成,如图 11 - 10 所示。在正常监视状态下,两根钢线间呈绝缘状态。当受探测器保护的某一部位温度上升时,热敏绝缘材料的电阻值会发生变化,即两根钢线间的绝缘状态发生变化,这种变化可由控制器测出,当温度上升到阈值的时候,探测器发出报警信号。当热敏电缆或传输线任一处断线时,控制器会发出故障信号。

4. 电子差定温探测器

电子差定温探测器原理框图如图 11 - 11 所示,采用两只 NTC 热敏电阻,其中取样电阻 R_M 位于监视区域的空气环境中,参考电阻 R_R 密封在探测器内部。当外界温度变化缓慢时,R_M 和 R_R 均有响应,探测器无动作。当外界温度急剧升高时,R_M 阻值迅速下降,而 R_R 阻值变化缓慢,探测器表现出差温特性,内外温差达到预定值时,探测器给出火警信号。

5. 差温探测器

差温探测器有膜盒差温探测器和空气管式线型差温探测器两种,如图 11 - 12 所示。

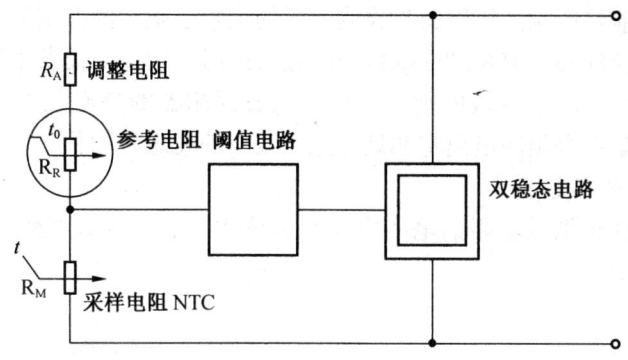

图 11-11 电子差定温探测器原理框图

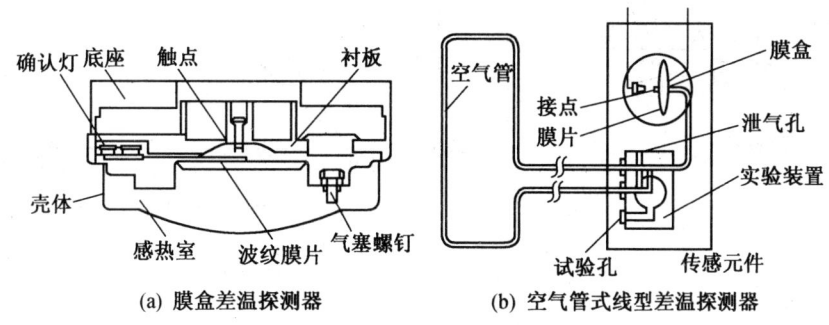

(a) 膜盒差温探测器　　(b) 空气管式线型差温探测器

图 11-12 差温探测器结构图

1）膜盒差温探测器

膜盒差温探测器主要由感热室、波纹膜片、气塞螺钉及触点等构成，如图 11-12a 所示。壳体、衬板、波纹膜片和气塞螺钉形成密闭的气室，即感热室，室内空气只能通过气塞螺钉的小孔与大气相通。当环境温度缓慢变化时，感热室内的空气通过小孔的调节作用，使内外压力保持平衡。如遇火灾，由于升温速率很快，室内空气迅速受热膨胀，来不及外逸，气室内压力显著增高，将波纹膜片凸起，接通触点，发出火警信号。

2）空气管式线型差温探测器

空气管式线型差温探测器是感受升温速率的一种火灾探测器。它由敏感元件和传感元件两部分组成：①敏感元件空气管为紫铜管，置于要保护的场所；②传感元件膜盒和电路部分可装在保护现场内或现场外，如图 11-12b 所示。当气温正常变化时，受热膨胀的气体能从传感元件泄气孔排出，因此不能推动膜片，动、静接点不会闭合。一旦警戒场所发生火灾，现场温度急剧上升，使空气管内的空气突然受热膨胀，泄气孔不能立即排出，膜盒内压力增加推动膜片，使之产生位移，动、静接点闭合，接通电路，输出报警信号，使火灾报警控制器发出警报。

（二）感烟火灾探测器

感烟探测器是对环境烟浓度敏感响应的火灾探测器，主要有点型离子感烟探测器、点型光电感烟探测器和线型红外光束感烟探测器。

点型离子感烟探测器是对能够影响探测器内电离电流的烟粒子敏感的探测器，点型光电感烟探测器是对能够影响光辐射的吸收或散射的烟粒子敏感的探测器,线型红外光束感烟探测器是能够感受红外光束强度受烟粒子吸收或散射作用影响而发生变化的探测器。

探测器对火灾发生时烟参数的敏感程度由组成探测器的核心元件——感烟部件所决定。感烟部件分为烟敏电阻的电离室和烟雾光电效应的光感室两种。

1. 烟敏电阻的电离室

用于探测火灾作为烟敏电阻的电离室通常为体积小、电场分布较均匀的平行板电离室,如图 11-13a 所示。

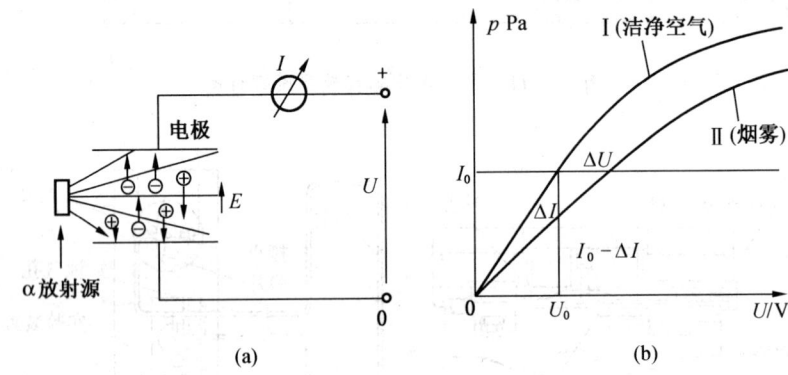

图 11-13　平行板电离室及其 I—U 特性曲线

在电离室中的放射源(通常用放射性同位素镅^{241})产生的 α 射线将空气电离成正离子和负离子。正、负离子在电场的作用下形成电离电流,洁净空气中的 I—U 特性曲线如图 11-13b 曲线 I 所示。当烟粒子进入电离室后会俘获离子,使其在电场中的运动速度大大降低,使正、负离子复合的概率增高,从而使电离电流减少,相应地电离室阻抗增加,烟雾中的 I—U 特性曲线如图 11-13b 曲线 II 所示。电离电流的变化与进入电离室的烟浓度有关,当烟浓度增加,电离电流减少到预定值时探测器便输出火警情号。根据电离室在探测器中使用方式的不同,目前市场上主要有双源双室探测器与单源双室探测器两种。

2. 烟雾光电效应的光感室

烟粒子对光的作用主要有散射和吸收两种。粒子向周围以同样波长再辐射已经接收的光能称为散射。光辐射能在粒子上转变为其他形式的能,如热能、化学反应能或不同波长的辐射称为吸收。在可见光和近红外光谱范围内,黑烟对光的作用以吸收为主,而灰白色烟对光的作用则以散射为主。光电感烟探测器就是利用烟粒子对光的散射和吸收的原理发展起来的火灾探测器。其感烟部件是烟雾光电效应的光感室(简称烟雾光感室),如图 11-14 所示。

在烟雾光感室内,光源 Q 经过透镜 L_1 和 L_2 传输一束平行的光线。

(1) 在无烟情况下,几乎所有的光线都会达到光电池 P_1,并产生一个电信号 S_1。光电池 P_2 几乎接收不到任何光线,在那里产生的电信号为零。

(2) 在有烟情况下,由于烟粒子对光辐射的吸收和散射作用,使达到光电池 P_1 的光线减少,导致电信号 S_1 减小,S_1 减小到一定值时,探测器便输出报警信号。用此种工作原理制成的探测器称作减光型探测器。由于光路设计和抗干扰的困难,点型减光型光电感

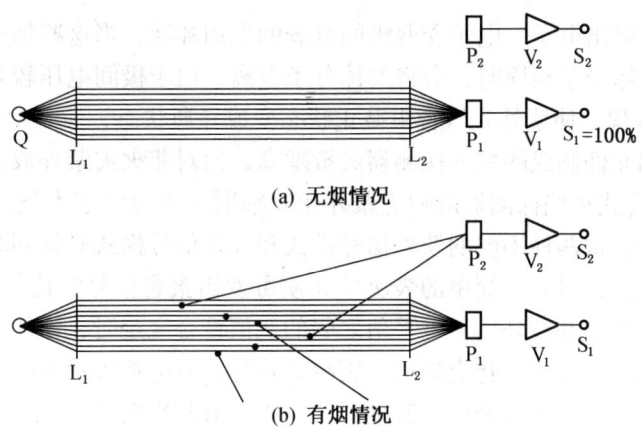

图 11-14 烟雾光电效应的光感室工作原理

烟探测器应用较少。

由于烟粒子对光线的散射作用使光电池 P_2 接收到光线，经放大器 V_2 放大后，产生了信号 S_2，S_2 大到一定值时，探测器便输出报警信号。用此种工作原理制成的探测器为散射光型探测器。此种探测器省电、响应烟的效果较好，应用较广泛。

在烟的质量浓度相同的条件下，对于离子感烟探测器来说，烟粒径越小，烟粒子数浓度越大，探测器相对响应灵敏度越大；烟粒径越大，烟粒子数浓度越小，探测器相应响应灵敏度就越小。对于散射光型探测器来说，烟粒径小于 0.4 μm，由于烟粒子散射光的作用较弱，因此探测器相对响应灵敏度较小。

(三) 点型火焰探测器

点型火焰探测器也称为点型感光火灾探测器，是利用探测环境电磁辐射（红外光谱带、可见光谱带和紫外光谱带）的变化来探测火灾的探测器。因为电磁辐射的传播速度极快，所以这种探测器对快速发生的火灾（尤其是可燃溶液、可燃液体火灾）或爆炸能够及时响应，是对这类火灾早期通报火警的理想的探测器。火焰探测器较感温探测器或感烟探测器探测的空间距离和保护面积都大。

按响应电磁辐射波长的范围，探测器分为紫外火焰探测器和红外火焰探测器。探测波长低于 400 nm 辐射能通量的探测器称作紫外火焰探测器，响应波长高于 700 nm 辐射能通量的探测器称作红外火焰探测器。由于在 400~700 nm 之间的可见光辐射谱区很难鉴别环境背景辐射与火灾辐射，因此极少有利用这个谱区辐射进行火焰探测的火灾探测器。

用于红外火焰探测器的光敏元件有硅（Si）、硫化铅（PbS）、砷化铟（InAs）、硒化铅（PbSe）和锑化铟（InSb）、钽酸锂等。为构成红外火焰探测器，除光敏元件外，还必须有窗口材料和光学元件。辐射波长低于 2.7 μm 时，窗口材料可选用玻璃；辐射波长超过 2.7 μm 时，窗口材料应选用熔融石英（辐射波长超过 4 μm 时透射率可大于 50%）。光学元件可选用红外系统透镜。

用于紫外火焰探测器的光敏元件有紫外充气光敏管、光敏碳化硅、氯化铝二极管和钼晶体探测器等。常用的紫外充气光敏管的结构是在充有一定量的氦气和氢气（两者的体积比为 10:1）的玻璃外壳内，装有两根高纯度钨丝或钼丝制成的电极，当电极受到紫外光辐射时，立即发射出电子，电子受两极间电场的作用加速，当这些加速的电子具有较大的能量后，在与气体分子相撞时，会将气体分子电离，由于极间电压较高，在短时间内发生"雪崩"放电过程，使紫外光敏管由截止状态变成导通状态，驱动电路发出报警信号。由碳化硅、氮化铝元件制成的紫外探测器灵敏度高，但对非火灾紫外成分分辨力较差。

紫外/红外复合式火焰探测器既响应紫外光波辐射又响应处于大气二氧化碳吸收谱带上的红外光波辐射。这两种不同的紫外信号模式和红外信号模式必须同时出现，并满足预先规定的电平阈值，经过一个简单的表决单元便可发出报警信号。比例型紫外/红外火焰探测器只有在紫外信号和红外信号电平值之间的比值符合规定时，才能产生报警信号。该探测器的特点是对大多含碳氢化合物的火灾响应较好，对电弧焊不敏感，对一般的电力照明、大多数人工光源和电弧不响应；其他形式的辐射对其影响较小，日光盲，对黑体辐射不敏感，比单通道红外火焰探测器响应稍快，但比紫外火焰探测器响应稍慢；灵敏度可现场调整以适用于特殊的安装场合。

三、火灾自动报警系统

火灾自动报警系统是人们为了及时发现火灾，并控制和扑灭火灾而设置的报警系统，一般由火灾探测器、区域报警器、集中报警器等三部分组成，如图 11-15 所示，图中 Y 表示火灾探测器。

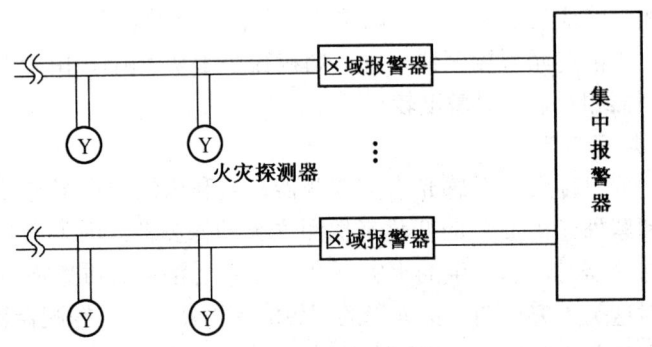

图 11-15　火灾自动报警系统

火灾报警系统一般有区域报警系统、集中报警系统及消防控制中心报警系统三种基本形式。

1. 区域报警系统

区域报警系统应用于建筑面积不大的场所。系统使用的区域报警控制器不超过三台，不设集中报警控制器。区域报警系统的组成如图 11-16 所示。

区域报警系统设计应符合下列要求：

(1) 一个报警区域应设置一台区域火灾报警控制器。

(2) 区域火灾报警控制器应设置在有人值班的房间或场所。

(3) 系统中可设置消防联动控制设备。

(4) 当用一台区域火灾报警控制器警戒多个楼层时，应在每个楼层的楼梯口或消防电

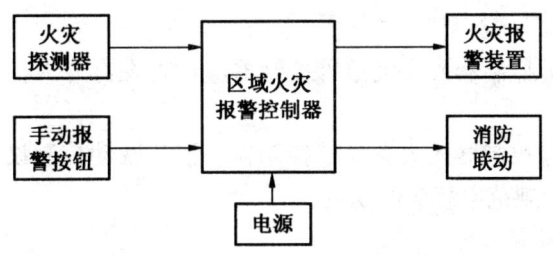

图 11-16 区域报警系统

梯前室等明显部位设置识别着火楼层的灯光显示装置。

（5）区域火灾报警控制器安装在墙上时，其底边距地面高度宜为 1~1.5 m，其靠近门轴的侧面距墙不应小于 0.5 m，正面操作距离不应小于 1.2 m。

2. 集中报警系统

集中报警系统应用于较大规模的高层建筑或组群建筑中。集中报警控制器用于接收各区域报警器的火灾或故障报警信号，具有巡检各区域报警器和探测器工作状态的功能。集中报警系统的组成如图 11-17 所示。

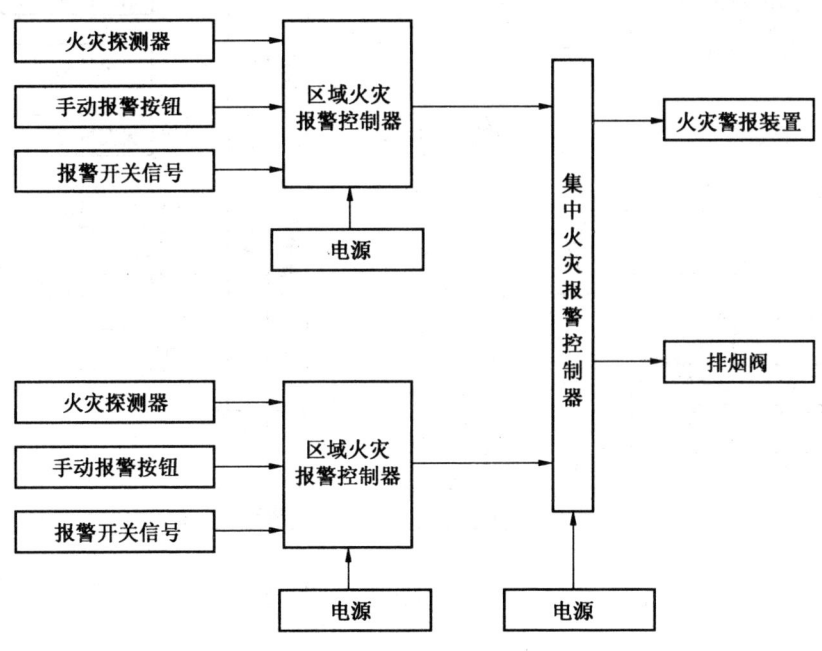

图 11-17 集中报警系统

集中报警系统的设计应符合下列要求：

（1）系统中应设置一台集中火灾报警控制器和两台及两台以上区域火灾报警控制器，或设置一台火灾报警控制器和两台及两台以上区域显示器。

（2）系统中应设置消防联动控制设备。

（3）集中火灾报警控制器或火灾报警控制器应能显示火灾报警部位信号和控制信号，

亦可进行联动控制。

（4）集中火灾报警控制器或火灾报警控制器应设置在有专人值班的消防控制室或值班室内。

（5）集中火灾报警控制器或火灾报警控制器、消防联动控制设备等在消防控制室或值班室内的布置应符合规范中相应的规定。

3. 消防控制中心报警系统

当工程建筑规模大、保护对象重要、没有消防控制设备和专用消防控制室时，采用消防控制中心报警系统。系统除集中报警控制器和区域报警控制器外，还有联动消防设备，是火灾自动报警系统与自动消防灭火系统的结合，由自动报警系统联动控制灭火系统。一般该系统控制中心室安置有集中报警控制器柜和消防联动控制器柜。消防灭火设备如消防水泵、排烟风机、灭火剂储罐、输送管路及喷头等安装在被保护场所及其附近。消防控制中心报警系统的组成如图 11-18 所示。

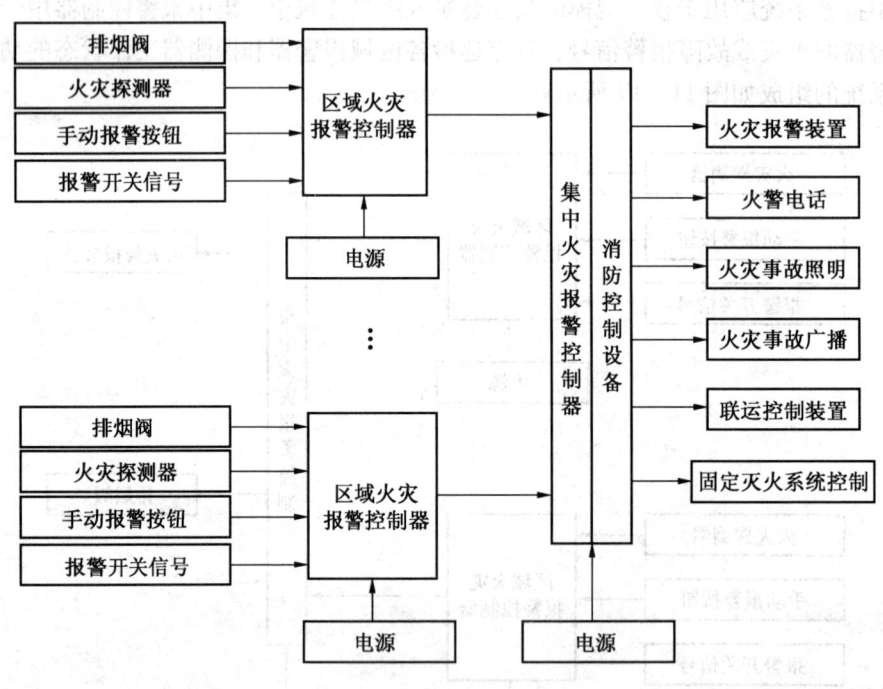

图 11-18　消防控制中心报警系统

消防控制中心报警系统的设计应符合下列要求：

（1）系统中至少应设置一台集中火灾报警控制器、一台专用消防联动控制设备和两台及两台以上区域火灾报警控制器，或至少设置一台火灾报警控制器、一台消防联动控制设备和两台及两台以上区域显示器。

（2）系统应能集中显示火灾报警部位信号和联动控制状态信号。

（3）系统中设置的集中火灾报警控制器或火灾报警控制器和消防联动控制设备在消防控制室内的布置应符合规范中相应的规定。

参 考 文 献

[1] 霍然，杨振宏，柳静献. 火灾爆炸预防控制工程学［M］. 北京：机械工业出版社，2007.
[2] 杨泗霖. 防火防爆技术［M］. 北京：中国劳动和社会保障出版社，2008.
[3] 李萌中，冯澜. 石油化工防火防爆手册［M］. 北京：中国石化出版社，2003.
[4] 白尚显，唐文俊. 燃烧手册［M］. 北京：冶金工业出版社，1994.
[5] 傅维镳，张永廉，王清安. 燃烧学［M］. 北京：高等教育出版社，1989.
[6] 霍然. 工程燃烧概论［M］. 合肥：中国科学技术大学出版社，2001.
[7] 张国伟. 爆炸作用原理［M］. 北京：国防工业出版社，2006.
[8] 张国顺. 燃烧爆炸危险与安全技术［M］. 北京：中国电力出版社，2003.
[9] 魏伴云. 火灾爆炸危险安全工程学［M］. 武汉：中国地质大学出版社，2004.
[10] 李引擎. 建筑防火性能化设计［M］. 北京：化学工业出版社，2005.
[11] 冯肇瑞. 安全系统工程［M］. 北京：冶金工业出版社，1993.
[12] 陈宝智. 危险源辨识控制及评价［M］. 成都：四川科学技术出版社，1996.
[13] 徐通模. 燃烧学［M］. 北京：机械工业出版社，2011.
[14] Drysdale D. An Introduction to Fire Dynamics［M］. 2nd ed. New York：John Wiley & Sons LTD，UK，1999.
[15] Purkiss J A. Fire Safety Engineering Design of Structures［M］.［S. l.］：Butterworth Heinemann，1996.
[16] Quentiere J G. Fundamentals of Fire Phenomena［M］. New York：John Wiley & Sons LTD，UK，2005.
[17] Buchanan A H. Structural Design for Fire Safety［M］. New York：John Wiley & Sons LTD，UK，2001.
[18] 李增华. 燃烧学［M］. 徐州：中国矿业大学出版社，2003.
[19] 程远平，李增华. 消防工程学［M］. 徐州：中国矿业大学出版社，2002.
[20] 伍作鹏. 消防燃烧学［M］. 北京：中国建筑工业出版社，1994.
[21] 严传俊，范玮. 燃烧学［M］. 西安：西北工业大学出版社，2005.
[22] 周校平，张晓男. 燃烧理论基础［M］. 上海：上海交通大学出版社，2001.
[23] 岑可法，姚强，骆仲泱，等. 燃烧理论与污染控制［M］. 北京：机械工业出版社，2004.
[24] 张挺. 爆炸冲击波测量技术［M］. 北京：国防工业出版社，1984.
[25] 李翼祺，马素贞. 爆炸力学［M］. 北京：科学出版社，1992.
[26] 亨利奇. 爆炸动力学及其应用［M］. 北京：科学出版社，1987.
[27] 张守中. 爆炸基本原理：上册［M］. 北京：科学出版社，1987.
[28] 贝克 W E，威斯汀 P S，考克斯 P A，等. 爆炸危险性及其评估［M］. 北京：群众出版社，1988.
[29] 殷有泉. 固体力学非线性有限元引论［M］. 北京：北京大学出版社，1987.
[30] 时党勇，李裕春，张胜民. 基于 ANSYS/LS - DYNA8.1 进行显式动力分析［M］. 北京：清华大学出版社，2005.
[31] 北京工业学院《爆炸及其作用》编写组. 爆炸及其作用［M］. 北京：国防工业出版社，1979.
[32] 吕春绪，刘祖光，倪欧琪. 工业炸药［M］. 北京：兵器工业出版社，1994.
[33] 高文蛟，陈学习. 爆破工程及其安全技术［M］. 北京：煤炭工业出版社，2011.
[34] StephenR Turns. 燃烧学导论［M］. 姚强，李水清，王宇，译. 北京：清华大学出版社，2009.
[35] 陈义良. 燃烧原理［M］. 北京：航空工业出版社，1992.
[36] 王方，等. 火焰学［M］. 合肥：中国科技大学出版社，1990.
[37] JamesG. Quintiere，王平. 火灾学基础［M］. 北京：化学工业出版社，2010.

[38] 欧育湘. 炸药学 [M]. 北京：北京理工大学出版社，2006.
[39] 杨玉顺. 工程热力学 [M]. 北京：机械工业出版社，2009.
[40] 李维特，黄保海. 热应力理论及其应用 [M]. 北京：中国电力出版社，2004.
[41] 屈立军. 建筑防火 [M]. 北京：中国人民公安大学出版社，2006.
[42] 张树平. 建筑防火设计 [M]. 北京：中国建筑工业出版社，2009.
[43] 周义德. 建筑防火消防工程 [M]. 郑州：黄河水利出版社，2004.
[44] 蒋永琨. 高层建筑消防设计手册 [M]. 上海：同济大学出版社，1995.
[45] 李引擎. 建筑防火工程 [M]. 北京：化学工业出版社，2004.
[46] 谢中朋. 消防工程 [M]. 北京：化学工业出版社，2012.
[47] 李增华，周世宁. 水系灭火剂的研究与发展 [J]. 中国安全科学学报，1997.
[48] 耿广晋. 浅谈气体灭火技术 [J]. 科学技术，2010.
[49] 李海江. 2000—2008年全国重特大火灾统计分析 [J]. 火灾科学，2010（1）.
[50] 曲波，肖圣兵，等. 工业常用传感器选型指南 [M]. 北京：清华大学出版社，2002.
[51] 蒋永琨. 中国消防工程手册 [M]. 北京：中国建筑工业出版社，1998.
[52] 李东明. 自动消防系统设计安装手册 [M]. 北京：中国计划出版社，1996.
[53] 盛建. 火灾自动报警消防系统 [M]. 天津：天津大学出版社，1998.
[54] 中华人民共和国劳动部职业安全卫生与锅炉压力容器监察局. 工业防爆实用技术手册 [M]. 沈阳：辽宁科学技术出版社，1996.
[55] 龚延风，陈卫. 建筑消防技术 [M]. 北京：科学出版社，2002.
[56] 冉海潮，孙丽华. 消防系统设计与工程实践 [M]. 北京：科学出版社，1999.
[57] 王术明. 可燃气体报警仪表的原理及应用 [J]. 石油化工自动化，2005（2）.
[58] 程晓舫，王瑞芳. 火灾探测的原理和方法 [J]. 中国安全科学学报，1999，9（1）.
[59] 方俊，袁宏永，赵建华. 气体传感器及其在火灾探测中的应用 [J]. 火灾科学，2002，11（3）.

图书在版编目（CIP）数据

防火防爆理论与技术/朱建芳主编．－－北京：煤炭工业出版社，2013（2020.9 重印）
高等院校规划教材
ISBN 978－7－5020－4165－6

Ⅰ.①防⋯　Ⅱ.①朱⋯　Ⅲ.①防火—高等学校—教材
②防爆—高等学校—教材　Ⅳ.①X932

中国版本图书馆 CIP 数据核字（2013）第 000079 号

煤炭工业出版社　出版
（北京市朝阳区芍药居 35 号　100029）
网址：www.cciph.com.cn
北京玥实印刷有限公司　印刷
新华书店北京发行所　发行
*
开本 787mm×1092mm $^{1}/_{16}$　印张 $19\frac{3}{4}$
字数 465 千字
2013 年 5 月第 1 版　2020 年 9 月第 2 次印刷
社内编号 6988　定价 32.00 元

版权所有　违者必究
本书如有缺页、倒页、脱页等质量问题，本社负责调换